BTKS 兵团设计院“十四五”规划系列丛书

水利水电工程施工地质实用手册

SHUILI SHUIDIAN GONGCHENG SHIGONG DIZHI SHIYONG SHOUCE

张敬东　宋剑鹏　于　为　主编

内容提要

兵团水利水电工程建设在近30多年来得到迅猛发展，新疆维吾尔自治区内外有大量的已建和在建山区水库，且大部分处于西部地质条件极其复杂地区，具有诸多关键技术难题需要在施工中加以解决，也对施工地质条件提出更高的要求。本手册通过近10年来对诸多项目一些易发、常发问题处置的经验总结，在现有施工地质规程的基础上，提出具有可操作性的工作流程方法。本手册中还附有大量可供参考的图表和经验参数等，可供现场工作人员使用。

本手册主要供水利水电工程施工现场地质人员及其他勘察设计专业技术人员参考，也可供其他从事水利水电工程地质、水工及施工组织设计的相关专业技术人员参考使用。

图书在版编目(CIP)数据

水利水电工程施工地质实用手册/张敬东等主编. —武汉：中国地质大学出版社，2022.8
(兵团设计院"十四五"规划系列丛书)
ISBN 978-7-5625-5386-1

Ⅰ.①水… Ⅱ.①张… Ⅲ.①水利水电工程-工程地质-手册 Ⅳ.①P642-62

中国版本图书馆CIP数据核字(2022)第154493号

水利水电工程施工地质实用手册 张敬东 宋剑鹏 于 为 主编

责任编辑：胡珞兰 选题策划：江广长 段 勇 责任校对：徐蕾蕾

出版发行：中国地质大学出版社(武汉市洪山区鲁磨路388号) 邮编：430074
电 话：(027)67883511 传 真：(027)67883580 E-mail：cbb@cug.edu.cn
经 销：全国新华书店 http://cugp.cug.edu.cn

开本：787毫米×1092毫米 1/16 字数：504千字 印张：20 插页：3
版次：2022年8月第1版 印次：2022年8月第1次印刷
印刷：湖北睿智印务有限公司

ISBN 978-7-5625-5386-1 定价：98.00元

如有印装质量问题请与印刷厂联系调换

《水利水电工程施工地质实用手册》
编委会

主　编：张敬东　宋剑鹏　于　为

副主编：王传宝　李新峰　陈厚军

编　委：陈朝红　彭　涛　李　辉　刘永明
周临校　王秋丽　熊向前　蒋参军
张荣景　田泽鑫

序　一

近30多年来，新疆兵团勘测设计院（集团）有限责任公司（以下简称兵团设计院）秉承老一辈军垦人屯垦戍边、开拓进取的"兵团精神"，积极服务于"西部大开发""一带一路"以及"兵团向南发展"等，相继承担了兵团和疆内外数十座水利水电工程的勘察与设计工作。这些工程各具特色，其中有一些项目地质条件复杂，工程地质问题突出，如肯斯瓦特水利枢纽工程坝基为软岩，地震基本烈度为Ⅷ度，面板堆石坝最大坝高129.4m，兵团新建38团石门水库坝基覆盖层厚达125m，沥青混凝土心墙坝最大坝高80m，工程已建成运行多年，目前均处于运行良好状态。此外，还有一批工程正在建设或进行勘察设计，具代表性的工程如民丰县尼雅水利枢纽工程，沥青混凝土心墙坝最大坝高135m，在国内同类坝中坝高名列前茅；奎屯河引水工程是国家172项重大水利工程之一，也是兵团在建的最大单体水利工程，具有在高地震烈度区（Ⅷ度）建高坝（混凝土面板砂砾石坝最大坝高133m）、深埋长隧洞（长11.5km）以及在西域砾岩中开挖深达240m的竖井（此类地层国内最深）等特点。在上述工程的勘察与建设过程中，兵团设计院的地质工作者积累了宝贵的工程勘察经验。

本手册聚焦于水利水电工程的施工地质工作，是兵团设计院多年来从事施工地质工作的系统总结，涵盖了施工地质工作程序、现场工作指南、资料整编及现场常用表格等水利水电工程施工地质工作全过程。同时，笔者基于水利水电工程施工建设的特点，紧密结合工程实践，收集、整编了现场施工地质工作可能涉及的技术内容，包括水利水电工程建设程序及要求、水工建筑物特点、基础处理措施、工程地质基础知识、常用规程规范、岩（土）体工程地质分类分级等，从而使本手册具有内容相对完整、通俗易懂、便于使用的鲜明特色。本手册是兵团设计院工程勘察团队集体智慧的结晶，相信本手册的出版，将有助于年轻的工程地质专业人员做好水利水电工程施工地质工作，也可供水工设计、施工组织、现场监理及工程管理等其他专业人员参考，为我国水利水电工程建设发挥积极的作用。

司富安

2022年5月30日

序

序　二

新疆兵团勘测设计院(集团)有限责任公司(以下简称兵团设计院)前身最早可以追溯到1952年成立的新疆军区司令部工程测量科,1965年成立师级建制的“兵团设计院”。1984年,兵团设计院与兵团勘测设计大队、兵团水文地质大队和农八师勘测设计队合并组成“新疆生产建设兵团勘测规划设计研究院”,2013年由事业单位改制为国有独资企业,更名为“新疆兵团勘测设计院(集团)有限责任公司”;2022年,完成混合所有制改革。经过几十年发展壮大,兵团设计院为兵团水利水电工程建设事业作出了重大贡献。随着“西部大开发”战略和“一带一路”倡议的实施,国家对水利水电等基础设施建设的投资力度不断加大,兵团设计院相继承担兵团和疆内外数十座水利水电工程,如已完成建设的有乌鲁木齐县照壁山水库、兵团新建38团石门水库、云南永胜小米田水库、玛纳斯河肯斯瓦特水利枢纽工程等,正在开工建设的有乌苏市四棵树河吉尔格勒德水利枢纽工程、和田地区民丰县尼雅水利枢纽工程、云南耿马县团结水库、奎屯河引水工程等。

感慨和兴奋之余,我们也清醒地意识到,现已建成运行的水利水电工程在发挥效益、造福各方的同时,也不同程度地留下诸多缺陷和不足,提醒我们要更加细致地关注水利水电工程施工过程,尤其是施工地质工作。本手册编写和审核人员曾参与疆内外大量水利水电工程的勘察设计工作,具有丰富的工作经历和工程经验。本着勤于钻研、执着探索的精神,通过大量的工程勘察实践以及与疆内外专家的不断交流和学习,总结和提炼出这本《水利水电工程施工地质实用手册》。它不同于施工地质规程,更侧重于工程施工建设的特点,紧密结合工程实践,具有通俗易懂、便于操作的特点。该手册从水利水电基础知识到施工地质现场策划、工作的流程、资料成果的整理,从各个单元工程、分部工程编录验收到蓄水安全鉴定和竣工地质报告阶段性成果的编制……全面细致地兼顾了施工全过程可能遇到的与地质有关的各个方面,并且收录了蓄水安全鉴定自检报告编制提纲、竣工地质报告编制提纲和施工地质所需要的各类表格、常用展示图图示等,供现场施工地质人员参考使用。目前兵团投资最大的水利水电工程——奎屯河引水工程已开工建设,该工程地质条件复杂,构造发育,属高地震烈度区(Ⅷ度区),具有高坝(133m面板坝)、深埋长隧洞(11.5km)以及在西域砾岩中开挖深达240m的竖井(在同类地层中国内最深)等特点,有一定的难度和挑战性,希望本手册的出版对此类工程施工地质工作有所帮助。

该手册作为探索和尝试,无疑会对提升兵团设计院勘察设计和施工地质服务水平起到积极作用,可以更好地在工程建设过程中发挥作用,及时预测和控制各类地质风险,对消除地质隐患、优化设计、合理选择施工方法、保证工期控制投资和保障工程正常运行具有重要意义,同时也更好地诠释了兵团设计院服务用户的宗旨。

编者

2021年6月

前　言

随着国家“一带一路”倡议的推进，兵团水利水电工程逐渐进入工程建设高峰期。这些工程多处于山区，地质构造复杂，地震烈度较高，部分水利工程所处区域地形复杂，山势险峻，构造发育，属地质灾害频发区，给工程施工带来诸多困难。在水工建筑物洞室及边坡开挖过程中，时常会出现塌方、涌水、突泥、滑坡等地质问题，严重影响施工安全与进度，造成投资大幅增加。施工地质工作作为工程建设的重要组成部分，对消除地质隐患、优化设计、合理选择施工方法、保证工期、控制投资和保障工程正常运行具有重要意义。

早期施工地质人员工作依据《水利水电工程施工地质规程(试行)》(SDJ 18—78)，直到2004年，水利部颁布新的《水利水电工程施工地质勘察规程》(SL 313—2004)替代了老标准，至今该规范已使用了10余年，其间有许多新技术、新工艺不断运用到水利水电工程建设中，需要施工地质工作与水利工程建设发展趋势相适应。

尽管兵团辖区内建设的水利水电工程多为中小型，但面对的工程地质问题同样复杂，受工期和投资影响，能够开展的地质勘探工作有限，不能对所有地质问题进行深入研究，施工地质工作可作为前期勘察工作的重要补充。西部地区受新构造运动影响，山区河流下切强烈，河流纵坡大，普遍存在“高坝小库”现象。深厚覆盖层、高边坡及洞室围岩稳定是工程建设遇到的常见问题。

目前兵团辖区内已建成的主要工程有兵团新建38团石门水库、玛纳斯河肯斯瓦特水利枢纽工程、第六师甘河子水库、第九师乌拉斯台水库、哈姆斯沟水库、别里奇水库等数十座水库，正在施工的主要工程有第五师保尔德水库、第九师乔拉不拉水库、乌苏市四棵树河吉尔格勒德水利枢纽工程、民丰县尼雅水利枢纽工程、奎屯河引水工程等10多座水库。在以上项目施工过程中，高边坡稳定性问题，洞室冒顶、突泥和涌水等地质问题均有不同程度的发生，是影响施工安全、造成重大设计变更、延迟工期和增加投资的主要原因。

中小型水利水电工程尤其是山区工程，在施工过程中遇到的地质问题，需要由现场地质人员及时处理。如一施工中洞室或边坡出现了塌方、开挖中的坝基出现断层等问题，需要怎么做？采取什么措施？问题很具体，处理不好就容易带来工程风险甚至酿成工程事故。要保证工程建设得以正常实施，需要事先有预报、过程有控制、出事有预案，而具体的预报预案、控制措施则需要现场工作人员掌握足够的专业知识，具备丰富的工作经验和解决处理问题的能力。

始于2009年的肯斯瓦特水利枢纽工程施工地质工作，首次面临大量的建筑物施工开挖，现场地质测绘、地质编录等工作最初似乎无从下手，通过对施工地质规程进行反复揣摩和研究，经过咨询有经验的同行和收集参考大量文献资料，到施工中后期逐渐变得游刃有余，使我们感觉有一份责任和义务，尽可能让新入职的年轻技术人员到工地现场尽快尽早地进入“角色”，避免重走前人所走过的弯路。施工地质规程不同于一般规程规范，施工现场本身具有复杂的地形地貌、地质构造等特征，客观上需要一本深入浅出的操作手册对施工地质规程的基本思想进行诠释。目前许多施工地质项目难以保证有丰富经验的老同志在现场指导，对一些不具备现场施工地质经验的年轻同志来说，常常存在不易理解和难以下手操作的情况。由此笔者萌发了起草工作手册及工作流程的想法。回顾和总结本手册的编制过程主要经历了以下 4 个阶段：

第一阶段，2009—2014 年，新疆兵团首个大型山区水利水电项目——肯斯瓦特水利枢纽工程开工建设，由于地质条件复杂，面临诸多突出的施工问题，洞室塌方、边坡滑塌等在施工过程中时有发生，对参建各方提出严峻考验，而施工地质人员在实践中积极总结和探索，对工程建设顺利进行起到了重要作用。我们开始构思策划“院标”或“团体标准”的初步计划。

第二阶段，2014—2019 年，随着兵团参与地方水电项目（特别是疆外项目）大量开展，人力资源不足、专业水平欠缺情况凸显。2017—2018 年随着兵团设计院生产单位工程勘察院施工地质项目督查工作的展开，施工地质现场工作存在的问题暴露得更加突出。许多中小型项目无论是现场编录、验收，还是室内资料整编、业务单编制等各自为阵，无统一格式，以至于在现场处理问题或单位工程验收总结及阶段验收文件资料整编方面出现较多不规范的问题，由此开始进行了系统的梳理和归纳总结，在以往施工地质总结的基础上，开始着手编制施工地质操作手册。

第三阶段，2019—2020 年，在前期积累的施工地质工作经验的基础上，对疆内外不同施工工地现场存在的突出问题及原因进行分析，确定在原《水利水电工程施工地质勘察规程》（SL 313—2004）的基础上，编制形成该手册的主体框架，对施工地质人员现场编录工作流程和文件编制加以规范。其技术路线旨在为现场工作人员提供具体指导。

第四阶段，2021 年，主要是进行统稿和后期编制过程，最终明确成果形式和编制内容，在力求“贴近工程现场，注重实践操作”的基础上，大幅删减以往总结中存在的片面观点相关内容。

该手册编制以现行水利水电施工地质规程为指导思想，按照水利水电工程施工流程和工程建设验收的顺序，针对施工地质各个环节的需要，分别介绍具体的工作要领，更侧重于现场操作的行为指南，对施工常见的地质相关问题解决给出了必要的指导性建议和方法思路，供现场工作人员参考并使用。本手册的产品定位、目标人群和实用性方面主要具备如下特点。

1.手册的产品定位

主要侧重点和目标：兵团水利水电工程建设项目，或含兵团参与进行的兵团体系内外的水利水电工程项目。

针对问题导向：包括施工地质面对的突出问题，技术人员专业知识、能力不足，建设程序不清，参建各方职责不明确。

该手册作为实用的工具书，便于施工现场实际操作（以规范为基础的实施方案）。

2.适宜人群和针对目标人群

主要由 3 个方面组成：首先是兵团设计院工程勘察院专业技术人员，基于本专业技术发展/总结，建立标准化的工作流程和员工技术培训；其次是兵团设计院设计专业技术人员，专业交流互通有无，专业协作分工明确；最后是施工现场参建单位人员，如对建设管理单位、监理单位、设计单位、施工组织单位等进行专业知识普及，使得参建各方便于达成共识，促进交流，强化服务意识，同时也有利于企业文化的对外宣传。

3. 突出的实用性

普及水利水电工程，重点是工程地质方面的基本常识和专业知识；规范专业行为和操作流程；便捷查询，快速响应现场施工需求。

2020年以来，水利部陆续发布《水利工程勘测设计失误问责办法(试行)》、《水利建设项目稽察常见问题清单(试行)》、《水利工程设计变更管理暂行办法》，都涉及施工地质方面的内容，说明施工地质在水利工程建设中的重要性。

随着开工建设的山区水库工程愈来愈多，对施工地质设计人员需求不断增加，有经验的施工地质人员已不能满足众多工程的需求，而年轻技术人员由于经验欠缺，对现场出现的问题往往不能及时和正确处理，造成工程费用增加或工期延误，业主抱怨，这就需要一部能够给予现场地质人员指导的实用工具书，培养年轻技术人员独立工作的能力，这也是编著本手册的初衷。

本手册主要内容包括兵团水利水电工程的发展历程、水利水电工程施工地质基础知识、施工地质工作程序、施工地质现场工作指南和施工地质资料整编。该手册全面详细地介绍了施工地质阶段的工作任务和内容，对需解决的问题以及所要得出的成果资料进行详细说明，通俗易懂，具有较高的可操作性。本手册编写人员具有丰富的水利水电工程勘察和施工地质工作经验，在充分考虑中小型水利水电工程特殊性的基础上，有针对性地编写了此手册。

手册编制过程中，中国水利学会勘测专业委员会专家、集团公司相关部门领导给予了极大的帮助和支持，并提出了大量的宝贵意见和建议，在此深表谢意！

由于笔者水平所限，不足之处在所难免，恳请同行业专家指教批评！

笔者

2021年6月于乌鲁木齐

目 录

第一章　综　述

第一节　新疆兵团水利水电工程建设概况

新疆目前有500多座水库，大部分为20世纪五六十年代修建的平原土坝，1990年是新疆水利水电大发展的起始时期，90年代以来相继建成了新疆第一座修建在活断层上的克孜尔水库黏土心墙坝、第一座装机超过50MW的水电站大山口重力拱坝、第一座高100m以上的乌鲁瓦提水利枢纽工程混凝土面板砂砾石坝、第一个长距离调水工程"635"引水枢纽及总干渠、第一座建在设防烈度Ⅸ度区坝高157m的吉林台一级水电站面板坝等。参与建设的建管、勘察设计、施工、监理、科研等单位在西北严寒干旱地区创造了一个又一个奇迹，在黏土心墙坝、均质土坝、面板堆石坝、沥青心墙坝、混凝土重力坝、拱坝等不同坝型的施工关键技术研究上取得了长足进步。

新疆兵团在水利水电工程建设方面，30多年来也取得了重大成就，在疆内相继建成了第十二师红岩水库、玛纳斯河肯斯瓦特水利枢纽工程、兵团新建38团石门水库，第十三师八大石水库、巴木墩水库，第九师乌拉斯台水库、哈姆斯沟水库、卡布尔哈达水库、木夫露水库、卡尔巴斯水库、小锡箔提水库、别里奇水库，第五师保尔德水库，第六师甘河子水库，第十师阿克达拉水库、于什盖水库(一库、二库)等；正在建设中的有新疆奎屯河引水工程、民丰县尼雅水利枢纽工程、乌苏市吉尔格勒德水利枢纽工程、第九师乔拉不拉水库等。目前，兵团已建和在建的山区水库达数十座，各个水库工程地质条件各具特点，如兵团新建38团石门水库坝址覆盖层达125m，在建时属国内少见的深厚覆盖层建坝；民丰县尼雅水利枢纽工程沥青心墙坝高度达到135m，属新疆乃至全国高烈度区最高的沥青心墙坝；肯斯瓦特水利枢纽工程坝高129.4m，为建在设防烈度Ⅷ度区软质岩上的面板砂砾石坝；奎屯河引水工程新龙口电站在西域砾岩中建有深达240m的竖井。以上各工程建设难度与地质特点在国内水利工程建设中均不多见。

兵团设计院还在国内其他省份完成了云南省凤庆县小菁沟水库、凤庆县前锋水库、耿马县芒枕水库、耿马县团结水库、永胜县小米田水库、永德县勐哨坝水库、彝良县新场水库，贵州省长顺县天生桥水库，山西省沁城县下泊水库等。

30多年来，兵团完成了数十座山区水利水电工程，在勘察、设计、施工建设到运行管理等方面积累了丰富的经验。如玛纳斯河肯斯瓦特水利枢纽工程，为兵团历史上建设的规模最大的山区水库，工程自20世纪六七十年代就开始前期论证，经几代兵团水利工程建设者的不懈努力，最终于2009年7月开工，2014年12月底下闸蓄水。该项目具有地形地质条件复杂、地震烈度高、在软质岩基上建高达129m的面板坝等特点，现已正常运行7年，各建筑物运行良好。奎屯河引水工程是目前为止兵团水利工程建设史上投资最大的山区水利工程，引水工程的将军庙水库坝高133m，深埋引水隧洞长11.5km，新龙口电站利用发电水头320m。该工程在巨厚西域砾岩地层中压力管道竖井深度达240m，在国内尚属首例。通过一系列关键技术的攻坚克难，项目已于2020年3月开工，目前工程建设正在稳步推进。

第二节　工程地质勘察阶段划分及任务

大型水利水电工程可依据《水利水电工程地质勘察规范》(GB 50487—2008)划分为规划阶段、可行性研究阶段、初步设计阶段、招标设计阶段和施工详图设计；病险水库除险加固工程地质勘察可分为安全评价阶段、可行性研究阶段和初步设计阶段。

对于中小型水利水电工程，按照《中小型水利水电工程地质勘察规范》(SL 55—2005)可划分为规划阶段、可行性研究阶段、初步设计阶段、技施设计阶段；病险水库除险加固工程地质勘察分为安全鉴定勘察阶段和除险加固设计勘察阶段。

水利水电工程施工详图设计阶段施工地质任务、内容和要求见表1-1。

表1-1　水利水电工程施工详图设计阶段施工地质任务、内容和要求简表

勘察阶段	勘察任务	主要内容	勘察要求
施工详图设计阶段	在招标设计阶段的基础上，检验、核定前期勘察的地质资料与结论，补充论证专门性工程地质问题，进行施工地质工作，为施工详图设计、优化设计、建设实施、竣工验收等提供工程地质资料	施工详图设计阶段勘察内容：**①对招标设计评审中要求补充论证的和施工中出现的工程地质问题进行勘察；②水库蓄水过程中可能出现的专门性工程地质问题；③优化设计所需的专门性工程地质勘察；④进行施工地质工作，检验、核定前期勘察成果；⑤提出对工程地质问题处理措施的建议；⑥提出施工期和运行期工程地质监测内容、布置方案和技术要求的建议**	专门性工程地质勘察要求：①施工期和水库蓄水过程中，当震情发生变化时，应收集和分析台网监测资料，对发震库段进行地震地质补充调查，鉴定地震类型，增设流动台站进行强化监测，预测水库诱发地震的发展趋势；②当建筑物地基、地下洞室围岩及开挖边坡出现新的地质问题，导致建筑物设计条件发生变化时，应进一步查明其水文地质、工程地质条件，复核岩(土)体物理力学参数，评价其影响，提出处理建议。 **施工地质要求：①收集建筑物场地在施工过程中揭露的地质现象，检验前期的勘察资料；②编录和测绘建筑物基坑、工程边坡、地下建筑物围岩的地质现象；③进行地质观测和预报可能出现的地质问题；④进行地基、围岩、工程边坡加固和工程地质问题处理措施的研究，提出优化设计和施工方案的地质建议；⑤提出专门性工程地质问题专项勘察建议；⑥进行地基、边坡、围岩等的岩体质量评价，参与与地质有关的工程验收；⑦提出运行期工程地质监测内容、布置方案和技术要求的建议；⑧渗控工程、水库、建筑材料等的施工地质内容应根据具体情况确定**

注：表中加粗字体部分为强制性条文。

第三节　水利水电工程地质常用规程规范和标准

本手册主要以《水利水电工程施工地质勘察规程》(SL 313—2004)为编制依据，同时在工程建设具体执行过程中应符合国家及相关行业部门颁布的有关现行标准。

1. 执行的规程规范

《水利水电工程施工地质勘察规程》(SL 313—2004)

2. 参考执行的规程规范

《水利水电工程地质勘察规范》(GB 50487—2008)
《水利水电工程天然建筑材料勘察规程》(SL 251—2015)
《水利水电建设工程验收规程》(SL 223—2008)
《水利水电工程地质测绘规程》(SL/T 299—2020)
《水利水电工程制图标准 勘测图》(SL 73.3—2013)
《水利水电工程地质勘察资料整编规程》(SL 567—2012)
《水工建筑物岩石基础开挖施工技术规范》(SL 47—2020)
《水利水电工程锚喷支护技术规范》(SL 377—2007)
《水工建筑物地下开挖工程施工规范》(SL 378—2007)
《水利水电工程边坡设计规范》(SL 386—2007)
《水利水电工程施工通用安全技术规程》(SL 398—2007)
《混凝土面板堆石坝设计规范》(SL 228—2013)
《水工建筑物水泥灌浆施工技术规范》(SL/T 62—2020)
《小型水电站建设工程验收规程》(SL 168—2012)
《碾压式土石坝设计规范》(SL 274—2020)
《水利水电工程水文地质勘察规范》(SL 373—2007)
《堤防工程地质勘察规程》(SL 188—2005)
《调水工程设计导则》(SL 430—2008)
《水利水电工程施工导流设计规范》(SL 623—2013)
《水利水电地下工程施工组织设计规范》(SL 642—2013)
《水利水电工程围堰设计规范》(SL 645—2013)
《土石坝施工组织设计规范》(SL 648—2013)
《中国地震动参数区划图》(GB 18306—2015)
《岩土工程勘察规范》(GB 50021—2001)
《工程岩体分级标准》(GB/T 50218—2014)
《水利水电工程边坡工程地质勘察技术规程》(DL/T 5337—2006)

第四节　施工地质工作内容与程序

水利水电工程施工地质是工程建设的重要组成部分，对消除地质隐患、优化设计、选择合理施工方法、保证工期、控制投资和保障工程正常运行具有重要意义。施工地质工作应自工程开工起至竣工验收止，贯穿于工程施工全过程。

由于地质体的隐蔽性和复杂性，前期勘察不可能完全查明建筑物的工程地质条件和问题。施工开挖为全面检验前期勘察资料、充分查明建筑物地段的地质情况和进行地质预报提供了有利条件。施工地质人员参加地基、围岩和边坡等验收，能及时检查有关地质问题处理是否达到了设计要求，以避免遗漏地质隐患。施工地质工作还对提高工程地质理论水平和改进勘察方法具有重要作用。

施工地质的任务要求主要为：

(1)收集建筑物场地在施工过程中揭露的地质现象，检验前期的勘察资料。

(2)编录和测绘建筑物基坑、工程边坡、地下建筑物围岩的地质现象。

(3)进行地质观测和预报可能出现的地质问题。

(4)进行地基、围岩、工程边坡加固和工程地质问题处理措施的研究，提出优化设计和施工方案的地质建议。

(5)提出专门性工程地质问题专项勘察建议。

(6)进行地基、边坡、围岩等的岩体质量评价，参与与地质有关的工程验收。

(7)提出针对运行期工程地质监测内容、布置方案和技术要求的建议。

(8)渗控工程、水库、建筑材料等施工地质内容应根据具体情况确定。

《水利水电工程施工地质勘察规程》(SL 313—2004)和相应强制性条文对施工地质的内容及要求的规定见表1-2。

表1-2　施工地质内容与相应强制性条文对照表

施工分类和部位	施工地质内容	相应强制性条文(2020版)	备注
地面建筑物	①检验前期地质勘察成果，深化对工程地质条件和问题的认识；②进行地质预报；**③进行工程地质问题处理措施的研究，提出处理建议；④提出专项勘察的建议；⑤核定岩(土)体的物理力学参数；⑥提出运行期间的水文地质、工程地质监测项目及其技术要求**；⑦进行地基的工程地质评价	**4.3.2 施工地质预报应包括下列内容：①与原设计所依据的地质资料和结论有较大出入的工程地质条件和问题。②基坑可能出现的管涌、流土或大量涌水**	地面工程条款除⑦以外，其余基本为通用条款

续表 1-2

施工分类和部位	施工地质内容	相应强制性条文(2020 版)	备注
地下开挖工程	①进行工程地质问题处理措施的研究,提出处理建议;②提出专项勘察的建议;③核定岩(土)体的物理力学参数;④提出运行期间的水文地质、工程地质监测项目及其技术要求;⑤超前地质预报;⑥围岩工程地质分类和围岩工程地质分段;⑦及时提出需加强临时支护的部位;⑧进行围岩的工程地质评价	5.1.1 岩质洞室围岩地质巡视内容应包括基本地质条件,并应侧重以下方面:9 在深埋洞段或高地应力区,收集地应力测试资料,调查片帮、岩爆、内鼓、弯折变形地段的地质条件,观察记录片帮、岩爆的规模、延续时间、岩块大小、形状及岩爆发生时间与施工掘进的关系。10 在地温异常区,收集地温和洞温资料。12 在有害气体赋存区的洞段,收集有害气体监测资料。 5.3.1 遇下列情况时,应进行超前地质预报:1 深埋隧洞和长隧洞。2 开挖揭露的地质情况与前期工程地质勘察资料有较大出入。3 预计开挖前进方向可能遇到重大不良地质现象(断层破碎带、岩溶、软弱层带、含有害气体的地层、突泥、突水等)。 5.3.2 遇下列现象时,应对其产生原因、性质和可能的危害作出分析判断,并及时进行预报:1 围岩不断掉块,洞室内灰尘突然增多,支撑变形或连续发出响声。2 围岩顺裂缝错位、裂缝加宽、位移速率加大。3 出现片帮、岩爆或严重鼓胀变形。4 出现涌水、涌沙、涌水量增大、涌水突然变浑浊现象,地下水化学成分产生明显变化。5 干燥岩质洞段突然出现地下水流,渗水点位置突然变化,破碎带水流活动加剧,土质洞段含水量明显增大。6 地温突然发生变化,洞内突然出现冷空气对流。7 钻孔时,纯钻进速度加快且钻孔回水消失、经常发生卡钻。 5.3.3 施工地质预报应包括下列内容:1 未开挖洞段的地质情况和可能出现的工程地质问题。2 可能出现坍塌、崩落、岩爆、膨胀、涌沙、突泥、突水的位置、规模及发展趋势,含有害气体地层的位置	地下开挖工程除了上述通用条款,尚应侧重围岩的工程地质分类、分段的评价,尤其对地质预报要求超前预报和提出加强临时支护措施与部位,以降低工程风险
工程边坡	①进行工程地质问题处理措施的研究,提出处理建议;②提出专项勘察的建议;③核定岩(土)体的物理力学参数;④提出运行期间的水文地质、工程地质监测项目及其技术要求;⑤施工地质中边坡稳定性评价与预报,提出处理与检测意见;⑥进行边坡工程地质评价	6.3.1 遇下列现象时,应对这些现象的产生原因、性质和可能的危害作出分析判断,并及时进行预报:1 边坡上不断出现小塌方、掉块、小错动、弯折、倾倒、反翘等现象,且有加剧趋势。2 边坡上出现新的张裂缝或剪切裂缝,下部隆起、胀裂。3 坡面开裂、爆破孔错位、原有裂隙扩展和错动。4 坡面水沿裂隙很快漏失,沿软弱结构面的湿度增加。5 地下水水位、出露点的流量突变,出现新的出露点,水质由清变浑。6 边坡变形监测数据出现异常。7 土质边坡出现管涌、流土等现象。 6.3.2 施工地质预报应包括下列内容:1 边坡中可能失稳岩(土)体的位置、体积、几何边界和力学参数。2 边坡可能的变形和失稳的形式、发展趋势及危害程度	工程边坡施工地质除了通用条款,尚应侧重边坡的稳定性评价、预报和提出处理措施建议,以降低工程风险

续表 1-2

施工分类和部位	施工地质内容	相应强制性条文(2020 版)	备注
岩(土)体防渗与排水工程	①检验前期地质勘察成果,深化对工程地质条件和问题的认识;②进行地质预报;**③进行工程地质问题处理措施的研究,提出处理建议;④提出专项勘察的建议;⑤提出运行期间的水文地质、工程地质监测项目及其技术要求**;⑥进行防渗与排水工程的工程地质评价	**7.3.2 施工地质预报应包括下列内容:1 与原设计所依据的地质资料和结论有较大出入的工程地质条件和问题。2 可能产生异常涌水、涌沙的部位**	岩(土)体防渗与排水工程施工地质除了通用条款外,重点在于防渗、排水工程地质评价和建议,以便工程顺利实施

注:加粗字体为施工地质强制性条文。

根据水利部《水利工程勘测设计失误问责办法(试行)》的附件 1《水利工程勘测设计失误分级标准》,涉及施工地质严重失误指:未按照要求对建筑物基坑、工程边坡和地下建筑物围岩进行地质编录(较严重失误 3 条:①建筑物基坑、工程边坡和地下建筑物围岩编录不完整;②未按要求进行地质巡视和地质编录;③未对施工中新出现的特殊地质问题及时提出处理意见)。

根据水利部《水利工程建设基本程序》,水利工程建设程序一般为:项目建议书→可行性研究报告→项目评估→初步设计→初步设计审查→施工准备(包括招标设计)→开工报告→建设实施→试运行→竣工验收→后评价。

施工地质工作流程:施工地质工作大纲编制,施工现场地质巡视、编录和测绘,编发业务联系单(或设计变更文件),各阶段工程验收,成果资料的整编等。

施工地质工作随着工程开工建设即开始开展工作,直至试运行和竣工验收,贯穿于工程建设后半部分,对前期勘察工作进行验证,对在施工现场发现的与原地质资料和结论不符的部位提出处理建议。

第五节　本手册适用范围与简要说明

一、适用范围

(1)本手册适用范围为山区水利水电工程建设施工地质工作,其他水利水电工程及病险水库除险加固在建项目的施工地质工作可参照执行。

(2)本手册使用技术标准均为目前现行有效规范,如果相关规范及规程有新的替代版本,应按照新标准执行。

二、简要说明

目前，为数众多的中小型水库工程建设，大部分有年轻技术人员参与施工地质工作。他们有一定的理论基础，但欠缺工程实践经验，需要掌握工程建设基本程序和施工地质程序以及地质问题处理的能力，才能更好地提供技术服务。本手册提供较为详细的施工地质工作流程、工作方法和注意事项，有利于帮助他们独立解决施工过程中出现的各种问题。

本手册涉及以下5个方面内容。

(1)水利水电工程施工地质基础知识：包括施工地质技术人员应知应会的基本概念、水工建筑物及级别划分基本常识、工程地质基础、工程勘察方法、岩体分级标准、水工建筑物基础处理与岩(土)体锚固工程、混凝土基础常识与水工金属结构，以及水工建筑物运行期间工程监测基础知识等内容。

(2)施工地质工作程序：按照水利水电工程建设基本程序，结合施工地质工作具体特点，介绍施工地质任务要求、施工地质工作流程、施工地质工作策划、施工地质过程控制、施工地质成果验证等内容。

(3)施工地质现场工作指南：针对施工地质现场通常遇到的具体工作，介绍一般处理方法，用以指导现场工作人员解决处理地质相关的常见问题。包括施工地质工作要点、各类建筑物的施工开挖、岩(土)体防渗与排水工程、施工地质常见问题、施工地质预报、水库区和天然建筑材料、不同水工建筑物对工程地质条件的要求等内容。

(4)施工地质资料整编：介绍现场资料整理、阶段验收资料的整编和资料保管与归档等内容。

(5)附录：本手册附录收录大量施工地质各类常用的卡片、表格，岩(土)体分级标准、工程地质常用物理力学参数指标、水文地质参数，施工中涉及的岩石基础、洞室围岩、边坡工程施工的岩(土)体工程经验类参数等表格共计200余个，以及现场开挖展示图图式等，便于现场技术人员参考查阅。

第二章 水利水电工程施工地质基础知识

第一节 水利水电工程等别和水工建筑物级别划分

水利水电工程等别是按水利水电工程规模、效益及其在经济社会中的重要性所划分的等别。水工建筑物按照使用期限可又分为永久性水工建筑物和临时性水工建筑物。永久性建筑物系指工程运行期间使用的建筑物。临时性水工建筑物系指仅在工程施工及维修期间使用的水工建筑物，如导流建筑物、施工围堰等。水工建筑物分类可见图 2-1。

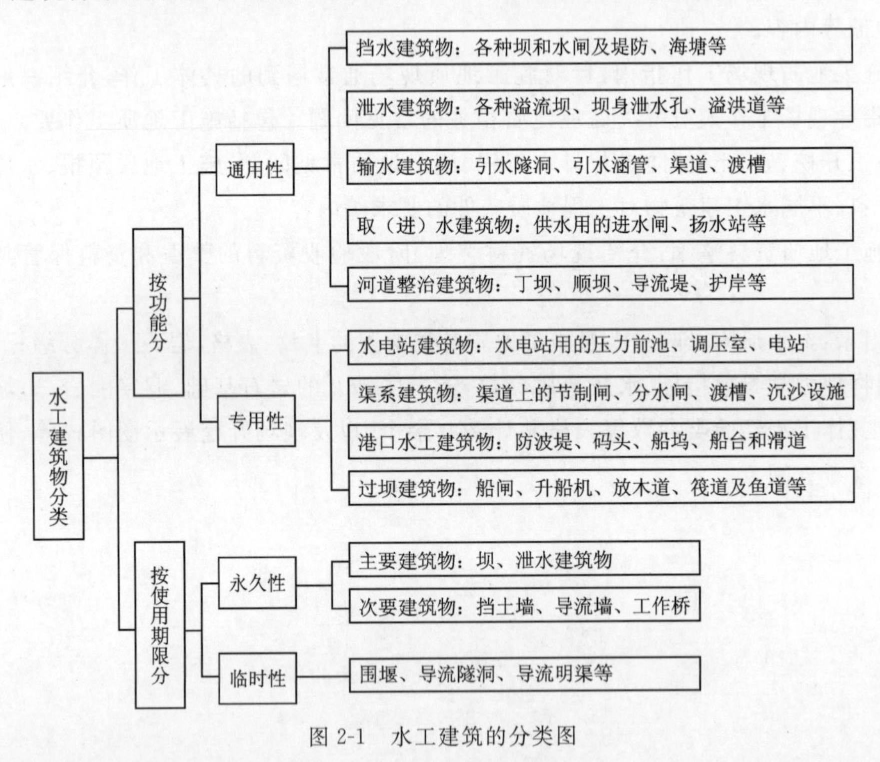

图 2-1 水工建筑的分类图

根据水工建筑物的重要性分为主要建筑物和次要建筑物。

(1)主要建筑物系指在工程中起主要作用，失事后将造成严重灾害或严重影响工程效益的水工建筑物，如堤坝、水闸、电站厂房及泵站等。

(2)次要建筑物系指在工程中作用相对小，失事后影响不大的水工建筑物，如挡土墙、导流墙及护岸等。

按照水工建筑物所属工程等别及其在工程中的作用和重要性分别划分为5级（Ⅰ～Ⅴ等）和3级（3～5级），根据《水利水电工程等级划分与洪水标准》（SL 252—2017），对水利水电工程分等指标、永久性水工建筑物级别和水库大坝提级标准，分别介绍如下。

水利水电工程根据其工程规模、效益和重要性分为5等，见表2-1。

表2-1　水利水电工程分等指标

<table>
<tr><th rowspan="2">工程等别</th><th rowspan="2">工程规模</th><th rowspan="2">水库总库容（$10^8 m^3$）</th><th colspan="3">防洪</th><th>治涝</th><th>灌溉</th><th colspan="2">供水</th><th>发电</th></tr>
<tr><th>保护人口（10^4人）</th><th>保护农田面积（10^4亩）</th><th>保护区当量经济规模（10^4人）</th><th>治涝面积（10^4亩）</th><th>灌溉面积（10^4亩）</th><th>供水对象重要性</th><th>年引水量（$10^8 m^3$）</th><th>发电装机容量（MW）</th></tr>
<tr><td>Ⅰ</td><td>大(1)型</td><td>≥10</td><td>≥150</td><td>≥500</td><td>≥300</td><td>≥200</td><td>≥150</td><td>特别重要</td><td>≥10</td><td>≥1200</td></tr>
<tr><td>Ⅱ</td><td>大(2)型</td><td>1.0～10</td><td>50～150</td><td>100～500</td><td>100～300</td><td>60～200</td><td>50～150</td><td>重要</td><td>3～10</td><td>300～1200</td></tr>
<tr><td>Ⅲ</td><td>中型</td><td>0.1～1.0</td><td>20～50</td><td>30～100</td><td>40～100</td><td>15～60</td><td>5～50</td><td>中等</td><td>1～3</td><td>50～300</td></tr>
<tr><td>Ⅳ</td><td>小(1)型</td><td>0.01～0.1</td><td>5～20</td><td>5～30</td><td>10～40</td><td>3～15</td><td>0.5～5</td><td rowspan="2">一般</td><td>0.3～1</td><td>10～50</td></tr>
<tr><td>Ⅴ</td><td>小(2)型</td><td>0.001～0.01</td><td><5</td><td><5</td><td><10</td><td><3</td><td><0.5</td><td><0.3</td><td><10</td></tr>
</table>

注：1.水库总库容指水库最高水位以下的静库容；治涝面积指设计治涝面积；灌溉面积指设计灌溉面积；年引水量指供水工程渠首设计年均引（取）水量。2.“防洪”中保护区当量经济规模指标仅限于城市保护区；防洪、供水中的多项指标满足1项即可。3.按供水对象的重要性确定工程等别时，该工程应为供水对象的主要水源。

水库及水电站工程的永久性水工建筑物级别，应根据其所在工程的等别和永久性水工建筑物的重要性，按表2-2确定。

表2-2　永久性水工建筑物级别

工程等别	主要建筑物	次要建筑物
Ⅰ	1	3
Ⅱ	2	3
Ⅲ	3	4
Ⅳ	4	5
Ⅴ	5	5

(3)水库大坝按上一条规定为2级、3级，如坝高超过表2-3规定的指标时，其级别可提高一级，但洪水标准可不提高。

水利水电工程永久性水工建筑物的级别应根据工程的等别或永久性水工建筑物的分级指标综合分析确定。

综合利用水利水电工程中承担单一功能的单项建筑物的级别，应按其功能、规模确定；承担多项功能的建筑物级别，应按较高的规模指标确定。

表2-3　水库大坝提级标准

级别	坝型	坝高(m)
2	土石坝	90
	混凝土坝、浆砌石坝	130
3	土石坝	70
	混凝土坝、浆砌石坝	100

失事后损失巨大或影响十分严重的水利水电工程的2～5级主要永久性水工建筑物，经论证并报主管部门批准，建筑物级别可提高一级；水头低、失事后造成损失不大的水利水电工程的1～4级主要永久性水工建筑物，经论证并报主管部门批准，建筑物级别可降低一级。

对2～5级的高填方渠道、大跨度或高排架渡槽、高水头倒虹吸等永久性水工建筑物，经论证后建筑物级别可提高一级，但洪水标准不予提高。

当永久性水工建筑物采用新型结构或其基础的工程地质条件特别复杂时，对2～5级建筑物可提高一级设计，但洪水标准不予提高。

穿越堤防、渠道的永久性水工建筑物的级别，不应低于相应堤防、渠道的级别。

水库工程中最大高度超过200m的大坝建筑物，其级别应为1级，对其设计标准应进行专门研究讨论，并报上级主管部门审查批准。

水电站厂房永久性水工建筑物与水库工程挡水建筑物共同挡水时，其建筑物级别应与挡水建筑物的级别一致，按表2-3确定。

第二节　水工建筑物基本形式类型

一、挡水建筑物

挡水建筑物主要有土石坝、重力坝、拱坝、挡水闸等。其中，土石坝为分布较广的常见坝型。

根据现行《碾压式土石坝设计规范》(SL 274—2020)，土石坝按其坝高可分为低坝、中坝和高坝，高度在30m以下为低坝，30～70m为中坝，高度在70m以上为高坝。

地形地质条件是坝型选择的关键因素，一般来说，岩石地基适于修建混凝土坝或浆砌石坝；坝基及两岸岩石坚硬完整的狭窄河谷，比较适合修建拱坝；覆盖层地基对土石坝较适应，但也可以修建矮混凝土坝或浆砌石坝。需要指出的是，即使是地形地质条件适合修建拱坝的坝址，也有可能适宜修建当地材料坝，需要综合枢纽布置、施工条件、工程投资等各方面因素来确定。

采用当地建筑材料填筑的碾压式土石坝，作为目前最常见的土石坝，又可以分为均质坝、心墙坝、斜墙坝和面板坝。心墙坝可按建筑材料不同细分为黏土心墙坝、沥青心墙坝和钢筋混凝土心墙坝。面板坝按照不同人工材料可分为钢筋混凝土面板坝、沥青混凝土面板坝，而按照不同坝壳材料又可分为堆石面板坝和砂砾石面板坝等。

随着水利水电建筑材料科学和坝工技术发展进步，目前还出现如胶凝砂砾石坝、自密实混凝土坝等新的坝型。

二、泄水建筑物

泄水建筑物的形式有坝顶溢洪道、岸边溢洪道、坝内泄水孔、土石坝坝下埋管、泄水隧洞。泄水建筑物形式选择与坝型选择及地形地质、施工、运行等条件密切相关。

三、引水发电建筑物

引水发电建筑物主要有渠道、隧洞和管道等，它是连接水源点和发电厂房的建筑物形式，选何种形式取决于地形地质条件，陡峭的山区地形宜布置隧洞，较平坦地形则适合明渠和管道。

四、输（排）水（渠系）建筑物

输（排）水（渠系）建筑物包括进水口、渠道、管道、隧洞、涵洞、渡槽、倒虹吸等。

五、发电厂房（泵站）及开关站（变电站）

发电厂房按照厂房结构及布置特点分为地面式厂房、地下式厂房、坝内式厂房和溢流式厂房。地面式厂房按照其位置分为河床式厂房、坝后式厂房、岸边式厂房；地下式厂房位于地下洞室中，有的地下厂房上部露出地面；坝内式厂房位于坝体空腔内；溢流式厂房位于溢流坝坝址，坝上溢出水流流经或越过厂房顶，泄入尾水渠。

泵站根据承担任务不同，可分为灌溉泵站、排水泵站、灌排结合泵站、供水泵站等。泵站结构一般为固定式和移动式。常见固定式的基础形式有分基型、干室型、湿室型和块基型4种。

开关站（变电站）有户外式和户内式两种，户内式目前采用较为普遍。

六、堤防

堤防工程的形式根据筑堤材料可选择土堤、石堤、混凝土和钢筋混凝土防渗墙、分区填筑的混合堤等。根据堤身断面形式分为斜坡式堤、直墙式堤或直斜式堤等；根据防渗设计，可选择均质土堤、斜墙式或心墙式土堤等。

第三节　工程地质基础

一、地形地貌

地形是地貌和地物的统称。地貌是地表面高低起伏的自然形态，地物是地表面自然形成和人工建造的固定性物体。我国的地形主要有山地、高原、盆地、平原和丘陵。我国陆地地貌的主要类型见表2-4。

表2-4　我国陆地地貌的主要类型

类型		成因	特征
堆积平原	冲积平原	河流沉积	地势开阔平坦，通常是由很厚的淤积层组成，有个别的丘陵凸出在平原之上
	湖积平原	湖泊淤积	位于现代湖泊边缘或古代湖泊遗址。常与冲积平原混杂而形成湖积冲积平原或冲积湖积平原，如江汉平原、鄱阳湖滨平原
	洪积平原	间歇性暂时水流搬运沉积	地面倾斜，组成物质比较粗，与冲积平原常组成混合类型的洪积冲积平原或冲积洪积平原
	海成平原	海底上升	见于海边狭窄地带，面积不大，地表多为滨海相沉积物
剥蚀地貌	平原	各种外营力将风化疏松物质运走而形成	地表有起伏，覆盖层薄，颗粒粗，可见残丘凸露
	高平原	剥蚀平原隆起形成	
	高原	地势强烈隆起形成	
黄土地貌	黄土塬	古地形控制或洪积成因	地表平坦，周围有深沟
	黄土丘陵	古地形控制及黄土堆积后的侵蚀作用	为黄土覆盖的波状起伏地形
侵蚀地貌	高山 中山 低山	河流侵蚀作用为主	分布于轻微上升地区
岩溶山地	中山 低山	碳酸盐类岩石溶蚀和侵蚀作用	主要发育于轻微隆起地区，形成峰林、漏斗、落水洞等岩溶地貌
冰川、寒冻、泥流作用高山		冰川、寒冻、泥流作用	分布在强烈隆起地区，山顶、山谷有常年积雪和冰川，古代冰川遗迹分布很广
干燥剥蚀作用山地（中山、低山）		干燥剥蚀作用	受极端大陆气候影响，山地物理风化作用强烈，山坡有很厚的岩屑和乱石堆，坡度陡，地表分割不强烈
火山地貌		第三纪（古近纪＋新近纪）和第四纪火山喷发	现在地表仍很少被破坏，多成为熔岩台地、高原和具有波状起伏的分割轻微的高原，即台原地形

二、地层时代及地层岩性

（一）地层时代

地层时代可按地层层序的相对地质年代和绝对地质年代两种方法来确定。

1. 相对地质年代

相对地质年代是指按地层由老到新叠覆律，确定同一地区沉积物单纯纵向堆积作用下地层相对层位和时代的基本方法。岩层相对年龄确定方法见表 2-5。

表 2-5　岩层相对年龄确定方法

确定方法	方法要点		
古生物法	根据所研究地层中含有的标准化石确定其时代		
岩性和岩相对比法	按同一时代、同一沉积环境下所形成的岩石性质大致相似的原则，研究已经建立了标准地层的相应地层，从地区岩石的颜色、成分、结构、岩性和岩相特点确定其层位		
层位接触关系分析法	岩浆岩与沉积岩接触	侵入接触	若沉积岩形成后，岩浆岩体穿插在沉积岩中，则沉积岩的时代比岩浆岩老
		沉积接触	岩浆岩形成后，经风化剥蚀上部又被沉积岩所覆盖，则沉积岩比岩浆岩新
	岩浆岩与岩浆岩接触	岩浆岩相互穿插时，被穿插的岩体时代较老	
	沉积岩与沉积岩接触	整合接触	下部岩层老，上部岩层新，顺序堆积
		平行不整合接触	下部岩层老，上部岩层新，由于地壳升降运动影响，中间有沉积间断，缺失部分地层，但上、下岩层产状一致
		角度不整合接触	岩层上新下老，由于地壳褶皱运动影响，中间缺失部分地层，上、下两套地层的产状不一致

2. 绝对地质年代

绝对地质年代是以绝对的天文单位“年”来表达地质时间的方法。绝对地质年代学可以用来确定地质事件发生、延续和结束的时间。目前，较常见也较准确的测年方法是放射性同位素法。

3. 地层单位及地质年代符号

地层单位的划分是以生物演化的不同阶段作用划分地层单位为依据，每一地层单位都严格与地质时代单位相对应。地层单位和地质时代单位见表 2-6。

表 2-6　地层单位和地质时代单位对照表

使用范围	地层划分单位	地质时代划分单位
国际性的	宇 界 系 统	宙 代 纪 世
全国性的或大区域性的	（统） 阶 带	（世） 期
地方性的	群 组 段 层	时（时代、时期）

我国通用的地质年代及代表符号见附录 W 中表 W.1 地层与年代符号。

（二）地层岩性

地层主要由岩石、土、孔隙中的水和空气组成。

1. 岩石的分类

1）岩石按成因分类

岩石按成因可分为岩浆岩（火成岩）、沉积岩和变质岩三大类。

（1）岩浆岩。岩浆在向地表上升过程中，由于热量散失逐渐经过分异等作用冷凝而成岩浆岩。在地表下冷凝的岩浆称侵入岩，喷出地表冷凝的称喷出岩。岩浆岩的分类见表 2-7。

表 2-7　岩浆岩按成因分类表

<table>
<tr><td colspan="3">化学成分</td><td colspan="3">含 Si、Al 为主</td><td colspan="2">含 Fe、Mg 为主</td><td rowspan="5">产状</td></tr>
<tr><td colspan="3">酸基性</td><td>酸性</td><td colspan="2">中性</td><td>基性</td><td>超基性</td></tr>
<tr><td colspan="3">颜色</td><td colspan="3">浅色（浅灰色、浅红色、红色、黄色）</td><td colspan="2">深色（深灰色、绿色、黑色）</td></tr>
<tr><td colspan="3" rowspan="2">矿物成分</td><td colspan="2">含正长石</td><td colspan="2">含斜长石</td><td>不含长石</td></tr>
<tr><td>石英、云母、角闪石</td><td>黑云母、角闪石、辉石</td><td>角闪石、辉石、黑云母</td><td>辉石、角闪石、橄榄石</td><td>辉石、橄榄石、角闪石</td></tr>
<tr><td rowspan="4">成因及结构</td><td>深成的</td><td>等粒状，有时为斑状，所有矿物皆能用肉眼鉴别</td><td>花岗岩</td><td>正长岩</td><td>闪长岩</td><td>辉长岩</td><td>橄榄岩、辉岩</td><td>岩基、岩株</td></tr>
<tr><td>浅成的</td><td>斑状（斑晶较大且可分辨出矿物名称）</td><td>花岗斑岩</td><td>正长斑岩</td><td>玢岩</td><td>辉绿岩</td><td>苦橄玢岩（少见）</td><td>岩脉、岩枝、岩盘</td></tr>
<tr><td rowspan="2">喷出的</td><td>玻璃状，有时为细粒斑状，矿物难以用肉眼鉴别</td><td>流纹岩</td><td>粗面岩</td><td>安山岩</td><td>玄武岩</td><td>苦橄岩、（少见）金伯利岩</td><td>熔岩流</td></tr>
<tr><td>玻璃状或碎屑状</td><td colspan="5">黑曜岩、浮石、火山凝灰岩、火山碎屑岩、火山玻璃</td><td>火山喷出的堆积物</td></tr>
</table>

(2)变质岩。它是岩浆岩或沉积岩在高温、高压或其他因素作用下，经变质所形成的岩石。变质岩的分类见表2-8。

表2-8　变质岩按成因分类表

岩石类别	岩石名称	主要矿物成分	鉴定特征
片状岩石类	片麻岩	石英、长石、云母	片麻状构造，浅色长石带和深色云母带互相交错，结晶粒状或斑状结构
	云母片岩	云母、石英	具有薄片理，片理面上有强的丝绢光泽，石英凭肉眼常看不到
	绿泥石片岩	绿泥石	绿色，常为鳞片状或叶片状的绿泥石块
	滑石片岩	滑石	鳞片状或叶片状的滑石块，用指甲可刻划，有滑感
	角闪石片岩	普通角闪石、石英	片理常常表现不明显
	千枚岩、板岩	云母、石英等	具有片理，肉眼不易识别矿物，锤击声清脆，并具有丝绢光泽，千枚岩的丝绢光泽表现得很明显
块状岩石类	大理岩	方解石，少量白云石	结晶粒状结构，遇盐酸起泡
	石英岩	石英	致密的、细粒的块体，坚硬，莫氏硬度为7，玻璃光泽，断口贝壳状或次贝壳状

(3)沉积岩。它是由碎屑物质经水流、风吹和冰川等的搬运，堆积在低洼地带，经胶结、压密等成岩作用而成的岩石。沉积岩的主要特征是具有层理。沉积岩的分类见表2-9。

表2-9　沉积岩按成因分类表

成因	硅质的	泥质的	灰质的	其他成分
碎屑沉积	石英砾岩、石英角砾岩、燧石角砾岩、砂岩、石英岩	泥岩、页岩、黏土岩	灰质砾岩、灰质角砾岩、多种灰岩	集块岩
化学沉积	硅华、燧石、石髓岩	泥铁石	石笋、石钟乳、石灰华、白云岩、灰岩、泥灰岩	岩盐、石膏、硬石膏、硝石
生物沉积	硅藻土	油页岩	白垩、白云岩、珊瑚石、灰岩	煤炭、油砂、某种磷酸盐岩石

2)岩石按坚硬程度分类

岩石坚硬程度按饱和单轴抗压强度分类见表2-10。

表2-10　岩石按坚硬程度分类表

坚硬程度	坚硬岩	较硬岩	较软岩	软岩	极软岩
饱和单轴抗压强度(MPa)	$f_r>60$	$60\geqslant f_r>30$	$30\geqslant f_r>15$	$15\geqslant f_r>5$	$f_r\leqslant 5$

注：1. 当无法取得饱和单轴抗压强度数据时，可用点荷载试验强度换算，换算方法按 $f_r=22.82I_{S(50)}^{0.75}$；$I_{S(50)}$为实测的岩石点荷载强度指数；2. 当岩体完整程度为极破碎时，可不进行坚硬程度分类。

3)岩石按风化程度分类

岩石按风化程度划分见表 2-11。

表 2-11　岩石按风化程度分类

风化程度	野外特征	风化程度参数指标	
		波速比	风化系数 K_f
未风化	岩质新鲜,偶见风化痕迹	0.9～1.0	0.9～1.0
微风化	结构基本未变,仅节理面有渲染或略有变色,有少量风化裂隙	0.8～0.9	0.8～0.9
中等风化	结构部分破坏,沿节理面有次生矿物,风化裂隙发育,岩体被切割成岩块,用镐难挖,岩芯钻方可钻进	0.6～0.8	0.4～0.8
强风化	结构大部分被破坏,矿物成分显著变化,风化裂隙很发育,岩体破碎,用镐可挖,干钻不易钻进	0.4～0.6	<0.4
全风化	结构基本破坏,但尚可辨认,有残余结构强度,可用镐挖,干钻可钻进	0.2～0.4	—
残积土	组织结构全部破坏,已风化成土状,锹镐易挖掘,干钻易钻进,具可塑性	<0.2	—

注:1. 波速比为风化岩石与新鲜岩石压缩波速度之比;2. 风化系数为风化岩石与新鲜岩石饱和单轴抗压强度之比;3. 岩石风化程度,除按表列野外特征和定量指标划分外,也可根据当地经验划分;4. 花岗岩类岩石,可采用标准贯入试验划分,$N\geqslant 50$ 为强风化,$50>N\geqslant 30$ 为全风化,$N<30$ 为残积土;5. 泥岩和半成岩,可不进行风化程度划分。

4)岩石按软化程度分类

岩石按软化系数 K_R 可分为软化岩石和不软化岩石。当软化系数 $K_R\leqslant 0.75$ 时,为软化岩石;当软化系数 $K_R>0.75$ 时,为不软化岩石。

5)岩体按完整程度分类

(1)岩体完整程度的定量划分见表 2-12。

表 2-12　岩体完整程度分类表

完整程度	完整	较完整	较破碎	破碎	极破碎
完整性指数	$K_v>0.75$	$0.75\geqslant K_v>0.55$	$0.55\geqslant K_v>0.35$	$0.35\geqslant K_v>0.15$	$K_v\leqslant 0.15$

注:岩体完整性指数(K_v)为岩体与岩块的压缩波速度之比的平方,选定岩体和岩块应注意其代表性。

岩体完整程度的定性划分见表 2-13。

表 2-13　岩体完整程度的定性分类表

完整程度	结构面发育程度		主要结构面结合程度	主要结构面类型	相应结构类型
	组数	平均间距(m)			
完整	1～2	>1.0	结合好或结合一般	裂隙、层面	整体状或厚层状结构
较完整	1～2	>1.0	结合差	裂隙、层面	块状或厚层状结构
	2～3	1.0～0.4	结合好或结合一般		块状结构

续表 2-13

<table>
<tr><th rowspan="2">完整程度</th><th colspan="2">结构面发育程度</th><th rowspan="2">主要结构面结合程度</th><th rowspan="2">主要结构面类型</th><th rowspan="2">相应结构类型</th></tr>
<tr><th>组数</th><th>平均间距(m)</th></tr>
<tr><td rowspan="3">较破碎</td><td>2～3</td><td>1.0～0.4</td><td>结合差</td><td rowspan="3">裂隙、层面、小断层</td><td>裂隙块状或中厚层状结构</td></tr>
<tr><td rowspan="2">≥3</td><td rowspan="2">0.4～0.2</td><td>结合好</td><td>镶嵌碎裂结构</td></tr>
<tr><td>结合一般</td><td>中、薄层状结构</td></tr>
<tr><td rowspan="2">破碎</td><td rowspan="2">≥3</td><td>0.4～0.2</td><td>结合差</td><td rowspan="2">各种类型结构面</td><td>裂隙块状结构</td></tr>
<tr><td>≤0.2</td><td>结合一般或结合差</td><td>碎裂状结构</td></tr>
<tr><td>极破碎</td><td>无序</td><td>—</td><td>无序，结合很差</td><td>—</td><td>散体状结构</td></tr>
</table>

注：平均间距指主要结构面(1～2组)间距的平均值。

6)岩体基本质量等级分类

岩体基本质量等级划分见表 2-14。

表 2-14　岩体基本质量等级分类表

坚硬程度	完整程度				
	完整	较完整	较破碎	破碎	极破碎
坚硬岩	Ⅰ	Ⅱ	Ⅲ	Ⅳ	Ⅴ
较硬岩	Ⅱ	Ⅲ	Ⅳ	Ⅳ	Ⅴ
较软岩	Ⅲ	Ⅳ	Ⅳ	Ⅴ	Ⅴ
软岩	Ⅳ	Ⅳ	Ⅴ	Ⅴ	Ⅴ
极软岩	Ⅴ	Ⅴ	Ⅴ	Ⅴ	Ⅴ

2. 土的分类

根据土颗粒组成特征、土中未完全分解的动植物残骸和无定型物质判定是有机土还是无机土。对于无机土，则按其不同粒组的相对含量划分为巨粒类土、粗粒类土、细粒土 3 类。粒组的划分见表 2-15。

表 2-15　粒组划分

粒组统称	粒组名称	粒径 d 的范围(mm)
巨粒类土	漂石(块石)粒	$d>200$
	卵石(碎石)粒	$200\geq d>60$

续表 2-15

粒组统称	粒组名称		粒径 d 的范围(mm)
粗粒类土	砾粒	粗砾	$60 \geqslant d > 20$
		中砾	$20 \geqslant d > 5$
		细砾	$5 \geqslant d > 2$
	砂粒	粗砂	$2 \geqslant d > 0.5$
		中砂	$0.5 \geqslant d > 0.25$
		细砂	$0.25 \geqslant d > 0.075$
细粒土	粉粒		$0.075 \geqslant d > 0.005$
	黏粒		$d \leqslant 0.005$

1)巨粒土和含巨粒土的分类与定名

(1)试样中巨粒组质量大于总质量50%的土称巨粒类土。

(2)试样中巨粒组质量为总质量15%～50%的土为巨粒混合土。

(3)试样中巨粒组质量小于总质量15%的土,可扣除巨粒,按粗粒土或细粒土的相应规定分类、定名。

巨粒土和含巨粒土的分类、定名应符合表2-16的规定。

表 2-16 巨粒土和含巨粒土的分类表

土类	粒组含量		土代号	土名称
巨粒土	巨粒含量 100%～75%	漂石粒含量>50%	B	漂石
		漂石粒含量≤50%	Cb	卵石
混合巨粒土	巨粒含量 75%～50%	漂石粒含量>50%	BSI	混合土漂石
		漂石粒含量≤50%	CbSI	混合土卵石
巨粒混合土	巨粒含量 50%～15%	漂石粒含量>卵石粒含量	SIB	漂石混合土
		漂石粒含量≤卵石粒含量	SICb	卵石混合土

2)粗粒土的分类和定名

(1)试样中粗粒组质量大于总质量50%的土称粗粒类土。

(2)粗粒类土中砾粒组质量大于总质量50%的土称砾类土,砾粒组质量小于或等于总质量50%的土称砂类土。

砾类土、砂类土的分类、定名应符合表2-17、表2-18的规定。

表 2-17 砾类土的分类表

土 类	粒组含量		土代号	土名称
砾	细粒含量<5%	级配:$C_u \geqslant 5, 3 \geqslant C_c \geqslant 1$	GW	级配良好砾
		级配:不同时满足上述要求	GP	级配不良砾

续表 2-17

土类	粒组含量		土代号	土名称
含细粒土砾	5%≤细粒含量<15%		GF	含细粒土砾
细粒土质砾	15%≤细粒含量<50%	细粒组中粉粒含量≤50%	GC	黏土质砾
		细粒组中粉粒含量>50%	GM	粉土质砾

表 2-18　砂类土的分类表

土类	粒组含量		土代号	土名称
砂	细粒含量<5%	级配：$C_u \geqslant 5$，$3 \geqslant C_c \geqslant 1$	SW	级配良好砂
		级配：不同时满足上述要求	SP	级配不良砂
含细粒土砂	5%≤细粒含量<15%		SF	含细粒土砂
细粒土质砂	15%≤细粒含量<50%	细粒组中粉粒含量≤50%	SC	黏土质砂
		细粒组中粉粒含量>50%	SM	粉土质砂

3)细粒土分类和定名

(1)试样中粗粒组质量小于总质量25%的土称细粒土。

(2)试样中粗粒组质量为总质量25%～50%的土称含粗粒的细粒土。

(3)试样中含有部分有机质(有机质含量 $5\% < O_u < 10\%$) 的土称有机质土。

细粒土的分类、定名应符合表 2-19 的规定。

表 2-19　细粒土的分类表

土的塑性指标		土代号	土名称
塑性指数 I_P	液限 w_L		
$I_P \geqslant 0.73(W_L-20)$ 和 $I_P \geqslant 10$	$w_L \geqslant 50\%$	CH	高液限黏土
	$w_L < 50\%$	CL	低液限黏土
$I_P < 0.73(W_L-20)$ 和 $I_P < 10$	$w_L \geqslant 50\%$	MH	高液限粉土
	$w_L < 50\%$	ML	低液限粉土

三、地质构造

地质构造：组成地壳的岩石在长期的地质作用下发生变形、变位的形迹，称为地质构造。例如：由地质作用在岩层中形成的背斜和向斜褶曲、断层或断裂、节理、劈理等，以及其他的面状、线状构造等地质构造(简称构造)。其成因主要是内力地质作用。

(一)岩层的产状和接触关系

岩层的产状要素由走向、倾向和倾角(真倾角、假倾角)组成(图 2-2)。岩层的接触关系从成因特征上可分为整合和不整合两种基本类型。

（二）褶皱

1. 褶皱的基本概念

岩层受挤压作用发生弯曲变形称褶皱（图 2-3）；褶皱的基本类型有背斜和向斜两种。

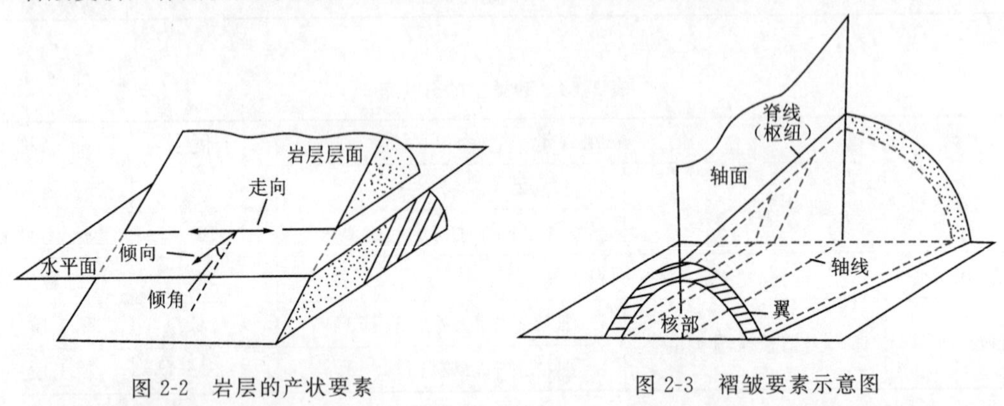

图 2-2　岩层的产状要素　　　　图 2-3　褶皱要素示意图

2. 褶皱主要形态的分类

按横剖面的形状分为背斜褶皱和向斜褶皱。

按轴面的空间位置和翼部的倾斜分为直立褶皱（对称褶皱）、歪斜褶皱（不对称褶皱）、倒转褶皱、平卧褶皱。

按剖面组合形态分为复背斜褶皱、复向斜褶皱、隔挡式褶皱、隔槽式褶皱。

（三）裂隙（节理）

岩石中的断裂，沿断裂面没有（或有很微小）位移称裂隙（节理）。

裂隙的主要类型如下：

(1)按成因分为原生裂隙和次生裂隙。

(2)按力的来源分为构造裂隙和非构造裂隙。

(3)按力的性质分为剪裂隙和张裂隙。

剪裂隙：产状较稳定，沿走向和倾向延伸较远；裂隙面平直、光滑；裂隙面常有擦痕和摩擦镜面；裂隙多呈闭合状；由于发育较密，常形成裂隙密集带。

张裂隙：产状不稳定，往往延伸不远即消失；裂隙面粗糙不平，呈弯曲状或锯齿状；裂隙呈开口状或楔形；由于发育稀疏，很少构成裂隙密集带。

(4)按其与岩层走向关系分为走向裂隙、倾向裂隙、斜向裂隙和顺层裂隙。

(5)按其与褶曲轴向关系分为纵裂隙、横裂隙、斜裂隙。

（四）断层

断裂两侧的岩石沿断裂面发生明显位移者称断层（图 2-4）。

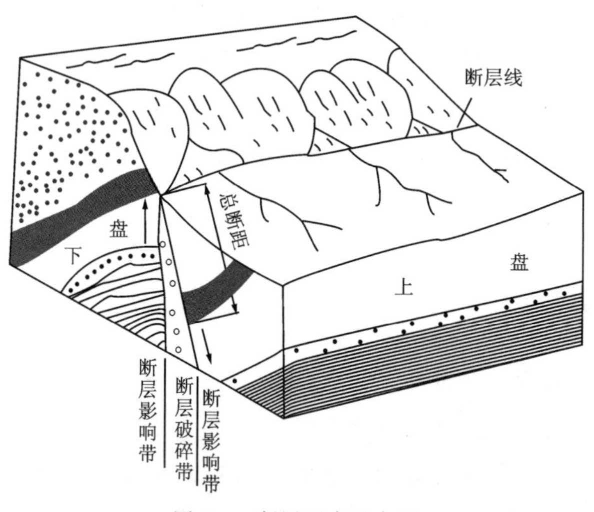

图 2-4　断层要素示意图

1. 断层的类型

按断层两盘的相对位移可分为正断层、逆断层(冲断层、逆掩断层、辗掩断层、叠瓦式断层)和平移断层。

2. 断层的识别

(1)地形上的特征:表现为陡坡悬崖或河流纵坡突变或山峰中断,有时沿断层方向出现溪谷,沿断层往往有多个泉水出露。

(2)岩层排列上的特征:岩脉的移动、地层的重复或缺失、岩层的突然中断。沿岩层走向观察如岩层突然中断等,都可能有断层。

(3)断层面及破碎带上的特征:

①擦痕。断层面上因两盘摩擦而产生断层擦痕,从擦痕方向可推知断层运动方向,但有些断层面因长期风化和侵蚀,擦痕可能不清楚。

②破碎带。由于断层两盘相对运动,常使断层面附近岩石破碎成碎石和粉末,形成断层角砾岩和断层泥,角砾岩的石质和断层附近的岩体岩性相同。在正断层中,角砾岩岩块多呈棱角,堆积较无次序,混杂物质很普遍;在逆掩断层中角砾岩岩块多磨圆或磨光,不出现其他混杂物质。

③断层的拖曳现象。断层两盘相对运动,常使断层面两侧的岩石发生一定的塑性变形,形成小的弯曲,一般从拖曳弯曲方向可推知断层的运动方向。

3. 活动性断裂

在我国第四纪的早更新世和中更新世之间的构造运动是一次大范围的大地运动,它引起的断裂活动基本上是一直延续至今的,而且由中更新世至今几十万年间的具体活动部位也没有多大改变，这个时期以来的活动性断裂与现代地震活动在空间分布上大体也相吻合，所以把中更新世以来有过活动痕迹的断裂定为划分活动性断裂的时间界线比较适宜。也可根据工程建设的需要，对在近代地质时期(1 万年)内有过较强烈的地震活动或近期正在活动、在将来(今后 100 年)可能继续活动的断裂定为全新活动断裂。

四、水文地质

1. 水在岩土中的赋存形式

自然界岩土孔隙中赋存着各种形式的水，按其存在形态分为液态水、气态水、固态水。

(1)液态水：根据水分子受力状况可分为结合水、重力水、毛细管水。

(2)气态水：呈气态和空气一起充填在非饱和的岩土孔隙中。当岩土空隙内水气增多达到饱和或周围温度降低到露点时，气态水便凝结成液态水。

(3)固态水：指常压下当岩(土)体温度低于 0℃时，岩土孔隙中的液态水(甚至气态水)凝结成冰(冰夹层、冰锥、冰晶体等)。岩土孔隙中的液态水转变为固态水时其体积膨胀，使土的孔隙增大，结构变得松散，故解冻后的土压缩性增大，其强度降低。

2. 地下水的类型及其特征

地下水的分类方法很多，根据地下水的埋藏条件，可分为包气带水、潜水和承压水三大主要类型。地下水的主要类型见表 2-20。

表 2-20　地下水的主要类型及其特征

<table>
<tr><th colspan="2">类型</th><th>分布</th><th>水力特点</th><th>补给区</th><th>动态特征</th><th>含水层状态</th><th>水量</th><th>受污染情况</th></tr>
<tr><td rowspan="5">包气带水</td><td>孔隙水</td><td>松散层</td><td rowspan="5">无压</td><td rowspan="5">与分布区一致</td><td rowspan="5">随季节变化</td><td>层状</td><td rowspan="5">不大</td><td rowspan="5">易受污染</td></tr>
<tr><td>裂隙水</td><td>裂隙黏土、基岩裂隙、风化带</td><td>脉状、带状</td></tr>
<tr><td>岩溶水</td><td>可溶岩垂直渗入带</td><td>局部含水</td></tr>
<tr><td>多年冻结区水</td><td>融冻层</td><td>不规则</td></tr>
<tr><td>火山活动区水</td><td>火山口</td><td>不规则</td></tr>
<tr><td rowspan="5">潜水</td><td>孔隙水</td><td>松散层</td><td rowspan="5">无压、局部低压</td><td rowspan="5">与分布区一致</td><td rowspan="5">受气象因素影响而变化</td><td>层状</td><td>受颗粒级配影响</td><td rowspan="5">较易受污染</td></tr>
<tr><td>裂隙水</td><td>基岩裂隙、破碎带</td><td>带状、层状</td><td>一般较小</td></tr>
<tr><td>岩溶水</td><td>碳酸盐岩层中溶蚀带</td><td>带状、脉状</td><td>大</td></tr>
<tr><td>多年冻结区水</td><td>冻层上或层间</td><td></td><td>不大</td></tr>
<tr><td>火山活动区水</td><td>含气温热水</td><td></td><td>不大</td></tr>
</table>

续表 2-20

类型		分布	水力特点	补给区	动态特征	含水层状态	水量	受污染情况
承压水	孔隙水	松散层	承压	与分布区不一致	受当地气象因素影响不显著	层状	受颗粒级配影响	不易受污染
	裂隙水	基岩构造盆地 向斜、单斜、断裂				脉状、带状	一般不大	
	岩溶水	向斜、单斜岩溶层				层状、脉状	大	
	多年冻结区水	冻层下				层状	不大	
	热矿水	深断裂或侵入体接触带				带状、层状		

3. 地下水的化学性质

地下水是一种复杂的天然溶液，就目前所知，存在于地壳中的87种稳定元素，在地下水中已发现70多种。地下水化学成分包括多种气体成分，各种离子，有机化合物，有机和无机络合物，微生物，胶体及放射性元素、同位素等。

五、常见岩(石、土)体物理力学参数

岩石是天然形成的具有一定结构构造的、由一种或多种矿物组成的集合体。岩体是指包括各种结构面和结构体的原位岩石的综合体。一般情况下同类岩石和岩体的物理性质基本一致，但岩体由于受结构构造影响，力学性质相差较大。

岩体的动弹性参数是反映岩体坚硬程度、完整程度及嵌合紧密程度等工程地质性质的指标。参数主要为声波波速和地震波波速。

1. 常见岩石物理力学参数

常见岩石的物理力学参数主要包括密度、相对密度、孔隙率、吸水率、饱和抗压强度、软化系数、纵波波速、抗拉强度、弹性模量、变形模量、泊松比、抗剪强度和抗剪断强度。

常见岩石的物理力学参数的经验值见表2-21。

表 2-21 常见岩石的物理力学参数的经验值表

岩石名称		物理性质						力学性质								
		密度 ρ (g/cm³)	相对密度 G_s (g/cm³)	孔隙率 n (%)	吸水率 ω_a (%)	饱和抗压强度 R_b (MPa)	软化系数 η	纵波波速 v_p (m/s)	抗拉强度 σ_t (MPa)	弹性模量 E_e (GPa)	变形模量 E_0 (GPa)	泊松比 μ	抗剪断强度		抗剪强度	
													f'	c' (MPa)	f	c (MPa)
岩浆岩	花岗岩	2.40～2.85	2.50～3.00	0.18～2.54	0.47～1.94	75～200	0.69～0.90	4500～6500	3.1～10.0	14～65	9～38	0.18～0.33	1.05～1.50	>20	0.80～1.25	0.1～1.3
	正长岩	2.42～2.85	2.54～3.00	0.68～2.50	0.10～1.70	80～230	0.70～0.90	4500～6800	3.5～10.5	30～60	25～54	0.18～0.30	1.10～1.80	3.0～7.0	0.84～1.25	0.15～1.25
	闪长岩	2.52～2.99	2.60～3.10	0.25～3.19	0.18～1.00	110～240	0.70～0.92	>5000	4.0～12.0	47～100	16～38	0.14～0.33	1.23～1.70	1.6～3.18	0.73～1.18	0.23～1.07
	辉长岩	2.55～3.09	2.70～3.20	0.29～3.13	0.5～1.1	60～114	0.50～0.90	4500～6500	4.5～7.1	8～27	4～14	0.16～0.23	0.90～1.31	1.1～1.5	0.78～1.10	<0.3
	玢岩	2.40～2.84	2.60～2.90	0.27～4.35	0.07～0.65	100～160	0.78～0.91	4500～6000	>4.6	25～40	14～29	0.18～0.25	0.95～1.37	1.4～2.7	0.85～1.08	<0.3
	斑岩	2.60～2.89	2.70～2.90	0.29～2.75	<1.0	110～180	0.75～0.95	>4000	>4.0	9～23	6～15	0.22～0.27	1.00～1.64	1.8～2.8	0.82～1.21	<0.3
	花岗闪长岩	2.60～2.75	2.65～2.84	1.50～2.34	0.25～0.80	120左右	0.66～0.90	>4500	5.0～7.3	24～38	14～26	0.18～0.22	0.95～1.70	1.1～3.3	0.90～1.30	0.1～0.4
	辉绿岩	2.53～2.97	2.60～3.10	0.29～6.38	0.2～1.0	60～114	0.50～0.90	4500～6800	4.5～7.1	17～37	14～24	0.18～0.26	0.94～1.31	1.1～2.5	0.78～1.1	<0.3
	流纹岩	2.49～2.65	2.62～2.72	1.1～3.4	0.14～1.65	100～180	0.70～0.90	4200～6500	5.0～8.5	18～60	10～26	0.16～0.20	1.17～1.38	>1.0	0.79>1.09	<0.3
	安山岩	2.30～2.80	2.40～2.90	0.29～4.35	0.4～1.0	90～170	0.70～0.85	4000～6500	4.5～6.5	23～48	12～24	0.20～0.26	0.93～1.24	1.5～2.4	0.75～1.10	0.2～0.3
	玄武岩	2.5～3.1	2.65～3.30	0.3～4.3	0.2～1.0	125～190	0.80～0.95	4500～6800	5.0～9.6	34～100	26～46	0.22～0.28	1.19～1.57	1.8～3.5	0.84～1.00	0.1～0.5

续表 2-21

岩石名称		物理性质						力学性质								
		密度 ρ (g/cm^3)	相对密度 G_s (g/cm^3)	孔隙率 n (%)	吸水率 ω_a (%)	饱和抗压强度 R_b (MPa)	软化系数 η	纵波波速 v_p (m/s)	抗拉强度 σ_t (MPa)	弹性模量 E_e (GPa)	变形模量 E_0 (GPa)	泊松比 μ	抗剪断强度 f'	抗剪断强度 c' (MPa)	抗剪强度 f	抗剪强度 c (MPa)
火山碎屑岩	火山角砾岩	2.20～2.90	2.50～3.00	0.90～7.54	0.34～2.12	60～100	0.57～0.90	4000～6000	3.0～5.6	1.8～5.6	1.1～3.9	0.28～0.30	0.84～1.27	0.3～0.9	0.78～1.04	<1.0
	安山凝灰岩	2.58左右	2.68左右	1.58～4.59	0.18～1.55	31～56	0.52～0.75	3000～4500	1.5～2.5	1.3～3.2	0.9～1.9	0.30～0.35	0.76～0.94	0.1～0.5	0.65～0.80	<0.05
	凝灰质熔岩	2.60～2.65	2.80～2.90	5.05～5.10	3.30～3.40	30～35	0.46～0.70	3400～3600	1.8～2.2	1.5～1.7	7～11	0.30～0.35	0.70～0.83	0.1～0.5	0.58～0.75	<0.05
碎屑沉积岩类	硅质砾岩	2.26～2.70	2.70～2.77	0.4～4.0	0.16～1.40	80～150	0.65～0.97	4500～6500	3.1～7.5	14～36	9～18	0.16～0.30	0.88～1.34	1.1～2.8	0.75～0.90	<0.1
	钙质胶结砾岩	2.60～2.70	2.68～2.77	0.5～5.0	0.2～1.0	40～100	0.70～0.90	4000～5500	2.2～5.4	12～28	7～15	0.25～0.30	0.85～1.10	0.5～1.8	0.70～0.85	<0.08
	泥质胶结砾岩	2.55～2.64	2.66～2.74	1.5～6.5	0.62～5.10	17～32	0.58～0.75	2500～3500	1.2～1.8	2.4～4.0	1.2～2.6	0.25～0.35	0.7～0.85	0.3～1.2	0.60～0.75	<0.05
	混合胶结砾岩（钙质、泥质、铁质）	2.58～2.66	2.68～2.76	3.50～6.75	1.05～2.85	28～45	0.68～0.80	3000～4000	1.5～2.0	3.9～6.0	2.8～3.8	0.28～0.35	0.82～1.02	0.5～1.5	0.65～0.80	<0.05
	石英（硅质）砂岩	2.46～2.75	2.66～2.79	1.04～9.30	0.14～4.10	60～110	0.65～0.79	4000～5500	2.5～4.0	6.5～16.5	4～12.4	0.2～0.28	0.92～1.46	1.8～3.5	0.78～1.13	0.05～0.50
	钙质胶结砂岩	2.55～2.70	2.64～2.78	0.5～6.7	0.2～5.4	60～90	0.70～0.85	3500～5000	2.0～3.0	6～14.8	3.5～11.5	0.25～0.30	0.90～1.28	0.8～2.5	0.65～0.85	0.03～0.1

续表 2-21

岩石名称		物理性质						力学性质								
		密度 ρ (g/cm³)	相对密度 G_s (g/cm³)	孔隙率 n (%)	吸水率 ω_a (%)	饱和抗压强度 R_b (MPa)	软化系数 η	纵波波速 v_p (m/s)	抗拉强度 σ_t (MPa)	弹性模量 E_e (GPa)	变形模量 E_0 (GPa)	泊松比 μ	抗剪断强度		抗剪强度	
													f'	c' (MPa)	f	c (MPa)
碎屑沉积岩类	泥质砂岩或泥质粉砂岩	2.35～2.65	2.68～2.75	1.2～12.0	0.6～5.6	20～45	0.55～0.80	2000～3800	1.0～2.4	1.5～4.5	0.9～3.2	0.27～0.37	0.63～0.85	0.3～0.9	0.50～0.75	<0.03
	钙质胶结粉细砂岩	2.55～2.67	2.70～2.75	1.0～8.6	0.4～4.8	40～85	0.66～0.86	3500～4800	1.8～3.5	6.5～12.4	3.7～11	0.25～0.30	0.65～0.94	0.5～2.0	0.55～0.80	0.01～0.05
	砂质泥（黏土）岩	2.50～2.65	2,66～2.75	1.5～6.7	1.1～5.8	10～26	0.4～0.68	1000～2500	0.7～1.2	1.0～4.2	0.5～1.9	0.35～0.40	0.48～0.60	0.1～0.5	0.45～0.55	<0.03
	泥（黏土）岩	2.49～2.65	2.68～2.75	1.28～8.5	0.68～5.3	<15	0.35～0.65	800～1500	0.5～0.8	0.5～1.0	0.25～0.6	0.35～0.45	0.45～0.55	<0.30	0.40～0.48	<0.03
	砂质、钙质页岩	2.47～2.70	2.65～2.78	0.6～6.8	1.6～2.4	11～30	0.5～0.65	1500～3000	1.0～1.8	1.2～5.6	0.8～3.4	0.35～0.40	0.5～0.65	0.1～0.5	0.45～0.56	<0.05
	页岩	2.53～2.67	2.63～2.76	1.0～7.8	0.8～3.0	<20	0.45～0.60	1000～2000	0.8～1.5	0.8～1.5	0.3～1.0	0.35～0.45	0.45～0.58	<0.30	0.42～0.52	<0.03
	碳质页岩	2.46～2.68	2.63～2.72	1.8～4.0	0.5～2.9	10～25	0.60～0.65	1200～2500	0.8～1.6	0.3～0.8	0.2～0.46	0.33～0.40	0.45～0.56	<0.30	0.42～0.48	<0.01
化学沉积岩类	灰岩	2.61～2.73	2.70～2.82	0.8～2.0	0.2～1.0	60～110	0.75～0.90	4500～6500	4.0～6.0	14～30	10～20	0.18～0.30	0.80～1.35		0.65～0.85	0.05～0.35

续表 2-21

岩石名称		物理性质						力学性质								
		密度 ρ (g/cm^3)	相对密度 G_s (g/cm^3)	孔隙率 n (%)	吸水率 ω_a (%)	饱和抗压强度 R_b (MPa)	软化系数 η	纵波波速 v_p (m/s)	抗拉强度 σ_t (MPa)	弹性模量 E_e (GPa)	变形模量 E_0 (GPa)	泊松比 μ	抗剪断强度 f'	抗剪断强度 c' (MPa)	抗剪强度 f	抗剪强度 c (MPa)
化学沉积岩类	薄层灰岩	2.5～2.67	2.70～2.78	1.0～3.5	0.4～2.0	30～60	0.70～0.90	2500～4000	1.5～2.5	5～15	3.5～10	0.22～0.30	0.65～0.85		0.55～0.75	<0.3
	白云质灰岩	2.60～2.75	2.75～2.81	1.20～3.20	0.5～1.6	55～90	0.68～0.95	3800～6000	2.8～5.5	11～25	8～13.5	0.2～0.3	0.72～1.07		0.60～0.80	<0.2
	白云岩	2.64～2.76	2.78～2.90	0.3～2.5	<1.0	55～90	0.66～0.92	3800～6000	3.0～5.5	11～26	8～14	0.2～0.3	0.75～1.15		0.65～0.87	<0.2
	泥灰岩	2.35～2.65	2.70～2.75	2.2～8.5	2.0～6.0	10～40	0.46～0.80	1800～3000	1.0～2.5	2～9	1～6.5	0.29～0.40	0.55～0.75		0.45～0.60	<0.05
变质岩类	片麻岩	2.65～2.79	2.69～2.82	0.7～2.0	0.1～0.7	70～150	0.75～0.97	4000～6500	3.5～5.5	11～35	6～21	0.20～0.33	0.92～1.27	1.5～4.1	0.70～0.94	0.05～0.50
	石英角闪石片岩	2.64～2.92	2.72～3.02	0.7～2.0	0.1～0.3	60～110	0.70～0.93	3800～6000	3.0～5.0	10～20	5.5～17	0.22～0.30	0.75～1.15	1.2～3.5	0.65～0.85	<0.3
	云母绿泥石片岩	2.66～2.76	2.75～2.83	0.8～2.5	0.1～0.6	30～60	0.53～0.90	2500～4500	1.5～2.8	5～14	2.5～8.5	0.25～0.35	0.75～0.92	0.8～2.0	0.55～0.78	<0.1
	片岩	2.5～2.68	2.64～2.90	0.5～1.8	0.3～1.0	30～100	0.55～0.89	2500～5000	1.5～4.0	8～18	5～12	0.25～0.30	0.75～1.10	1.0～3.0	0.6～0.85	<0.3
	石英岩、硅化灰岩	2.65～2.75	2.70～2.82	0.5～2.8	0.1～0.4	100～180	0.94～0.96	4000～6500	3.5～6.0	12～36	10～24	0.2～0.3	0.93～1.32	1.8～4.5	0.82～0.93	<0.3
	大理岩	2.69～2.78	2.75～2.87	0.1～2.6	1.0	50～90	0.80～0.95	4000～6500	4.0～7.0	10～34	7.5～18	0.16～0.3	0.81～1.35	1.5～4.0	0.73～0.91	<0.5

续表 2-21

岩石名称		物理性质						力学性质								
		密度 ρ (g/cm³)	相对密度 G_s (g/cm³)	孔隙率 n (%)	吸水率 ω_a (%)	饱和抗压强度 R_b (MPa)	软化系数 η	纵波波速 v_p (m/s)	抗拉强度 σ_t (MPa)	弹性模量 E_e (GPa)	变形模量 E_0 (GPa)	泊松比 μ	抗剪断强度 f'	抗剪断强度 c' (MPa)	抗剪强度 f	抗剪强度 c (MPa)
变质岩类	硅质板岩	2.70～2.72	2.74～2.81	0.3～3.8	0.2～1.0	60～100	0.70～0.85	3500～6000	2.0～3.5	8～16	5～12	0.25～0.33	0.75～0.93	1.5～2.8	0.60～0.81	<0.1
	泥质板岩	2.42～2.70	2.68～2.77	2.5～8.5	0.7～4.6	20～50	0.39～0.52	2500～4500	0.8～2.5	2～5.5	1.2～2.5	0.25～0.35	0.60～0.85	0.5～1.5	0.48～0.68	<0.1
	砂质板岩	2.4～2.65	2.68～2.72	2.5～7.4	0.5～3.0	45～75	0.75～0.90	3000～5000	1.5～3.0	6～15	4.5～12	0.22～0.35	0.75～1.00	1.2～2.5	0.65～0.80	<0.3
	千枚岩	2.71～2.86	2.81～2.96	1.1～3.6	0.54～3.13	16～40	0.53～0.87	2000～4000	0.7～1.8	1.2～4.3	0.8～1.8	0.25～0.40	0.58～0.69	0.3～0.85	0.48～0.60	<0.1
	绢云母千枚岩	2.68～2.76	2.76～2.80	0.24～1.8		16～42	0.60～0.72	2000～3600	0.7～1.5	1～3.6	0.6～1.2	0.28～0.35	0.55～0.65	0.2～0.7	0.45～0.55	<0.1
	变质砂岩	2.68～2.72	2.72～2.76		0.29～0.54	56～172	0.75～0.82	4818～6034	5.5～16	33～53		0.2～0.24	1.70～2.09	1.68～2.38	1.28～1.31	1.28～1.33

2. 岩体和结构面力学参数

(1)坝基岩体力学参数经验值见表2-22。

表2-22　坝基岩体抗剪断强度及变形模量

岩体分类	混凝土与基岩接触面				岩体				变形模量
	f'	c' (MPa)	f	c (MPa)	f'	c' (MPa)	f	c (MPa)	E_0 (GPa)
Ⅰ	1.50～1.30	1.50～1.30	0.90～0.75	0	1.60～1.40	2.50～2.00	0.95～0.80	0	>20.0
Ⅱ	1.30～1.10	1.30～1.10	0.75～0.65	0	1.40～1.20	2.00～1.50	0.80～0.70	0	20.0～10.0
Ⅲ	1.10～0.90	1.10～0.70	0.65～0.55	0	1.20～0.80	1.50～0.70	0.70～0.60	0	10.0～5.0
Ⅳ	0.90～0.70	0.70～0.30	0.55～0.40	0	0.80～0.55	0.70～0.30	0.60～0.45	0	5.0～2.0
Ⅴ	0.70～0.40	0.30～0.05	0.40～0.30	0	0.55～0.40	0.30～0.05	0.45～0.33	0	2.0～0.2

注:1. f'、c'为抗剪断强度;f、c为抗剪强度。2. 表中参数限于硬质岩,软质岩应根据软化系数进行折减。

(2)结构面抗剪断强度和抗剪强度经验值见表2-23。

表2-23　结构面的抗剪断和抗剪强度

分类		抗剪断强度		抗剪强度	
		f'	c'(MPa)	f	c(MPa)
刚性结构面	胶结的结构面	0.80～0.70	0.25～0.10	0.80～0.60	0
	无胶结的结构面	0.70～0.55	0.15～0.55	0.70～0.50	0
软弱结构面	岩块岩屑型	0.55～0.45	0.25～0.10	0.50～0.40	0
	岩屑夹泥型	0.45～0.35	0.10～0.05	0.40～0.30	0
	泥夹岩屑型	0.35～0.25	0.05～0.01	0.30～0.25	0
	泥型	0.25～0.18	0.001～0.002	0.25～0.15	0

注:1. 表中参数限于硬质岩中胶结或无充填的结构面;2. 软质岩中的结构面应进行折减;3. 胶结或无充填的结构面抗剪断强度,应根据结构面的粗糙程度选取大值或小值;4. 表中的岩块岩屑型、岩屑夹泥型、泥夹岩屑型、泥型,其黏粒(粒径小于0.005mm)的百分含量分别为少或无、小于10%、10%～30%、大于30%。

3. 岩体允许承载力经验值

岩体允许承载力宜根据岩石饱和单轴抗压强度,结合岩体结构、裂隙发育程度及其完整性，做相应折减后确定地质建议值。坝基岩体的允许承载力经验值可根据表 2-24 确定。

表 2-24　坝基岩体允许承载力经验值

岩石饱和单轴抗压强度 R_b(MPa)	允许承载力 R(MPa)			
	岩体完整，节理间距 >1.0m	岩体较完整，节理间距 1.0～0.3m	岩体完整性较差，节理间距 0.3～0.1m	岩体破碎，节理间距 ≤0.1m
坚硬岩、中硬岩，R_b>30	(1/7)R_b	(1/8～1/10)R_b	(1/11～1/16)R_b	(1/17～1/20)R_b
软岩，R_b≤30	(1/5)R_b	(1/6～1/7)R_b	(1/8～1/10)R_b	(1/11～1/16)R_b

资料来源：引用《水力发电工程地质手册》(2011)表 3.5.1～表 3.5.6。

4. 围岩物理力学参数经验值

各类围岩的物理力学经验参数见表 2-25。

表 2-25　各类围岩物理力学经验参数

围岩类别	密度 ρ (g/cm³)	内摩角 φ (°)	黏聚力 c (MPa)	变形模量 E_0(GPa)	泊松比 μ	紧固系数 f_k	单位弹性抗力系数 K_0(MPa/cm)
Ⅰ	>2.7	>45	>3.5	>20	<0.17	>7	>70
Ⅱ	2.5～2.7	40～45	1.7～3.5	10～20	0.17～0.23	5～7	50～70
Ⅲ	2.3～2.5	35～40	0.4～1.7	5～10	0.23～0.29	3～5	30～50
Ⅳ	2.1～2.3	25～35	0.1～0.4	0.5～5	0.29～0.35	1～3	10～30
Ⅴ	≤2.1	≤25	≤0.1	≤0.5	≥0.35	≤1	≤10

资料来源：引用《水力发电工程地质手册》(2011)表 3.5.1～表 3.5.7。

第四节　工程地质勘察方法

施工地质阶段工程地质勘察的常用手段包括地质测绘、钻探、槽探、物探、试验等。地质测绘、坑探、槽探经常在施工地质工作中使用，目的是复核地质条件是否与勘察期成果保持一致，钻探、试验通常在地质条件发生较大变化且地质边界条件难以通过工程经验及前期勘察成果预判的情况下采用，物探用于施工地质中的预测预报工作。施工地质的试验工作应结合现场生产性试验及质量检测成果视具体情况使用。近几年来，随着协同设计的发展，BIM(building information modeling，建筑信息模型)技术广泛应用于工程建设始终，随着工程实践增多及软件技术的进步发展迅速。下面介绍几种施工地质工作中常用的勘察方法及其适宜条件。

一、工程地质测绘

(1)在施工地质工作中，工程地质测绘或地质编录的主要目的是如实反映实际开挖后工程地质条件，形成的图件及编录作为基础文件存档。

(2)施工期地质测绘或地质编录成果应与前期勘察成果进行对照，地质条件变优可以进行方案优化，若地质条件较前期判断变差则设计方案需进行加固补强，地质条件与前期判断完全不同则需进行重大设计变更，可以说地质测绘或地质编录是因地质原因变化进行设计变更的基础文件。

(3)地质测绘工作同时也是地质预测预报、地质巡视等的重要工作内容，工程地质测绘工作中发现的软弱夹层、构造带、地下水等在施工地质工作中宜根据其与构筑物的关系及可能发生的不利影响绘制平切图、剖面等，用以反映其与建筑物边坡、基础的关系，在超前支护、涌水及排水等方面构成预测预报及施工方案制订的基础文件。

1. 地面建筑物

地质测绘在施工期分为地质测绘和地质编录，具体到建(构)筑物上，一般混凝土建筑物、土石坝防渗体和溢洪道建基面应进行地质编录；土石坝坝壳、渠道(人工河道)及其他对地基要求较低的非主体建筑物的建基面，且地质条件相对简单时，可进行地质测绘。

(1)岩质地基地质编录应包括下列内容：①挖形态、高程、桩号或坐标，该部分内容一般由施工单位提供，重要的监测点需委托专业测量单位开展；②地层代号、岩性特征、岩性界线、岩层产状、单层厚度，特别是软弱夹层的产状、厚度、延伸特征、破碎泥化情况及界面起伏特征；③断层、破碎带、层间剪切带、节理裂隙或裂隙密集带，特别是缓倾角结构面的位置、产状、宽度、延伸情况、性状、交会和切割情况，褶皱的形态、辅面位置及主要特征；④岩体风化、卸荷特征及其分带；⑤岩溶洞穴和溶蚀裂隙位置、形态、连通性、充填物质组成和密实程度，岩层盐渍化程度及节理裂隙被水溶盐充填情况；⑥岩体结构类型、岩体质量分级及界线，见本手册附录C；⑦地下水出露点和地表水入渗点的位置、流量、水温、水质，编录过程中应记录位置、流量，水温及水质视具体需要记录；⑧施工缺陷，如爆破影响松动带、炮窝的位置及范围；⑨因地基处理而开挖的坑、槽、井、洞的位置，深度，宽度和挠度，锚固和固结灌浆范围，残留的勘探孔、洞；⑩裂隙统计点、取样点、现场试验点、重要的物探监测孔、摄影和录像点的位置。

(2)土质地基地质编录应包括下列内容：①开挖形态、高程、桩号或坐标；②土的成因类型及时代、名称、土层特征、分层厚度、层间接触情况，特别是软土、粉土、细砂土、膨胀土、湿陷性土、分散性土、盐渍土、冻土、填土的性状和分布情况，卵石、漂石和块石层的分布及架空情况；③断层、裂隙和褶皱，活断层的活动迹象；④土层含水、渗水情况，地下水出露点位置及流量，管涌、流土的范围，地表水入渗点的位置、流量；⑤生物洞穴、人工洞穴、古文化层的位置及范围，植物根系大小、发育深度及密度；⑥土体胀缩、冻胀、沉降、蠕滑、挤出、开裂等变形的位置、范围及成因；⑦地基置换或其他处理措施的实施位置、范围及深度；⑧原位测试点及重要取样点、勘探点的位置。

(3)地质编录应填写工程施工地质编录综合描述卡，其内容应符合本手册附录A.3的规定。

(4)建基面地质编录与测绘应完成地基分块工程地质图或展示图、素描图，宜完成建筑物典型工程地质纵、横剖面图。

(5)地面建筑物建基面大于30°的斜坡、基坑侧壁、齿槽和截水墙边坡，宜实测地质展示图；根据挡水建筑物地质条件的复杂程度及地基处理情况，沿其灌浆帷幕线、建筑物轴线及其他前期勘探线可实测1～3条地质横剖面，每坝(闸)块实测1条地质纵剖面，宜与前期勘探剖面线位置一致；电站厂房可实测通过机组中心的地质纵、横剖面；渠道(人工河道)宜按工程地质分段实测代表性地质横剖面，较复杂地段宜实测地质纵剖面。

(6)地质编录与测绘比例尺应符合表2-26的规定。

表2-26　地面建筑物地基地质编录与测绘比例尺

<table>
<tr><td rowspan="3">图幅名称</td><td rowspan="3">混凝土（砌石）坝(闸)、厂房、通航建筑物，溢洪道</td><td colspan="3">土石坝</td><td rowspan="3">渠系建筑物</td><td rowspan="3">渠道（人工河道）</td></tr>
<tr><td colspan="2">非均质坝</td><td rowspan="2">均质坝</td></tr>
<tr><td>心墙、斜墙、截水墙、趾板</td><td>坝壳</td></tr>
<tr><td>地基分块工程地质图或展示图</td><td>1∶200～1∶50</td><td>1∶200～1∶50</td><td colspan="2">1∶1000～1∶200</td><td>1∶200～1∶50</td><td>1∶2000～1∶200</td></tr>
<tr><td>工程地质级、横剖面图</td><td>1∶500～1∶100</td><td>1∶500～1∶100</td><td colspan="2">1∶500～1∶200</td><td>1∶500～1∶100</td><td>水平：1∶5000～1∶200；垂直：1∶500～1∶200</td></tr>
</table>

(7)地质编录与测绘时，宜对下列地质现象和地段进行摄影或录像：①对工程有影响的各类不利地质体和地质现象；②各种地质问题及施工缺陷的处理实况；③建筑物区地貌形态、开挖形态、编录块的全貌。

2. 地下开挖工程

地下开挖工程最终开挖面应进行地质编录。

(1)土质洞、井地质编录应包含下列内容：①土的成因类型及时代、名称、土层特征、分层厚度、层间接触情况；②断层、裂隙和褶皱，活断层的活动迹象；③含水、渗水情况，地下水出露位置及流量，管涌、流土的范围；④土体变形的位置、范围及成因；⑤原位测试点及重要取样点、勘探点的位置；⑥施工方法、施工程序及处理措施；⑦残留的勘探孔(洞)的位置和尺寸，取样点、现场试验点和重要摄影点、录像点、物探检测孔的位置；⑧基准线、桩号、井洞轮廓线、实测剖面线位置。

(2)岩质洞、井地质编录应包括下列内容：①地层代号、岩石名称、岩性特征、岩性界线、岩层产状、单层厚度、层面起伏和破碎泥化情况，特别是软弱夹层，含有害气体的地层，膨胀岩、盐渍岩的产状、厚度、延伸情况；②断层、破碎带、层间剪切带、节理裂隙或裂隙密集带的产状、宽度、延伸情况、性状、交会和切割情况，特别注意边墙中与之近平行的长大中、陡倾角结构面和洞顶部位缓倾角结构面；③风化、卸荷特征；④岩溶洞穴位置、形态、连通性、充填物组成和性质；⑤地下水出露点和地表水入渗点的位置、流量、水温、水质；⑥不利块体的位置、形态和规模，围岩变形的位置和范围。

(3)地下开挖工程地质编录应填写工程施工地质编录综合描述卡，其内容应符合本手册附录 A.3 的规定。

(4)地下开挖工程地质编录应实测并完成洞、井围岩展示图和重点处理地段展示图、素描图，宜完成工程地质纵、横剖面图和工程地质平切面图。

(5)地下厂房洞室应实测四周边墙和顶拱展示图、底板平面图，宜完成机组中心线纵、横剖面图及拱座切面图。隧洞、竖井及斜井宜编录四壁展示图、地质横剖面图，地质条件简单洞段可只编录地质纵、横剖面图。地下洞室密集段和交岔段宜完成不同高程地质平切图及地质纵、横剖面图。

(6)地质编录比例尺应符合表 2-27 的规定。

表 2-27　地下开挖工程地质编录比例尺

图名	地下厂房洞室	隧洞	竖井、斜井
洞、井围岩展示图	1：200～1：50	1：500～1：50	1：200～1：50
工程地质纵、横剖面图	1：500～1：100	1：1000～1：100	
工程地质平切面图	1：500～1：100	1：500～1：100	—
重点处理地段展示图	1：100～1：20	1：100～1：20	1：100～1：20

(7)地质编录时，宜对下列地质现象和洞段进行摄影或录像。①主要断层破碎带、节理裂隙密集带、软弱层带；②岩溶洞穴；③围岩松动、掉块、塌方、临时支护处理位置；④围岩鼓胀、弯折、片帮、岩爆现象；⑤地下水集中涌水点，并注明流量；⑥现场取样、测试、观测断面(点)及测试装置位置；⑦围岩处理(喷锚、灌浆、排水、衬砌等)措施实施情况。

(8)对地质条件复杂洞段，可摄制洞段的洞壁影像图。

3. 工程边坡地质编录与测绘

工程边坡的最终坡面应进行地质编录或地质测绘。作为混凝土建筑物地基一部分的边坡，对建筑物安全或运行有重大影响的边坡应进行地质编录，地质条件相对简单的土石坝坝肩边坡、渠道边坡可进行地质测绘。

(1)岩质边坡地质编录应包括下列内容：①工程边坡相邻地段的地形地貌，边坡坡向、坡度、高度，马道高程及宽度，编录部位的坐标或桩号、高程；②地层代号、岩性特征、岩性界线、单层厚度、岩层产状及其与边坡的关系，软弱层带的产状、厚度、延伸情况、结构特征、破碎与泥化情况及界面起伏特征；③结构面的出露位置、产状、性状、长度、厚度、间距、延伸情况及其透水性，充填物的成分、密实情况、胶结特征，结构面的交切组合形式及其与坡面的关系，特别是顺坡软弱结构面的分布与延伸情况；④风化分带、岩体结构类型、卸荷带发育深度；⑤岩溶洞穴与溶蚀裂隙的位置、出露高程、大小、形态及发育情况，洞穴充填物及其密实程度；⑥地下水的出露位置、形式、流量、水温、水质；⑦边坡变形(松弛、开裂、倾倒)与失稳的位置、体积、几何边界及控制因素；⑧边坡稳定程度工程地质分区；⑨爆破松动范围；⑩开挖、减载、喷锚、支挡、灌浆、截水、排水、植被保护等处理措施的实施情况；⑪节理统计点、勘探孔(洞)、取样点、试验点、监测点的实际位置。

(2)土质边坡地质编录应包括下列内容：①工程边坡相邻地段的地形地貌，边坡坡向、坡度、高度，马道高程及宽度，编录部位的坐标或桩号、高程；②土的成因类型及时代，分层名称、土层特性、层理、分层厚度及分布，特别是软土、粉土、细砂土、膨胀土、陷性土、分散性土、盐渍土、冻土、填土的性状和分布情况，以及卵石、漂石和块石层的分布及架空现象；③断层、裂隙和褶皱，活断层的活动迹象；④生物洞穴、人工洞穴、古文化层的位置及范围，植物根系大小、深度及密度；⑤边坡渗水的位置、流量、水温、水质；⑥管涌、流土的位置、特征；⑦边坡变形和失稳的类型、位置、几何边界和体积，裂缝出露的位置、形态、规模、发展情况；⑧开挖、减载、喷锚、支挡、排水、植被保护等处理措施实施情况；⑨勘探孔(洞)、取样点、试验点、监测点的位置。

(3)边坡地质编录应填写工程施工地质编录综合描述卡，其内容宜符合本标准附录 A.3 中的规定。

(4)边坡地质编录与测绘应完成边坡工程地质图或坡面展示图，边坡典型工程地质纵、横剖面图，边坡重点处理地段地质图或展示图、素描图。

(5)坡度小于 30°的边坡宜实测地质平面图；坡度大于 30°的边坡宜实测地质展示图，其地质平面图可根据地质展示图编制。

(6)地质编录与测绘比例尺应符合表 2-28 的规定。

表 2-28　边坡地质编录与测绘比例尺

名称	比例尺
工程地质图或坡面展示图	1∶2000～1∶200
典型工程地质纵、横剖面图	1∶1000～1∶200
边坡重点处理地段地质图、展示图	1∶200～1∶50

(7)地质编录与测绘时，宜对下列地质现象和地段进行摄影或录像：①工程边坡全貌；②主要的岩土层分界线、结构面、软弱层带；③典型风化、卸荷现象；④岩溶洞穴、溶蚀裂隙、生物洞穴、裂缝等；⑤边坡渗水、涌水、管涌、流土等现象；⑥边坡岩(土)体松弛、变形、失稳现象，不利块体等；⑦边坡典型处理措施的实施情况；⑧现场测试和长期观测网点。

4. 岩(土)体防渗与排水工程地质编录与测绘

防渗铺盖的地质编录内容和完成图件应遵守本手册第二章第四节地面建筑物地质编录的规定。灌浆洞、排水洞、减压井、检查井等的地质编录内容和完成图件应遵守本手册第二章第四节地下开挖工程地质编录的规定。

(1)先导孔、检查孔岩芯编录应包括下列内容：①基岩地层代号、岩性特征、构造特征、岩溶发育情况，土层成因类型、岩性特征、密实程度、塑性特征等；②岩芯获得率和岩芯状态；③岩体的透水率和土的渗透系数；④孔内地下水水位；⑤收集方法、回水颜色及回水量异常变化及卡钻、掉钻、塌孔和涌沙位置的资料。

(2)防渗墙槽孔岩样编录应包括下列内容：①岩石名称、颜色、成分；②嵌入相对不透水层或目标层深度；③先导孔、检查孔应编制钻孔柱联图，检查井应实测井壁地质展示图，取芯检查井应绘制岩芯素描图，图件比例尺宜选用1∶200～1∶50，防渗墙槽孔岩样编录应填写专门表格；④宜对先导孔、检查孔（井）全部岩芯逐箱（段）进行摄影，对发生强烈渗漏部位的岩芯应进行重点摄影或录像，并做好深度、特殊地质现象的标记；⑤先导孔、灌浆孔出现涌水时，宜进行孔内录像，检查井（孔）壁宜进行地质录像。

二、工程钻探

施工期工程钻探广泛应用于施工地质、检测、施工等专业，诸如透水性检测、隧洞开挖的先导孔、预应力锚索的造孔等，施工地质人员应视具体需要提出现场钻探技术要求供参建单位参照。工程钻探在施工地质工作中的应用条件为地质条件发生重大变化时采用，视具体需查明的地质问题制订钻孔计划书，满足判别地层、取样试验、原位测试的要求。

钻孔的记录和编录应符合下列要求：野外记录应由经过专业培训的人员承担；记录应及时真实，按钻进回次逐段填写，严禁事后追记；钻探现场可采用肉眼鉴别和手触方法，有条件或有明确要求时可采用微型贯入仪等定量化、标准化的方法；钻探成果可用钻孔柱状图或分层记录表示；岩土芯样宜根据工程要求保存一定期限或长期保存，也可拍摄彩照纳入成果资料。

三、工程物探

地球物理勘探是根据各种岩土具有的不同物理性能，对岩土层进行研究。地球物理勘探方法众多，各有其适用范围，当勘察工作受限时地球物理勘探将发挥重要作用，同时工程物探方法与勘探结合相得益彰，将点状的勘探信息连接成面状，大大提高了勘探点间不同物性界限的精度。常用的地球物理方法主要有电法、电磁法、地震波法、地震勘探、综合测井等，其应用范围及应用条件见表2-29。

表2-29　常用工程物探方法的应用范围及适用条件

<table>
<tr><th colspan="3">方法名称</th><th>物性参数</th><th>应用范围</th><th>使用条件</th></tr>
<tr><td rowspan="3">电法勘探</td><td rowspan="3">电阻率法</td><td>电剖面法</td><td>电阻率</td><td>探测地层在水平方向的电性变化，解决与平面位置有关的地质问题，如探测隐伏构造破碎带、断层、岩层接触界面位置及岩溶等</td><td>目标地质体具有一定的规模，倾角大于30°，与周围介质电性差异显著，地形平缓</td></tr>
<tr><td>电测深法</td><td>电阻率</td><td>探测地层在垂直方向的电性变化，适宜于层状和似层状介质，解决与深度有关的地质问题，如覆盖层厚度、基岩面起伏形态、地下水水位以及测定岩（土）体电阻率</td><td>目标地层有足够厚度，地层倾角小于20°，相邻地层电性差异显著，水平方向电性稳定，地形平缓</td></tr>
<tr><td>高密度电法</td><td>电阻率</td><td>电测深法自动测量的特殊形态，适用于详细探测浅部不均匀地质体的空间分布，如洞穴、裂隙、墓穴、堤坝隐患等</td><td>目标地质体与周围介质电性差异显著，其上方无极高阻或极低阻的屏蔽层，地形平缓</td></tr>
</table>

续表 2-29

方法名称		物性参数	应用范围	使用条件
电法勘探	充电法	电位	用于钻孔或井中测定地下水流向、流速，以及了解低阻地质体的分布范围和形态	含水层埋深小于50m，地下水流速大于1m/d；地下水矿化度小，覆盖层电阻率均匀
	自然电场法	电位	用于探测地下水的活动情况，也可用于探查地下金属管道、桥涵、输电线路铁塔的腐蚀情况	地下水埋藏较浅，流速足够大，矿化度较高
	激发极化法	极化率	探测地下水，测定含水层的埋深和分布范围，评价含水层的富水程度	测区地层存在激电效应差异，无游散电流干扰
电磁法勘探	频率测深法	电阻率	探测断层、破碎带、岩溶及地层界面	—
	顺变电磁法	电阻率	探测断层、破碎带、岩溶及地层界面，调查地下水和地热水源，圈定和检测地下水污染，探查堤坝隐患和水库渗漏	目标地质体具有一定的规模，且相对呈低阻，无极低阻屏蔽层，测区电磁干扰小
	可控音频大地电测深法	电阻率和阻抗相位	探测中浅部断层、破碎带、岩溶等隐伏构造和地层界面	目标地质体具有一定的规模，与周围介质电性差异显著，测区地形平缓，测区电磁干扰小
	探地雷达	介电常数和电导率	适用于探测浅部断层、构造破碎带、岩溶、地质灾害（滑坡、塌陷等）、堤坝隐患和覆盖层分层，以及隧道施工地质超前预报等	目标地质体与周围介质的介电常数差异显著
	电磁波 CT	吸收系数	适用于探测由钻孔、平洞、地面等包围的断层、破碎带、岩溶等不良地质体	目标地质体具有一定的规模，与周围介质的电性差异显著
地震勘探	直达波法	波速	测定岩（土）体的纵、横波波速，计算岩土层的动力学参数	适用于表层或钻孔、平洞、探坑、探槽等岩（土）体
	反射波法	波速	探测覆盖层厚度及不同深度的地层界面	地层之间具有一定的波阻抗差异
	折射波法	波速	探测覆盖层厚度及下伏基岩波速	下伏地层波速大于上覆地层波速
	瑞雷波法	波速	探测覆盖层厚度及不良地质体，覆盖层分层	目标地层或地质体与围岩之间存在显著的波速和波阻抗差异
	地震 CT	波速	划分风化和破碎岩体，探测断层、破碎带、风化带、岩溶等不良地质体的位置与规模	目标地层或地质体与围岩之间存在显著的波速差异
声波探测	声波测试	声速	测定岩体或混凝土的声波波速，计算动力学参数，测定岩体松弛厚度，评价岩体的完整性和岩体灌浆效果	适用于表层或钻孔、平洞、探坑、探槽等裸露的岩体或混凝土
	声波 CT	声速	划分风化和破碎岩体，检查建基岩体质量和灌浆效果，检测混凝土构件及坝体内部的缺陷	目标体与围岩之间存在显著的声速差异

续表 2-29

方法名称		物性参数	应用范围	使用条件
放射性探测	α 射线测量	α 射线	探测隐伏构造破碎带和地下水	适用于探测具有较好的透气性和渗水性的构造破碎带
	自然 γ 测量	γ 射线	探测隐伏构造破碎带和地下水	适用于探测具有较好的透气性和渗水性的构造破碎带
	γ-γ 测量	γ 射线	测试岩(土)层的原状密度和孔隙度	适用于钻孔内测量
综合测井	电测井	电阻率或电位	划分地层	无套管,有井液孔段
	声波测井	声速	区分岩性,确定断层、软弱夹层、裂隙破碎带的位置及厚度,测定地层的声波波速,估算岩体动弹性参数	无套管孔段
	钻孔电视	图像	区分岩性,确定断层、软弱夹层、裂隙破碎带的位置及厚度,了解岩溶发育情况,测定结构面产状	无套管,干孔或清水孔段
	放射性测井	γ 射线	划分地层,区分岩性,鉴别软弱夹层、裂隙破碎带,测定岩层密实度和孔隙度	全孔段
	井中雷达	介电常数和电导率	探测钻孔周边断层、岩溶、破碎带机岩层界面的位置及规模,判断含水带位置	无金属套管
	井径测量	直径	测量钻孔直径,辅助划分地层	全孔段
	井斜测量	方位与倾角	测量钻孔的方位角和倾角	无磁性套管

地球物理勘探是在施工地质工作中兼有地质预测预报和检测双重功能的技术,应用于长隧洞开挖地质预测预报、断层空间分布的预测、材料无损检测、发现异常点或异常带的分布等,为工程质量检测及揭露异常地质体情况提供依据。其中,长隧洞开挖地质预测预报工作随着长隧洞建设项目的增多近年来使用广泛,应用物探(弹性波法/电法)是开展长隧洞开挖地质预测预报工作主要方法之一。

四、工程试验

施工地质工作中工程试验的应用为岩(土)体物理力学性质的核定、地质条件发生变化时勘察工作开展的相关试验,为施工地质专业对岩(土)体物理力学性质和工程地质问题评价及复核提供依据。具体工作中试验方法根据不同建(构)筑物、不同目的具体选用,均宜采集岩(土)体标本存档备查。

(1)地面建筑物:施工地质工作中针对地面建筑物浅层岩体质量检测宜采用弹性波测试等简易快速方法,一般在地层未发生变化时,不进行岩块及岩体原位测试。对土质地基进行取样试验或原位测试(十字板剪切、静力触探、动力触探等),必要时应进行渗透试验。

(2)地下建筑物:在洞室开挖过程中,根据需要进行或配合进行岩(土)体的物理力学试验、地应力测试、地下水化学分析、喷锚试验和围岩松动范围试验。

(3)边坡工程:工程边坡施工期宜进行下列试验,即控制边坡稳定的新类型结构面或受施工影响后性状恶化的软弱结构面的物理力学试验、高陡土质边坡中需要复核物理力学参数的土层的物理力学性质试验。

(4)岩(土)体防渗与排水工程:建议进行灌浆孔、排水孔水样的水质分析,灌浆孔、排水孔析出物的化学分析,防渗铺盖地层松散层的颗粒分析、渗透性试验。

工程试验同时也是检测、施工专业的主要方法,按照不同的目的又可分为质量检测试验和生产性试验。质量检测试验方法与勘察专业采用的试验方法基本相同,生产性试验主要有爆破试验、碾压试验、灌浆试验等。

五、工程地质信息技术简介

工程地质信息处理技术与方法是工程地质和信息技术的交叉研究方向。随着工程地质勘察技术与信息技术的发展,工程地质信息处理技术日渐完善,并在规范化、数字化、高效、开放与共享等方面发挥越来越大的作用。

水利水电工程地质勘察一般是通过踏勘线路调查、地质测绘、钻探、物探、山地工程和取样试验等获取关于研究区(工程区)地表与地下地质情况的数据,在这些数据的基础上编制地质图件,对数据进行统计分析从而完成工程勘察报告的编制。从信息技术角度而言,这一工作流程是一个数据采集、数据管理与数据应用的过程。这个过程可以划分为勘察数据获取、勘察数据整理与管理、勘察图件制作、地质体空间分析、勘察成果编制、管理与查询等环节,每个环节都可以对应一种或数种信息技术。如数据的采集与管理可以用数据库技术来实现,勘察图件的制作可以用计算机辅助设计技术或GIS技术来实现;BIM模型与GIS系统合成,使得地质体空间分析可以用三维建模与空间分析技术来实现;勘察成果的编制可以通过数据库中资料的组合来生成,成果的查询检索可以通过数据库和网络技术来实现等。由此可见,比较完整的水利水电工程地质勘察信息处理涉及一系列的信息技术与方法。

第五节　工程岩体分级标准

本手册以《水利水电工程地质勘察规范》(GB 50487—2008)为主要依据,对《工程岩体分级标准》(GB/T 50218—2014)进行介绍,并参考《水力发电工程地质手册》对工程岩体地质分级标准进行详细说明。

一、建筑物地基岩体分级标准

1. 水利水电工程地质勘察规范分类

依据《水利水电工程地质勘察规范》(GB 50487—2008)附录V,坝基岩体工程地质分类见表2-30。

表 2-30 坝基岩体工程地质分类

类别	A 坚硬岩(R_b>60MPa)		
	岩体特征	岩体工程性质评价	岩体主要特征值
Ⅰ	$A_Ⅰ$:岩体呈整体状或块状、巨厚层状、厚层状结构,结构面不发育—轻微发育,延展性差,多闭合,岩体力学特性各方向的差异性不显著	岩体完整,强度高,抗滑、抗变形性能强,不需做专门性地基处理,属优良高混凝土坝地基	R_b>90MPa; V_p>5000m/s; RQD>85%; K_v>0.85
Ⅱ	$A_Ⅱ$:岩体呈块状或次块状、厚层结构,结构面中等发育,软弱结构面局部分布,不成为控制性结构面,不存在影响坝基或坝肩稳定的大型楔体或棱体	岩体较完整,强度高,软弱结构面不控制岩体稳定,抗滑、抗变形性能高,专门性地基处理工程量不大,属良好高混凝土坝地基	R_b>60MPa; V_p>4500m/s; RQD>70%; K_v>0.75
Ⅲ	$A_{Ⅲ1}$:岩体呈次块状、中厚层状结构或焊合牢固的薄层结构。结构面中等发育,岩体中分布有缓倾角或陡倾角(坝肩)的软弱结构面,存在影响局部坝基或坝肩稳定的楔体或棱体	岩体较完整,局部完整性差,强度较高,抗滑、抗变形性能在一定程度上受结构面控制。对影响岩体变形和稳定的结构面应做局部专门处理	R_b>60MPa; V_p=4000~4500m/s; RQD=40%~70%; K_v=0.55~0.75
Ⅲ	$A_{Ⅲ2}$:岩体呈互层状、镶嵌状结构,层面为硅质或钙质胶结薄层状结构。结构面发育,但延展性差,多闭合,块间嵌合力较好	岩体强度较高,但完整性差,抗滑、抗变形性能受结构面发育程度、岩块间嵌合能力以及岩体整体强度特性控制,基础处理以提高岩体的整体性为重点	R_b>60MPa; V_p=3000~4500m/s; RQD=20%~40%; K_v=0.35~0.55
Ⅳ	$A_{Ⅳ1}$:岩体呈互层状或薄层状结构,层间结合较差。结构面较发育—发育,明显存在不利于坝基及坝肩稳定的软弱结构面、较大的楔形体或棱体	岩体完整性差,抗滑、抗变形性能明显受结构面控制。能否做高混凝土坝地基,视处理难度和效果而定	R_b>60MPa; V_p=2500~3500m/s; RQD=20%~40%; K_v=0.35~0.55
Ⅳ	$A_{Ⅳ2}$:岩体呈镶嵌或碎裂结构,结构面很发育,且多张开或夹碎屑和泥,岩块间嵌合力弱	岩体较破碎,抗滑、抗变形性能差,一般不宜做高混凝土坝地基。当坝基局部存在该类岩体时,需做专门处理	R_b>60MPa; V_p<2500m/s; RQD<20%; K_v<0.3
Ⅴ	$A_Ⅴ$:岩体呈散体结构,由岩块夹泥或泥包岩块组成,具有散体连续介质特征	岩体破碎,不能作为高混凝土坝地基。当坝基局部地段分布该类岩体时,需做专门处理	—
	B 中硬岩(R_b=30~60MPa)		
Ⅰ	—	—	—
Ⅱ	$B_Ⅱ$:岩体结构特征与 $A_Ⅰ$ 相似	岩体完整,强度较高,抗滑、抗变形性能较强,专门性地基处理工程量不大,属良好高混凝土坝地基	R_b=40~60MPa; V_p=4000~4500m/s; RQD>70%;K_v>0.75

续表 2-30

类别	B中硬岩(R_b=30～60MPa)		
	岩体特征	岩体工程性质评价	岩体主要特征值
Ⅲ	$B_{Ⅲ1}$:岩体结构特征与 $A_{Ⅱ}$ 相似	岩体较完整,有一定强度,抗滑、抗变形性能一定程度受结构面和岩石强度控制,影响岩体变形和稳定的结构面应做局部专门处理	R_b=40～60MPa; V_p=3500～4000m/s; RQD=40%～70%; K_v=0.55～0.75
	$B_{Ⅲ2}$:岩体呈次块或中厚层状结构,或硅质、钙质胶结的薄层结构,结构面中等发育,多闭合,岩块间嵌合力较好,贯穿性结构面不多见	岩体较完整,局部完整性差,抗滑、抗变形性能受结构面和岩石强度控制	R_b>40～60MPa; V_p=3000～3500m/s; RQD=20%～40%; K_v=0.35～0.55
Ⅳ	$B_{Ⅳ1}$岩体呈互层状或薄层状,层间结合较差,存在不利于坝基(肩)稳定的软弱结构面、较大楔形体或棱体	同 $A_{Ⅳ1}$	R_b=30～60MPa; V_p=2000～3000m/s; RQD=20%～40%; K_v<0.35
	$B_{Ⅳ2}$:岩体呈薄层状或碎裂状,结构面发育—很发育,多张开,岩块间嵌合力差	同 $A_{Ⅳ2}$	R_b=30～60MPa; V_p<2000m/s; RQD<20%;K_v<0.35
Ⅴ	同 $A_{Ⅴ}$	同 $A_{Ⅴ}$	—
	C软质岩(R_b<30MPa)		
Ⅰ	—	—	—
Ⅱ	—	—	—
Ⅲ	$C_{Ⅲ}$:岩石强度15～30MPa,岩体呈整体状或巨厚层状结构,结构面不发育—中等发育,岩体力学特性各方向的差异性不显著	岩体完整,抗滑、抗变形性能受岩石强度控制	R_b<30MPa; V_p<2500～3500m/s; RQD>50%; K_v>0.55
	—	—	—
Ⅳ	$C_{Ⅳ}$:岩体强度大于15MPa,但结构面较发育,或岩体强度小于15MPa,结构面中等发育	岩体较完整,强度低,抗滑、抗变形性能差,不宜作为高混凝土坝地基,当坝基局部存在该类岩体,需做专门处理	R_b=30MPa; V_p<2500m/s; RQD<50%; K_v<0.55
	—	—	—
Ⅴ	同 $A_{Ⅴ}$	同 $A_{Ⅴ}$	—

注:本分类适用于高度大于70m的混凝土坝。R_b为饱和单轴抗压强度,V_p为声波纵波波速,K_v为岩体完整性系数,RQD为岩石质量指标。

2. BQ 分类法

依据《工程岩体分级标准》(GB/T 50218—2014)中 BQ 方法分级(BQ 方法可参见下节围岩分类内容),地基工程岩体应按表 2-31 规定的岩体基本质量级别定级。地基工程各级别岩体基岩承载力基本值 f_0 可按表 2-32 确定。

表 2-31　岩体基本质量分级

岩体基本质量级别	岩体基本质量的定性特征	岩体基本质量指标(BQ)
Ⅰ	坚硬岩,岩体完整	>550
Ⅱ	坚硬岩,岩体较完整; 中硬岩,岩体完整	550～451
Ⅲ	坚硬岩,岩体较破碎; 中硬岩,岩体较完整; 较软岩,岩体完整	450～351
Ⅳ	坚硬岩,岩体破碎; 中硬岩,岩体较破碎—破碎; 较软岩,岩体较完整—较破碎; 软岩,岩体完整—较完整	350～251
Ⅴ	较软岩,岩体破碎; 软岩,岩体较破碎—破碎; 全部极软岩及全部极破碎岩	≤250

表 2-32　基岩承载力基本值 f_0

岩体级别	Ⅰ	Ⅱ	Ⅲ	Ⅳ	Ⅴ
f_0(MPa)	>7.0	7.0～4.0	4.0～2.0	2.0～0.5	≤0.5

3. RMR 分类法

RMR 分类是由 Bieniawski(1973)提出的,早期主要用于隧洞等地下洞室围岩分类,也可运用于坝基等工程岩体的分类。

RMR 分类采用和差计分法,主要考虑了下列 6 个参数:岩石的单轴饱和抗压强度、岩石质量指标、结构面间距与方位、结构面状态和地下水条件。该分类依据岩体的评分将其质量划分为 5 类,见表 2-33、表 2-34。

表 2-33　RMR 分类表

类别	岩体描述	RMR 评分
Ⅰ	很好的岩体	81～100
Ⅱ	好的岩体	61～80
Ⅲ	较好的岩体	41～60
Ⅳ	较差的岩体	21～40
Ⅴ	很差的岩体	0～20

表 2-34　RMR 分类评分表

参数		数值范围						
岩石强度（MPa）	点荷载	＞10	4～10	2～4	1～2			
	单轴饱和抗压强度	＞200	100～200	50～100	25～50	10～25	3～10	1～3
评分		15	12	7	4	2	1	0
岩石质量指标		90～100	75～90	50～75	25～50	＜25		
评分		20	17	13	8	3		
结构面间距（m）		＞2	0.6～2	0.2～0.6	0.06～0.2	＜0.06		
评分		20	15	10	8	5		
结构面方位		非常有利	有利	一般	不利	非常不利		
评分		0	－2	－7	－15	－25		
结构面状态		粗糙、闭合、新鲜	稍粗、微张、微风化	稍粗、微张、弱风化	面光滑、张开或充填 5mm 以下泥，面连续	面光滑、宽张或充填 5mm 以上泥，面连续		
评分		30	25	20	10	0		
地下水	状况	干燥	润	湿	渗水	流水		
	分数	15	10	7	4	0		

二、地下洞室围岩工程地质分类

（一）水利水电工程地质勘察规范分类

依据《水利水电工程地质勘察规范》（GB 50487—2008）洞室围岩工程地质分类。

围岩工程地质分类分为初步分类和详细分类。初步分类适用于规划阶段、可研阶段以及深埋洞室施工之前的围岩工程地质分类，详细分类主要用于初步设计、招标和施工图设计阶段的围岩工程地质分类。根据分类结果，评价围岩的稳定性，并将其作为确定支护类型的依据，其标准应符合表 2-35 的规定。

表 2-35　围岩稳定性评价

围岩类型	围岩稳定性评价	支护类型
Ⅰ	稳定。围岩可长期稳定，一般无不稳定块体	不支护或局部锚杆或喷薄层混凝土。大跨度时，喷混凝土、系统锚杆加钢筋网
Ⅱ	基本稳定。围岩整体稳定，不会产生塑性变形，局部可能产生掉块	
Ⅲ	局部稳定性差。围岩强度不足，局部会产生塑性变形，不支护可能产生塌方或变形破坏。完整的较软岩，可能暂时稳定	喷混凝土、系统锚杆加钢筋网。采用 TBM 掘进时，需及时支护。跨度大于 20m 时，宜采用锚索或刚性支护
Ⅳ	不稳定。围岩自稳时间很短，规模较大的各种变形和破坏都可能发生	喷混凝土、系统锚杆加钢筋网，刚性支护，并浇筑混凝土衬砌。不适宜于开敞式 TBM 施工
Ⅴ	极不稳定。围岩不能自稳，变形破坏严重	

1. 围岩的初步分类

(1)围岩初步分类以岩石强度、岩体完整程度、岩体结构类型为依据，以岩层走向与洞轴线的关系、水文地质条件为辅助依据，并应符合表 2-36 的规定。

表 2-36　围岩初步分类

围岩类别	岩质类型	岩体完整程度	岩体结构类型	围岩分类说明
Ⅰ、Ⅱ	硬质岩	完整	整体或巨厚层状	坚硬岩定Ⅰ类，中硬岩定Ⅱ类
Ⅱ、Ⅲ		较完整	块状结构、次块状结构	坚硬岩定Ⅱ类，中硬岩定Ⅲ类，薄层状结构定Ⅲ类
Ⅱ、Ⅲ			厚层或中厚层状结构、层（片理）面结合牢固的薄层状结构	
Ⅲ、Ⅳ			互层状结构	洞轴线与岩层走向夹角小于 30°时，定Ⅳ类
Ⅲ、Ⅳ		完整性差	薄层状结构	岩质均一且无软弱夹层时可定Ⅲ类
Ⅲ			镶嵌结构	——
Ⅳ、Ⅴ		较破碎	碎裂结构	有地下水活动时定Ⅴ类
Ⅴ		破碎	碎块或碎屑状散体结构	——
Ⅲ、Ⅳ	软质岩	完整	整体或巨厚层状结构	较软岩定Ⅲ类，软岩定Ⅳ类
Ⅳ、Ⅴ		较完整	块状或次块状结构	较软岩定Ⅳ类，软岩定Ⅴ类
			厚层、中厚层或互层状结构	
		完整性差	薄层状结构	较软岩无夹层时可定Ⅳ类
		较破碎	碎裂结构	较软岩可定Ⅳ类
		破碎	碎块或碎屑状散体结构	——

(2)岩质类型的确定,应符合表 2-37 的规定。

表 2-37 岩质类型划分

岩质类型	硬质岩		软质岩		
	坚硬岩	中硬岩	较软岩	软岩	极软岩
岩石饱和单轴抗压强度 R_b(MPa)	$R_b>60$	$60\geqslant R_b>30$	$30\geqslant R_b>15$	$15\geqslant R_b>5$	$R_b\leqslant 5$

(3)岩体完整程度根据结构面间距、结构面组数确定,并应符合表 2-38 的规定。

表 2-38 岩体完整程度划分

间距	组数			
	1~2	2~3	3~5	>5 或无序
>100	完整	完整	较完整	较完整
50~100	完整	较完整	较完整	差
30~50	较完整	较完整	差	较破碎
10~30	较完整	差	较破碎	破碎
≤10	差	较破碎	破碎	破碎

(4)对于深埋洞室,当可能发生岩爆或塑性变形时,围岩类别宜降低一级。

2. 围岩的详细分类

(1)围岩工程地质详细分类应以控制围岩稳定的岩石强度、岩体完整程度、结构面状态、地下水和主要结构面产状 5 项因素之和的总评分为基本判据,围岩强度应力比为限定判据,并应符合表 2-39 的规定。

表 2-39 地下洞室围岩详细分类

围岩类别	围岩总评分 T	围岩强度应力比 S
Ⅰ	>85	>4
Ⅱ	$85\geqslant T>65$	>4
Ⅲ	$65\geqslant T>45$	>2
Ⅳ	$45\geqslant T>25$	>2
Ⅴ	$T\leqslant 25$	—

(2)围岩强度应力比 S 可根据下式求得:

$$S=R_b\cdot K_v/\sigma_m$$

式中:R_b 为岩石饱和单轴抗压强度(MPa);K_v 为岩体完整性系数;σ_m 为围岩的最大主应力(MPa),当无实测资料时可以用自重应力代替。

围岩详细分类中5项因素的评分应符合下列规定。

①岩石强度的评分应符合表2-40的规定。

表2-40　岩石强度评分

岩质类型	硬质岩		软质岩	
	坚硬岩	中硬岩	较软岩	软岩
饱和单轴抗压强度 R_b(MPa)	$R_b>60$	$60\geqslant R_b>30$	$30\geqslant R_b>15$	$R_b\leqslant 15$
岩石强度评分	30～20	20～10	10～5	5～0

注：1.岩石饱和单轴抗压强度大于100MPa时，岩石强度的评分为30；2.岩石饱和单轴抗压强度小于5MPa时，岩石强度的评分为0。

②岩体完整程度的评分应符合表2-41的规定。

表2-41　岩体完整程度评分表

岩体完整程度		完整	较完整	完整性差	较破碎	破碎
岩体完整性系数 K_v		$K_v>0.75$	$0.75\geqslant K_v>0.55$	$0.55\geqslant K_v>0.35$	$0.35\geqslant K_v>0.15$	$K_v\leqslant 0.15$
岩体完整性评分 B	硬质岩	40～30	30～22	22～14	14～6	<6
	软质岩	25～19	19～14	14～9	9～4	<4

注：1.当 $60\geqslant R_b>30$MPa，岩体完整程度与结构面状态评分之和>65时，按65评分；2.当 $30\geqslant R_b>15$MPa，岩体完整程度与结构面状态评分之和>55时，按55评分；3.当 $15\geqslant R_b>5$MPa，岩体完整程度与结构面状态评分之和>40时，按40评分；4.当 $R_b\leqslant 5$MPa，岩体完整程度与结构面状态不参加评分。

③结构面状态的评分应符合表2-42的规定。

表2-42　结构面状态评分

结构面状态	宽度 W(mm)	$W<0.5$		$0.5\leqslant W<5.0$									$W>5.0$		
	充填物	—		无充填			岩屑			泥质			岩屑	泥质	无充填
	起伏粗糙状况	起伏粗糙	平直光滑	起伏粗糙	起伏光滑或平直粗糙	平直光滑	起伏粗糙	起伏光滑或平直粗糙	平直光滑	起伏粗糙	起伏光滑或平直粗糙	平直光滑	—	—	—
结构面状态评分 C	硬质岩	27	21	24	21	15	21	17	12	15	12	9	12	6	0～3
	较软岩	27	21	24	21	15	21	17	12	15	12	9	12	6	
	软岩	18	14	17	14	8	14	11	8	10	8	6	8	4	0～2

注：1.结构面的延伸长度小于3m时，硬质岩、较软岩的结构面状态评分，另加3分，软岩加2分；结构面延伸长度大于10m时，硬质岩、较软岩减3分，软岩减2分。2.结构面状态最低分为0。

④地下水状态的评分应符合表 2-43 的规定。

表 2-43　地下水评分

活动状态			渗水到滴水	线状流水	涌水
水量 Q[L/(min·10m 洞长)]或压力水头 H(m)			$Q\leqslant 25$ 或 $H\leqslant 10$	$25<Q\leqslant 125$ 或 $10<H\leqslant 100$	$Q>125$ 或 $H>100$
基本因素评分 T	$T>85$	地下水评分	0	0～−2	−2～−6
	$85\geqslant T>65$		0～−2	−2～−6	−6～−10
	$65\geqslant T>45$		−2～−6	−6～−10	−10～−14
	$45\geqslant T>25$		−6～−10	−10～−14	−14～−18
	$T\leqslant 25$		−10～−14	−14～−18	−18～−20

注：1. 基本因素评分 T 是前述岩石强度评分 A、岩体完整性评分 B 和结构面状态评分 C 的和；2. 干燥状态取 0 分。

⑤主要结构面产状的评分应符合表 2-44 的规定。

表 2-44　主要结构面产状评分

结构面走向与洞轴线夹角 β		$90°\geqslant\beta\geqslant 60°$				$60°>\beta\geqslant 30°$				$\beta<30°$			
结构面倾角 α(°)		$\alpha>70°$	$70°\geqslant\alpha>45°$	$45°\geqslant\alpha>20°$	$\alpha\leqslant 20°$	$\alpha>70°$	$70°\geqslant\alpha>45°$	$45°\geqslant\alpha>20°$	$\alpha\leqslant 20°$	$\alpha>70°$	$70°\geqslant\alpha>45°$	$45°\geqslant\alpha>20°$	$\alpha\leqslant 20°$
结构面产状评分	洞顶	0	−2	−5	−10	−2	−5	−10	−12	−5	−10	−12	−12
	边墙	−2	−5	−2	0	−5	−10	−2	0	−10	−12	−5	0

注：按岩体完整程度分级为完整性差、较破碎和破碎的围岩不进行主要结构面产状评分修正。

（二）BQ 分类法

依据《工程岩体分级标准》(GB/T 50218—2014)中 BQ 法，对洞室围岩进行工程地质分类。

1. 岩体基本质量的分级因素

1）分级因素及其确定方法

(1)工程岩体分级应采用定性与定量相结合的方法，并分两步进行，先确定岩体基本质量，再结合具体工程的特点确定工程岩体级别。

(2)岩体基本质量应由岩石坚硬程度和岩体完整性两个因素确定。岩石坚硬程度与岩体完整程度应采用定性划分和定量指标两种方法确定。

2)分级因素的定性划分

(1)岩石坚硬程度的定性划分应符合表2-45的规定。

表2-45　岩石坚硬程度的定性划分

坚硬程度		定性鉴定	代表性岩石
硬质岩	坚硬岩	锤击声清脆,有回弹,振手,难击碎; 浸水后,大多无吸水反应	未风化—微风化的; 花岗岩、正长岩、闪长岩、辉绿岩、玄武岩、安山岩、片麻岩、硅质板岩、石英岩、硅质胶结砾岩、石英砂岩
	中硬岩	锤击声较清脆,有轻微回弹,稍振手,较难击碎; 浸水后,有轻微吸水反应	弱风化的坚硬岩; 未风化—微风化的:熔结凝灰岩、大理岩、板岩、白云岩、石灰岩、钙质砂岩、粗晶大理岩等
软质岩	较软岩	锤击声不清脆,无回弹,较易击碎; 浸水后,指甲可刻出印痕	强风化的坚硬岩; 弱风化的中硬岩; 未风化—微风化的:凝灰岩、千枚岩、砂质泥岩、泥灰岩、泥质砂岩、粉砂岩、砂质页岩等
	软岩	锤击声哑,无回弹,有凹痕,易击碎; 浸水后,手可掰开	强风化的坚硬岩; 弱风化—强风化的中硬岩; 弱风化的较软岩; 未风化泥岩、泥质页岩、绿泥石片岩、绢云母片岩等
	极软岩	锤击声哑,无回弹,有较深凹痕,手可捏碎; 浸水后,可捏成团	全风化的各种岩石; 强风化的软岩; 各种半成岩

(2)岩石坚硬程度定性划分时,其风化程度应按表2-46的规定。

表2-46　岩石风化程度的划分

风化程度	风化特征
未风化	岩石结构构造未变,岩质新鲜
微风化	岩石结构构造、矿物成分和色泽基本未变,部分裂隙面由铁锰质浸染或略有变色
弱风化	岩石结构构造部分破坏,矿物成分和色泽明显变化,裂隙面风化较剧烈
强风化	岩石结构构造大部分破坏,矿物成分和色泽明显变化,长石、云母和铁镁矿物已风化蚀变
全风化	岩石结构构造完全破坏,已崩解和分解成松散土状或砂状,矿物全部变色,光泽消失,除石英颗粒外的矿物大部分风化蚀变为次生矿物

(3)岩体完整程度的定性划分应符合表 2-47 的规定。

表 2-47　岩体完整程度的定性划分

完整程度	结构面发育程度		主要结构面的结合程度	主要结构面类型	相应结构类型
	组数	平均间距(m)			
完整	1～2	＞1.0	结合好或结合一般	节理、裂隙、层面	整体状或巨厚层状结构
较完整	1～2	＞1.0	结合差	节理、裂隙、层面	块状或厚层状结构
	2～3	1.0～0.4	结合好或结合一般		块状结构
较破碎	2～3	1.0～0.4	结合差	节理、裂隙、劈理、层面、小断层	裂隙块状或中厚层状结构
	≥3	0.4～0.2	结合好		镶嵌碎裂结构
			结合一般		薄层状结构
破碎	≥3	0.4～0.2	结合差	各种类型结构面	裂隙块状结构
		≤0.2	结合一般或结合差		碎裂结构
极破碎	无序		结合很差		散体状结构

注:平均间距指主要结构面间距的平均值。

(4)结构面的结合程度,应根据结构面特征,按表 2-48 确定。

表 2-48　结构面结合程度的划分

结合程度	结构面特征
结合好	张开度小于 1mm,为硅质、铁质或钙质胶结,或结构面粗糙,无充填物; 张开度 1～3mm,为硅质或铁质胶结; 张开度大于 3mm,结构面粗糙,为硅质胶结
结合一般	张开度小于 1mm,结构面平直,钙泥质胶结或无充填物; 张开度 1～3mm,为钙质胶结; 张开度大于 3mm,结构面粗糙,为铁质或钙质胶结
结合差	张开度 1～3mm,结构面平直,为泥质胶结或钙泥质胶结; 张开度大于 3mm,多为泥质或岩屑充填
结合很差	泥质充填或泥夹岩屑充填,充填物厚度大于起伏差

3)分级因素的定量指标

(1)岩石坚硬程度的定量指标,应采用岩石饱和单轴抗压强度 R_c。R_c 采用实测值。当无条件取得实测值时,也可采用实测的岩石点荷载强度指数 $I_{s(50)}$ 的换算值,并按下式换算:

$$R_c = 22.82 I_{s(50)}^{0.75}$$

式中:R_c为岩石饱和单轴抗压强度(MPa)。

(2)岩体完整程度的定量指标,应采用岩体完整性指数 K_v。K_v应采用实测值。当无条件取得实测值时,也可以用岩体体积节理数 J_v,并按表 2-49 确定对应的 K_v值。

表 2-49　J_v 与 K_v 的对应关系

J_v(条/m^3)	<3	3～10	10～20	20～35	≥35
K_v	>0.75	0.75～0.55	0.55～0.35	0.35～0.15	≤0.15

(3)岩石饱和抗压强度 R_c 与岩石坚硬程度的对应关系，可按表 2-50 确定。

表 2-50　R_c 与岩石坚硬程度对应关系

R_c(MPa)	>60	60～30	30～15	15～5	≤5
坚硬程度	硬质岩		软岩		
	坚硬岩	中硬岩	较软岩	软岩	极软岩

(4)岩体完整性系数 K_v 与岩体完整程度的对应关系，可按照表 2-51 确定。

表 2-51　K_v 与岩体完整程度对应关系

K_v	>0.75	0.75～0.55	0.55～0.35	0.35～0.15	≤0.15
完整程度	完整	较完整	较破碎	破碎	极破碎

2. 岩体基本质量分级

1)基本质量级别的确定

(1)岩体基本质量分级，应根据岩体基本质量的定性特征和岩体基本质量指标 BQ 两者结合，并按表 2-31 确定。

(2)当根据基本质量定性特征和岩体基本质量指标 BQ 确定的级别不一致时，应通过对定性划分和定量指标的综合分析，确定岩体基本质量级别。当两者的级别划分相差达 1 级及以上时，应进一步补充测试。

2)基本质量的定性特征和基本质量指标

(1)岩体基本质量的定性特征，应由表 2-50 和表 2-51 所确定的岩石坚硬程度及岩体完整程度组合确定。

(2)岩体基本质量指标的确定应符合下列规定：

①岩体基本质量指标 BQ，应根据分级因素的定量指标 R_c 的兆帕数值和 K_v，按下式计算：

$$BQ=100+3R_c+250K_v$$

②使用上式计算时，应符合下列规定：

当 $R_c>90K_v+30$ 时，应以 $R_c=90K_v+30$ 和 K_v 代入计算 BQ 值；

当 $K_v>0.04R_c+0.4$ 时，应以 $K_v=0.04R_c+0.4$ 和 R_c 代入计算 BQ 值。

3. 洞室围岩岩体的级别确定

(1)地下工程岩体详细定级，当遇到有下列情况之一时，应对岩体基本质量指标 BQ 进行修正，并以修正后获得的工程岩体质量指标值依据表 2-52 确定岩体级别。①有地下水；②岩体稳定性受结构面影响，且有一组起控制作用；③工程岩体存在由强度应力比所表征的初始应力状态。

(2)地下工程岩体质量指标[BQ]，可按下式计算。其修正系数 K_1、K_2、K_3 值，可分别按表 2-53～表 2-55 确定。

$$[BQ]=BQ-100(K_1+K_2+K_3)$$

式中：[BQ]为地下工程岩体质量指标；K_1 为地下工程地下水影响修正系数；K_2 为地下工程主要结构面产状影响修正系数；K_3 为初始应力状态影响修正系数。

表 2-52 地下工程地下水影响修正系数 K_1

地下水出水状态	BQ				
	>550	550～451	450～351	350～251	≤250
潮湿或点滴状出水，$p\leq0.1$ 或 $Q\leq25$	0	0	0～0.1	0.2～0.3	0.4～0.6
淋雨状或线流状出水 $0.1<p\leq0.5$ 或 $25<Q\leq125$	0～0.1	0.1～0.2	0.2～0.3	0.4～0.6	0.7～0.9
涌流状出水，$p>0.5$ 或 $Q>125$	0.1～0.2	0.2～0.3	0.4～0.6	0.7～0.9	1.0

注：1. p 为地下工程围岩裂隙水压(MPa)；2. Q 为每 10m 洞长出水量(L/min·10m)。

表 2-53 地下工程主要结构面产状影响修正系数 K_2

结构面产状及其与洞轴线的组合关系	结构面走向与轴线夹角<30°，结构面倾角 30°～75°	结构面走向与洞轴线夹角>60°，结构面倾角>75°	其他组合
K_2	0.4～0.6	0～0.2	0.2～0.4

表 2-54 初始应力状态影响修正系数 K_3

围岩强度应力比 (R_c/σ_{max})	BQ				
	>550	550～451	450～351	350～251	≤250
<4	1.0	1.0	1.0～1.5	1.0～1.5	1.0
4～7	0.5	0.5	0.5	0.5～1.0	0.5～1.0

(3)对跨度不大于 20m 的地下工程，岩体自稳能力可按表 2-55 确定。当实际自稳能力与表 2-55 中相应级别的自稳能力不相符时，应对岩体级别做相应调整。

表 2-55 地下工程岩体自稳能力

岩体级别	自稳能力
Ⅰ	跨度≤20m，可长期稳定，偶有掉块，无塌方
Ⅱ	跨度<10m，可长期稳定，偶有掉块； 跨度 10～20m，可基本稳定，局部可发生掉块或小塌方

续表 2-55

岩体级别	自稳能力
Ⅲ	跨度<5m，可基本稳定； 跨度 5～10m，可稳定数月，可发生局部块体位移及小、中塌方； 跨度 10～20m，可稳定数日至 1 个月，可发生小、中塌方
Ⅳ	跨度≤5m，可稳定数日到 1 个月； 跨度>5m，一般无自稳能力，数日至数月内可发生松动变形、小塌方，进而发展为中、大塌方，埋深小时，以拱部松动破坏为主，埋深大时，有明显塑性流动变形和挤压破坏
Ⅴ	无自稳能力

注：1. 小塌方的塌方高度小于 3m，或塌方体积小于 30m^3；2. 中塌方的塌方高度 3～6m，或塌方体积 30～100m^3；3. 大塌方的塌方高度大于 6m，或塌方体积大于 100m^3。

（4）对于跨度大于 20m 或特殊的地下工程岩体，除应按 GB/T 50218—2014 标准确定基本质量级别外，详细定级时，尚可采用其他有关标准中的方法，进行对比分析，综合确定岩体级别。

三、边坡工程分级标准

1. 边坡变形破坏分类

根据《水利水电工程地质勘察规范》（GB 50487—2008）附录 K 进行边坡变形破坏分类，见表 2-56。

表 2-56　边坡的变形破坏分类

变形破坏类型		变形破坏特征
崩塌		边坡岩体坠落或滚动
滑动	平面型	边坡岩体沿某一结构面滑动
	弧面型	散体结构、碎裂结构的岩质边坡或土坡沿弧形滑动面滑动
	楔形体	结构面组合的楔形体，沿滑动面交线方向滑动
蠕变	倾倒	反倾向层状结构的边坡，表部岩层逐渐向外弯曲、倾倒
	溃屈	顺倾向层状结构的边坡，岩层倾角与坡角大致相似，边坡下部岩层逐渐向上鼓起，产生层面拉裂和脱开
	侧向张裂	双层结构的边坡，下部软岩产生塑性变形或流动，使上部岩层发生扩展、移动张裂和下沉
流动		崩塌碎屑类堆积向坡脚流动，形成碎屑流

2. 边坡工程岩体级别的确定

根据《工程岩体分级标准》（GB/T 50218—2014）对边坡质量进行分级。

(1)岩石边坡工程详细定级时,应根据控制边坡稳定性的主要结构面类型与延伸性、边坡内地下水发育程度以及结构面产状与坡面关系等影响因素,对岩体基本质量指标 BQ 进行修正,并获得工程岩体质量指标值,按表 2-31 确定岩体级别。

(2)边坡工程岩体质量指标[BQ],可按下列公式计算。其修正系数 λ、K_4 和 K_5 值,可分别按表 2-57～表 2-59 确定。

$$[BQ]=BQ-100(K_4+\lambda K_5) \tag{2-1}$$

$$K_5=F_1\times F_2\times F_3$$

式中:λ 为边坡工程主要结构面类型与延伸性修正系数;K_4 为边坡工程地下水影响修正系数;K_5 为边坡工程主要结构面产状影响修正系数;F_1 为反映主要结构面倾向与边坡倾向间关系影响的系数;F_2 为反映主要结构面倾角影响的系数;F_3 为反映边坡倾角与主要结构面倾角间关系影响的系数。

表 2-57　边坡工程主要结构面类型与延伸性修正系数 λ

结构面类型与延伸性	修正系数 λ
断层、夹泥层	1.0
层面、贯穿裂痕	0.8～0.9
节理	0.7

表 2-58　边坡工程地下水影响修正系数 K_4

边坡地下水发育程度	BQ				
	>550	550～451	450～351	350～251	≤250
潮湿或点滴状出水 $p_w\leqslant 0.2H$	0	0	0～0.1	0.2～0.3	0.4～0.6
线流状出水 $0.2H<p_w\leqslant 0.5H$	0～0.1	0.1～0.2	0.2～0.3	0.4～0.6	0.7～0.9
涌流状出水 $p_w>0.5H$	0.1～0.2	0.2～0.3	0.4～0.6	0.7～0.9	1.0

注:1. p_w 为边坡坡内潜水或承压水水头(m);2. H 为边坡高度(m)。

表 2-59　边坡工程主要结构面产状影响修正

序号	条件与修正	影响程度划分				
		轻微	较小	中等	显著	很显著
1	结构面倾向与边坡坡面倾向间的夹角(°)	>30	30～20	20～10	10～5	≤5
	F_1	0.15	0.40	0.70	0.85	1.0
2	结构面倾角(°)	<20	20～30	30～35	35～45	≥45
	F_2	0.15	0.40	0.70	0.85	1.0
3	结构面倾角与边坡坡面倾角之差(°)	10	10～0	0	0～−10	≤−10
	F_3	0	0.2	0.8	2.0	2.5

注:表中负值表示结构面倾角小于坡面倾角,在坡面出露。

(3)对于高度不大于60m的边坡工程岩体，可根据已确定的级别，按表2-60确定其自稳能力。

表2-60　边坡工程岩体自稳能力

岩体级别	自稳能力
Ⅰ	高度≤60m，可长期稳定，偶有掉块
Ⅱ	高度＜30m，可长期稳定，偶有掉块； 高度30～60m，可基本稳定，局部可发生楔形体破坏
Ⅲ	高度＜15m，可基本稳定，局部可发生楔形体破坏； 高度15～30m，可稳定数月，可发生由结构面及局部岩体组成的平面或楔形体破坏，或由反倾结构面引起的倾倒破坏
Ⅳ	高度＜8m，可稳定数月，局部可发生楔形体破坏； 高度8～15m，可稳定数日至1个月，可发生由不连续面及岩体组成的平面或楔形体破坏，或由反倾结构面引起的倾倒破坏
Ⅴ	不稳定

注：表中边坡指坡角大于70°的陡倾岩质边坡。

(4)对于高度大于60m或特殊边坡工程岩体，除按式(2-1)确定[BQ]值外，尚应根据坡高影响，结合工程进行专门论证，综合确定岩体级别。

3. 边坡岩体质量分类[《水利水电工程边坡工程地质勘察技术规程》(DL/T 5337—2006)]

边坡岩体质量分类(CSMR系统)广泛应用于边坡浅表层稳定性的判断，确定边坡表面坡度和浅表层的加固措施。

CSMR体系的分类因素基本上分为两部分：一部分是岩体基本质量(RMR)；另一部分是各种边坡影响因素的修正，采用积差评分模型，其表达式为：

$$CSMR = \xi RMR - \lambda F_1 F_2 F_3 + F_4 \quad (2\text{-}2)$$

式中：ξ为坡高修正系数；RMR为岩体基本位置；λ为边坡工程主要结构面类型与延伸性修正系数；F_1为边坡和结构面走向平行度有关的系数；F_2为与结构面倾角有关的系数；F_3为边坡角和结构面倾角间有关的系数；F_4为取决于开挖方法的调整因子。该式为岩体基本质量评分标准和各种边坡影响因素的修正。

(1)岩体基本质量RMR，由表2-61确定。

表2-61　RMR分类参数及评分标准表

参数		评分标准				
岩石强度(MPa)	点荷载强度	≥10	4～10	2～4	1～2	＜1不宜采用
	单轴抗压强度	250～100	100～60	60～30	30～15	15～5
评分		15～10	8	5	3	2～0

续表 2-61

参数		评分标准				
岩石质量指标 RQD(%)		90～100	75～90	50～75	25～50	<25
评分		20	17	13	8	3
结构面间距(cm)		200～100	100～50	50～30	30～5	<5
评分		20～15	13	10	8	5
结构面条件	粗糙度	很粗糙	粗糙	较粗糙	光滑	擦痕、镜面
	评分	6	4	2	1	0
	充填物(mm)	无	<5(硬)	>5(硬)	<5(软)	>5(软)
	评分	6	4	2	2	0
	张开度(mm)	未张开	⩽0.1	0.1～1	1～5	>5
	评分	6	5	4	1	0
	结构面长度(mm)	⩽1	1～3	3～10	10～20	>20
	评分	6	4	2	1	0
	岩石风化程度	未风化	微风化	弱风化	强风化	全风化
	评分	6	5	3	1	0
地下水条件	状态	干燥	湿润	潮湿	滴水	流水
	透水率(Lu)	⩽0.1	0.1～1	1～10	10～100	>100
	评分	15	10	7	4	0

(2)坡高修正系数 ξ 按下式计算：

$$\xi=0.57+34.4/H$$

式中：H 为边坡高度(m)。对于倾倒边坡：$\xi=1$。

(3)F_1、F_2、F_3 由表 2-62 确定。

表 2-62　结构面方向修正

破坏机制	情况	非常有利	有利	一般	不利	非常不利
P T	$\gamma_1=\lvert\alpha_j-\alpha_s\rvert$ $\gamma_1=\lvert\alpha_j-\alpha_s-180°\rvert$	>30°	30°～20°	20°～10°	10°～5°	⩽5°
P、T	F_1	0.15	0.40	0.7	0.85	1.00
P	$\gamma_2=\lvert\beta_j\rvert$	<20°	20°～30°	30°～35°	35°～45°	>45°
P	F_1	0.15	0.40	0.70	0.85	1.00
T	F_2	1	1	1	1	1
P	$\gamma_3=\beta_j-\beta_s$	>10°	10°～0°	0°	0°～−10°	<−10°
T	$\gamma_3=\beta_j-\beta_s$	<110°	110°～120°	>120°	—	—
P、T	F_3	0	5	25	50	60

注：P 为平面滑动；α_s 为边坡倾向；α_j 为结构面倾向；T 为倾倒滑动；β_s 为边坡倾角；β_j 为结构面倾角。

(4)F_4 由表 2-63 确定。

表 2-63　边坡开挖方法修正

方法	自然边坡	预裂爆破	光面爆破	常规爆破	无控制爆破
F_4	+5	+10	+8	0	−8

(5)结构面条件系数 λ 由表 2-64 确定。

表 2-64　结构面条件系数 λ

结构面条件	λ
断层、夹泥层	1.0
层面、贯穿裂痕	0.8～0.9
节理	0.7

通过上述的边坡岩体质量评价和各项边坡工程因素的修正后，所求得的 CSMR 总分即可根据表 2-65 确定边坡岩体类别，半定量地评价岩体质量和稳定性，预测可能的破坏模式及处理方法。

表 2-65　边坡岩体分类——CSMR 体系

类别	Ⅴ	Ⅳ	Ⅲ	Ⅱ	Ⅰ
CSMR	0～20	21～40	41～60	61～80	81～100
岩体质量	很差	差	中等	好	很好
稳定性	很不稳定	不稳定	基本稳定	稳定	很稳定
破坏模式	平面滑动，类似土质滑坡	大规模的平面或楔形体滑动，严重倾倒	小规模的平面或楔形体滑动，浅层倾倒	掉块	无
加固方式	开挖、抗滑桩与排水	大规模减载、加固与排水	小规模减载、加固与排水	局部加固与排水	无

第六节　水工建筑物基础处理工程

一、常见工程地质问题类型

水利水电工程常见工程地质问题主要包括建(构)筑物地基缺陷、特殊岩土和不良物理地质现象、渗漏、冲刷及建(构)筑物稳定性，以及水文地质条件引发的工程地质条件改变的相关问题等。

(一)地基岩(土)体变形

1. 土基的变形

土基变形的性质和大小，既取决于荷载的大小、性质(静或动荷载)和持续的时间，也取决于土的性质、初始固结情况和应力历史等因素。土体的变形包括体积改变的压缩变形及由颗粒和颗粒组成的结构单元相互滑移的剪切变形。

(1)压缩变形。不均匀沉降和变形过大是地基中最常见的两种变形。主要由地基夯实强度不够,地基强度低、压缩量大,膨胀土的膨胀,黄土的湿陷性变形,不均匀土、厚度变化较大等引起。

(2)剪切变形。主要为地基的滑移挤出。是由于地基强度不够,出现下沉和剪切挤出;有倾斜的软弱夹层会出现滑移和剪切挤出。

2. 岩基的变形

岩基的沉降变形通常有两种形式:垂直变位和角变位。当坝基由岩石组成时,坝基(肩)的变形与沉陷往往是均匀的;当坝基由非均质岩层组成且岩性差异较大时,将产生不均匀变形。若变形量特别是不均匀变形量超过允许限度则坝基产生破坏,从而导致坝体裂缝,甚至产生漏水、失稳。坝基的沉降变形,从坝体施工开始,一直持续到大坝建成、水库蓄水后一个相当长的时间。

(二)地基抗滑稳定

1. 岩基的抗滑稳定问题

坝基、坝肩抗力体滑移模式与荷载情况和岩体结构发育情况有关,拱坝主要将有关荷载转化为水平推力施加给两岸坝肩抗力岩体,主要表现为坝肩抗力岩体滑移失稳。而重力坝坝基主要承受大坝的重力和顺河向的各种水平荷载,主要表现为坝基的滑移失稳。

坝基滑移模式根据坝基岩体特征,按滑动面位置,可以分为表面滑动、浅层滑动和深层滑动 3 种滑动类型,滑动方向与水推力方向一致。在两岸岩体中发育顺坡向的中陡、缓倾角结构面时可能存在侧向滑动问题。坝基滑动破坏类型见表 2-66。

表 2-66　岩石坝基滑动破坏分类表

抗滑控制类型	滑移破坏形式	基本图示	岩体条件
表面滑动	接触面的剪切破坏		坝基岩体的强度远大于坝体混凝土强度,且岩体完整、无控制滑移的软弱结构面
浅层滑动	浅层岩体的剪切破坏		坝基岩体的岩性软弱,岩石本身的抗剪强度低于坝体混凝土与基岩的接触面
	滑移弯曲		坝基由近水平产出的夹有软弱层的薄层状岩层组成
	剪动滑移		碎裂结构岩体组成的坝基

续表 2-66

抗滑控制类型		滑移破坏形式		基本图示	岩体条件
深层滑动	无抗力体	简单滑移	单滑面	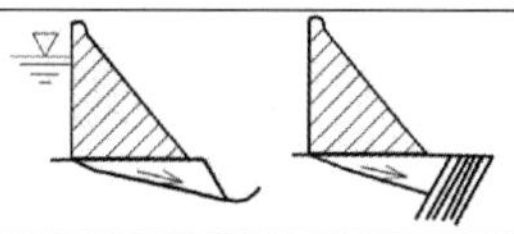	坝基内缓倾下游的软弱结构面与陡的临空面，或强度低，变形大的断裂带或软弱岩层组合成滑移体
			双滑面	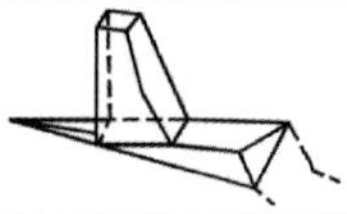	坝基内交线缓倾下游的双滑面与陡立临空面或陡倾的软弱岩层（或断裂带）组合成滑移体
		滑移拉裂	单滑面	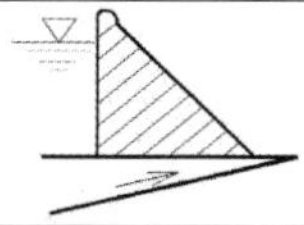	坝基内发育有缓倾上游的软弱结构面，横向切割面可以是已有的结构面，也可由上游拉应力区张裂变形发展而形成
			双滑面	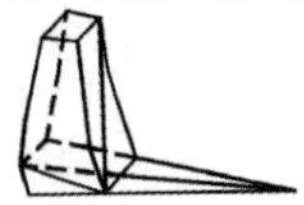	坝基内发育有交线缓倾上游的双滑面
	有抗力体	双滑面的平面滑动		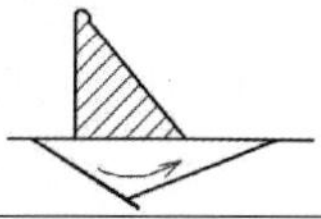	坝基内有由缓倾下游的软弱结构面与缓倾上游的软弱结构面组合而成的滑移体
		剪断滑移		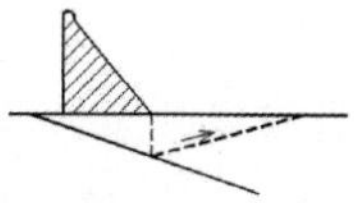	坝基内有仅发育有缓倾下游的软弱结构面，滑动受到下游岩体的抵抗，剪断下游岩体后，方能产生滑移

2. 土基的抗滑稳定问题

1）滑动破坏类型

滑动破坏类型主要有表层滑动、浅层或深层滑动、顺层滑动、塑流破坏、蠕变、圆弧滑动和非圆弧滑动等类型，见表 2-67。

表 2-67 地基稳定破坏类型

破坏类型	图示	特征
表层滑动	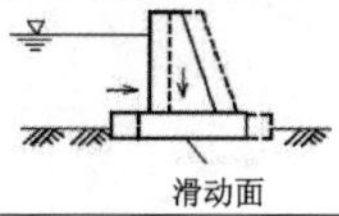 滑动面	接触摩阻力小，产生平面滑动
浅层或深层滑动	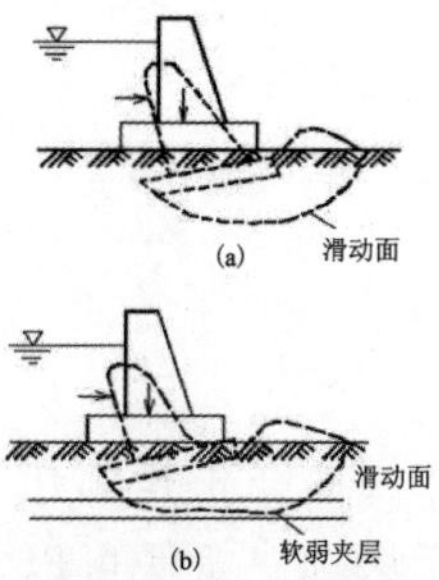 (a) 滑动面 (b) 滑动面 软弱夹层	地基内有松散层，滑面呈圆弧形，产生水平位移或倾倒

续表 2-67

破坏类型	图示	特征
顺层滑动	滑动面	地基内有倾斜的滑动面,下有临空面
塑流破坏	塑流挤出	荷载较大、地基土产生塑流挤出,多发生在均质软层中
蠕变	蠕变区	软黏土中,长期强度降低,随时间而使位移速率增大
圆弧滑动	填筑体 滑动面 地基土体	填筑土体与地基土体特性基本一致
非圆弧滑动	填筑体 滑动面 地基土体	填筑土体与地基土体特征不一致,相差较大,或地基中有软弱层分布

2)地基滑动形式

(1)大坝沿坝基接触面做浅层滑动。大坝沿坝基接触面做浅层滑动多由地质条件未能查清、接触面抗剪强度取值不准或设计不到位、施工质量问题等造成。

(2)大坝深层滑动现象较少,产生深层滑动的条件大多是夹有软弱夹层等不利组合。

(三)地基渗透变形

地基土体在地下水渗流(渗透水压或动水压力)作用下,当渗透力达到一定值时,土体颗粒发生移动或使土的结构、颗粒成分发生变化,从而引起土体的变形或破坏,这种作用或现象称为渗透变形。表现为鼓胀、浮动、断裂、泉眼、沙浮、土体翻动等。渗透变形的类型主要有管涌、流土、接触冲刷和接触流失 4 种(图 2-5)。

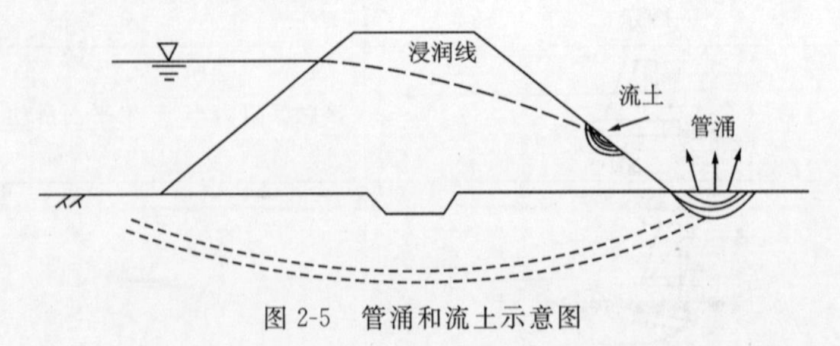

图 2-5　管涌和流土示意图

1. 管涌

管涌是指土体内的细颗粒或可溶成分由于渗流作用而在粗颗粒孔隙通道内移动或被带走的现象,又可称为潜蚀作用,可分为机械潜蚀和化学潜蚀。管涌可以发生在坝闸下游渗流逸出处，也可以在砂砾石地基中。根据渗透方向与重力方向的关系分为垂直管涌、水平管涌。此外，穴居动物（如各种田鼠、蚯蚓、蚂蚁等）有时也会破坏土体结构，若在堤内外构成渗透通道，亦可形成管涌，称之“生物潜蚀”。

2. 流土

流土是指在上升的渗流作用下，局部黏性土和其他细粒土体表面隆起、顶穿或不均匀的砂土层中所有颗粒群同时浮动而流失的现象，一般发生于以黏性土为主地带。黏性土发生流土破坏的外观表现为土体隆起、鼓胀、浮动、断裂等。无黏性土发生流土破坏的外观表现为泉眼（群）、砂沸、土体翻滚最终被渗透托起等。

3. 接触冲刷

接触冲刷是指渗透水流沿着两种渗透系数不同的土层接触时，或建筑物与地基的接触流动时，沿接触面带走细颗粒的现象。

4. 接触流失

接触流失是指渗透水流垂直于渗透系数相差悬殊的土层流动时，将渗透系数小的土层中细颗粒带进渗透系数大的粗颗粒土孔隙的现象。这种现象一般发生在颗粒粗细相差较大的两种土层的接触带，如反滤层的机械淤堵等。

（四）地基冲刷

泄水、冲砂建筑物泄水时射流跌入河道，破坏河底或岸边岩（土）体，经过一定时间形成冲刷坑。冲刷形成的冲刷坑导致地基及周围设施建筑物失稳破坏。

二、地基处理类型

（一）开挖及换填

1. 开挖

进行地基开挖的目的：一是清除各种不能满足要求的软弱岩（土）体，如覆盖层、风化层、卸荷带、断层破碎带和影响带、软弱夹层等；二是满足各种形式坝体的结构要求或特殊要求。

坝基开挖的一般原则：在考虑坝基加固处理后并能满足大坝的强度和稳定要求，确保工程安全的基础上，应尽量减少开挖量。

2. 换填

当建筑物地基持力层为软黏土、淤泥、粉砂、素填土、杂填土、暗沟及暗塘等地基时，采用挖除地基中不满足设计要求的软土换填抗剪强度高、压缩性小的土，以提高地基承载力、减小地基沉降量的方法称之为换土垫层法。

置换垫层材料以"就地取材"为原则，常用的材料有砂石、碎石（卵砾石）、黏性土、灰土和工业废渣等。当地基存在排水固结要求时，宜采用透水性的垫层料，但湿陷性黄土地基和遇水软化地基不允许采用排水垫层。当地下水流速较大时，应考虑垫层材料抵抗潜蚀和冲刷的能力。

（二）灌浆

水工建筑物基础灌浆工程施工内容包括：基岩灌浆分为固结灌浆、帷幕灌浆、接触地基灌浆，覆盖层灌浆多为砂砾石地基灌浆，另有采用特殊浆液的化学灌浆等。

1. 固结灌浆

固结灌浆是用适当的压力将水泥浆液或其他化学固化材料灌注到地质缺陷部位，如断层破碎带、软弱夹层、深风化槽、裂隙密集带、卸荷带等，待浆液固化后，起到增加岩体完整性、提高岩体弹性模量、减少基础沉陷的作用。

固结灌浆孔通常采用方格形或梅花形布置，各孔按分序加密的原则分为二序或三序施工。固结灌浆主要用于加固大坝建基面浅表层的岩体，因为通常孔深较浅，灌浆压力较低。

2. 帷幕灌浆

帷幕灌浆是将浆液灌入岩体或土层的裂隙、孔隙，形成连续的阻水帷幕，以减小渗流量、降低渗透压力的灌浆工程。主要目的是减少坝基渗漏和绕坝渗漏，防止坝断层破碎带、岩体裂隙充填物、软弱夹层等抗水能力差的岩体产生渗透破坏。

帷幕灌浆分接地式和悬挂式两种。前者达到地基的相对不透水层；后者未达相对不透水层，在坝身不高、不透水层埋藏较深时，常辅以铺盖排水减压等工程措施。

基岩帷幕灌浆应当在水库开始蓄水以前，或蓄水位到达灌浆区孔口高程以前完成。基岩帷幕灌浆通常由一排孔、二排孔或多排孔组成。一般使用较大的灌浆压力对灌浆质量有利，因为较大的灌浆压力有利于浆液进入岩石的裂隙，可以增大浆液的扩散半径。过大的灌浆压力会使上部岩体或结构物产生有害的变形，或使浆液渗流到灌浆范围以外的地方，造成浪费。帷幕灌浆孔的深度大多用回转式钻机钻孔，分段灌浆法通常按 2～4 次灌浆次序，采用中间插孔逐步加密灌浆孔法进行施工。

3. 接触地基灌浆

接触地基灌浆为对密实混凝土与岩石之间的缝隙进行的灌浆。

在岩石地基上修建混凝土坝。当混凝土硬化干缩后，两者之间也会产生缝隙，常需进行接触灌浆，其主要作用是加强两者间的紧密结合，加强基础的整体性，提高岩体的抗滑稳定，并增强岩体固结和防渗性能。

在岩面比较平缓部位，接触灌浆常结合坝基帷幕和固结灌浆进行。帷幕灌浆将坝体混凝土与岩石之间的接触面作为一个灌浆段，基岩段长不超过 2m，单独进行灌浆。固结灌浆，当钻孔在基岩中不大于 6m 时，常全孔一次进行灌浆；大于 6m 时，常将接触面单独分为一段，进行分段灌浆。

在坝肩岩石边坡陡于45°的部位，接触灌浆的设计和灌浆方法与坝体接缝灌浆类似，可采用分层浇筑混凝土后再钻孔的方法；预埋灌浆盒法，或其他有效的方法，主要是需在接触面上形成出浆点或出浆线，并设置类似进浆、回浆、出浆和排气的设施，各管路可引到就近廊道或其他合适地点，待混凝土温度达到设计规定值后进行接触灌浆。

4. 砂砾石地基灌浆

它是在砂砾石地基建造防渗帷幕进行的灌浆。大坝坝基防渗帷幕必须与大坝坝体的防渗结构紧密相连。

砂砾石层是否可灌，一般常依靠灌比值 M 而定。通常以下式表示：

$$M=D_{15}/d_{85}$$

式中：D_{15} 为受灌砂砾石层的颗粒级配曲线上含量为15%处的粒径(mm)；d_{85} 为灌浆材料的颗粒级配曲线上含量为85%处的粒径。一般认为 M 在10～15之间灌注有效。常用的灌浆方法有打管灌浆法、套管灌浆法、循环钻灌法、预埋花管法等。

5. 化学灌浆

化学灌浆是利用灌浆泵压力将硅酸钠或高分子化合物溶液灌注到钻孔和岩土孔隙或混凝土裂缝内，经凝胶固化以达到防渗或加固目的的一种工程措施。对于使用固体颗粒浆液难以成功或收效甚微的工程问题，例如：对断层和破碎带的处理、对砂层和岩石小于0.2mm微细裂隙的防渗处理、对混凝土微细裂缝补强处理等常采用化学灌浆。

化学灌浆方法有两种：①单液法。将溶液的各组分在灌浆前依照规定的比例和加入的顺序一次混合好，用灌浆泵压送到灌浆部位。②双液法。将预先已配制的两种溶液分别装在各自的容器内，使用比例泵依照规定的比例送浆，将双液直接压入灌浆部位内，在该部位混合。常用的化学灌浆泵有手摇压浆泵、双液化灌计量泵(比例泵)、可控硅调速齿轮泵、隔膜计量泵等。

常用的化学灌浆溶液有硅酸盐类、木质素类、高分子化学类。例如丙烯酰胺类、丙烯酸盐类、聚氨酸类、环氧树脂类、尿素类等。

化学灌浆存在的主要问题：①上述各类浆材除硅酸盐类外，高分子化学类或多或少都有一些毒性，对环境和施工人员身体健康均可能有些影响；②灌浆效果的耐久性问题尚未完全了解清楚；③有些化学浆材价格贵，不宜大量使用。故在采用化学灌浆时，应对上述问题进行认真考虑，并应采取相应的有效措施和对策。

(三)防渗墙

1. 定义

混凝土防渗墙是在松散透水地基或土石坝(堰)坝体中以泥浆固壁连续造孔，在泥浆下浇筑混凝土或回填其他防渗材料筑成的、起防渗作用的地下连续墙。

水利水电工程防渗墙的厚度一般只有60～100cm，防渗墙的底部一般要求嵌入基岩或不透水层中一定深度(0.5～1.0m)，其顶部则需要与坝体防渗设施连接。墙体材料并无严格的限制，根据防渗墙墙体材料的抗压强度和弹性模量，可以分为刚性材料和柔性材料。刚性材料一般抗压强度大于5MPa，弹性模量大于2000MPa，有普通混凝土(包括钢筋混凝土)、黏土混凝土、粉煤灰混凝土等；柔性材料一般抗压强度小于5MPa，弹性模量小于2000MPa，有塑性混凝土、自凝灰浆、固化灰浆等。

2. 适用范围

防渗墙一般适用于深厚覆盖层地基及各种坝(堰、堤)体的防渗和加固，而不适用于较坚硬岩基的防渗。这是因为在硬岩中防渗墙造孔施工困难，在时间上和经济上均不合算。

(四)灌注桩

灌注桩是一种直接在桩位用机械或人工方法就地成孔后，在孔内下设钢筋笼和浇注混凝土所形成的桩基础。在水利水电建设中主要用于水闸、渡槽、输电线塔、变电站、防洪墙、工作桥等的基础，也经常应用于防冲、挡土、抗滑等工程中。

(1)人工挖孔桩：当地下水水位较低、涌水量较小时，桩径较大的灌注桩可人工挖孔。

(2)机械钻孔桩：常用的机械成孔方法可分为挤土成孔灌注桩(沉管灌注桩)和取土成孔灌注桩(包括少量挤土的成孔方法)两大类。取土成孔灌注桩又可分为泥浆护壁钻孔灌注桩、干作业成孔灌注桩和全套管法(贝诺脱法)成孔灌注桩3类。其中，泥浆护壁钻孔灌注桩包括正循环回转钻孔、反循环回转钻孔、潜水电钻钻孔、冲击钻机钻孔、旋挖钻机成孔、抓斗成孔等成孔方法的灌注桩；干作业成孔灌注桩包括长螺旋钻孔、短螺旋钻孔、洛阳铲成孔等成孔方法的灌注桩。其适用范围见表2-68。

表2-68 各种成孔方法适用的范围

序号	项目		适用范围
1	泥浆护壁成孔	冲抓、冲击	碎石土、砂土、黏性土及风化岩
		回转钻、潜水钻	黏性土、淤泥、淤泥质土及砂土
2	干作业成孔	螺旋钻	地下水水位以上的黏性土、砂土及人工填土
		钻孔扩底	地下水水位以上的坚硬、硬塑的黏性土及中密以上的砂土
		机动洛阳铲	地下水水位以上的坚硬、硬塑的粉性土及中密以上的砂土
		锤击振动	地下水水位以上的黏性土、黄土及人工填土

(五)钢板桩

钢板桩是一种边缘带有联动装置，且这种联动装置可以自由组合以便形成一种连续紧密的挡土或者挡水墙的钢结构体。钢板桩是带有锁口的一种型钢，其截面有直板形、槽形及"Z"形等，有各种大小尺寸及连锁形式。常见的有拉尔森式、拉克万纳式等。

1. 钢板桩的特点

钢板桩强度高，容易打入坚硬土层，在深水中施工中，必要时加斜支撑成为一个围笼；防水性能好，能按需要组成各种外形的围堰，并可多次重复使用。因此，它的用途广泛。

2. 钢板桩的施工机具

钢板桩的施工机具很多，按照打入方式的不同可分为以下几种：

(1)冲击打入机械。有自由落锤、蒸汽锤、空气锤、液压锤、柴油锤等。

(2)振动打入机械。这类机械既可用于打桩还可用于拔桩，常用的是振动打拔桩锤。

(3)振动冲击打桩机械。这种机械是在振动打桩机的机体与夹具间设置冲击机构，在激振机产生上下振动的同时，产生冲击力，使施工效率大大提高。

(4)静力压入机械。靠静力将钢板桩压入土中，常用液压压桩机及钢索卷扬机压桩机。钢板桩施工的顺利进行在很大程度上取决于施工机械的选择，选用机械时，除主要考虑土质情况和作业能力外，还需考虑打(拔)钢板桩的种类、数量、尺寸、形状，尤其是钢板桩的质量与长度，往往这两个因素是主要的，同时选用的机械要满足噪声、振动等公害控制要求，并结合现场的条件，如交通、地形、脚手架等情况。结合考虑上述条件，使选定的机械既经济、安全，又能确保施工效率。

(六)振冲碎石桩

1. 定义

振冲碎石桩是利用振动水冲法施工工艺，在地基中制成很多以石料组成的桩体。桩与原地基土共同构成复合地基，以提高地基承载力。根据所处理的地基土质的不同，可分为振冲挤密法和振冲置换法两种。在砂性土中制桩的过程对桩间土有挤密作用，称为振冲挤密(图 2-6)。在黏土中制成的碎石桩，主要起置换作用，故称为振冲置换(图 2-7)。

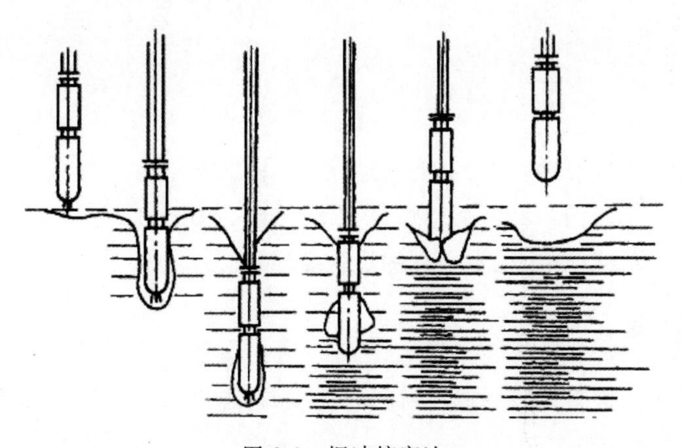

图 2-6　振冲挤密法

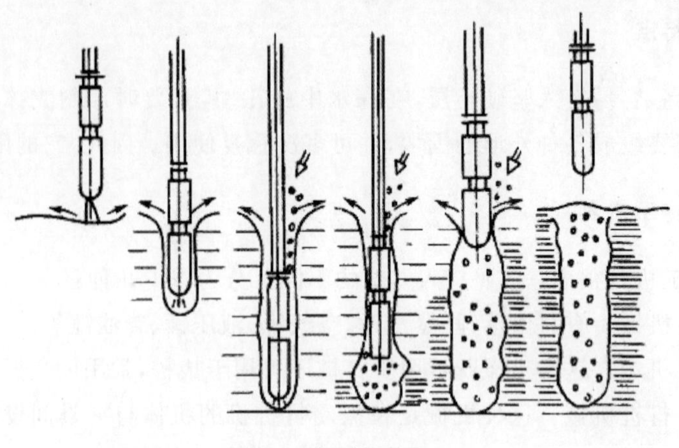

图 2-7 振冲置换法

2. 适用范围

振冲加固技术利用振冲加固技术处理松散粉砂、中粗砂、淤泥质软弱土、软黏土、粉土及回填土等，都很有成效。

3. 振冲加固机械设备

振冲加固主要机械设备有振冲器、吊车、装载设备、碎石桩机、供水设备。

(七)沉管灌注桩

1. 定义

沉管灌注桩是采用振动沉管桩机或锤击沉管桩机等将带有封口桩尖的桩管直接打入地层至设计深度成孔，然后放入钢筋笼，边浇筑混凝土边拔出桩管而形成的混凝土灌注桩。沉管灌注桩按沉管机具和方法不同，可分为振动沉管灌注桩、锤击沉管灌注桩和振动冲击沉管灌注桩。

2. 适用范围

沉管灌注桩适用于一般黏性土、粉土、淤泥质土、松散至中密的砂土及人工填土层。不宜用于标准贯入击数 N 值大于 12 的砂土和 N 值大于 15 的黏性土与碎石土。在厚度较大的高流塑淤泥层中不宜采用桩径小于 340mm 的沉管灌注桩。

3. 施工机械与设备

振动沉管打桩机由桩架、振动打拔桩锤、卷扬机、行走机构等部件组成(图 2-8、图 2-9)。

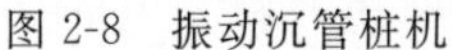

图 2-8 振动沉管桩机

图 2-9 振动打拔桩锤

（八）高压喷射灌浆（高喷）

1. 定义

高压喷射灌浆是利用钻机造孔，然后把带有喷头的灌浆管下至地基预定位置，再利用高压设备把 30～50MPa 的高压射流从特制喷嘴中喷射出，冲击、切割土体。当能量大、速度高、呈脉动状态的射流动压力超过土体的强度时，土粒便从土体上剥落下来，一部分细小的土粒随浆液冒出地面（简称冒浆）；其余土粒在射流的作用下，与同时灌入的浆液混合，在地基中形成质地均匀、密实连续的板墙或柱桩等凝结体，从而达到加固地基和防渗的目的。

按喷射方式分类，高压喷射灌浆的喷射方式一般有旋（转）喷、定（向）喷、摆（动）喷。不同的喷射方式所形成的凝结体的形状也不同。按施工方法分类，高压射灌浆的施工方法主要有单管法、二管法、三管法和多管法等。

2. 适用范围

高压喷射灌浆防渗和加固技术适用于软弱土层，如第四纪的冲（淤）积层、残积层以及人工填土等。砂类土、黏性土、黄土和淤泥等地层均能进行喷射加固，效果较好。对粒径过大、含量过多的砾卵石以及有大量纤维质的腐殖土地层，一般应通过现场试验确定施工方法。对含有较多漂石或块石的地层，应慎重使用。对于地下水流速过大、喷射浆液无法在喷射管周围凝固、无填充物的岩溶地段、永冻土和对水泥有严重腐蚀的地基,不宜采用高压喷射灌浆。

3. 设备

灌浆机具是保证灌浆质量的必备条件,高压喷射灌浆施工设备是按照高压喷射灌浆工艺的要求,由多种设备联合组装而成的成套设备,其组装布置情况如图 2-10 所示。

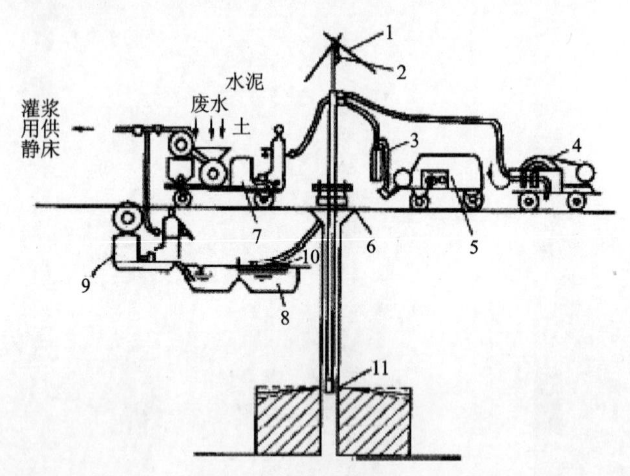

1. 三角架;2. 卷扬机;3. 转子流量计;4. 高压水泵;5. 空压机;6. 孔口装置:搅拌机;8. 储浆池;9. 回浆池;10. 筛;11. 喷头

图 2-10　高压喷射灌浆设备组装示意图

(九)深层搅拌(深搅)

1. 定义

深层搅拌法是利用水泥、石灰等材料作为固化剂的主剂,通过专用的深层搅拌机械,在地基土中边钻进,边喷射固化剂,边旋转搅拌,使固化剂与土体充分拌合,形成具有整体性和抗水性的水泥土或灰土桩柱体,以达到加固地基或防止渗漏目的的一种工程措施。搅拌桩柱体和桩周围土体可构成复合地基,也可相割搭接排成一列形成连续墙体,还可相割搭接成多排墙。在水利水电工程中,深层搅拌法主要用在水工建筑物地基中形成复合地基,在堤坝及其地基中形成连续的防渗墙等。

2. 适应范围

(1)适用土质:深层搅拌法适合于加固淤泥、淤泥质土和含水量较高而地基承载力小于140kPa 的黏性土、粉质黏土、粉土、砂土等软土地基。当土中含高岭石、多水高岭石、蒙脱石等矿物时,可取得最佳加固效果;土中含伊利石、氯化物和水铝英石等矿物时,或土的原始抗剪强度为 20~30kPa 时,加固效果较差。当用于泥炭土或土中有机质含量较高,酸碱度较低(pH 值<7)及地下水有侵蚀性时,宜通过试验确定其适用性。当地表杂填土厚度大且含直径大于 100mm 的石块或其他障碍物时,应将其清除后,再进行深层搅拌。

(2)适用工程：深层搅拌法对地基具有加固、支承、止水等多种作用，用途十分广泛。例如：加固软土地基，以形成复合地基而支承水工建筑物、结构物基础；作为泵站、水闸等的深基坑和地下管道沟槽开挖的围护结构，同时还可作为止水帷幕；当在搅拌桩中插入型钢作为围护结构时，基坑开挖深度可加大；可作为稳定边坡、河岸、桥台或高填方路堤及堤坝防渗墙等。此外，由于搅拌桩施工时无震动、无噪声、无污染，一般不会引起土体隆起或侧面挤出，故对环境的适应性强。

3. 施工机械

深层搅拌桩机分动力头式及转盘式两大类。动力头式深层搅拌桩机可采用液压马达或机械式电动机减速器。这类搅拌桩机主电机悬吊在架子上，重心高，必须配有足够重量的底盘；另一方面，由于主电机与搅拌钻具连成一体，重量较大，因此可以不必配置加压装置。转盘式深层搅拌桩机多采用大口径转盘，配置步履式底盘，主机安装在底盘上，安有链轮、链条加压装置。其主要优点：重心低、比较稳定，钻进及提升速度易于控制。

国内已经开发出动力头式单头深层搅拌桩机(图 2-11)和双头深层搅拌桩机(图 2-12)，主要用于施工复合地基中的水泥土桩。

双头深层搅拌桩机是在动力头式单头深层搅拌桩机的基础上改进而成，其搅拌装置比单头搅拌桩机多了一个搅拌轴，可以一次施工两根桩。其他组成和作用同动力头式单头深层搅拌桩机。

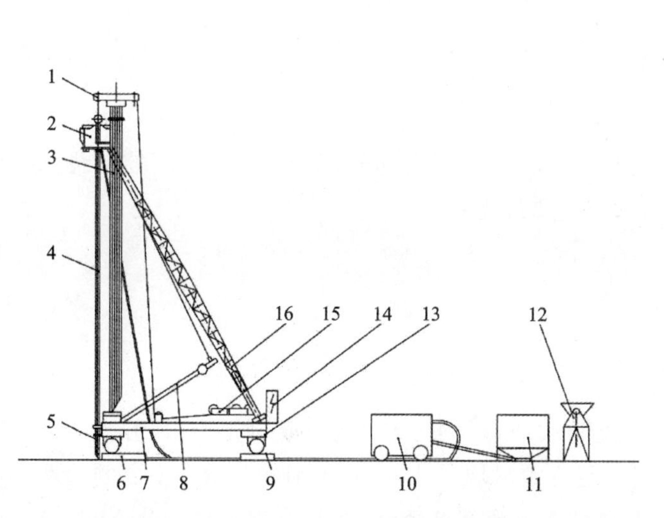

1. 顶部滑轮组；2. 动力头；3. 钻塔；4. 搅拌轴；5. 搅拌钻头；6. 枕木；7. 底盘；8. 起落挑杆；9 轨道；10. 挤压泵；11. 集料斗；12. 灰浆搅拌机；13. 操作台；14. 配电箱；15. 卷扬机；16. 付腿

图 2-11　单头深层搅拌桩机配套机械示意图

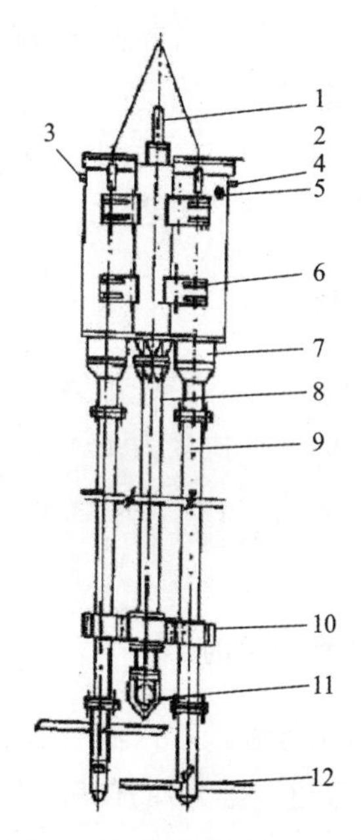

1. 输浆管；2. 外壳；3. 出水口；4. 进水口；5. 电动机；6. 导向滑块；7. 减速器；8. 中心管；9. 搅拌轴；10. 横向系板；11. 球形阀；12. 搅拌头

图 2-12　双头深层搅拌桩机搅拌装置图

国内已经开发出转盘式单头和多头(三头、四头、五头和六头)深层搅拌桩机。单头深层搅拌桩机主要用于施工复合地基中的水泥土桩,多头深层搅拌桩机(图 2-13)主要用于施工水泥土防渗墙。

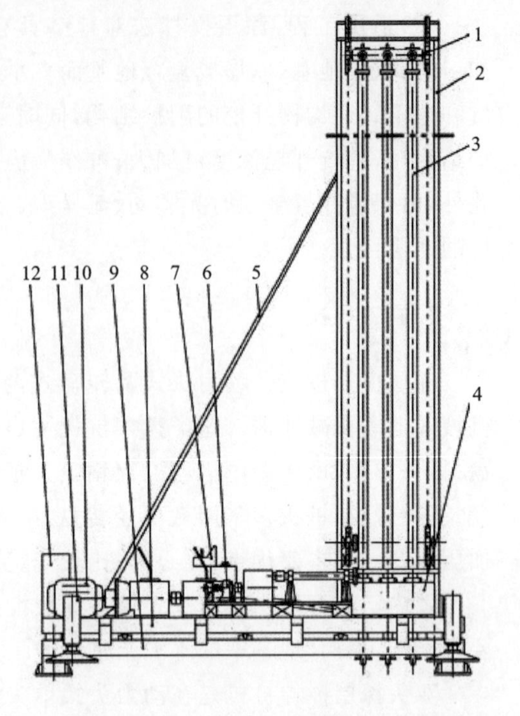

1. 水龙头;2. 立架;3. 钻杆;4. 主变速箱;5. 稳定杆;6. 离合操纵;7. 操作台;8. 上车架;9. 下车架;10. 电动机;11. 支腿;12. 电控柜

图 2-13　BJS 型多头小直径深层搅拌桩机示意图

(十)强夯和强夯置换

1. 定义

强夯是用质量达数十吨的重锤自数米高处自由下落,给地基以冲击力和振动,从而提高一定深度内地基土的密度、强度并降低其压缩性的方法。强夯置换法是利用重锤高落差产生的高冲击能将碎石、片石、矿渣等性能较好的材料强力挤入地基中形成复合地基,以提高地基承载力,减小沉降。

2. 适用范围

(1)强夯法:适用于碎石土、砂类土、低饱和度($S_r<60\%$)的粉土与黏性土、湿陷性黄土、素填土和杂填土等地基。

(2)强夯置换法:适用于高饱和度、软塑—流塑状的淤泥、淤泥质土、粉土、黏性土等对变形控制要求不严的工程。

3. 强夯设备

强夯机组成:门架、吊钩、自动脱钩装置、起重臂、行走部分、防撞装置、落距控制线、夯锤等。常用的夯锤质量为 10～25t,最大的夯锤质量为 46t。

(十一)排(降)水

1. 降水的目的

土方边坡在地下水的浸泡下土体抗剪强度下降,同时土体还会受到浮力(即静水压力)和渗透力(即动水压力)的作用,边坡容易失稳导致滑坡。此外,对于细砂和粉砂土层的边坡,地下水常常导致流沙和管涌,在黏土层中则可能出现基坑隆起,这些对施工都十分不利。在土方外运方面,所挖土方含水量过高还会对城市道路造成污染。因此,在土方开挖前和开挖过程中,以及地下结构施工期间,做好地下水的处理工作,保持基坑土体干燥十分重要。

2. 降水措施

基坑开挖的降水一般有明排法和人工降水法两种。

(1)明排法:它是在基坑开挖至地下水水位时,在基坑范围内基础外开挖排水沟,间隔一定距离设集水井,然后用水泵将水抽走,这是一种边挖边排的降水措施,对于黏土层浅挖边坡较为有效,但无法处理流沙和管涌现象。

(2)人工降水法:它是在基坑开挖前预先在基坑四周埋设一定数量的滤水管或滤水井,用抽水设备抽水,使地下水水位降落到坑底以下,同时在基坑开挖时仍不断抽水。这种方法可使所挖的土始终处于干燥状态,从根本上防止流砂现象的发生,改善了工作条件,同时由于土中水被排走后,动水压力减小或消除,边坡可以放陡,减少挖土量,而且由于水流向下,动水压力作用使土颗粒间的压力增加,坑底土层更为密实,这种方法在城市地下工程施工中广泛应用。对于大开挖基坑来说,由于开挖深度较浅,经常采用轻型井点或管井、井点降水两种方式。采用正铲挖掘机、铲运机、推土机等机械挖方时,应使地下水水位经常低于开挖底面不少于0.5m。

三、不良地质体常用基础处理措施

(一)断层破碎带的处理

水利水电工程的地基常会遇到节理发育的岩层、软弱夹层、断层破碎带或断层交会带,这些地质缺陷均需进行妥善处理,以保证施工过程及后期运行的安全。

1. 断层处理要求

断层处理应满足下列要求:

(1)具有足够的强度,能直接或通过岩体承受和传递坝体的荷载。

(2)与围岩接触良好,具有相似的弹性模量,减少地基不均匀沉陷或限制地基变形。

(3)提高岩基的整体性,确保坝体或岩体在施工、运行期间的抗滑稳定性。

(4)具备良好的抗渗性,防止集中渗漏,降低渗透压力,防止产生渗透变形。

(5)具备排水条件,降低扬压力。

2. 断层处理的形式和适用范围

结合具体工程的实际情况,综合考虑下列因素:

(1)断层所处部位、产状、宽度,破碎带组成物和周围岩体的性质、力学指标,断层和其他弱面(构造面、临空面等)的不利组合对岩体、水文地质等构成的影响,以及与此有关的不同破坏机理、方式。

(2)水工建筑物的工作条件、布局和对地基提出的要求,以及调整上部结构使之与地基工作条件相协调的可能性。

(3)现场施工条件,施工技术水平、设备,可能达到的工程实际效果和已有的工程经验等。

断层缺陷对坝体、坝基可能构成的主要问题，断层处理的主要目的，断层处理可以采取的处理形式见表2-69～表2-71。

表2-69　直接承受和传递坝体荷载的断层处理形式

措施	适用范围
1.主要承受垂直荷载	
1.1混凝土塞	断层宽度0.6～2.0m，倾角陡
1.2混凝土拱	断层宽度大于4m，倾角陡，两侧岩面坚硬且较完整
1.3混凝土梁	断层宽度2～4m，或缓倾角
1.4混凝土深塞(或梁)	断层宽度大于4m，位于高坝坝趾或防渗帷幕轴线段
1.5混凝土洞挖浅塞	狭谷河床，深槽或者施工特殊需要。要有充分回填灌浆条件
1.6混凝土支撑体或垫座	深挖基坑的坝趾(踵)外岩体坚硬可靠。断层狭小，荷载不大的支墩基础
2.主要承受水平荷载	
2.1混凝土塞(或梁)	断层窄且陡
2.2混凝土深塞	陡坡段断层窄，倾角陡，荷载大
2.3混凝土深梁	陡坡段断层宽或者倾角缓荷载大
2.4混凝土传力洞	荷载大。坝头有断层组，影响带宽，裂隙发育，或断层间岩石较坚硬，施工开挖困难，工作量大
2.5混凝土传力槽	坝头地形狭窄，岩体较硬，荷载大或坝头有断层组
2.6混凝土剪力洞	坝肩有不利的地质构造组，断层产状陡、狭、平整，岩性坚硬尚完整

表2-70　传递基岩中荷载的断层处理形式

措施	适用范围
1.用于控制地基压缩或沉陷变形	
1.1混凝土深塞(或梁)	断层横(斜)切高坝的坝趾或拱座下游侧，倾向上游倾角较缓或者倾角陡，但有平缓反倾角构造组合
1.2洞挖整体式混凝土墙体	切割坝肩、坝趾的断层，延伸到坝底(拱座)应力工作范围内，倾角平缓，贯穿河床坝基，岩体不完整，但地基应力仍不小
1.3洞挖框架式(竖井加平洞)混凝土体	同上情况，但围岩较完整、坚硬
1.4防沉井	断层平缓，倾向岸坡，围岩较完整坚硬
1.5大口径直孔混凝土管柱群	河床段断层窄、陡、较平整
1.6钻孔混凝土连锁桩	坝基内断层窄小、较平整，围岩完整坚硬
1.7高压水泥灌浆或化学灌浆	灌后构造岩变形模量提高，能满足工程需要，或与其他措施配合使用

续表 2-70

措施	适用范围
2.用于保持坝体和岩体稳定	
2.1 洞挖整体式抗滑混凝土墙	倾角较陡,有反倾角平缓构造组合,承受坝基压力和剪力,荷载大,或岩体较破碎
2.2 抗滑井或框架式抗滑井群	倾角平缓,较平整,岩体坚硬。受水平剪力
2.3 抗滑斜井或框架式井群	纵贯岸坡或坝肩,倾角陡,改善边坡稳定
2.4 剪力洞	纵贯坝肩陡直断层或断层交会带,围岩坚硬完整。在抗剪基础上改善应力状态
2.5 预应力锚束	断层倾角较陡,围岩完整,不宜做开挖、置换处理
2.6 预应力锚固洞	断层倾角较陡,围岩完整
2.7 喷锚结合	断裂不发育,不需做开挖处理,防止断裂发展
2.8 抗滑桩	断层倾角较缓,围岩较完整

表 2-71　防止集中渗漏、排水降低渗透压力的断层处理形式

措施	适用范围
混凝土竖(斜)井	纵贯河床、岸坡坝基。断层较陡、较宽,或破碎带松散,渗透稳定差。围岩稳定
混凝土塞下接水泥或化学帷幕灌浆	破碎带属相对弱透水体,结构挤压较紧密,被不同程度胶结,两侧集中渗漏
混凝土截水深墙	构造面平缓,夹泥,分布广而无可灌性
排水孔(幕)	布置在横(斜)切断层的上游一侧
排水隧洞或排水孔、洞系统	布置在纵贯坝头断层的迎河床一侧或横切坝肩断层的迎上游一侧岩体

确定断层开挖深度的方法如下。

(1)按混凝土塞结构尺寸确定开挖深度,见表 2-72。

表 2-72　断层开挖深度

适用条件	b	d/b	d/B
一般情况	0.6～2.0	2.0～3.0	1.5～2.0
坝基应力区内,断层倾角≥60°	2.0～4.0	1.5～2.0	1.0～1.5
两侧岩石较坚硬	>4.0	1.0～1.5	0.8～1.1

注:b 为断层底部宽度(m);d 为断层开挖深度(m);B 为断层平均宽度(m)。

(2)按固端梁确定开挖深度:一般适用于宽度大于 4m 的断层破碎带。开挖深度根据坝基应力值,构造岩与新鲜完整岩石的弹性模量的比值,以及断层破碎带的产状、宽度等因素通过计算确定,一般为断层破碎带底部宽度的 0.5～1.0 倍,可按经验公式确定开挖深度,经验公式见表 2-73。

表 2-73　断层开挖深度经验公式

<table>
<tr><th>使用者</th><th>公式</th><th>适用条件</th></tr>
<tr><td>中国新安江(宽缝重力坝)</td><td>$d=0.0083bH+C$</td><td></td></tr>
<tr><td rowspan="2">美国垦务局(夏斯特重力坝和弗赖恩特坝)</td><td>$d=0.002bH+5$</td><td>$H\geqslant 150$</td></tr>
<tr><td>$d=0.3b+5$</td><td>$H<150$</td></tr>
<tr><td rowspan="2">美国大坝委员会(拱坝)</td><td>$d=0.002bH+10$</td><td>$b\geqslant 5$</td></tr>
<tr><td>$d=0.002bH+5$</td><td>$b<5$</td></tr>
</table>

注:d 为断层开挖深度(新安江公式的单位为 m,其余为英尺);b 为断层开挖宽度(英尺);H 为坝高(英尺);C 为系数,见表 2-74。

表 2-74　系数 C

<table>
<tr><th rowspan="3">坝高
H(m)</th><th colspan="4">断层宽度 b(m)</th><th rowspan="3">备注</th></tr>
<tr><th colspan="2">影响范围≥2.0</th><th colspan="2">影响范围<2.0</th></tr>
<tr><th>倾角>65°</th><th><50°</th><th>>65°</th><th><50°</th></tr>
<tr><td>>80</td><td>1.10</td><td>2.20</td><td>0.55</td><td>1.10</td><td rowspan="2">H 为 65～80m 时,可用插入法求得</td></tr>
<tr><td><65</td><td>1.70</td><td>3.40</td><td>0.85</td><td>1.70</td></tr>
</table>

(3)按施工条件确定开挖深度:断层宽 0.1～0.5m,一般开挖深度 1.0～1.5m;用高压水枪或钻孔连锁施工,挖深可达 4～5m;大口径钻孔可达 10m 以上。

(4)按不利构造组合的弱面部位确定开挖深度:开挖深度除按混凝土深梁计算外,并要加深到岩层可能产生深层滑移的弱面以下,或参考光弹试验的结果适当加深。中坝、高坝一般开挖深度可达 8～15m。

(5)按断面、整体模型试验确定开挖深度:断层造成过量压缩变形或与不利裂隙组、不利构造面构成不稳定的滑移时,应通过校核计算及结合模型试验结果来确定开挖的范围和深度。国内有的工程深达 15～20m。

(6)按有限元法计算的成果确定开挖深度:对较复杂的断层和大断裂带要用有限元法计算应力与变形值的关系,判断岩体稳定性,确定处理深度并估计处理后坝基条件改善的程度。

(7)按岩基防渗需要确定开挖深度:有些工程的断层塞通过防渗帷幕处,按要求加深成井塞,深度可达 50m。

(二)黄土地基的处理

1. 黄土的一般特征

我国黄土一般具有以下特征,缺少其中一项或几项特征的称为黄土状土。

(1)颜色以黄色、褐黄色为主,有时呈灰黄色。

(2)颗粒组成以粉粒(粒径 0.05～0.005mm)为主,含量一般在 60%以上,粒径大于 0.25mm 的甚为少见。

(3)肉眼可见的大孔孔隙比一般在1.0左右。

(4)富含碳酸盐类,垂直节理发育。

2. 处理的基本原则

(1)防止或减小建筑物地基浸水湿陷的设计措施,可分为地基处理措施、防水措施和结构措施3种。

(2)应采用以地基处理为主的综合治理方法,防水措施和结构措施一般用于地基不处理或用于消除地基部分湿陷量的建筑,以弥补地基处理的不足。

3. 地基处理措施

(1)消除地基的全部湿陷量,或采用桩基础穿透全部湿陷性土层,或将基础设置在非湿陷性土层上,常用于甲类建筑。

(2)消除地基的部分湿陷量,如采用复合地基、换土垫层、强夯等,主要用于乙类、丙类建筑。

(3)丁类建筑,地基可不处理。

(三)红黏土地基的处理

1. 红黏土的定义

红黏土分为原生红黏土和次生红黏土。颜色为棕红色或褐黄色,覆盖于碳酸盐岩系之上,其液限大于或等于50%的高塑性黏土,应判定为原生红黏土,原生红黏土经搬运、沉积后,仍保留其基本特征,且其液限大于45%的黏土,可判定为次生红黏土。

2. 地基处理的原则和方法

(1)对于石芽密布并有出露的地基,当石芽间距小于2m,其间为硬塑或坚硬状态的红黏土时,对于房屋为6层和6层以下的砌体承重结构,3层和3层以下的框架结构或具有15t和15t以下吊车的单层排架结构,其基底压力小于200kPa时,可不做地基处理。如不能满足上述要求时,可利用经检验证明稳定性可靠的石芽作为支墩式基础,也可在石芽出露部位作为"褥垫"。当石芽间有较厚的软弱土层时,可用碎石、土夹石等进行置换。

(2)对于大块孤石或个别石芽出露的地基,当土层的承载力特征值大于150kPa,房屋为单层排架结构或一层、二层砌体承重结构时,宜在基础与岩石接触的部位采用"褥垫"进行处理。对于多层砌体承重结构,应根据土质情况,结合下面第(4)款、第(5)款的规定综合处理。

(3)"褥垫"可采用炉渣、中砂、粗砂、土夹石等材料,其厚度宜取300～500mm。夯填度应根据试验确定,当无资料时,可参考下列数值进行设计:中砂、粗砂0.87±0.05;土夹石(其中碎石含量为20%～30%)0.70±0.05(注:夯填度为"褥垫"夯实后的厚度与虚铺厚度的比值)。

(4)当建筑物对地基变形要求较高或地质条件比较复杂,不宜按上述第(1)款、第(2)款有关规定进行地基处理时，可适当调整建筑物平面位置，也可采用桩基或梁、拱跨越等处理措施。

(5)在地基压缩性相差较大的部位，宜结合建筑物平面形状、荷载条件设置沉降缝。沉降缝宽度宜取30～50mm，在特殊情况下可适当加宽。

(6)在石芽密布地段，当不宽的溶槽中分布有红黏土，且其厚度小于表2-75中 h_a 值时，可不处理；当大于 h_a 值时，可全部或部分挖除溶槽的土，使之小于 h_a 见表2-75。当槽宽较大时，可将基底做成台阶状，使相邻段上可压缩土层厚度呈渐变过渡，也可在槽中设置若干短桩(墩)。

(7)对基础底面下有一定厚度但厚度变化较大的红黏土地基，可调整各段地基的沉降差，如挖除土层较厚地段的部分土层，把基底做成阶梯状；当挖除一定厚度土层后，使下部可塑土更接近基底，承载力和变形检验都难以满足要求时，可在挖除后做换填处理，换填材料可选用压缩性低的材料，如碎石、粗砂、砾石等。

表2-75　不均匀地基评价中 h_a、h_b 取值表

基岩面以上土层厚度		h_a(m)	h_b(m)		
地基土状态		—	坚硬、硬塑*	坚硬—可塑**	坚硬—软塑***
基础形式	独立基础	1.10	$0.00123p_1$	$0.00186p_1+1.0$	$0.003p_1+3.0$
	条形基础	1.20	$0.0127(p_2-100)$	$0.032(p_2-100)$	$0.05p_2-4.5$

注：1. p_1、p_2 为基础荷载。独立基础适用于 $p_1<3000$kN，条形基础适用于 $p_2<250$kPa，基底荷载为200kPa。2. 地基模型：*基底下全为坚硬、硬塑土；**可塑土在基底下3.0m深度以下；***可塑土在基底下3.0～6.0m深度，以下为软塑土。3. 变形计算按规范GB 50027—2011第5.3节进行。

3. 防止地基土收缩和缩后膨胀的方法

(1)在基础主要部分浅埋的同时，可适当局部加大建筑物中失水界面较大部位(如角端、转角等处)基础的埋置深度，一般应大于大气影响急剧层；对基底下土层较薄、基岩浅埋的失水后不易补充地段，对场地横剖面上起始含水率较高且易失水的挖方地段，都可采用加大基础埋深或基底下做一定厚度砂垫层等措施，以减少地基土收缩。

(2)改善排水措施，加宽散水坡，以代替明沟排水，防止水的下渗。

(3)对热工构筑物、工业窑炉，在基底下设置一定厚度隔热层。

(4)加快开挖作业进度，减少土体表面暴露时间。

(5)做好边坡坡面土体保护工作。

(6)遇土洞必须查明其分布，予以处理。

(四)软土地基的处理

1. 软土的定义

软土是指天然孔隙比大于或等于1.0，且天然含水量大于液限的细粒土，包括淤泥质土、泥炭、泥炭质土等。

2. 处理方法

软土地区常用的地基处理方法如下：

(1)对暗浜、暗塘、墓穴、古河道的处理。①当范围不大时，一般采用基础加深或换垫处理；②当宽度不大时，一般采用基础梁跨越处理；③当范围较大时，一般采用短桩处理。

(2)对表层或浅层不均匀地基及软土的处理。①对不均匀地基常采用机械碾压法或夯实法；②对软土层常采用换土垫层法。

(3)对厚层软土处理。①堆载预后法或填空预后法地基层中埋置砂井、袋装砂井或塑料排水板与预压相结合的方法；②采用复合地基，包括砂桩、碎石桩、灰土桩、旋喷桩和小断面的预制桩等；③采用桩基，穿透软土层以达到增大承载力和减小沉降量的目的。

(五)填土地基的处理

1. 填土的定义

填土系指由人类活动而堆填的土。填土根据其物质组成和堆填方式分为素填土、杂填土和冲填土 3 类。

1)素填土

由天然土经人工扰动和搬运堆填而成，不含杂质或含杂质很少，一般由碎石、砂或粉土、黏性土等一种或几种材料组成。按主要组成物质分为碎石素填土、砂性素填土、粉性素填土、黏性素填土等，可在素填土的前面冠以其主要组成物质名称进行定名，对素填土进步分类。

2)杂填土

含有大量建筑垃圾、工业废料或生活垃圾等杂质的填土。按其组成物质成分和特征分为：①建筑垃圾土，主要由碎砖、瓦砾、朽木、混凝土块、建筑垃圾等夹土组成，有机物含量较少；②工业废料土由现代工业生产的废渣、废料堆积而成，如矿渣、煤渣、电石渣等以及其他工业废料夹少量土类；③生活垃圾土，填土中由大量从居民生活中抛弃的废物，诸如炉灰、布片、菜皮、陶瓷片等杂物夹土类组成，一般含有机质和未分解的腐殖质较多。

3)冲填土

冲填土又称吹填土，是由水力冲填泥沙形成的填土，它是我国沿海一带常见的人工填土之一，主要是由于整治或疏通江河航道，或因工农业生产需要填平或填高江河附近某些地段时，用高压泥浆泵将挖泥船挖出的泥沙，通过输泥管排送到需要加高地段及泥沙堆积区，前者为有计划、有目的填高，而后者则为无目的堆填，经沉淀排水后形成大片冲填土层。

此外，因为填土的性质与堆填年代有关，因此可以按堆填时间的长短划分为古填土(堆填时间在 50 年以上)、老填土(堆填时间为 15～50 年)和新填土(堆填时间不满 15 年)。按堆填方式可分为有计划填土和无计划填土。某些因矿床开采而形成的填土又可按原岩的软化性质划分为非软化的、软化的和极易软化的。我国岩土工程工作者根据各地的特殊条件对填土的分类各自积累了自己的经验，如北京地区把杂填土中的炉灰单独进行分类，并根据堆积年代进一步细分为炉灰和变质炉灰。

2. 填土地基的利用和处理

1)填土地基的利用

利用填土作为地基时,宜采取一定的建筑和结构措施,以提高和改善建筑物对填土地基不均匀沉降的适应能力。具体来说可采取如下建筑和结构措施:

(1)建筑体形尽量简单,以适应不均匀沉降。

(2)因填土地基的表层往往都有一层硬壳层,浅埋基础应充分利用硬壳层。

(3)基础应选择面积大整体刚度较好的基础形式,如片筏基础、十字交叉梁基础等。

(4)适当加强上部结构的刚度和强度。

作为填土地基时,基坑开挖后,应进行施工验槽工作。

2)填土地基的处理

其方法的选择,应从加固效果、经济费用、工程周期环境影响以及地区经验等方面综合比较,并参照下列条件确定:

(1)换土垫层适用于地下水水位以上,可减少和调整地基不均匀沉降。

(2)机械碾压、重锤夯实和强夯主要适用于加固浅埋的松散低塑性或无黏性填土。

(3)挤密土桩、灰土桩适用于地下水水位以上,砂碎石桩适用于地下水水位以下,处理深度一般可达6～8m。

此外,还可采用CFG桩法、柱锤冲扩桩法等地基处理方法,以提高填土地基承载力和减少地基变形。

(六)膨胀岩土地基的处理

1. 膨胀岩土的定义

膨胀岩土应是土中黏粒成分主要由亲水性矿物组成,同时具有显著的吸水膨胀和失水收缩两种变形特性的黏性土。它的主要特征如下:

(1)粒度组成中黏粒(粒径小于0.002mm)含量大于30%。

(2)黏土矿物成分中伊利石、蒙脱石等强亲水性矿物占主导地位。

(3)土体湿度增高时,体积膨胀并形成膨胀压力;土体干燥失水时,体积收缩并形成收缩裂缝。

(4)膨胀收缩变形可随环境变化往复发生,导致土的强度衰减。

(5)属液限大于40%的高塑性土。

具有上述(2)(3)(4)项特征的黏土类岩石称膨胀岩。

规范规定膨胀土同时具有膨胀和收缩两种变形特性,即吸水膨胀和失水收缩,再吸水、再膨胀和再失水、再收缩的胀缩变形可逆性。

2. 地基处理

膨胀土地基处理可采用换土、砂石垫层、土性改良等方法，亦可采用桩基或墩基。

(1)换土可采用非膨胀性材料或灰土，换土厚度可通过变形计算确定。平坦场地上Ⅰ级、Ⅱ级膨胀土的地基处理，宜采用砂石垫层，垫层厚度不应小于300mm，垫层宽度应大于基底宽度，两侧宜采用与垫层相同的材料回填，并做好防水处理。

(2)采用桩基础时，其深度应达到胀缩活动区以下，且不小于设计地面下5m。同时，对桩墩本身宜采用非膨胀土作隔层。

(七)冻土地基的处理

1. 冻土的定名

冻土是指具有负温或零温度并含有冰的土(岩)。冻土应根据土的颗粒级配和液、塑限指标，按《土的工程分类标准》(GB/T 50145—2007)确定土类名称。

按冻土含冰特征，冻土可定名为少冰冻土、多冰冻土、富冰冻土、饱冰冻土和含土冰层。少冰冻土为肉眼看不见分凝冰的冻土；多冰冻土、富冰冻土和饱冰冻土为肉眼可看见分凝冰但冰层厚度小于2.5cm的冻土；冰层厚度大于2.5cm，其中含土时为含土冰层，其中不含土时为纯冰层(ICE)。

2. 季节冻土地基的防冻害措施

在冻胀、强冻胀、特强冻胀地基上，应采用下列防冻害措施：

(1)对在地下水水位以上的基础，基础侧面应回填非冻胀性的中砂或粗砂，其厚度不应小于10cm。对在地下水水位以下的基础，可采用桩基础、自锚式基础(冻土层下有扩大板或扩底短桩)或采取其他有效措施。

(2)宜选择地势高、地下水水位低、地表排水良好的建筑场地。对低洼场地，宜在建筑物四周向外1倍冻深距离范围内，使室外地坪至少高出自然地面300～500mm。

(3)防止雨水、地表水、生产废水、生活污水浸入建筑物地基，应设置排水设施。在山区应设截水沟或在建筑物下设置暗沟，以排走地表水和潜水流。

(4)在强冻胀性和特强冻胀性地基上，其基础结构应设置钢筋混凝土圈梁和基础梁并控制上部建筑物的长高比，增强房屋的整体刚度。

(5)当独立基础联系梁下或桩基础承台下有冻土时，应在梁或承台下留有相当于该土层冻胀量的空隙，以防止因土的冻胀将梁或承台拱裂。

(6)外门斗、室外台阶和散水坡等部位宜与主体结构断开，散水坡分段不宜超过1.5m，坡度不宜小于3%，其下宜填入非冻胀性材料。

(7)对跨年度施工的建筑物，入冬前应对地基采取相应的防护措施；按采暖设计的建筑物，当冬季不能正常采暖，也应对地基采取保温措施。

（八）盐渍岩土及其地基的处理

1. 盐渍岩土的定义

盐渍岩土系指含有较多易溶盐类的岩土。对易溶盐含量大于0.3%，且具有溶陷、盐胀、腐蚀等特性的土称为盐渍土；对含有较多的石膏、芒硝、岩盐等硫酸盐或氯化物的岩层，则称为盐渍岩。

2. 盐渍岩土工程的防护措施

(1)工程设置应尽可能避开盐渍岩主要分布地区，对盐渍岩中的蜂窝状溶蚀洞穴可采用抗硫酸盐水泥灌浆进行处理。

(2)应防止大气降水、地表水、工业和生活用水淹没或浸湿地基、附近场地。对湿润厂房地基应设置防渗层，各类建筑物基础均应采取防腐蚀措施。

(3)在盐渍岩中开挖地下洞室时，应保持岩石的干燥，施工中禁止用水。洞室开挖后应及时喷射混凝土进行封闭；在盐渍土地区，地基开挖后应及时进行基础施工，严禁施工用水渗入地基内。

(4)对具有盐胀性或溶陷性的盐渍土地基应采用地基处理。当采用桩基础时，桩的埋入深度应大于盐胀性盐渍土的盐胀临界深度。

3. 盐渍土的地基处理

盐渍土地基处理应根据盐渍土的性质、含盐类型、含盐量等，针对盐渍土的不同性状，对盐渍土的溶陷性、盐胀性、腐蚀性采用不同的地基处理方法。

1. 以溶陷性为主的盐渍土的地基处理

这类盐渍土的地基处理，主要是减小地基的溶陷性，可通过现场试验后，按表2-76选用不同方法。

表2-76 盐渍土地基处理方法

处理方式	适用条件	注意事项
浸水预溶	厚度不大或渗透性较好的盐渍土	需经现场试验确定浸水时间和预溶深度
强夯	地下水水位以上，孔隙比较大的低塑性土	需经现场试验，选择最佳夯击能量和夯击参数
浸水预溶＋强夯	厚度较大、渗透性较好的盐渍土，处理深度取决于预溶深度和夯击能量	需经试验选择最佳夯击能量和夯击参数
浸水预溶＋预压	土质条件同上，处理深度取决于预溶深度和预压深度	需经现场试验，检验压实效果

续表 2-76

处理方式	适用条件	注意事项
换土	溶陷性较大且厚度不大的盐渍土	宜用灰土或易夯实的非盐渍土回填
振冲	粉土和粉细砂层,地下水水位较高	振冲所用的水应采用场地内地下水或卤水,切忌一般淡水
物理化学处理(演化处理)	含盐量很高,土层较厚,其他方法难以处理,且地下水水位较深	需经现场实验,检验处理效果

2. 以盐胀性为主的盐渍土的地基处理

这类盐渍土的地基处理主要是减小或消除盐渍土的盐胀性,可采用下列方法。

(1)换土垫层法:即使硫酸盐渍土层很厚,也无需全部挖除,只要将有效盐胀范围内的盐渍土挖除即可。

(2)设地面隔热层:地面设置隔热层,使盐渍土层的浓度变化减小,从而减小或完全消除盐胀,不破坏地坪。

(3)设变形缓冲层:在地坪下设一层 20cm 左右厚的大粒径卵石,使下面土层的盐胀变形得到缓冲。

(4)化学处理方法:将氯盐渗入硫酸盐渍土中,抑制其盐胀,当 $w(Cl^-)/w(SO_4^{2+})>6$ 时,效果显著,因硫酸钠在氯盐溶液中的溶解度随浓度增加而减少。

(九)风化岩和残积土地基的处理

1. 风化岩和残积土的定义

风化岩和残积土都是新鲜岩层在物理风化作用、化学风化作用下形成的物质,可统称为风化残留物。风化岩和残积土的主要区别,是因为岩石受到的风化程度不同,使其性状不同。风化岩是原岩受风化程度较轻,保存的原岩性质较多;而残积土则是原岩受到风化的程度极重,极少保持原岩的性质。风化岩基本上可以作为岩石看待,而残积土则完全成为土状物。两者的共同特点是均保持在其原岩所在的位置,没有受到搬运营力的水平搬运。

2. 风化岩和残积土设计施工的准则与措施

(1)对具有膨胀性、湿陷性的残积土和风化岩在设计施工时应按膨胀土与湿陷性土的要求采取措施。

(2)在地基开挖过程中,应根据岩性风化程度确定稳定边坡角。

(3)在地下水水位以下开挖深基坑时,应采取预先降水或支挡等防护措施。

(4)易风化的泥岩类,开挖深基坑后不宜暴露过久,应及时砌置基础或浇筑混凝土垫层。

(5)在岩溶地区应对石芽与沟槽间的残积土采取工程措施。

(6)对于较宽的侵入岩脉或脉岩应根据其岩性、风化程度和工程性质采取利用、换土或挖除等措施。

(十)岩溶及其地基处理

1. 岩溶的定义

岩溶又称"岩溶"(Karst),因南斯拉夫岩溶地区的岩溶地貌和水文现象而得名,是指可溶性岩石长期被水溶蚀以及由此引起各种地质现象和形态的总称。它既包含了地表和地下水流对可溶性岩石的化学溶蚀作用,也包含机械侵蚀、溶解运移和再沉积等作用,并形成了各种地貌形态、溶洞、溶隙、堆积物、地下水文网,以及由此引起的重力塌陷、崩塌、地裂缝等次生现象。岩溶作用与其他地质作用的显著区别在于其以化学溶蚀为特征,并在岩体中发育了时代不同、规模不等、形态各异的洞隙和管道水系统。

2. 岩溶地基的处理

对于影响地基稳定性的岩溶洞隙,应根据其位置大小、埋深、围岩稳定性和水文地质条件等综合分析,因地制宜地采取下列处理措施:

(1)换填、镶补、嵌塞与跨盖等。对于洞口较小的洞隙挖除其中的软弱充填物,回填碎石、块石、素混凝土或灰土等,以增强地基的强度和完整性。必要时可加跨盖。

(2)梁、板、拱等结构跨越。对于洞口较大的洞隙,采用这些跨越结构,应有可靠的支承面。梁式结构在岩石上的支承长度应大于梁高的 1.5 倍,也可辅以浆砌块石等堵塞措施。

(3)灌浆加固、清爆填塞。用于处理围岩不稳定、裂隙发育、风化破碎的岩体。

(4)洞底支撑或调整柱距。对于规模较大的洞隙可采用这种方法。必要时可采用桩基。

(5)钻孔灌浆。对于基础下埋藏较深的洞隙,可通过钻孔向洞隙中灌注水泥砂浆、混凝土、沥青及硅液等,以堵填洞隙。

(6)设置"褥垫"。在压缩性不均匀的土岩组合地基上,凿去局部凸出的基岩(如石芽或大块孤石),在基础与岩石接触的部位设置"褥垫"(可采用炉渣、中砂、粗砂、土夹石等材料),以调整地基的变形量。

(7)调整基础底面面积。对有平片状层间夹泥或整个基底岩体都受到较强烈的溶蚀时,可进行地基变形验算,必要时可适当调整基础底面面积,降低基底压力。

当基底蚀余石基分布不均匀时,可适当扩大基础底面面积,以防止地基不均匀沉降造成基础倾斜。

(8)地下水排导。对建筑物地基内或附近的地下水宜疏不宜堵。可采用排水管道、排水隧洞等进行疏导,以防止水流通道堵塞,造成场地和地基季节性淹没。

(十一)土洞处理概述

1. 土洞的定义

土洞是指埋藏在岩溶地区可溶性岩层的上覆土层内的空洞。土洞继续发展,易形成地表塌陷。当上覆有适宜被冲蚀的土体,其下有排泄、储存冲蚀物的通道和空间,地表水向下渗透或地下水水位在岩土交界处附近做频繁升降运动时，由于水对土层的潜蚀作用，易产生土洞和塌陷。

2. 土洞处理

(1)由地表水形成的土洞或塌陷地段，应采取地表截流、防渗或堵漏等措施；对土洞应根据其埋深分别选用挖填、灌砂等方法处理。

(2)由地下水形成的塌陷或浅埋土洞，应清除软土，抛填块石作为反滤层，面层用黏土夯填；对深埋土洞，宜用砂砾石或细石混凝土灌填。在上述处理的同时，尚应采用梁板或拱跨越。对重要建筑物，可采用桩基处理。

第七节　水工建筑物开挖岩(土)体锚固工程

一、常见岩(土)体变形类型

(一)滑坡体

滑坡是指斜坡上的岩(土)体在重力作用下沿一定的软弱面整体下滑的动力地质现象。

1. 滑坡要素及滑坡形态特征

滑坡发生后常形成一些特有的地质地貌形态，根据这些形态特征可以识别是否有滑坡体存在及其成因和稳定情况。形态完整的典型滑坡要素及滑坡形态特征如图 2-14 所示。

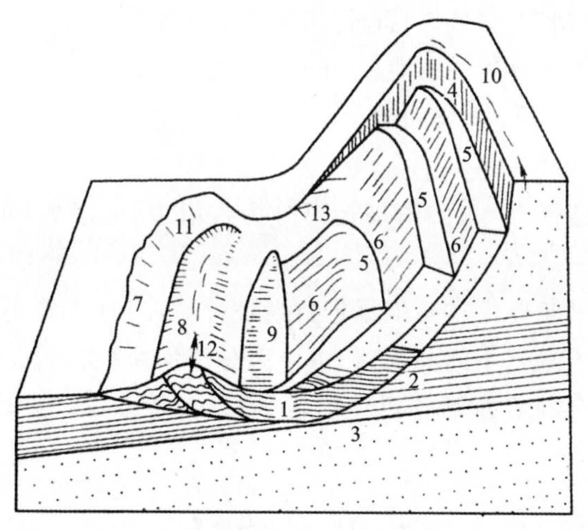

1. 滑坡体；2. 滑坡面；3. 滑坡基座(滑坡床)；4. 滑坡壁；5. 滑坡平台；6. 滑坡台坎；7. 滑坡舌；8. 沿坡鼓丘；9. 滑坡凹地内的湖泊；10. 后缘引张裂隙；11. 扇形引张裂隙；12. 鼓胀裂隙；13. 扭裂隙

图 2-14　滑坡形态要素示意图

1)滑坡要素

滑坡一般具有以下几个要素。

(1)滑坡体:指所有与原岩分离并向下滑动的岩(土)体。

(2)滑动面与滑动带:滑坡体沿稳定不动的岩体下滑的分界面称滑动面,常由软弱面构成。当滑动面由一定厚度的软弱层组成时,称为滑动带。

(3)滑坡床:在滑动面之下未发生滑动的稳定岩体称滑坡床。

2)滑坡的形态特征

滑坡的形态特征是认识滑坡的重要依据,它包括以下几种类型:

(1)滑坡台阶。由于滑坡体上、下各段滑动速度不同或几个滑动面滑动时间不同,在滑坡体上形成的阶梯状地面,称滑坡台阶。

(2)滑坡壁。滑坡体滑动后,与斜坡上方未滑动岩土体之间的分界面,称滑坡陡壁(坡角通常在50°～80°之间),常有擦痕出现。

(3)滑坡洼地。滑坡体与滑坡陡壁之间构成的月牙形洼地称为滑坡洼地。

(4)滑坡舌和滑动鼓丘。滑坡体前缘形如舌状的伸出部分称为滑坡舌;滑坡体前缘受阻而隆起的小丘称为滑坡鼓丘。

此外,滑坡体滑动过程中,由于受力状况不同会产生不同性质的裂隙。

2. 滑坡主要类型

(1)按滑坡体的组成物质,滑坡可分为黄土滑坡、黏土滑坡、堆积层滑坡和岩层滑坡。

(2)按滑动面与岩层层面的关系,滑坡可分为顺层滑坡、切层滑坡、复合型滑坡、堆积体滑坡、倾倒体滑坡、溃屈滑坡等。

(3)按滑坡体滑动机制(力学条件)特征,滑坡可分为推移式滑坡、牵引式滑坡。

(4)按滑坡厚度,滑坡可分为浅层滑坡、中层滑坡和深层滑坡。

(5)按滑坡体的规模(体积),滑坡可分为小型滑坡、中型滑坡、大型滑坡、特大型滑坡和巨型滑坡。

此外,按稳定状态(或滑动年代)滑坡还可分为古滑坡、老滑坡(可复活重新滑动)、新滑坡、正在发展中的滑坡。

现以水利水电工程的角度为主要依据进行滑坡分类,当其位置不同时,滑坡所处环境条件、承受作用力、失稳危害等是不同的,工作中应区分滑坡所处位置是在水库区、坝前及近坝库岸区、枢纽建筑物区,还是在坝后泄洪雨雾区,有针对性地开展勘察与评价。滑坡分类见表2-77。

表2-77 滑坡分类表

分类依据	分类名称	特征概述
成因类型	自然滑坡	自然因素如河流冲沟、降雨、冻融、地震等导致的滑坡
	工程滑坡	人类工程活动如开挖、用水排放、建筑物加载等导致的滑坡

续表 2-77

分类依据	分类名称	特征概述
滑面特征	顺层滑坡	顺岩体层面形成滑坡，常具有沿多层面滑动的可能
	切层滑坡	一般沿断裂结构面发生滑动
	复合型滑坡	不同类型的层面、结构面复合形成滑动面
	堆积体滑坡	多沿各种类型堆积体底面，或在堆积体内部发生弧面形滑动
	倾倒体滑坡	沿倾倒体底部岩层折断面滑动，常形成破碎滑动带，但滑体较薄
	溃屈滑坡	后缘顺层前缘鼓胀溃屈沿折断面形成滑动破碎带
滑动机制（力学条件）	推移式滑坡	主滑力在上部，推挤下部失稳，多整体式滑动，滑速较快
	牵引式滑坡	下部先滑动，牵引上部失稳，多解体式滑动，滑速较慢
稳定状态（或滑动年代）	活滑坡	正在活动或季节性活动的滑坡
	老滑坡	自然条件下存在失稳条件但暂不活动的滑坡
	古滑坡	自然状态下已丧失失稳条件的滑坡，或称死滑坡
滑坡厚度	浅层滑坡	滑体厚度小于 10m
	中层滑坡	滑体厚度 10～25m
	深层滑坡	滑体厚度大于 25m
滑坡体积（或规模）	小型滑坡	小于 10 万 m^3
	中型滑坡	10 万～100 万 m^3
	大型滑坡	100 万～1000 万 m^3
	特大型滑坡	1000 万～1 亿 m^3
	巨型滑坡	大于 1 亿 m^3

3. 滑坡的滑体和滑面特征

滑坡的结构特征主要指滑坡的滑体、滑面或滑带的特征。滑体结构主要指滑体的物质组成、块体结构、地下水水位、几何参数（滑体的角度、宽度、厚度、体积）等。滑面特征指滑面的物质构成、几何形态、滑带厚度及其物理力学特性等。在进行滑坡稳定分析时，不同的滑体和滑面特征是选取稳定分析方法的主要依据。

1）滑面（带）的物质构成

滑面（带）对滑坡的产生起控制作用，它的物理力学性质取决于其成因、物质组成、密度和含水状态。滑带土的类型见表 2-78。

表 2-78　滑带土的类型

按成因分	按物理性质分
堆积物	黏性土
残积物	粉质土
泥化夹层	岩粉
构造破碎带	软岩

(1)堆积物。第四系的坡积、洪积、风积和冰碛等物质,其细粒含量较多、相对隔水,如黏土、黄土、坡积和洪积的砂黏土等,有时还含有岩屑、碎石和砾石等,含水量较其上、下层高,常呈可塑至软塑状,强度低,常形成黏性土、黄土、堆积土和堆填土滑坡的滑动带。

(2)残积物。主要指一些软岩(如泥岩、页岩、黏土岩、片岩、板岩、千枚岩、泥灰岩、凝灰岩等)顶面风化形成的一层残积土,多已黏土化,由于上覆堆积层的混入和地下水作用,相对隔水,含水量高,呈可塑至软塑状,强度低,常形成土质滑体沿基岩顶面滑动滑坡的滑动带。

(3)泥化夹层。指相对坚硬岩层中间夹的软弱岩层(如泥岩、黏土岩、泥灰岩等)受构造、风化及地下水作用而泥化,相对隔水,强度较低。它常构成岩层顺层滑坡的滑动带。

(4)构造破碎带。指构造活动形成的各种规模的断层破碎带、节理密集带等,或顺层,或切层,成分为岩石受挤压破碎的岩粉和泥状糜棱物,含有硬岩碎粒、碎块,相对隔水,强度低,它常构成大型破碎岩石滑坡和蠕滑拉裂变形体等的滑动带。

2)滑带土的基本特征

(1)滑带土体结构被破坏,挤压揉皱强烈,多数颜色混杂。

(2)一般黏土矿物含量较高,呈泥状或碎石土状,亲水性强,含水量高,呈可塑至软塑状,强度低。

(3)构造破碎带形成的滑带,多在卸荷环境形成,常有次生夹泥充填,密度低,结构较松,黏粒吸水膨胀,原有力学强度降低。

(4)已滑动过的滑坡滑动面上有光滑镜面和滑动擦痕。

3)滑面(带)形态

滑面(带)在滑坡主轴断面上的形态主要有圆弧形、平面形、折线形、连续曲面形和软土挤出形及复合形。

(1)圆弧形。滑动面为圆弧面或螺旋曲面,它不受地质上先期形成的软弱面(层)控制,主要受控于坡体内的最大剪应力面,与滑动过程同时形成,因此也称其为同生面。滑坡发生前在坡脚附近出现应力集中,剪应力超过该部位土体的抗剪强度造成坡体蠕动,应力调整,坡顶则产生拉应力破坏出现张拉裂缝,一旦滑面中段全部出现剪应力大于土体的抗剪强度,滑坡将发生整体滑移,由于滑动面为圆弧形,故以旋转滑动为主。在有地下水活动的情况下,滑动面的一部分常在地下水水位的波动线附近,这类滑坡多出现于均质土坡和强风化的破碎岩石边坡。

(2)平面形。滑动面为一平直面,它常常是地质上先期已经存在的软弱结构面,如岩土层面,构造面,基岩顶面的剥蚀面,不整合面,不同成因的堆积、坡积、崩积、洪积物界面等。

(3)折线形。滑动面为若干个平直面的组合,它可以是基岩顶面的剥蚀面、不同成因或成分的堆积面。

(4)连续曲面形。滑动面为倾向沟谷、河流等临空面的上陡下缓渐变的软弱岩层或层间错动带,常常是单斜地层,形成大型或特大型岩石顺层滑坡。由于特殊的坡体结构,上部重力对下部产生巨大的推力,一旦山坡下部支撑力被减弱,或被冲刷、开挖,或库水侵蚀,软弱带强度降低,或坡体上部堆载,就会形成大规模的岩石顺层滑坡,体积可达数百万立方米至数千万立方米,甚至数亿立方米。

(5)软土挤出形。下伏软土在上覆土体压力下产生塑性流动并向临空方向挤出，导致上覆较坚硬的土层拉裂、解体和不均匀沉陷，多见于以软弱层(带)为其基座的软弱基座型边坡中。

(6)复合形。该类滑面既包括上述各种滑面类型的组合，又包括滑体在剖面结构上的组合，即在同一滑坡中，可能包含圆弧滑面、单一滑面、折线形滑面或属软岩挤出性的变形；在滑坡剖面上也可以有多种组合形式，有多级滑坡、多层滑坡、叠置结构滑坡等。

4. 滑坡的发育阶段

根据滑坡的受力和变形特征，将滑坡分为蠕动阶段、挤压阶段、滑动阶段、剧滑阶段和稳定压密阶段，见表 2-79。

表 2-79　滑坡发育阶段划分表

变段	滑面(带)	滑坡后缘	滑坡前缘	滑坡两侧	滑坡体	稳定状状 F_s
蠕动阶段	主滑带主应力超过其抗剪强度发生蠕动，逐渐扩大并使牵引段发生拉裂	地表或建筑物上出现一条或数条地裂缝，由断续分布而逐渐贯通	无明显变形	无明显变形	无明显变形	局部 $F_s \leqslant 1.0$，整体 $F_s > 1.0$
挤压阶段	主滑段和牵引段滑面形成，滑体沿其下滑推挤抗滑段，抗滑段滑动带逐渐形成	主拉裂缝贯通，加宽，外侧下错，并向两侧延长	地面有局部隆起，先出现平行滑动方向的放射状裂缝，再出现垂直滑动方向的鼓胀裂缝，有时有坍塌，泉水增多或减少	中上部有羽状裂隙出现并变宽，两侧剪切裂缝向抗滑段延伸	中、上部下沉并向前滑动，下部受挤压而抬升变松	$F_s > 1.0$
滑动阶段	抗滑段滑面贯通，从地面剪出，整个滑动面贯通，滑坡整体滑移	后缘裂缝增多，加宽，地面下陷，滑坡壁增高，建筑物倾斜	前缘坍塌明显，泉水增多并浑浊，剪出口附近出现鼓丘	两侧裂缝与后缘张裂缝及前缘剪出口裂缝完全贯通，两侧壁出现	滑体开始整体向下滑移，重心逐渐降低	$F_s \leqslant 1.0$
剧滑阶段	随滑动距离增加，滑动带土抗剪强度低。滑坡加速滑动至破坏	后部形成裂缝带或陷落带，滑坡湖，反坡平台，出现高陡的滑坡壁，并有擦痕	滑体滑出剪出口后盖在原地面上形成明显的滑坡舌，有时泉水增多形成湿地	两侧羽状裂缝被剪切缝错断并形成明显的侧壁，见有滑动擦痕	重心显著降低，坡度变缓，裂缝增多、变宽，建筑物倾斜、上下出现“醉汉林”	$F_s \leqslant 1.0$
稳定压密阶段	滑动后滑动带因排水而逐渐固结	滑坡壁坍塌变缓，填塞滑坡洼地，裂缝逐渐闭合	抗滑段增大，滑坡停止滑动，裂缝逐渐闭合	侧壁坍塌变缓	滑体逐渐压密而沉实	$F_s > 1.0$

(二)崩塌体(含碎落)

1.崩塌及其类型

崩塌是指较陡坡上的岩(土)体在重力作用下突然脱离母体崩落、滚动、堆积在坡脚的动力地貌现象(图 2-15)。

依据崩塌体的物质成分,崩塌可分为两大类:土崩和岩崩。

按照崩塌体的规模,崩塌可以分为剥落(小块岩石的崩塌)、坠落和崩落(又称山崩,巨大岩体的崩塌)3 种类型。另外,斜坡表面由于岩石的风化强烈,产生岩屑顺坡滚落的碎落现象。

1.灰岩;2.砂页岩;3.石英岩

图 2-15　崩塌示意图

2.发生崩塌的地质条件

(1)地形条件:崩塌一般发生在坡度为 60°～70°的陡坡或陡崖处。地形切割强烈、高差大的地形条件是发生崩塌破坏的严重区域。

(2)岩体结构条件:一般而言,反向坡有利于崩塌产生。

(3)岩土介质类型:崩塌一般发生在厚层坚硬脆性岩体中。当边坡由软硬相间的岩层组成时,因抗风化能力不同,软层受风化剥蚀而凹进,上覆硬层便悬空断裂而坠落;此外,还可因边坡底座岩石软弱,产生沉陷或蠕动变形,引起上覆岩体拉裂错动而造成崩塌。

(4)地质构造条件:节理、断裂发育部位,斜坡岩体易分离而发生崩塌。大规模的崩塌经常发生在新构造运动强烈、地震频发的高山地区。高陡边坡被平行坡面的裂隙深切,在重力作用下向外倾倒拉裂、折断而崩落。

除以上地质条件外,风化作用、降雨、振动、采矿挖空等诱发崩塌的外界因素,均可造成或触发高陡边坡的崩塌。

(三)不稳定体(含岩石爆破松动圈)

不稳定体主要是由不良结构面(岩层面、节理面)和临空面的相互组合形成的不稳定滑塌体,当不稳定体的重力指向临空面的分量临界于阻止岩体向临空面滑动的摩擦力时,岩体会在一定的自然因素和人为因素影响下垮落,严重时会由于垮落岩体处于交互作用的关键部位而产生大的连锁垮塌。

1.岩体稳定性与区域稳定性的关系

区域稳定性的主要控制因素也制约岩体的稳定性。

(1)地壳板块的相对运动的强弱导致构造变动,产生高构造应力,从大范围控制了区域地层和岩体变形、位移或失稳。

（2）活动性深大断裂活动（水平或垂直位移）引起区域地壳及其表层发生水平或升降运动，可引起位于断裂带的岩体变位或失稳。

（3）地震活动在我国有些地区十分强烈，常引起大范围岩体的失稳和破坏。

2. 岩体失稳的主要影响因素

（1）受区域地壳稳定性控制。

（2）受岩体的结构特征、变形特征、强度特征、水稳性等控制。

（3）失稳的边界条件：引起失稳要有一定的边界条件，即存在临空面和结构面组成的分离体。

3. 岩石爆破松动圈

爆破松动圈是对岩石爆破后在岩石内形成的渐变岩石变形区，以爆破点为中心，由近及远的岩石变形区，距爆破点愈近岩石变形愈大，愈远愈小。爆破松动圈对岩石受力状态影响大，对工程基础稳定有一定的影响，因此查明其空间分布及形态是有必要的。爆破松动圈是渐变的，与完整岩石没有明显的分界线，采用钻孔手段不易鉴别。但爆破松动圈与完整岩石是有物性差异的，在一定的深度范围采用物探方法可以探测。物探作为一种间接的、十分有效的面积性勘察手段，具有方便、快捷和成果直观的特点，可快速查明爆破松动圈的深度和范围。物探方法主要有地质雷达发和瑞雷波法。地雷达法探测精度较高，但定量解释效果在某些方面达不到施工要求。瑞雷波法定量解释效果好，但工作量大等，综合运用各方法可达到相互补充、相互验证的作用。

（四）倾倒体

倾倒体是地表岩体原地蠕变产生的一种自然地质现象。塑性岩石（如千枚岩、云母片岩、绿泥石片岩等）组成的斜坡，在自重的长期作用下，或由于斜坡表面覆着缓慢移动的重物（如冰川）及建筑工程开挖，地应力释放，在岩体顶部沿软弱结构面发生岩层向临空面弯折和倾斜，并伴有少量位移，特别是当岩层陡倾或反（坡向）倾的情况下更易发生。倾倒体表部发生似褶皱现象，岩层倾向坡内，并延长达一定深度，其岩石结构破碎、松散。

1. 倾倒体的主要特征

（1）倾倒体多发生在紧密的陡倾角层状或片状结构岩层组成的边坡地段。

（2）当陡倾角岩层走向与河流、冲沟平行或近于平行，倾向岸里的情况下，往往沿剖面“X”形裂隙中的一组顺坡缓倾角（或中倾角）裂隙发生倾倒。

（3）倾倒变形由地表向岩体内部的变化，可划分为强、微倾倒体两带，其下部为正常岩层。

（4）由倾倒体构成的边坡，都以松动变形为其特征。倾倒折断面常形成参差不齐的阶梯状。强、微倾倒体与正常岩层接触界面常形成楔形张裂缝，上宽下窄，充填黏土或碎石上，而这些充填裂缝往往未通至地表。倾倒折断面也没有形成连续统一的滑动面。

(5)倾倒体内部由于岩体松动破碎,张裂缝发育,故渗透性、沉陷变形均较大。

(6)一般来说,强、微倾倒体与强、弱风化带相对应。

(7)倾倒体发育的最大深度不超过当地侵蚀基准面,即河床或沟底的基岩面。

2. 倾倒体形成机制

当河流(或冲沟)沿片理面或岩层面发育或夹角较小时,由于岩体应力的释放,倾向河谷(或冲沟)一侧岩体沿片理(或层面)发生开裂现象,倾向岸里一侧岩体则发生倾倒变形。

倾倒体的产生主要是地应力释放的结果,而临空面和顺坡缓倾角裂隙等因素是它的变形条件。

总之,倾倒体的形成受地形、岩性及构造等因素的控制。由于挤压紧密的陡倾角岩层倾向岸里,在地应力(包括重力)的作用下,岩层沿顺坡缓倾角或中倾角裂隙面(多系剖面"X"形裂隙)向临空面(河流或冲沟)发生弯折。倾倒后岩层倾角变小,内部仍保持原来的层位关系和岩体结构、构造的特点。倾导体的折断面一般未发生位移,但因岩体经受倾倒转动,因此,岩体松动破碎,风化严重,渗透性较大。

3. 倾倒体稳定性分析及评价

倾倒体与正常岩层之间的接触面是缓中倾角的裂隙面,裂隙面一般较短,倾倒体的折断面不存在统一的滑动面。倾倒体与正常岩层之间的接触形式一般有两种类型。

(1)挠曲渐变型。岩层倾角逐渐变化,似为岩层弯曲,但仍可见由于弯折而产生的张裂缝,正像一棵大树从根部锯开一部分,然后把它压弯在地仍未完全断开时的情况一样,锯开的部分像裂隙面,而弯折未折断部分为挠曲变形。

(2)拗折突变型。倾倒体与正常岩体之间有一折断界面,一般受缓倾角裂隙或小断层控制,岩层倾角突变。但从整体来看,接触面并不是统一界面,只有受缓倾角小断层控制时,才形成局部不稳定体。

上述两种类型的边坡,前一种是稳定的,后一种边坡整体也是稳定的,局部地段在雨季时稳定性较差。

当水库蓄水后,由于倾倒体内水文地质条件发生变化,则稳定性变差。如果在水库运行期对安全有较大影响时,应引起足够的重视,并采取防范措施。

4. 倾倒体边坡对工程的影响

坝肩基础及隧洞进出口地段,如果遇到倾倒体边坡,应充分考虑该边坡的工程地质特性。

对大坝基础来说,如果坝肩遇到倾倒体,应尽量设法避开它,以免增加工程投资和延长工期,造成工程处理的复杂性。在坝址选择中,要考虑岩层产状与河流的关系。对于陡倾岩层地区,应将坝址选在岩层走向与河流垂直、河道平直及两岸冲沟不发育的河段。总之,岩层陡倾的横向河谷对坝肩稳定及防渗较有利,而顺向河谷则易产生渗漏和边坡失稳。

对地下工程来说,应选择洞轴线与岩层走向有较大的夹角,应大于45°(或至少大于30°),这样就可以避免在隧洞开挖中某一侧边墙岩层出现倾倒的问题。但即使岩层走向与洞轴线夹角为45°,在隧洞进口或出口地段仍有可能遇到倾倒体边坡。

如果水工建筑物无法避开倾倒体边坡时,一般基础处理的方法有以下两种:

(1)作为隧洞进出口地段,如果倾倒体边坡不高时,可将其全部挖除。如果倾倒体边坡很高,采用挖除方法可能会使倾倒体变形出现连锁反应,在这种情况下,全部挖除处理是不现实的,可采取开挖成稳定边坡的措施。

(2)作为坝肩地段,尽可能将混凝土重力坝改为土石坝,以便于坝肩接头,对坝肩基础可采用混凝土防渗墙进行处理。

(五)卸荷岩体

1. 岩体卸荷作用的机制

斜坡岩体卸荷是由于河谷侵蚀下切或人工开挖形成新的临空面,破坏了岩体原有应力状态的平衡,岩体应力发生重分布,使浅表部岩体因应力释放而向临空面方向发生回弹、松弛。卸荷带的工程地质特征主要表现在卸荷裂隙的产生、岩体结构的松弛及由此而产生的物理力学性质的变化。

2. 岩体卸荷裂隙的分布特征

河谷岸坡卸荷裂隙的分布与斜坡地应力的分布有密切关系。伴随河谷下切过程,岸坡一定深度范围内形成二次应力场分布。边坡二次应力场(图2-16)包括应力降低区($\sigma<\sigma_0$)、应力增高区($\sigma>\sigma_0$)和原始应力区($\sigma=\sigma_0$,实际为不受卸荷影响的区域)。

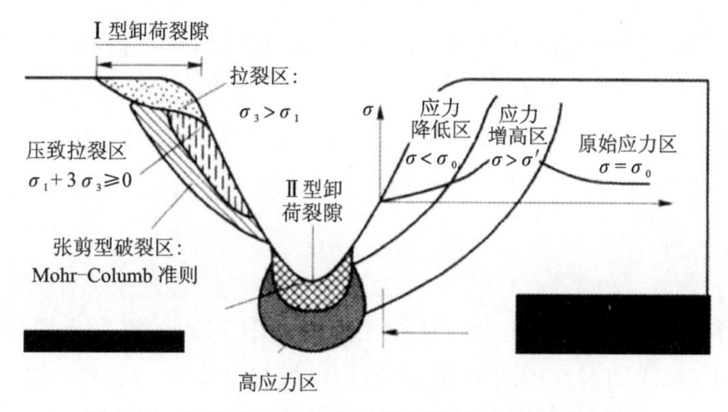

图2-16　边坡应力场分布及卸荷裂隙机理模型示意图

(1)应力降低区(或应力松弛带)。指靠近河谷岸坡部位,由于谷坡应力释放(松弛)而使河谷应力(主要指σ_1)小于原始地应力的区域。这个区的深度范围(水平距岸坡表面)一般在0~50m之间,实测的最大主应力一般在0~5.0MPa之间。应力降低区由于边坡发生了卸荷松弛,是岩体工程地质特性产生变异最为显著的区域。

(2)应力增高区。指由于河谷应力场的调整,而使岸坡一定深度范围内出现的河谷应力高于原始应力的区域。这个区域一般在水平距岸坡表面150~300m之间,应力量级在10~25MPa之间。

(3)原始应力区。指河谷岸坡较大深度以内,应力场基本不受河谷下切卸荷影响而保持了原始状态的区域。在西南地区的深切峡谷中,该带的深度范围一般为250～300m之间。

3. 岩体卸荷带的划分

按卸荷发育程度,卸荷岩体一般分为强卸荷、弱卸荷和深卸荷3个带。卸荷带划分依据主要可考虑卸荷裂隙的规模、密集程度、次生充填及岩体松弛特性等,也可辅助参照一些测试数据,如声波测试、地应力测试、点荷载试验、氡气测试等。岩体卸荷带的划分见表2-80。

表2-80　岩体卸荷带划分

卸荷带	主要地质特性
强卸荷	卸荷裂隙发育较密集,普遍张开,一般开度为几厘米至几十厘米。多充填次生泥及岩屑、岩块,有架空现象,部分可见松动或变形;卸荷裂隙多沿原有结构面张开。岩体多呈整体松弛
弱卸荷	卸荷裂隙发育较稀疏,开度一般为几毫米至几厘米,部分充填次生泥,卸荷裂隙分布不均匀,常呈间隔带状发育,卸荷裂隙多沿原有结构面张开。岩体部分松弛
深卸荷	深部裂缝松弛段与相对完整段相间出现,呈带状发育,张开宽度几毫米至几十厘米不等,一般无充填,少数夹泥,岩体弹性波纵波速变化较大。一般出现在河谷岸坡正常卸荷带深度范围以内的完整岩体中,发育水平深度大、分布范围广,离岸坡100～300m,发育集中,且一般无次生泥充填。锦屏一级水电站坝址左岸高程砂板岩中最大水平卸荷深度可达340余米

二、建筑物开挖常用支护类型

自然边坡(环境边坡)及地面开挖(人工边坡)工程常用的支护措施有挡墙、锚喷支护及坡率法。

地下开挖(地下洞室)工程常用的支护措施有喷混凝土、钢筋网、锚杆、预应力锚杆、预应力锚索、钢筋拱架、钢拱架、超前小导管或管棚、超前灌浆等类型。

(一)混凝土喷护

喷混凝土是利用压缩空气或其他动力,将按一定配比拌制的混凝土混合物沿管路输送至喷头处,以较高速度垂直喷射在围岩表面,依赖喷射过程中水泥与骨料的连续撞击、压密而形成的一种混凝土。喷混凝土支护具有及时性、黏结性、柔性以及密封性的工作特性。开挖后能立即提供支护抗力;与基岩紧密黏结,黏结强度不小于1.0MPa,能在结合面上传递剪应力、拉应力;喷射混凝土薄层,可加纤维,允许围岩有一定变形;喷射混凝土没有施工缝,具有良好的密封性,阻止充填物流失。

喷混凝土支护加固围岩的主要作用如下:

(1)喷层具有一定的拱效应,可改善洞室围岩的应力状态。

(2)起封闭围岩的作用,避免围岩的风化坍塌。

(3)喷射混凝土由于有较高的喷射速度和压力,浆液能充填围岩张开的节理裂隙,使被分割的岩块相互联结，保持镶嵌、咬合效应，起到一定的加固围岩的作用。在地下工程中，喷射混凝土不仅能单独作为一种加固手段，而且能与描杆支护紧密结合，成为岩土锚固工程的核心技术。喷射混凝土按施工工艺分为干喷法、湿喷法以及水泥裹砂喷射混凝土 3 种。干喷法骨料回弹率高，工作环境粉尘大，与岩面黏结强度低，一般用于临时支护；湿喷法克服了上述缺点，配合比精准，平均强度高，施工质量可得到保证，湿喷法最适宜喷纤维混凝土和喷硅粉钢纤维混凝土的施工，主要用于洞室的永久支护；水泥裹砂喷射混凝土造壳工艺、水灰比能够控制，因此各项强度指标以及抗渗、抗冻和耐久性能高于干喷法。喷射混凝土按添加的掺合料可分为喷素混凝土、喷(硅粉)钢纤维混凝土、喷聚丙烯混凝土、喷特种混凝土(纳米特种外加剂混凝土)等。

(二)钢筋网

在跨度大、工程等级高或地质条件差(如Ⅳ类、Ⅴ类围岩等)的地下工程以及喷锚衬砌作为永久过流衬砌的有压水工隧洞中锚喷联合支护中，配有钢筋网是一种传统的支护类型。

设置钢筋网的作用：①混凝土应力分布均匀，加强喷射混凝土的整体工作性能；②减少或避免破碎岩体的掉块，确保施工安全；③提高喷射混凝土的抗震性能；④承受喷射混凝土的收缩压力，阻止因收缩而产生的裂缝，在喷射混凝土与围岩的组合拱中，钢筋网承受拉应力。

(三)锚杆

锚杆支护可以主动地加固围岩，有效地控制其变形，防止岩体坍塌破坏的发生。锚杆的作用主要有以下几方面：

(1)悬吊作用。锚杆支护通过锚杆将软弱、松动、不稳定的块体悬吊于稳定的岩层中，以防止其滑落。

(2)组合梁作用。锚杆支护将顶拱薄层状岩体紧固成组合梁，提高岩体承载力。

(3)挤压加固作用(组合拱理论)。在洞室周边布置系统锚杆，可在围岩中形成一个均匀的压缩带，即承压拱，用以承受其上部破碎岩体施加的径向荷载。

(4)围岩强度强化。锚杆支护作用的实质是改善锚固区岩体力学参数，强化锚固区围岩强度，特别是强化围岩破裂后的强度，保持地下工程的围岩稳定。

地下工程常用的锚杆支护类型有普通水泥砂浆锚杆、中空注浆锚杆、水胀式锚杆、缝管式锚杆、自进式锚杆、锚筋束、玻璃纤维锚杆。

(四)预应力锚杆

预应力锚杆由锚头、杆体及垫板组成，通过锚头产生的锚固力对围岩施加一定的预压应力，主动地加固围岩。

根据锚固方式或锚固材料的不同，常用的预应力锚杆有机械胀壳预应力锚杆、树脂预应力锚杆、水泥药卷预应力锚杆。

(五)预应力锚索

预应力锚索是一种可承受拉力的结构系统。它是通过钻孔将锚索束体固定于深部稳定的地层中,并在被加固岩体表面通过张拉产生预应力,从而达到使被加固岩体稳定和限制其变形的目的。

预应力锚索一般以群组形式出现,具有很强的主动调控性,它将结构与地层紧密地联结在一起,形成共同工作的体系,属高效预应力范畴,是一种高效、经济的加固技术。预应力锚索由外锚索束体、锚头和锚固孔三部分组成。常用的锚索类型为有黏结预应力锚索、无黏结预应力锚索和对穿式预应力锚索。

1. 有黏结预应力锚索

有黏结预应力锚索就是内锚固段采用水泥浆或水泥砂浆固结、张拉段亦采用全长黏结式的拉力型锚索,即二次注浆锚索。二次注浆锚索的特点是即使锚头失效,锚索大部分仍能保持预应力。

2. 无黏结预应力锚索

(1)拉力集中型无黏结预应力锚索。此种锚索为内锚固段,采用水泥浆或水泥砂浆固结,张拉段采用自由式的拉力型锚索,其特点是局部岩体变形引起的局部应力,能分布在整个张拉段上。

拉力集中型无黏结预应力和有黏结预应力锚索结构简单,施工方便,造价较低,但其内锚固段受力机制不尽合理,在内锚固段底部岩体产生应力较集中的拉应力,使内锚固段上部产生较大的拉力,易把岩体拉裂,影响抗拔力和锚索的永久性。适用于预应力值较低的永久锚索类型。pH$<$5 的酸性地层、岩体变形较大,需要随时调整锚索拉力大小以及观测锚索是否适宜采用。

(2)压力分散型无黏结预应力锚索。此种锚索的锚索体也是采用无黏结钢绞线,多级承载板式的结构较简单,在不同长度的无黏结钢绞线末端套以承载板和挤压套。当锚索体被浆体固结后,以一定荷载张拉对应于承载体的钢绞线时,设置在不同深度部位的数个承载体将压应力通过浆体传递给被加固体,这样对在锚固段范围内的被加固体提供分散均匀布置的锚固力。

3. 对穿式预应力锚索

对穿式预应力锚索锚固孔为通透孔,在锚孔两边均可方便施工,因此该类锚索没有内锚头,两端均安设外锚头即可。

该类锚索充分利用工程环境所提供的条件,简化了锚索结构,省掉了占锚索长度 1/4～1/3的内锚段,降低了工程造价。同时可双向建立预应力,加固效果比端头锚好,是一种理想的加固型式。

（六）钢拱架（钢筋格栅拱架）

对于围岩自稳时间很短、在喷锚支护作用发挥以前就要求工作面稳定时，或为抑制围岩大的变形、需要增强支护抗力时，宜采用钢架喷射混凝土支护。

该钢架分格栅钢架和型钢钢架两类。

格栅钢架是用钢筋焊接加工而成的桁架式支架，横截面有矩形和三角形两种，采用分段式拼装。格栅钢架特点：刚度适中，容许围岩适度变形，又能及时提供支护抗力，限制围岩过大变形；能很好地随喷射混凝土与围岩密贴，支护效果好；质量较轻，造价低。一般在围岩变形较小时采用。

（七）超前小导管或管棚、超前灌浆等类型

在软弱围岩中进行隧洞开挖时，为保证掌子面前方围岩的稳定性或提高掌子面的自稳能力，确保施工安全，常采用超前小导管、管棚、超前灌浆等超前预支护技术。

1. 超前小导管

超前小导管是沿初期支护外轮廓线，以一定仰角向掌子面施打 $\Phi32 \sim \Phi45$mm 带灌浆孔的小导管并注浆，充分填充岩体空隙，形成一定厚度的加固体。其作用是稳定掌子面前方的岩体，以达到控制开挖松弛、坍塌、沉降，从而提高掌子面的自稳性。

超前小导管支护适用于自稳时间短的软弱破碎带、浅层软弱围岩和严重偏压，以及富水、涌水隧洞的超前支护。超前小导管和钢架支护配合使用，根据现场试验和施工经验，小导管支护的设计参数：小导管的长度以 3～4.5m 为宜，外插角以 $7^\circ \sim 20^\circ$为宜，小导管环向布置间距为 25～35cm，导管之间的纵向搭接长度不宜小于 1.0m。小导管灌浆浆液可采用水泥浆或水泥砂浆，富水洞段可用水泥水玻璃双液浆，灌浆压力为 0.5～1.0MPa。

2. 管棚

管棚支护是沿开挖轮廓周线钻设与隧洞轴线平行的钻孔，插入不同直径的钢管，并向管内注浆以固结管周边的围岩，在预定的范围内形成棚架的支护体系。管棚的作用主要有梁效应和加固围岩的效果。

管棚支护主要适用于第四系覆盖层、软岩、岩堆、破碎带等易于崩塌、松弛、软化的散体状岩层。

根据钢管直径的不同，可分为大直径管棚（$\Phi100$mm 以上）和中等直径管棚（$\Phi80 \sim \Phi100$mm 之间）。管棚和钢架支护配合使用，设计参数建议如下：钢管中心间距为 300～400mm，上仰角以 $1^\circ \sim 3^\circ$为宜，上抬量值根据围岩沉降变形估算，一般不小于 150mm，前后榀管棚之间的纵向搭接长度不小于 2.0m。

3. 超前灌浆

当隧洞通过富水地段易发生涌水或掌子面前方的围岩软弱破碎易塌方时，可以采用超前

灌浆在隧洞掌子面前方的围岩周围形成止水加固层，实现对围岩超前加固，提高围岩的整体性和承载能力，防止隧洞涌水和垮塌的发生。该方法注浆效果较好，不受隧洞埋深影响，缺点是工作面窄小，注浆与开挖须交替进行，钻孔定位较复杂。

超前小导管以及管棚的预注浆是超前灌浆的一种，也可直接对掌子面前方的围岩进行钻孔灌浆，加固围岩或封堵地下水。

三、特殊条件下地下开挖工程常用支护措施

不良地质洞段包括断层破碎带、软岩带、涌水带、膨胀土洞带、溶洞、岩爆区等，其共同特性是围岩自承能力差，自稳时间短。

(一)不良开挖洞段的支护原则

不良地质洞段的设计、施工要点如下：

(1)根据围岩的具体情况，需要增加超前锚杆、超前管棚、超前预灌浆。在支护上需要进一步强化，如加钢筋肋或格栅钢架等手段，用于充分调动或提高围岩的自承能力。

(2)支护时间应及时或尽早，并充分利用掌子面空间效应，即掌子面对其附近的围岩起约束作用，紧跟支护距掌子面距离应在 2 倍洞径范围之内。

(3)设计时要在设计开挖轮廓线外预留一定围岩变形量，确保设计要求的净空尺寸。

(4)破碎软弱围岩中开挖需要采用自上而下的分层开挖，循环进尺小于 1.0m，目的是减少一次爆破的炸药量，从而减少对围岩的震动影响，并减少石渣量，从而缩短出渣时间，以便及时迅速支护最不安全的顶拱，然后层层开挖、层层支护。不宜在劣质围岩中采用左、中、右程序的分块开挖。

(5)在地下水丰富的破碎围岩开挖施工中，必须首先解决地下水问题，可以采用打排水孔集中排水或灌浆堵水的方法，最好的方法是超前排水和超前灌浆。

(6)为了掌握施工中围岩和支护的力学动态与稳定程度，以及确定施工程序，保证施工安全，应重视现场监测变形观测，及时修正施工。

(7)注重施工质量，必须进行控制爆破，采用浅进尺、密集孔，减少单孔装药量，即降低总药量和单位耗药量。

不良地质洞段的施工，应以“先治水、短开挖、弱爆破、强支护、早衬砌、勤监测、稳前进”为指导原则。

(二)浅埋洞室的支护措施

埋深小于 3 倍洞径的为浅埋地下洞室，埋深小于 1 倍洞径的为特浅埋地下洞室。上部洞顶上覆岩层无法形成支撑拱，开挖后容易形成洞室顶部变形甚至造成整体下沉塌落，应及时采取加强支护措施(表 2-81)。因此，一般情况下，对于浅埋地下洞室或隧洞进出口段，采取支护强度应大于中等埋深地下洞室，采用喷锚网联合支护或带钢拱架的喷锚网联合支护，对Ⅳ类、Ⅴ类围岩还应设置仰拱，并在必要时采取固结灌浆或长锚杆、超前锚杆、长管棚、钢拱架、钢筋混凝土衬砌等方法进行加固。

表 2-81 宜采用喷锚支护的浅埋岩石隧洞条件

围岩类别	洞顶岩石厚度(m)	毛洞跨度(m)	水文地质条件
Ⅲ	0.5～1.0 倍洞径	<10	无地下水
Ⅳ	0.5	<10	无地下水
Ⅴ	0.5	<5	无地下水

浅埋洞室施工支护具体措施如下：

(1)开挖循环短进尺原则，进尺深度宜小于 1m。

(2)预先加固地层法，通常采用从地表预先注浆和水平式注浆的方法，也可采用地表竖向砂浆锚杆的方法。

(3)视围岩地质条件，在掌子面前加设钢拱架或钢格栅配合顶拱超前锚杆或超前管棚联合支护。如在地质条件较差的松散岩体内或软土基础内的浅埋地下洞室，应及时进行紧跟掌子面的衬砌支护，如有条件应采取盾构施工。

(4)为了提高支护的强度和刚度，进一步控制围岩变形，紧跟掌子面开挖掘机，及时施工短而密的浅埋隧洞周边径向锚杆，并喷射混凝土或钢纤混凝土封闭开挖岩面。

(5)若属于洞口的浅埋洞室，则开洞之前宜沿洞周边布置超前锁口锚杆，锁口锚杆长度大于 3m，保证在两个爆破进尺后还有足够的锚固长度，要有 10°以上的外倾角，保证锁口锚杆锚定在松动区以外。

(6)及时进行施工现场量测，监测围岩或支护后的变形情况，掌握好支护时机，及时调整支护方案和支护参数。

浅埋洞室开挖要遵循“短进尺、多循环、弱爆破、强支护、勤观测”的原则。

(三)塌方洞段的支护处理措施

(1)不良地质洞段发生塌方应及时迅速处理，处理时必须详细观测塌方的范围、形状、塌穴的地质构造，查明塌方发生的原因和地下水活动情况，制订处理方案。

(2)处理塌方前应先加固未坍塌地段，防止继续发展，并可按下列原则根据不同塌方程度和塌方原因进行针对处理。①小塌方：首先加固塌方体两端洞身，并抓紧喷射混凝土或采用锚喷联合支护封闭塌穴顶部和侧部，再进行清渣，也可以在塌渣上架设临时支架，稳定顶部，再进行清渣。临时支护需等灌注混凝土衬砌达到要求强度后才能拆除。②大塌方：宜采用先护后挖的方法。在查清洞穴规模大小和穴顶位置后，可采用管棚法、注浆固结法稳固岩体和渣体(在掌子面设置混凝土封堵并向塌方体内泵送混凝土和注浆)，待其基本稳定后，按先上部、后下部的顺序清除渣体，采用短进尺、弱爆破、早封闭的原则开挖渣体，并尽早完成衬砌。③塌方冒顶：在清渣前应支护陷穴口，地层很差时，在塌陷口附近地面设置地表锚杆，洞内可采用管棚法和钢架联合支护。④洞口塌方：可采用暗洞明做的方法。

(3)处理塌方的同时，应加强防、排水工作。塌方往往与地下水活动有关，治塌先治水。防止地表水渗入塌方体或地下，引截地下水，防止其渗入塌方地段，以免扩大塌方。具体措施如下：①地表沉陷和裂缝，用不透水土壤夯实紧密，开挖截水沟，防止地表水渗入坍滑体。

②塌方通顶时,应在陷穴口地表四周挖沟排水,并设雨棚遮盖穴顶。陷穴口回填应高出地面并用黏土或圬工封口,做好排水。③塌方体内有地下水活动时,应用管槽等措施引至排水沟排出,防止塌方范围扩大。

(4)塌方地段的衬砌,应视塌穴的大小和地质情况予以加强。衬砌背后与塌穴洞孔周壁间必须紧密支撑。当塌穴较小时,可用泵送混凝土或浆砌片石将塌穴填满;当塌穴较大时,可先用泵送混凝土或片石回填一定厚度,其上空间应采用钢支撑等顶住稳定围岩。水工有压隧洞的塌穴,应采用混凝土回填密实。

(5)要加强观测监控,增加测量频率,根据测量信息及时研究对策。

(四)岩爆洞段的支护处理措施

1. 深埋高应力地下洞室的岩爆控制原则

地下洞室的岩爆控制一般从两个方面入手:①尽可能改善掌子面前方围岩的应力状态,减缓洞室围岩内的应力与能量集中强度,包括减少单次爆破开挖循环进尺、采用应力解除爆破技术、超前钻设应力释放孔等,从源头上实现对岩爆发生可能性和发生程度的控制,减缓加固施工安全和及时性方面的压力,并减少加固支护工作量;②提高洞室围岩的抗冲击能力,即采用钢拱架与锚喷联合支护手段,及时加固围岩结构,尽量减少开挖岩层的暴露面和暴露时间,这既可以通过支护系统提高和维持围岩一定的径向压力,使围岩的应力状态尽快从平面转向三轴应力状态,也可以通过限制未支护段长度来提高和维持未支护段围岩的拱效应,以达到延缓或抑制岩爆发生的目的。

2. 岩爆的防止措施

引水隧洞岩爆防止处理措施主要采用控制爆破和及时锚喷支护,即短进尺光面控制爆破开挖,岩爆强烈洞段宜配合应力解除爆破开挖→危石清理及高压水冲洗→及时喷射混凝土覆盖岩面→及时实施防岩爆→锚固措施(包括快速锚杆、挂网等)→后续紧跟掌子面实施系统锚杆支护。实践证明,由钢纤喷层、钢筋网和锚杆构成的支护系统可以延缓强烈的冲击型破坏,保证施工安全,后续的系统锚喷支护则可以作为永久性支护,提高支护系统的安全性。一般岩爆洞段开挖支护措施程序如下:

(1)在岩爆频发洞段开挖隧洞,要求采用短进尺开挖掘进,每次开挖进尺小于1.5m,充分利用掌子面前方的屈服低应力区,使得小进尺开挖可以在一种低应力条件下完成,并严格实施光面爆破,以达到开挖轮廓线圆顺,避免凹凸不平造成的应力集中。强烈与极强岩爆洞段应将应力解除爆破作为日常性爆破作业的一部分。

(2)在岩爆洞段开挖爆破后宜待避一段时间,待岩爆自然缓解后再出渣,并及时针对开挖掌子面和周边洞壁进行高压水冲洗,清除松动危石。

(3)岩爆强烈洞段开挖前应考虑超前锚杆预支护和掌子面的喷护封闭措施。

(4)隧洞开挖后及时采用喷护钢纤维混凝土的措施封闭开挖裸露面,初喷层厚度一般不小于5.0cm,必要时可以采用挂网喷混凝土加强支护措施,为后续工序提供安全保证。

(5)在掌子面和周边洞壁喷护完成后，进行洞周防岩爆锚杆的钻设施工，防岩爆锚杆要求设置钢垫板，并通过锚杆垫板固定挂网钢筋网片。防止岩爆锚杆可采用机械胀壳式中空注浆锚杆或水胀式锚杆等。

(6)以上工作应在掌子面出渣以后4～5h以内完成，最迟也必须在下一个爆破循环开始之前完成。

(7)在初喷混凝土、钢筋网片、防岩爆锚杆等措施的保护下，及时进行全断面系统锚杆的施工和二次混凝土的喷射，隧洞的系统支护跟进工作面距离开挖掌子面不宜大于1倍洞径，岩爆强烈洞段根据具体情况布置钢拱架。地下开挖工程岩爆防止措施详见表2-82。

表2-82　地下开挖工程岩爆防止措施

<table>
<tr><th>防止措施
岩爆等级</th><th>预防措施</th><th>治理措施</th><th>爆破方式</th></tr>
<tr><td>轻微岩爆
（Ⅰ）</td><td rowspan="2">一般进尺控制在2～3m以内；尽可能全断面开挖，一次成形，以减少围岩应力平衡状态的破坏；及时并经常在掌子面和洞壁喷洒水，部分Ⅱ级岩爆段必要时可以用超前钻孔应力解除法来释放部分应力，岩爆连续发生段，在施工后可以进行适当的待避，等岩爆高峰期过后再作业</td><td>局部岩爆段可以通过初喷5～10cm厚的CF30硅粉钢纤维混凝土来防止洞壁表面岩体的剥离；对岩爆频繁段，随机安设预制钢筋网片和3m长胀壳式预应力锚杆或水胀式锚杆</td><td rowspan="2">以光面爆破为主，必要时采用应力解除爆破</td></tr>
<tr><td>中等岩爆
（Ⅱ）</td><td>采用挂网喷锚支护法：喷5～10cm厚的CF30硅粉钢纤维混凝土＋10cm挂网喷混凝土；采用3m长胀壳式预应力锚杆或水胀式锚杆，间距1.5m×1.5m。视岩爆强度随机增设钢筋拱肋，及时进行系统锚杆的施工</td></tr>
<tr><td>强烈岩爆
（Ⅲ）</td><td rowspan="2">一般进尺控制在1.5～2.0m以内；采用打超前应力孔法来提前释放应力、降低岩体能量；及时在掌子面和洞壁喷洒水，必要时可均匀、反复地向掌子面高压注水，以降低岩体的强度；在一些岩爆连续发生段，在施工后可以进行适当的待避，等岩爆高峰期过后再作业</td><td>采用挂网锚喷支护法，喷10cm厚的CF30硅粉钢纤维混凝土＋5cm挂网喷混凝土；采用4m长胀壳式预应力锚杆或水胀式锚杆，间距1.0m×1.0m。系统布置钢拱架，间距1m，后期采用全断面钢筋混凝土衬砌作为二次支护</td><td rowspan="2">应力解除爆破</td></tr>
<tr><td>极强岩爆
（Ⅳ）</td><td>采用挂网锚喷支护法，喷10cm厚的CF30硅粉钢纤维混凝土＋10cm挂网喷混凝土；采用5m长胀壳式预应力锚杆或水胀式锚杆，间距0.6m×0.6m。系统布置钢拱架，间距0.6m，后期采用全断面钢筋混凝土衬砌作为二次支护</td></tr>
</table>

第八节　混凝土基础常识

混凝土，一般是指用水泥作胶结材料，按一定配合比掺加沙、石子和水，搅拌均匀后经过硬化而形成的材料，又称人造石材。

1. 混凝土的分类

(1)按胶凝材料不同分为水泥混凝土、沥青混凝土、聚合物水泥混凝土、树脂混凝土、石膏混凝土、水玻璃混凝土、硅酸盐混凝土等。

(2)按施工和生产分为商品混凝土(又称预拌混凝土)、泵送混凝土、喷射混凝土、压力灌浆混凝土(又称预填骨料混凝土)、挤压混凝土、离心混凝土、真空吸水混凝土、碾压混凝土、热拌混凝土等。

(3)按抗压强度大小分为低强度混凝土(＜30MPa)、高强度混凝土(≥60MPa)和超高强度混凝土(≥100MPa)。

(4)按配筋材料可以分为素混凝土(无筋混凝土)、钢筋混凝土、钢丝网混凝土、纤维混凝土、预应力混凝土等。

(5)水泥混凝土按表观密度分为重混凝土(干表观密度 2800kg/m^3)、普通混凝土(干表观密度 2000～2800kg/m^3)和轻混凝土(干表观密度小于 1950kg/m^3)3 类，而普通混凝土使用最为广泛。

二、混凝土强度等级

混凝土的强度等级是指混凝土的抗压强度，普通混凝土按照立方体抗压强度标准值划分为 C10、C15、C20、C25、C30、C35、C40、C45、C50、C55、C60、C65、C75、C80、C85、C95、C100。例如：强度等级为 C30 的混凝土是指 30MPa$\leqslant f_{cu,k}<$35MPa。强度大于或等于 C50 的混凝土称为高强混凝土；将具有良好施工和易性、优良耐久性，且均匀密实的混凝土称为高性能混凝土；同时具有上述各性能的混凝土称为高强高性能混凝土。高性能混凝土被广泛运用于重要水利水电工程建筑物的一些关键部位。

三、混凝土的耐久性

混凝土的耐久性指标一般包括抗渗性、抗冻性、抗侵蚀性、混凝土的碳化(中性化)作用、碱骨料反应等。

(1)混凝土的抗渗性是指混凝土抵抗水、油等液体在压力作用下渗透的性能。可分为 W2、W4、W6、W8、W10、W12 六个等级。

(2)混凝土的抗冻性是指混凝土在水饱和状态下，经受多次冻融循环作用，能保持强度和外观完整性的能力。可分为 F400、F300、F200、F150、F100、F50 六级，也可以用 60d、90d 龄期的标准试件测定。

(3)混凝土的抗侵蚀性与所用水泥的品种、混凝土的密实程度和孔隙特征有关。密实和孔隙封闭的混凝土，环境水不易侵入，故其抗侵蚀性较强。所以，提高混凝土抗侵蚀性的措施主要是合理选择水泥品种、降低水灰比、提高混凝土的密实度、改善孔结构。

(4)混凝土的碳化作用是二氧化碳与水泥石中的氢氧化钙作用，生成碳酸钙和水。碳化过程是二氧化碳由表及里向混凝土内部逐渐扩散的过程。

(5)混凝土的碱骨料反应是指硬化混凝土中所含的碱(Na_2O和K_2O)与骨料中的活性成分发生反应，生成具有吸水膨胀性的产物，在有水的条件下吸水膨胀，导致混凝土开裂的现象。

四、沥青混凝土

沥青混凝土是指人工选配具有一定级配组成的矿料、碎石或轧碎砾石、石屑或砂、矿粉等与一定比例的沥青材料拌制而成的混合料。

利用沥青混凝土良好的黏弹塑性、塑性和渗透系数(10^{-9}～10^{-7}cm/s)，良好的自愈功能，通常可将其作为大坝心墙防渗材料。

第九节　水利水电工程金属结构基础常识

水利水电工程金属结构一般包括各种钢闸门、闸门启闭机械、拦污栅、拦污清理机械、升船机以及操作闸门和拦污栅的附属设备，如自动抓梁、拉杆与锁锭装置等。其中，闸门、拦污栅及其启闭机械为水工设备中不可分割的整体，总称为水工机械设备。

闸门按照工作性质分为工作闸门、事故闸门和检修闸门等；按照结构形式分为平面闸门、弧形闸门、叠梁闸门、浮箱闸门、转动式闸门、扇形闸门、圆辊闸门、圆筒闸门等。目前运用最为广泛的是平面闸门和弧形闸门。

表孔溢洪道闸门多使用弧形闸门和平面闸门；深孔泄水闸一般在工作闸门上游侧设事故闸门，对于重要工程或高水头长输水洞的闸门，也有在事故闸门前设置检修闸门。工作闸门根据其运用工况特点通常选用平面闸门、弧形闸门、高压滑动平面阀门、锥形阀等；事故闸门一般为平面闸门；检修闸门多采用平面闸门、弧形闸门或叠梁闸门。

第十节　施工及运行期安全监测基础常识

为了及时掌握涉及大坝坝体坝基、重要的隧洞洞室或永久性高边坡等工程建筑物施工和运行的工作状态，主要的安全监测项目包括坝基坝体变形、渗流、压力、水文气象及地震反应五大类。

一、变形监测

1. 变形监测的内容

变形监测内容包括表面变形和内部变形、混凝土或面板接缝变形、岸坡位移、混凝土或面板变形监测等。

大坝的变形监测包括水平位移(横向和纵向)、垂直位移(竖向位移)坝体及坝基倾斜、表面接缝和裂缝监测。对于土石坝除设有上述的表面变形监测项目外,还设有内部变形监测。内部变形包括分层竖向位移、分层水平位移、界面位移及深层应变观测。对于混凝土面板坝还有混凝土面板变形监测,具体包括表面位移、挠度、应变及接缝开度监测。隧洞身收敛监测,如果大坝位于地震多发地带或者附近有不稳定的岸坡,还应进行必要的抗震、滑坡、崩岸等监测。

2. 监测的布置和设备

主要设备有纬仪、水准仪、电子测距仪激光准直仪和埋设仪器。

坝体表面变形监测主要通过布设永久观测标点、校核基点、水准基点和临时水准监测点进行定期实测;坝体内部变形监测一般采用水管式沉降仪和引张线式位移计对分层竖向位移、分层水平位移进行观测;混凝土或面板接缝监测采用单向测缝计和三向测缝计,分别监测板间缝开合度和周边缝升降、开合及滑移变形情况。此外采用固定式测斜仪和脱空计监测面板挠度及面板与垫层之间的脱空度;对重要的建筑物边坡采用多点位移计监测边坡变形情况。

对于有覆盖层地基的变形监测可以分为有基础廊道的混凝土防渗墙地基和无基础廊道的混凝土防渗墙基础。前者主要通过布置在混凝土防渗墙及上下游地基内的沉降环和错位计进行监测,采用单点或多点位移计、测斜仪、沉降仪、水准法监测其水平、沉降和开度变形;后者通过布置在混凝土防渗墙的沉降仪、错位计监测覆盖层相对变形,主要采用测斜仪、位移计监测其水平位移和开度,采用沉降仪、水准法、位移计监测其沉降变形。

对于重要水工隧洞围岩稳定监测,常用多点位移计与锚杆应力计进行收敛变形观测。一般性隧洞施工,收敛观测即可满足。

收敛观测断面布置原则:岩性变化不大的较好岩石段,可以数百米布置一个断面。而重要水利水电工程的断层带、塌方区要专门布置断面,V类围岩区则根据需要每50m左右布置一个断面。

二、渗流监测

1. 渗流监测的内容

渗流监测主要内容:①坝体坝基渗流监测、扬压力及渗流压力监测;②孔隙压力监测;③绕坝渗流及地下水水位监测;④坝后渗流量及渗流水质监测。

2. 渗流监测布置原则

渗流监测断面布置原则:①河床段最大坝高部位;②合笼位置;③防渗结构可能产生裂缝的部位;④地形变化显著部位;⑤地基土层变化分界部位;⑥施工质量较差和存在疑问部位。

3. 监测的布置和设备

常用的设备：①测量压力或水位，测压管、渗压计、压力表、测深锤；②测量渗流量，量水堰、量杯；③测量水质，水温计、pH 计、电导率计、透明度计、自动水质监测仪。

渗流监测包括坝体下游渗流量监测、坝体坝基渗流压力监测及绕坝渗流监测。坝体下游渗流量采用量水堰观测，坝体坝基渗流监测和绕坝渗流采用孔隙水压力计进行监测；对于重要的隧洞观测应进行水位、流量、流速监测（流速仪）。

三、应力应变及温度监测

1. 应力应变及温度监测的内容

应力应变及温度监测主要用于一级高坝等建筑物，二级混凝土坝应设置混凝土温度监测项目。应力、应变监测主要包括大坝混凝土应力、应变监测，钢筋应力监测，钢板应力监测，温度监测，接触土压力、防渗体应力监测等。

2. 应力应变监测的布置和设备

常用的振弦式、差阻式仪器：用于应力应变监测的钢筋计、锚杆应力计、锚索应力计、压应力计、应变计等；用于温度监测的铜电阻温度计、弦式温度计等。

混凝土面板应力监测包括混凝土应变、无应力应变、钢筋应力和温度。其中，对面板混凝土底部和顶部分别布设五向和三向应变计组进行监测，无应力应变观测一般采用无应力计结合应变计组设置，应力计和无应力计采用差动电阻式或振弦式；钢筋应力观测采用二向钢筋计组，钢筋计选用差动电阻式或振弦式结合应变计组设置；温度监测选用电阻式温度计结合应变计组设置。

四、环境量监测或水文、气象监测

1. 监测内容

大坝所在位置环境对大坝和坝基的结构安全状态有着重大影响，需对大坝上下游水位、水温、气温、库区雨量等进行监测。

2. 监测的布置和设备

水文气象综合监测系统（也称环境气象监测站）主要安装在河道、水库，实时采集水位、流速、风速风向、能见度数据，通过 GPRS（支持 4G、物联网卡）和北斗短报文上报。

五、地震反应监测

采用强震仪进行地震反应监测。

第三章　施工地质工作程序

第一节　施工地质工作内容及要求

(1)施工地质工作是水利水电工程建设过程中重要组成部分，施工地质工作内容和方法主要包括施工地质巡视、地质编录、地质测绘、摄影摄像、岩(土)样采取、岩(土)试验、波速测试、地质预报(地下开挖工程的超前地质预报)、地质观测、补充专项勘察、隐蔽工程复核与验收、不同阶段工程验收以及相应阶段施工地质资料编制整理和归档等。

(2)对各类水工建筑物基础、边坡和洞室施工，应按照要求及时进行地质编录和验收，并采集和保存完整的影像资料。

(3)应对涉及施工开挖的所有隐蔽部分进行地质复核确认，并留存可以追溯的所有基础性技术文件。

(4)按照水利水电工程施工验收的各个阶段，均应完成相应阶段的施工地质报告(说明)及图件的整编工作，以备检查验收。

(5)各阶段资料应按照相关规范规程要求进行整编，并进行逐级校审。

(6)施工地质现场工作应按照流程规定进行，设计工程变更的施工地质补勘和试验等工作按照相关勘察规程实施。

(7)施工地质工作过程中，应进行危险源识别，制定相应的风险控制措施。

(8)施工地质各类记录表格宜采用统一格式，在各分部工程及阶段工程完成后，应对现场原始记录进行及时分类整理、装订，以备查阅和归档。

第二节　施工地质工作流程

一、工程项目施工过程主要环节

水利水电工程项目施工一般包括以下环节：施工组织设计报审、图纸会审记录、技术(安全)交底、开工报告、参建单位管理人员名单报备，各类原材料报验、设计变更、现场验证，现场签证、隐蔽报验、检验批准报验、分项工程报验、分部工程报验、单位工程报验、竣工验收(部分工程需先进行专项验收)。施工过程环节框图详见图 3-1。

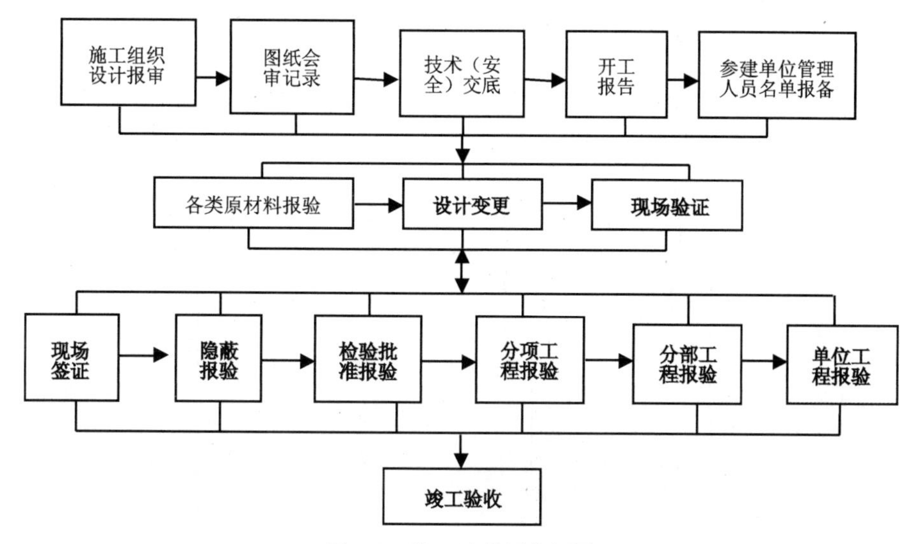

图 3-1　施工过程环节框图

注：加粗字体部分，为施工地质人员需要重点参与环节。

二、施工地质基本工作流程

施工地质工作重点是通过现场施工开挖，对前期初步设计勘察阶段提出的有关地质建议进行验证和复核，如与前期勘察不符，需提出相应的处理意见。施工地质现场工作一般流程可参见流程图(图 3-2)，基本工作流程包括如下几点：

(1)编制施工地质工作大纲。

(2)日常巡视制度。

(3)地质观测、取样、试验及专项勘察工作。

(4)地质编录或测绘。

(5)编发施工地质简报，提出地质预报与建议。

(6)参加地基、围岩、边坡处理方案及与地质条件相关的安全监测方案的研究。

(7)参加与地质有关的验收。

(8)资料整编与技术成果编制。

1. 地质巡视

对施工状况和揭露的地质现象进行日常性的观察、调查、测量和记录(文字、图表、素描、摄影、录像等)，并提出需要立即开展的施工地质工作项目。

2. 地质编录

用大比例尺(不小于 1∶200)测图、文字描述、摄影、录像等形式将各类人工开挖面上的地质现象随开挖过程逐块(段)记录下来的工作。

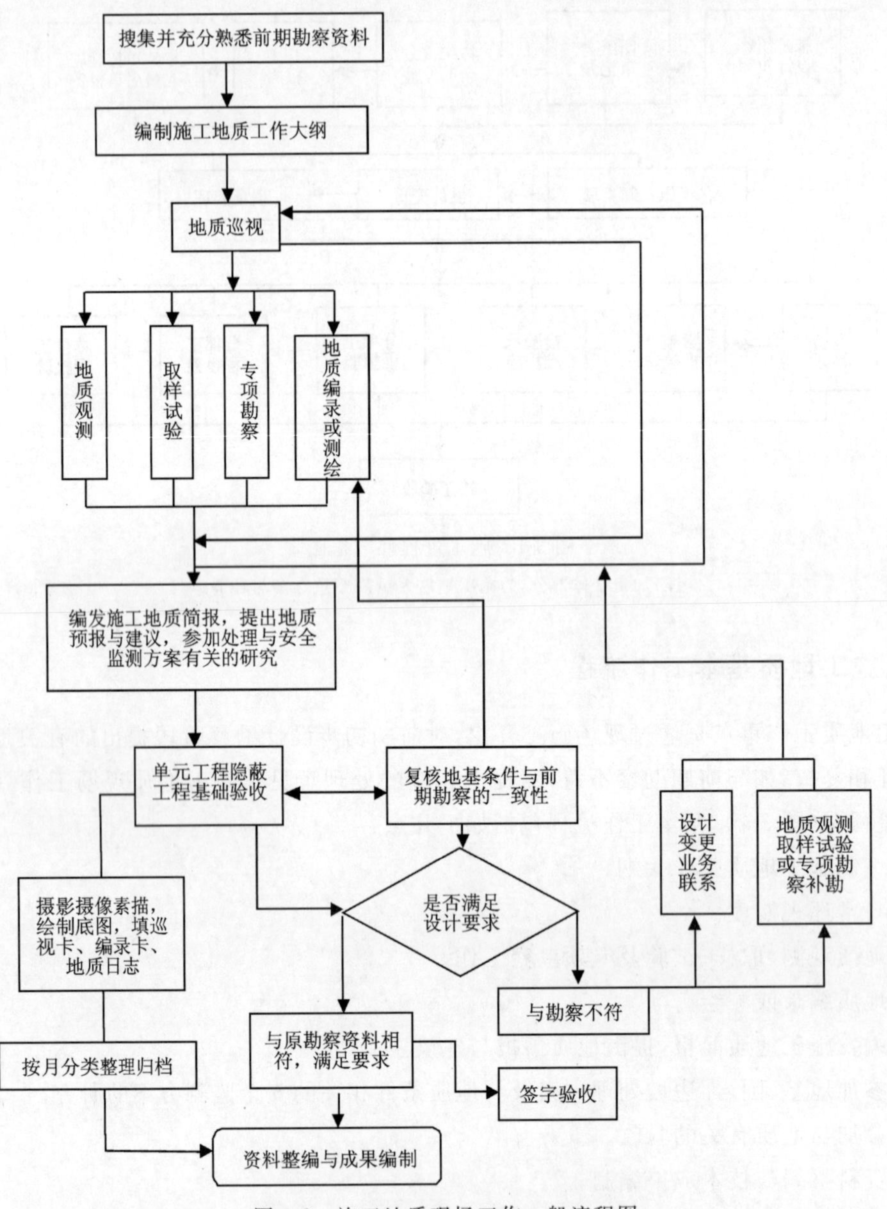

图 3-2　施工地质现场工作一般流程图

3. 取样、试验与专项勘察

施工开挖期间，对枢纽建筑物区存在特殊性岩(土)体、不良地质体(断层构造带、软弱层带、岩脉、易溶盐等)以及灌浆后有水泥结石的岩芯样，宜采集有代表性的岩(土)标本存档备查。

对岩体基础、洞室和边坡等存在影响建筑物稳定的不良地质体(断层构造带、软弱层带、岩脉、易溶盐等)时，应根据具体情况采用弹性波速或其他原位测试等简易快速方法，进行复核性力学试验。

施工期间出现原勘察未查明，且对岩体（或围岩）稳定性产生严重不良影响以及处理方案需要重新复核等问题时，应提出专项勘察建议。

4. 地质预测预报

施工地质预报是指工程施工期内，对可能出现的影响建筑物施工安全的地质现象，事前向有关单位或部门提出预警的工作。

超前地质预报是地质预报的一种特殊形式，指利用地质编录、导洞、先导孔、物探等手段和地质综合分析方法，对井、洞开挖前进方向的地质条件及可能遇到影响洞室施工安全或围岩稳定的重要地质问题（断层破碎带、岩溶、软弱层带、含有害气体的地层、突泥、突水等）所作的预报。

预报形式主要是在施工期，当发现可能危及施工或建筑物运行安全的地质现象时，施工地质勘察单位应以口头和施工地质简报、专题报告等形式，及时向设计、施工、监理、项目法人单位提出预报。

5. 隐蔽工程评价与验收

水利水电工程中的地基基坑开挖、地基处理、地下防渗处理、地面及地下建筑物地基排水工程等在地下建筑物竣工后，被掩埋或者覆盖而很难检测和维修的工程称为隐蔽工程。

按照施工地质规程，主要评价和验收的隐蔽工程包括地面建筑物地基的评价与验收、地下开挖工程围岩的评价与验收、工程边坡的评价与验收、岩（土）体防渗和排水工程的评价与验收 4 个方面。

施工地质隐蔽工程验收必须从工程地质角度真实、客观、全面、完整地对所验收单元工程或单位工程所揭露的地质体进行详细地质编录（编录要求见相关章节）。验收发起人一般是业主或监理单位，部分重要节点验收由政府质量监督部门组织。隐蔽工程验收是在施工单位达到设计预定的开挖高程部位，经过施工单位自检合格后，由项目法人、监理、设计、施工、运行管理和质量监督等单位共同参加的联合验收。

三、工程参建方工作交接程序

1. 与建设单位交接

设计代表（简称设代）人员抵达工地现场后，应及时与建设单位联系，说明施工地质服务的内容、作用、工作方法以及现场工作需要获得的支持。在施工地质人员发生变更时，应征得建设单位同意，并完成相关工作的交接。

2. 与监理单位交接

监理单位是连接各参建单位的纽带，做好与监理单位的沟通，可将设计意图准确传递给施工单位，并监督其遵照执行。

3. 与施工单位交接

施工单位是工程建设的具体执行者，施工地质现场服务需要施工单位积极配合，做好与施工单位的技术交底和沟通协调工作，才能使施工地质工作得以顺利进行。

4. 与质量监督站的沟通

质量监督站是代表政府行政主管部门对工程建设进行质量监督工作。监督各参建单位人员、资质是否符合国家相关要求，质量、安全体系是否完善，施工程序是否符合国家相关规定等。质监站工作人员一般具有较丰富的工程经验，应注重加强对施工质量和安全有影响的地质问题进行必要的沟通交流，以提高施工地质人员对国家基本建设程序和要求的深入理解。

5. 与检测单位沟通

检测单位一般由一检、二检和第三方检测构成，是对施工单位完成产品，采用相关规范进行试验检测。施工地质人员根据前期勘察成果，对检测单位出具的差异较大的检测结果，相互沟通并分析原因，作出客观判断，以便更好地为工程服务。

6. 与安全监测单位的沟通

安全监测单位布置的各类监测设备与建筑物工程地质条件联系紧密。各类监测设施的监测资料对保证工程运行起到重要作用。需要与安全监测部门沟通交流，及时掌握存在异常的监测资料，以便为地质预报提供支持。

第三节　施工地质工作策划

一、施工地质工作大纲编制

根据前期地质勘察成果，事先熟悉设计方案，结合施工组织设计，进行施工地质策划工作，按照不同单元工程施工的工期安排，制订相应的施工地质编录、巡视等工作计划。

1. 大纲内容

施工地质工作大纲应包括工程概况，前期勘察工作简介，施工地质工作内容、方法，及主要工作量、组织计划与进度、质量控制与环境职业健康安全管理、提交施工地质成果及归档资料等内容。

2. 工程概况

(1)工程区位置与交通条件。

(2)工程规模及主要工程指标。

(3)主要水工建筑物的级别和布置情况。

3. 前期勘察工作简介

(1)勘察各阶段概述和专家评审建议。

(2)区域地质概况、水库区、坝址区及其他水工建筑物的主要工程地质问题。

(3)初步设计阶段勘察主要结论。

(4)专题研究情况简述。

4. 施工地质工作任务

(1)了解地面建筑物、地下开挖工程及工程边坡的设计布置、类型、建筑物等级,各施工单元的工程地质条件等。

(2)对正在进行施工中的各单元工程进行地质巡视,及时进行地质编录和地质测绘。

(3)对各施工场地存在与前期勘察不符,并出现不良地质问题的部位,必要时进行取样、试验及专项勘察。

(4)编发地质简报,提出地质预报和建议。

(5)参加地基、围岩、边坡处理方案及地质条件相关的安全监测方案的研究。

(6)参加与地质有关的验收。

(7)进行资料整编与技术成果编制等。

5. 工作依据、内容、方法和计划工作量

勘察工作的依据为各类现行专业规程、规范、标准及有关规定。搜集的资料包括地形图,已有的地质、相关设计成果资料,以及前阶段勘察成果的主要结论及审查评估的主要结论等。

建筑物区地面建筑物基础、地下开挖工程及边坡的地质巡视与观测、地质编录、隐蔽工程验收和评价、地质预报,对与设计不符部位视具体情况进行取样、试验和专项勘察等。

6. 组织计划与计划进度

了解施工组织设计总体进度计划,按施工强度制订人力资源需求计划。

7. 质量控制与环境和职业健康安全管理

(1)质量控制。

(2)环境和职业健康安全管理计划。①环境因素和危险源的识别评价;②控制措施计划;③隧洞及高边坡下施工地质的应急准备措施;④环境保护措施;⑤外业现场职业健康安全管理。

8. 提交勘察成果

(1)各阶段性成果报告:①分部工程施工地质说明书及附图;②单项建筑物工程竣工工程地质报告及附图;③阶段验收工程地质报告及附图;④水利枢纽工程蓄水安全鉴定地质自检

报告及附图；⑤竣工工程地质报告及附图；⑥专题工程地质报告及附图；⑦工程地质勘察技术总结报告。

（2）施工地质勘察图册（各类平面图、展示图、平切图和剖面图等）。

9. 归档资料

（1）成果报告。

（2）施工地质勘察图册（各类平面图、展示图、平切图和剖面图等）。

（3）施工地质日志、巡视卡。

（4）地面建筑物、地下开挖工程及工程边坡综合描述卡。

（5）施工地质日志大事记。

（6）施工地质照片。

（7）其他施工地质手记、记录、有关文件等。

二、施工地质人员工作职责

1. 施工地质人员纪律与职责

（1）严格遵守设代处规章制度，热心服务，恪尽职守，认真履行职责，努力学习和提高专业技术水平，依据国家及行业规范标准处理有关技术问题，团结参建各单位人员，圆满完成与施工地质有关的技术服务工作。

（2）设计单位主要职责是依据国家和行业规范要求，提供合格的设计文件、图纸，并在技施阶段派驻设计代表对施工图进行技术交底、复核、确认等，发现与原设计不符或不尽合理之处，及时进行设计变更和调整，并尽可能根据现场实际情况对方案进行优化。

（3）资料互提程序：设计方案布置图、施工进度计划、各类开挖图在设代处一般有留存；施工单位重要工程施工方案、开挖主要测量成果等可通过业主或监理单位协调取得；工程存在施工地质隐患，编制业务联系单，以设代处名义发给业主，并做好资料交付登记。

（4）遵守相关保密制度。

2. 现场施工地质人员岗位职责

现场施工地质人员工作需遵循以下程序：

（1）辨识本项目的主要施工地质内容，找出工作重点、难点进行分析，熟悉本项目前期勘察成果，了解设计方案。

（2）定期、定点对工地现场进行地质巡视，做好巡视记录。

（3）对施工现场进行地质观测，做好施工地质编录工作，每天将施工地质内容录入电脑。

（4）定期编发施工地质简报，并对一些可能存在的地质隐患、安全隐患提出书面地质预报及建议。

（5）参加地基、围岩、边坡处理方案及地质条件相关的安全监测方案的研究。

（6）参加与地质有关的验收工作，并签署相应意见。

(7)在施工地质工作中，如遇到有关额外工程量签署、认证等方面工作，必须向该项目主管领导汇报，不得擅自作出决定。

(8)在施工地质工作中，如遇到前期勘察过程中未发现的较大地质问题与前期勘察不符，需要视具体情况进行专项勘察时，应及时向项目主管领导汇报。

(9)施工地质人员在未经主管领导批准的情况下，不得擅离职守。

(10)施工地质人员需及时对施工地质资料进行整编(包括地质巡视卡、地质编录资料、地质验收资料、业务联系单等)，并及时编制施工地质成果。

三、施工地质工作策划关键要素

施工地质工作策划目的在于促进施工地质工作有序、顺利的实施，以保证各个施工项目阶段性验收成果完整、有效、真实、客观地反映施工开挖的实际地质状况，增强施工风险管控意识和产品可追塑性，维护施工参建各方的权益。施工地质策划具体操作过程中，应把握好如下关键要素：

(1)工作大纲编制前，应充分收集施工图阶段报告及图纸，尤其主要建筑物开挖的平面布置和开挖图及纵横断面设计图等，熟悉前期勘察成果、水工与施工组织设计意图，确认与地质有关的工程内容。

(2)工期计划(进度计划横道图)，工程全面开工后，单元工程较多，位置分散，根据施工进度计划横道图，有助于找出施工环节的轻重缓急，合理安排施工地质工作计划。

(3)人力资源配备，合理配置人力资源，根据工程建设进度做动态调整，以保证人力资源配置满足工程需要。

(4)资料整理计划，根据施工进度，应及时完成每日施工地质现场原始记录(包括卡片、记录本、地质日志、工程大事记、影像资料、素描图、展示图、平切图等)分类与整理；及时编发业务联系单；在每个分部工程和单位工程结束前，应及时完成相应地质成果报告或说明(含附图)；下闸蓄水前，按照要求完成地质自检报告(含附图)；竣工验收前完成竣工地质报告(含附图)。具体内容要求参考本手册相应章节。

(5)资料搜集计划，在工程建设期，施工地质人员应与各参建单位保持密切沟通，积极搜集与地质相关资料，如开挖测量资料、爆破试验资料、碾压试验资料、灌浆试验资料、各类现场检测和试验资料。从地质角度对各类资料进行分析评价，做好各类岩(土)体工程性质方面的实践积累。

第四节　施工地质过程控制

一、工作注意事项

(1)在施工地质工作开展之前，应该熟悉整个施工区施工设计图和工程地质条件，对一般施工正常的程序和步骤有所了解。

(2)施工开挖现场所涉及的地质工作内容有地面建筑物、地下开挖工程和边坡工程，以及岩(土)体防渗排水工程及天然建筑材料等。现场工作应有监理及施工单位技术人员在场，以协调和配合现场工作的开展。

(3)地质编录所用的野外记录簿(表)应按照不同类型和施工单元详细分类(如对导流洞、溢洪道、趾板、坝基、厂房等进行分门别类)，以便于后期资料整理。

(4)对于检查验收时发现问题，可口头通知施工单位负责人，同时通知业主或监理单位负责人，并下达业务联系单。

(5)对于施工开挖后存在重大安全隐患的不良地质地段，要及时通知业主或监理，口头预报与书面业务联系单形式同时进行，尽快出具处理方案。

(6)往来文件签署应设置台账，对于已经签署的和存在问题尚未签署的分别备注，以便日后查索。

二、设计变更审批程序

工程设计变更审批采用分级管理制度：

(1)重大设计变更文件，由项目法人按原报审程序报原初步设计审批部门审批。报水利部审批的重大设计变更，应附原初步设计文件报送单位的意见。

(2)一般设计变更文件由项目法人组织有关参建方研究确认后实施变更，并报项目主管部门核备，项目主管部门认为必要时可组织审批。设计变更文件审查批准后，由项目法人负责组织实施。

(3)对于局部地质条件有略微变化的部分，可以由施工地质人员根据现场实际情况与监理和建设单位共同协商处理，并编发业务联系单，通知各参建单位。

(4)业务联系单一般采用一校一审，涉及较重要的变更可采用一校二审；重大变更应报主管部门和审查机构批准。

三、施工地质异常现象处置

在水利工程建设项目施工开挖过程中，难免会遇到开挖后的地层岩性与原勘察不相符的现象。这是由自然界形成的不可预知性所决定的，当勘察工作布置的勘探点无法完全代表其周围直至下一个勘探点时，对施工开挖出现的异常现象处置，也是施工地质工作的重要组成部分。

(1)对于地质条件发生较大变化、可能导致重大设计变更的情况，需进行取样、试验和专项勘察。

(2)当地质条件有变化、可能导致一般设计变更时，由现场地质人员根据工程经验类比提出处理措施，必要时需进行取样、试验和专项勘察。

(3)当地质条件变化轻微、对工程设计无影响时，可不做设计变更。

(4)当施工开挖出现勘察未查明的特殊性岩土和对工程影响较大的地质构造时，需进行取样、试验和专项勘察，并进行地质预报，按照相应条款进行处置。

(5)现场遭遇塌方、冒顶、滑坡等工程风险事故发生以及有人员伤亡的突发事件,按照现行安全生产有关法规文件要求执行。同时应注意以下几点:①应在第一时间通知建设单位和本单位主管领导;②认真调查了解,收集第一手资料,做好现场编录、拍照和摄像;③编制事件情况地质说明(附相关影像资料),以备调查;④会同各单位及相关专业人员分析原因并提出处理措施办法; ⑤对于工程有重大影响的事故和重要变更,应及时上报集团公司主管领导。

四、水利部“强监管”文件所涉及的施工地质问题

2020年以来,水利部陆续推发布“水总〔2020〕33号文”“监督质函〔2020〕16号文”“水规计〔2020〕283号文”和《水利工程设计变更管理暂行办法》(以下简称“暂行办法”),都涉及有施工地质方面的内容,可以在施工地质工作过程控制中遵照执行。

根据《水利部关于印发〈水利工程勘测设计失误问责办法(试行)〉的通知》(水总〔2020〕33号)的附件1《水利工程勘测设计失误分级标准》中,针对“工程勘测”的第四条中,列举有工程勘察、天然建筑材料和施工地质等方面内容,其中属于“严重失误的”各一条。

工程勘察严重失误指:勘察工作不符合技术标准要求,施工地质条件与勘察成果发生重大变化,造成遗漏重要工程地质问题或工程地质评价结论错误。(较严重失误指:勘察工作不符合技术标准要求,施工地质条件与勘察成果发生较大变化,造成遗漏重要工程地质问题或工程地质评价结论出现偏差。)

天然建筑材料严重失误指:勘察工作不符合技术标准要求,料场地质条件与勘察成果发生重大变化,料场质量和储量出现重大偏差,造成料场调整,对工程实施产生重大影响。(较严重失误指:勘察工作不符合技术标准要求,料场地质条件与勘察成果发生较大变化,对料场质量和储量造成较大影响。)

施工地质严重失误指:未按照要求对建筑物基坑、工程边坡和地下建筑物围岩进行地质编录。(较严重失误3条:①建筑物基坑、工程边坡和地下建筑物围岩编录不完整;②未按要求进行地质巡视和地质编录;③未对施工中新出现的特殊地质问题及时提出处理意见。)

《水利部监督司关于印发水利建设项目稽察常见问题清单(试行)的通知》(监督质函〔2020〕16号)(以下简称“16号文”),针对责任主体单位(勘察设计单位)提出了诸多较重和严重问题分类。地质资料缺失多属于严重问题。

“16号文”清单第2.1条,对于基本资料收集,第2.1.2条“地质资料不满足相应阶段的深度要求(地质调查、孔数、孔深、试验孔取样或试验数据等)”,如果资料“深度不够”属“较重”问题,而如果资料“缺失”则属“严重”问题。

“16号文”清单第2.4条,对于设计现场服务,第2.4.3条,根据《建设工程勘察设计管理条例》(国务院令第293号,2017年第687号修改)第三十条,明确要求“建设工程勘察、设计单位应当在建设工程施工前,向施工单位和监理单位说明建设工程勘察、设计意图,解释建设工程勘察、设计文件。建设工程勘察、设计单位工程勘察设计单位应当及时解决施工中出现的勘察、设计问题”。“未及时解决施工中出现的勘察、设计问题”属“较严重问题”类别。

“16号文”清单第2.4.5条,依据“《建设工程质量管理条例》(国务院令第279号,2019年

第714号修改)第二十四条”,对于“未参加质量事故分析,未按规定提出技术处理方案”,属“严重问题”类别。

此外,与勘察有关的,针对碾压式土石坝工程,“16号文”清单第5.1.47条至第5.1.51条,坝基防渗灌浆要求均有如下明确规定:

第5.1.47条,“未通过现场帷幕灌浆试验论证灌浆帷幕的技术可能性和经济合理性”属“较严重问题”。

第5.1.48条,“未对坝基范围内断层、破碎带、软弱夹层等地质构造进行处理”属“严重问题”。

第5.1.49条,“坝基帷幕深度不符合规范要理要求”低坝属“较严重问题”,中、高坝属“严重问题”。

第5.1.50条,“灌浆帷幕伸入两岸长度不符合规范要求”低坝属“较严重问题”,中、高坝属“严重问题”。

第5.1.51条,“坝基基岩灌后透水率不符合规范要求”属“较严重问题”。

“暂行办法”第八条,“重大设计变更是指工程建设过程中,对初步设计批复的有关建设任务和内容进行调整,导致工程任务、规模、工程等级及设计标准发生变化,工程总体布置方案、主要建筑物布置及结构形式、重要机电与金属结构设备、施工组织设计方案等发生重大变化,对工程质量、安全、工期、投资、效益、环境和运行管理等产生重大影响的设计变更。”

“暂行办法”第八条第五款,施工组织设计中“水库枢纽和水电站工程的混凝土骨料、土石坝填筑料、工程回填料料源发生重大变化”,也是中小型水利工程项目存在较多的“重大设计变更”问题。

对于施工建设过程中,出现确需进行设计变更的问题,应该知道或及时提议“项目法人应当对设计变更建议及理由进行评估,必要时,可以组织勘察设计单位、施工单位、监理单位及有关专家对设计变更建议进行技术、经济论证”。

“暂行办法”规定设计变更报告的主要内容包括:①工程概况;②设计变更的缘由、依据;③设计变更的项目和内容;④设计变更方案比选及设计;⑤设计变更对工程任务和规模、工程安全、工期、生态环境、工程投资、效益和运行等方面的影响分析;⑥变更方案工程量、投资以及与原初步设计方案变化对比;⑦结论及建议。此外,设计变更报告附件包括:①项目原初步设计批复文件;②设计变更方案勘察设计图纸、原设计方案相应图纸;③设计变更相关的试验资料、专题研究报告等。

“暂行办法”第十八条之特殊情况重大设计变更的处理,也是勘察设计单位需要掌握的,主要包括两方面:①对需要进行紧急抢险的工程设计变更,项目法人可先组织进行紧急抢险处理,同时通报项目主管部门,并按照本办法办理设计变更审批手续,且附相关的资料说明紧急抢险的情形;②若工程在施工过程中不能停工,或不继续施工会造成安全事故或重大质量事故的,经项目法人、勘察设计单位、监理单位同意并签字认可后即可施工,但项目法人应将情况在5个工作日内报告项目主管部门备案,同时按照本办法办理设计变更审批手续。

第五节　施工地质成果验证

一、施工地质各阶段资料清单

（一）施工地质日常原始资料清单

(1)施工地质日志。

(2)施工地质巡视卡、编录综合描述卡等。

(3)野外记录簿。

(4)主要影像资料(按照主要分部工程分类归纳整理)。

(5)工程大事记(主要工程节点、突发地质问题等)。

(6)业务联系单(工程变更地质说明,有条件的附剖面图及影像资料)。

(7)开挖展示图、建筑物开挖典型剖面图(米格纸草图)。

(8)各年度及各验收节点施工地质总结(已完成的和遗留问题)。

（二）工程施工各阶段(节点)完工后应提交资料清单

1. 工程(导)截流验收阶段

(1)导截流阶段施工地质报告(或说明书)。

(2)主要附图:①导流洞开挖地质编录展示图;②导流洞进、出口洞脸边坡地质编录展示图;③导流洞消能防冲段及出口段地质编录展示图;④导流洞闸井建基面地质编录展示图;⑤导流洞轴线工程地质剖面图;⑥围堰建基面施工地质编录展示图;⑦围堰工程地质开挖纵、横断面图;⑧其他已完成的单元(地基、围岩、坡面)地质编录展示图等。

2. 蓄水安全鉴定阶段

(1)蓄水安全鉴定工程地质自检报告。

(2)主要附图。①大坝趾板(或心墙)施工地质编录展示图;②大坝趾板(或心墙)开挖工程地质剖面图;③上游围堰心墙(或防渗墙)工程地质剖面图;④各类地下洞室开挖地质编录展示图;⑤主要建筑物边坡施工地质编录展示图;⑥泄水建筑物消能防冲段开挖施工地质编录展示图;⑦进水塔闸井建基面施工地质编录展示图;⑧各类洞室施工开挖工程地质剖面图;⑨泄洪洞龙抬头段或发电洞斜井段典型剖面、平切图(视具体情况提交);⑩发电厂房工程地质编录展示图;⑪发电厂房典型工程地质剖面图;⑫尾水建筑物施工地质编录展示图;⑬尾水建筑物工程地质剖面图。

3. 竣工验收阶段

(1)工程竣工地质报告。

(2)竣工地质报告主要附图(可引用蓄水鉴定已完成部分):①水库综合地质图(比例尺为1∶100 000～1∶5000);②重点滑坡及危岩体工程地质图及纵横剖面图;③大坝建基面(趾板或心墙)竣工工程地质图,或大坝建基面(趾板或心墙)竣工地质编录展示图;④大坝(趾板或心墙)轴线竣工地质剖面图;⑤坝块竣工工程地质纵、横剖面图;⑥防渗帷幕竣工工程地质剖面图;⑦其他建筑物竣工工程地质纵、横剖面图;⑧边坡工程地质图,或边坡地质编录展示图;⑨主要建筑物坡面展示图;⑩洞、井展示图;⑪洞室轴线工程地质剖面图;⑫洞室工程地质平切图;⑬地基、围岩、边坡处理图;⑭坝基软弱夹层(或层间剪切带)顶板等高线图。

其他视工程具体实际情况,需编制提供的图件:①上游围堰心墙(或防渗墙)轴线施工地质剖面图;②大坝坝基防渗墙轴线施工地质剖面图;③各类隧洞洞底基础编录展示图;④闸井基础施工地质编录展示图;⑤各类洞室轴线施工开挖典型地质剖面图;⑥发电厂房及尾水建筑物施工地质编录展示图;⑦发电厂房及施工开挖典型纵、横地质剖面图。

二、施工地质工作总结

施工地质工作既是对前期工程地质勘察成果的检验,同时也是前期工程地质勘察工作的延续。在施工地质工作过程中,每一个单元工程、分部工程或单位工程结束后,应根据前期勘察及后期施工开挖的变化情况,进行资料分析汇总和施工地质总结,同时验证前期勘察资料的得与失,为后来的竣工验收积累资料。在总结过程中,及时发现施工存在的地质问题,为今后类似的地质勘察和勘探工作布置积累更多的经验。其地质总结内容包括分部工程概况、工程地质水文地质条件、勘察阶段基本结论、施工开挖与勘察资料对比情况、存在主要工程地质问题、处理措施、注意事项及结论建议等。

总之,施工地质总结应坚持问题导向,要求现场地质人员根据施工开挖的具体情况有针对性地对地质问题进行查漏补缺,通过施工地质阶段的复核验证,对前期勘察成果有新理解和认识,通过实践认识再实践的循环过程,将更有利于提高勘察工作专业技术水平。

第四章　施工地质现场工作指南

第一节　工程建设中施工地质工作要点

一、施工地质各阶段工作概述

山区水利水电工程工程验收包括法人验收和政府验收两部分。法人验收包括分部工程验收、单位工程验收、水电站（泵站）机组启动验收、合同工程完工验收等；政府验收包括阶段验收、专项验收、竣工验收等。

（一）导（截）流阶段施工地质

该阶段是水库项目施工初期，大坝等施工尚未展开，施工地质工作较为单一，重点是导流洞进出口洞脸边坡、洞室开挖的地质编录，根据前期勘察资料，结合现场开挖实际，对洞室围岩类别予以复核，对隧洞施工受地下水影响予以复核，对开挖边坡可能存在的稳定性进行复核，对设计支护方案与地质条件的合理性予以复核，对施工安全及构筑物质量进行预判分析，提供地质依据及可行的处理措施。

在截流堤合拢后进行上游围堰的施工，因此，在截流前应熟悉围堰坝线的工程地质条件，了解围堰坝型以及所准备的天然建筑材料是否与勘察相符，了解围堰布置方案，在截流后围堰坝基施工开挖，按照相关要求进行（围堰）坝肩、坝坡和坝基的巡视，编录，测绘，地质预报以及分析评价，对围堰坝基开挖发现的地质隐患，应及时编发业务联系单，并提出相应的处理措施。

导（截）流工程施工完成后，及时整理出该单元工程施工地质开挖图件（纵、横剖面图）及导（截）流验收阶段施工地质报告（说明）。

（二）坝基与岸坡施工地质

（1）拦河大坝作为挡水建筑物，是水利枢纽中建筑物级别最高和最重要的永久性水工建筑物之一，坝基开挖是大坝施工的关键，是水库建筑物中隐蔽工程面积规模最大和最重要的一部分。

根据坝址区地层岩性差异、坝型与坝基处理方式的不同，施工地质工作的侧重点也有所不同。对于土石坝类的心墙基础或趾板基础，当河床覆盖层埋深浅时一般予以清除，并开挖至弱风化层中，施工地质人员应对建基面进行认真全面的地质编录，熟悉坝基基础补强处理方案及防渗处理方案，遇到局部地质条件发生变化段或突发的涌水等影响，应及时按照流程推动处理方案的优化或补强。对于深厚覆盖层，应复核坝基覆盖层颗粒组成、密实程度、承载力等工程特性是否与前期勘察成果相符，防渗墙入岩深度是否满足设计要求。

坝壳清基工作应严格按照施工图进行施工，当开挖清理到设计要求时，应及时进行地质编录工作。当建基面存在不良地质问题(如断层、软弱夹层，以及坑、井、洞穴等)，应提出地质建议。

施工地质人员应根据现场取样，随时掌握下部基岩风化程度、断层、裂隙分布及岩石完整性等特征，提出地质建议。

水工建筑物岩石地基开挖工程施工质量检验流程如图 4-1 所示。

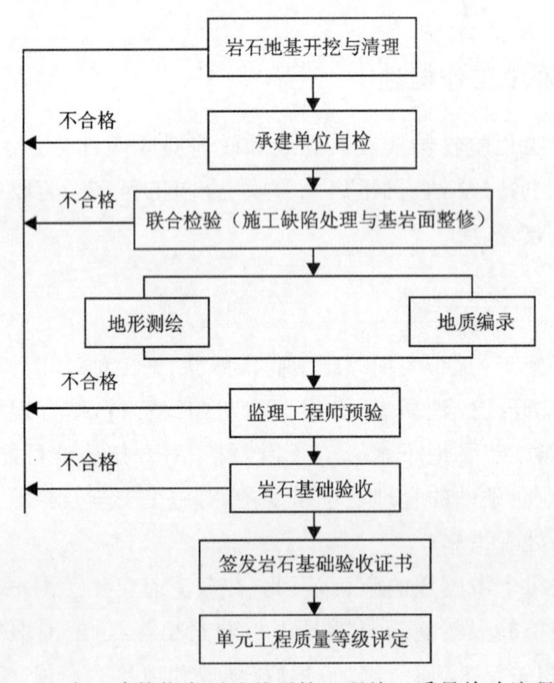

图 4-1　水工建筑物岩石地基开挖工程施工质量检验流程图

(2)岸坡施工地质工作应在施工单位对岸坡进行开挖清理后，进行施工地质巡视、测绘和编录，对发现的松散坡积物、断层破碎带、勘探或其他人为或自然形成的坑孔、洞穴等提出处理建议；对坝体轮廓线以外影响施工和建筑物安全的不良地质体提出处理措施建议。

(三)其他建筑物施工地质

施工地质人员应熟悉建筑物结构形式、开挖方案、支护处理措施。

根据前期勘察成果，结合洞室、边坡和地面建筑物开挖情况，对建筑物工程地质条件及主要存在的工程地质问题予以复核，并开展施工地质编录工作。

1. 地下开挖工程

地下开挖工程主要有隧洞、地下厂房、调压井、水下岩塞等。施工地质应复核洞室围岩类别与勘察结果,发现问题及时进行预判和预报。其他如泄洪冲沙洞的引水渠、龙抬头和消力池也是施工地质编录的重点,其中龙抬头段是洞室地质编录的难点。如果是地下厂房还存在大跨度(断面)洞室开挖,涉及围岩稳定性问题,施工地质编录工作应及时跟进。

地下开挖开挖期间施工地质工作,是随着施工开挖过程的巡视检查进行地质编录,检验前期地质勘察资料;进行必要的测试;预测可能出现的地质问题;复核修正洞室工程地质分段或围岩工程地质分类,参加研究围岩支护处理方案。

开挖断面完成后,进行围岩工程地质测绘(素描展示图),全面收集围岩最终资料,按照影响洞室稳定性的各类不利因素(5 种),核定围岩工程地质分类及其物理力学性质参数;编写围岩工程地质说明书;参加围岩验收。

巡视及测绘过程,如发现不利因素或围岩类别明显变化,应及时做出地质预报,编发业务联系单,使支护措施与围岩客观实际情况相适应。

2. 地面建筑物

发电引水系统岔管段、发电厂房和尾水建筑物是地质编录工作的重点,可能存在深基坑开挖、岩质边坡稳定性和排水问题,应及时掌握现场工程地质条件,出现地质问题及时提出处理方案和措施。

进水岸塔式或竖井式为闸井常见形式,对其边坡稳定性和基底承载力及变形模量要求较高,岩石应尽可能完整,一旦开挖出现不良地质现象,应及时提出解决处理方案。

地面建筑物开挖期任务是,施工地质巡视、编录和收集开挖揭露地质情况,修正地基岩土体工程地质分类;观测和预报地基岩(土)体的变化趋势,提出优化地基处理收集的意见。

建基面形成后,测绘建基面工程地质图;最终复核鉴定工程地质条件;编写地基地质说明书;参加地质验收。

应关注可能影响建筑物地基稳定性的问题,如断层破碎带、节理密集带的地质构造发育情况、地层岩性承载力复核和地下水不良影响等。严格控制可能产生引发地基基础不均匀沉降和变形的各种因素,应考虑蓄水运行工况下,因环境影响而诱发的不良地质问题等。

3. 工程边坡

由于水利水电工程的兴建而使自然形态改变的边坡,承受工程荷载的边坡,以及可能对水工建筑物、居民区、工业和交通设施等的安全有影响而进行工程处理的边坡,都属于工程边坡。

溢洪道的引水渠、控制段和消力池等开挖边坡稳定问题突出,应随着施工开挖及时巡视并做好地质编录及地质预测预报工作,提出施工期地质建议。

进水岸塔式或竖井式为闸井常见形式,对其边坡稳定性和基底承载力及变形模量要求较高,岩石应尽可能完整,一旦开挖出现不良地质现象,应及时提出解决处理方案。

边坡工程多数与建筑物地基开挖紧密联系,一般由上而下分级开挖,施工地质编录和测绘也自上而下进行,地质测绘一般在喷混凝土前完成。

编录内容应包括地质构造、岩溶、水文地质、老滑坡复活情况、工程影响、处理措施等。

应关注可能影响边坡稳定性的问题，如复核地层岩性变化、断层破碎带、节理密集带的地质构造发育情况及地下水不良影响等，还应该考虑蓄水运行工况下，因环境影响而诱发的不良地质问题等。

（四）灌浆等防渗体系施工地质

灌浆是水工建筑物工程处理方案中常用的方法，分为固结、帷幕、充填、接触灌浆，各种灌浆方案施工地质人员应熟悉。

洞室防渗体系施工是隐蔽工程中的重要一环。不同的洞室衬砌后需要进行充填灌浆、固结灌浆和接触灌浆（针对钢管衬砌）。对于洞室开挖过程中存在有边墙滑落或洞顶塌方的洞段，需要重点提示和关注。施工完工后，尽可能与检测部门沟通配合，了解处理情况和做好相关记录等。

对于大坝基础或趾板基础的固结灌浆与帷幕灌浆，施工过程中，根据坝基或趾板隐蔽前所进行的地质编录，结合灌浆试验或灌浆过程的基本资料数据，合理布设固结灌浆及帷幕灌浆检查孔。编录描述取芯检查孔，分析灌浆前后基岩的变化情况和定性评价灌浆质量。收集施工后检测资料，以便更好地了解和控制灌浆质量。

（五）各类验收施工地质工作

按照工程施工流程，单元工程验收是施工现场最基本的隐蔽工程验收。

施工地质面对最多的巡视、验收和评价工作是各个分部工程所划分的单元工程，由于分部工程包含的单元工程数量较多，因此应注意合并和归纳各个验收单元的主要工程地质问题。在分部工程验收前，应对现场编录的资料进行系统归纳、整理和完善，编制分部工程施工地质报告（或说明）。

分部工程验收施工地质报告附件，应绘制完整的地质编录展示图和施工开挖工程地质剖面图（或地质纵、横断面图）。

单位工程施工地质工作，是在各分部工程资料完成的基础上，进一步归纳、整理，编制完成该单位工程所需的施工地质报告或说明（及附图）。

其他阶段性验收和重要节点验收将在下文分述。

（六）水库下闸蓄水阶段验收

该阶段验收的启动，意味着整个枢纽工程的挡水建筑物、泄水建筑物主要分部工程和单位工程已经完工，形象面貌达到满足蓄水的设计要求，该阶段对于施工地质工作来说也是一个重要的阶段，在验收前应该对所有已完工的分部工程和单位工程进行全面系统的总结和归纳，编制出主要挡水建筑物、泄水建筑物施工地质开挖编录图，对各类洞室、边坡和主要建筑物基础的工程地质条件进行评价。

施工地质在已完成的单位工程施工地质说明及附图的基础上，编制蓄水安全鉴定工程地质自检报告及附图。

导流洞封堵堵头一般在下闸蓄水后需要尽快实施完成。该阶段应该仔细复核分析封堵段洞室围岩和洞底的工程地质条件，为设计提供地质依据。

大坝和水库渗流观测是蓄水后重要的监测设施，地质人员应该根据地质勘察成果结合施工地质实际提出更加完善的监测方案建议。

（七）水电站（泵站）机组启动及部分工程投入使用等阶段验收

该阶段施工地质工作主要任务是，整理、汇总前期完成的发电系统（发电洞、岔管和发电厂房）及尾水建筑物开挖编录资料及库区调查资料，编制水电站机组启动阶段的地质说明（及附图）。

对单位工程资料进行系统整理和综合分析，着重说明可能存在的遗留问题及与地质有关的意见和建议，有待竣工验收之前予以解决。

（八）竣工验收

该阶段在工程建设项目全部完工，蓄水至正常蓄水位，并完成末台机组发电验收，河道疏浚，经过一定时期（通常至少经过一个汛期）安全运行后，建设单位择机进行竣工验收，其包括竣工验收自查、竣工技术预验收（部分特殊重要项目有该环节）和竣工验收3个步骤。

施工地质专业的竣工验收自查，主要是对蓄水鉴定自检报告进行完善和补充，增加蓄水安全鉴定阶段时尚未完成的部分项目的地质编录资料。

竣工技术预验收阶段，主要是针对部分特殊及重要项目，业主根据需要可设此环节，但对于施工地质来说，一般可直接编制完成竣工验收阶段的地质报告。

竣工验收是对涉及该工程项目的所有施工地质资料进行全面汇总分析和评价，编制工程竣工工程地质报告，该报告将作为工程竣工资料的主要组成部分。

二、施工期生产性试验应把握的重点

1. 料场类试验

施工期间，对于天然建筑材料料场，施工地质人员主要工作如下：

（1）应参与验证产地材料的质量（尤其是剥离层厚度变化、人工料质量、灰岩料场的岩溶洞穴与充填情况）、数量和开采条件。当施工单位和建设单位提出料场复查要求时，应提出专门性补充勘察任务。

（2）施工地质人员应参与或配合施工部门进行现场专门性试验，并收集下列有关资料：①石料产地开采爆破试验；②块石粉碎试验；③天然砂、砾石料开采，冲洗和筛分试验；④土料开采、抛投、充填、填筑和碾压试验；⑤混凝土骨料试验等。施工地质随试验工作进展，收集各类有关试验资料，并汇编成册。

块石料需进行爆破试验、碾压试验，施工地质人员应收集爆破试验及碾压试验报告，并对设计控制指标进行地质专业的复核。

爆破试验一般在前期勘察的堆石料（或块石料场）山体上进行，施工地质配合施工单位复核块石料质量和储量。施工单位通过调整爆破孔孔径、炮眼间距、炮眼深度、装填药量、封堵长度，以及布孔和起爆类型、炮孔密集系数等装药结构和起爆技术，使爆破料达到大坝设计填筑料的级配控制指标（或称包络线），最终确定合适的爆破参数。

碾压试验是施工地质需要配合参与的专门性现场试验之一，施工单位按照设计控制指标（堆石料为孔隙率，砂砾石料为相对密度，土料为压实度），通过现场试验获得填筑料的铺料厚度、碾压遍数、设备吨位、激振力和行走速度等，最终获取满足设计的碾压试验参数并作为大坝填筑碾压的依据。

2. 岩(土)体防渗工程类试验

岩（土）体防渗工程是水利水电工程的重要环节，主要包括防渗墙、防渗帷幕、防渗铺盖等；排水工程主要包括坝基排水、洞室围岩排水、边坡排水、减压井等。施工地质根据前期勘察，结合现场开挖、试验等工程地质条件，提出对岩（土）体防渗方面的地质预报和建议，配合参建单位验证试验结果是否满足设计预期。

固结灌浆、帷幕灌浆是水库针对坝基加固和防渗所采取的常用的处理措施。以下主要介绍施工地质在灌浆试验中的任务：

(1)固结灌浆是加固坝基的一种常用工程措施，利用浆液灌入岩体裂隙或破碎带，以提高岩体的整体性和抗变形能力为主要目的的灌浆工程。它是用适当的压力将水泥浆液或其他化学材料灌注到地质缺陷部位，如断层破碎带、软弱夹层、深风化槽、裂隙密集带、卸荷带中，待浆液固化后，增加岩体强度，提高岩体弹性模量，减少坝基沉陷。施工单位通过灌浆生产性试验，确定设计控制灌浆指标，提交灌浆试验报告。灌浆完成后委托检测单位进行质量检测，施工地质人员应及时收集灌浆试验报告和质量检测报告，从施工地质验收评价角度分析试验检测资料，复核前期勘察资料，评价固结灌浆处理后，坝基抗滑稳定性及变形是否满足设计要求达到的物理力学参数指标；参见本章第三节第五部分。

(2)帷幕灌浆则是水库大坝垂直防渗中常见的一种处理形式，采用水泥或其他合成浆液灌入岩体或土层的裂隙、孔隙，形成连续的阻水幕，以减少渗流量和降低渗透压力的灌浆工程。

施工单位通过灌浆生产性试验，委托检测单位进行质量检测，提交灌浆试验报告。施工地质人员应及时收集灌浆试验报告和质量检测报告，从施工地质验收评价角度分析试验检测资料，复核前期勘察资料，评价固结灌浆处理后，坝基抗滑稳定性及变形是否满足设计要求达到的物理力学参数指标；评价帷幕灌浆后，坝基抗渗漏与渗透稳定性是否满足大坝坝基防渗的设计要求。

三、现场施工开挖文件的验批

在水利水电工程施工建设的现场开挖过程中，完成设计标高开挖后，需要由业主、质监站、设计、监理和施工单位，共同对边坡、基坑、洞室等进行现场联合验收，施工地质人员应复核开挖面地质条件与原勘察报告和设计文件是否一致。如果没有异议，可以在表格文件的“地质勘察单位意见”一栏签署意见，同意进行下道工序（混凝土浇筑等）的施工；如果存在局部差异，且不至于影响后期工程质量时，可以提出处理措施建议。出现与勘察资料不相符合现象时，分3种情况：一是地基条件优于原勘察结论，可以建议设计进行优化调整或同意进行下一环节施工；二是出现特殊性岩土和不良地质现象时，需要重新编制基础处理方案；三是当与原勘察严重不符时，应查明原因，进行相应的设计变更。

第二节　各类建筑物的施工地质工作

一、地面建筑物

地面建筑物包括坝基、厂房、溢洪道、各类明渠及组成枢纽的各类建筑物所开挖建基面。首先结合实际开挖工况对开挖形成的临时、永久边坡稳定性进行复核，提出临时支护措施建议，各建基面开挖至设计标高后进行地质编录（包括文字描述、绘制展示图、摄影、摄像等）后，由业主、监理、设计单位及施工单位等组织现场联合验收。

（一）现场工作注意事项

（1）监理、施工单位根据测量资料，确认开挖标高、尺寸、坐标等。

（2）根据测量资料（坐标、桩号、标高）开展地质编录，进行文字描述、摄影、摄像，绘制开挖展示图。

（3）给出地质确认结论意见。如有问题，提出处理意见，进行复核确认，没有问题则可签字验收。

（4）每次验收评价情况应在当天施工地质日志上清楚反映。

（5）对开挖出现的不良地质现象，应在编录时详细记载。如断层破碎带、节理密集带，泥化夹层，基岩裂隙水，开挖面的异常反坡陡坎，以及以往勘察阶段的坑槽、钻孔、勘探洞穴等。

（6）施工地质人员应熟悉建筑物结构形式、开挖方案、支护处理措施、施工周期，如北方地区跨年度施工，面临冰雪融水的影响或遇水软化地层，如不能及时进行底板浇筑，应建议施工单位预留保护层。

（7）为保障施工期安全，设计针对开挖边坡稳定制定了临时支护措施，施工地质人员现场应加强巡视及地质预测预报，遇施工单位不及时开展临时支护措施等情况，应以业务联系单等形式通报参建各方。

特别需要指出，对于周期较长的开挖揭露工作，应及时将每次验收编录素描图，在CAD图纸上反映到相应平面图坐标范围内，需要施工单位每次提供验收区块的范围坐标，逐次拼接直至完成整个单元。

对地质巡视卡、地质编录应及时校核整理，装订成册，以便保存和查阅。

（二）各类基础面的开挖偏差的规定

对节理裂隙不发育、较发育、发育和坚硬、中等坚硬的岩体应符合以下规定：

（1）水平建基面高程的开挖偏差，不应大于±20cm。

（2）设计边坡轮廓面的开挖偏差，在一次钻孔（炮眼）深度条件下开挖时，不应大于其开挖高度的±2%;在分台阶开挖时,其最下部一个台阶坡脚位置的偏差以及整体边坡的平均坡度,均应符合设计要求。

对于断层和节理裂隙等很发育的部位,或者破碎岩体和软弱的岩体等不良地质现象发育地段的岩体,开挖偏差均较难控制。在坑、槽部位和有特殊要求的部位,一般尺寸较小,或形状较特殊,开挖难度较大,开挖偏差也较难控制,某些部位还有可能不允许超(或欠)挖;水下开挖比陆地困难,开挖偏差不易掌握。对上述情况基础面的开挖偏差,一般按设计要求控制,合理的超挖或欠挖宜协助参建单位做好地质确认工作。

(三)基础开挖验收的要求

1. 建筑物地基的报验要求

(1)岩石地基建基面,应总体平整,无陡坎或反坡,无碎石、残坡积等覆盖物,无松动岩块、无洞穴及孔洞,建基面冲洗干净,无积水,无泥质或油污等;其他参见本手册对岩石基础处理的要求。

(2)粗粒土建基面,应平整密实,无架空结构,无不良夹层,无凸出孤石。

(3)细粒土建基面,平整,土质均匀,无不良夹层,含水量均匀,软硬一致,无浸润湿软部位。

2. 验收基本程序

(1)建筑物地基开挖后,施工单位必须及时对地基进行检查(自检)和处理。

(2)施工单位对地基检查(自检)处理后,验收小组必须及时初检,验收小组的初检,可由小组所属的工作人员来进行,如发现有不符合质量要求的部位,施工单位必须继续处理。

(3)对于重要工程基础岩体质量检查,宜采用波速检测方法检测。

(四)岩石基础处理应符合下述要求

(1)基础面如有欠挖,应处理到符合本手册对各类基础面的开挖偏差的规定。

(2)由于反坡对水工建筑物的安全稳定不利,因此基础面如有反坡(设计规定者除外),应处理成顺坡。

(3)尖角易使水工结构产生应力集中,基础面的陡坎顶部如呈尖角,应处理成钝角或弧形状,若确实不易处理,则应采取结构措施,如采用修改水工结构尺寸或增强结构受力部位(如配筋、加大混凝土标号)等办法。

(4)基础面上的泥土、破碎岩石和松动岩块,以及不符合质量要求的岩体,必须清除或处理。

(5)基础面如发现新的不良地质因素(地质缺陷)以及前期地质勘探或试验中遗留的钻孔、平洞、竖井等,均应处理到设计重新提出的质量要求的高程或深度。对于断层破碎带,视具体情况设置混凝土塞,可参照本手册对破碎带与软弱夹层等地质缺陷的处理。

(6)在外界环境(主要包括空气和水)作用下极易风化、软化和冻裂的软弱面,若其上部的水工建筑物暂不能施工覆盖，应按设计要求进行处理或防护，如采用喷浆覆盖，或在基础面上预留一定厚度岩体，待上部水工建筑物施工前夕再行开挖等办法。

(7)其他某些特殊部位，按有关设计、地质等规范(或规程)的规定提出相应处理措施。

(8)地基验收，施工单位应提供开挖地形图。

(五)破碎带与软弱夹层等地质缺陷的处理

对坝基可能存在的断层破碎带等地质缺陷，处理的核心问题可归结为补强和防渗。处理方法包括开挖回填、混凝土塞、混凝土拱、钢筋混凝土垫层、防渗井、固结灌浆、大直径钢筋混凝土桩、混凝土深齿墙、锚固及封闭等。可根据不同工况选取适宜可行并具备可操作性的方法。现主要介绍一般工程最常用的方法——混凝土塞。

混凝土塞是将断层开挖一定深度的倒梯形槽，清除软弱破碎的构造岩，其作用是使坝体荷载通过混凝土塞传递到断层两侧较完整新鲜的基岩上，一般小于 2m 断层开挖深度为 1～1.5 倍破碎带宽度(b)；对于大于 2m 断层破碎带可参照美国垦务局的经验公式：

当坝高 $H>150$ 英尺(约 50m)时，开挖深度 $h=0.002bH+5$

当坝高 $H<150$ 英尺(约 50m)时，开挖深度 $h=0.3bH+5$

或　　$h=0.0067bH+1.5$

式中：b、H 单位均为米(m)(该公式曾在三峡工程应用)。

混凝土塞的长度一般向上、下游延伸 1～2 倍开挖深度。此外，对于混凝土塞处理以外部分破碎带应做适当开挖并铺设砂砾石过渡料，以防止渗流作用对断层破碎带产生的渗透破坏。其他可参照本手册第二章第六节第三部分关于对断层破碎带的处理。

(六)不同类别和结构面类型的岩体物理力学参数取值

施工地质阶段由于开挖后地质条件可能变化，而产生的部分设计变更，对于中小型水利水电工程，在不具备补勘试验条件时，可根据经验值提供地质参数。

岩质地基浅部岩体质量宜采用弹性波测试等简易快速方法。对建筑物稳定有严重影响的软弱层带、构造岩、岩脉、蚀变带、风化岩体等，应根据具体情况进行复核性力学试验。应注意岩土标本的采集，留待存档备查。

施工期间遇到下列情况需查明和核定的，施工地质人员应提出专项勘察建议：

(1)局部洞段存在地基变形、抗滑稳定、渗透变形等问题，需要核定其边界条件的稳定性。

(2)与建筑物关系密切的岩溶洞穴需进一步查明。

(3)可利用岩(土)体顶面的埋藏深度及形态发生较大变化需要重新核定。

(4)对坝基、坝肩、渠道等的防渗处理范围需要重新核定。

(5)地基处理方案需要重新核定。

(6)施工期新出现的环境问题需要查明。

在对岩质地基地面建筑物巡视编录中，注意描述断层、断层破碎带、层间剪切带、节理裂隙或裂隙密集带，特别是缓倾角结构面的位置、产状、宽度、延伸情况、现状、交会和切割情况等特征；关注施工缺陷，如爆破影响松动带、炮窝的位置与范围；关注岩基中的风化带、卸荷带、软弱岩层、夹层、断层破碎带、层间剪切带、节理裂隙密集带、蚀变带及岩溶洞穴等不良地基的处理情况。

（七）地质编录成图

同岩质水平建基面进行地质编录、地质测绘，建基面分块工程地质平面图或工程地质平面图图幅，比例尺一般采用1∶500～1∶50。测绘成图方法主要有皮尺量测法、RTK法和全站仪测量法。每种方法都是对施工揭露的各种地质现象进行“数字化”处理，即将实际线条形态或边界分解成控制测点形式，分别量测距离或测绘上图并现场连线，或者测量三维坐标数据，并与编录内容对应。临时工程一般采用皮尺量测法；永久工程多采用RTK法、全站仪测量法或者皮尺量测法和全站仪测量法相结合。

地面建筑物编录展示图应符合《水利水电工程制图标准　勘测图》（SL 73.3—2013）相关规定，比例尺一般采用1∶50～1∶200，编录展示图应反映如下内容：

（1）编录部位、高程、桩号或坐标在图上标明。

（2）地下开挖工程的井洞轮廓线应按比例在图上绘制。

（3）工程边坡相邻的地形地貌、边坡坡向、坡度、高度、马道高程及宽度等在图上注明。

（4）岩性界线、地层岩性、风化及卸荷分带、岩体结构类型、岩体质量分级等应在图上用不同的符号、代号标明。

（5）断层破碎带、层间剪切带、节理或裂隙密集带的位置、产状和编号应在图上用不同的符号、代号标明。

（6）生物洞穴、人工洞穴、岩溶洞穴和溶蚀裂隙的位置、形态、连通性、充填物质组成、密实程度和节理裂隙充填情况等应在图上标明。

（7）地下水出水点和地表水入渗点的位置、流量、水温、水质等应在图上标明；土质地基尚应标明管涌、流土、流沙等现象的位置和范围。

（8）残留的勘探孔（洞）、裂隙统计点、取样点、现场试验点、摄影点和重要的物探检测孔应分别用不同的符号标明。

（9）锚固和固结灌浆、施工缺陷、地基置换或其他处理措施的位置及范围应在建基面施工地质编录图上注明。

（10）岩质建基面建基岩体抬动、回弹、隆起、塌落、异常变形等时间、位置、范围、形态等应在图上注明。

（11）边坡及地基土的回弹、塌落、膨胀等异常变形现象的位置、规模、原因等应在图上注明。

（12）不利块体的位置及形态、围岩重点处理的部位，以及围岩变形、岩爆、片帮、坍塌的位置和范围应在地下开挖工程施工地质编录图上注明。

（13）边坡变形的位置、几何边界、爆破松动范围、边坡稳定程度工程地质分区应在工程边坡最终开挖面的施工地质编录图上标明。

（14）开挖、减载、喷锚、支挡、灌浆、截水、排水、植被保护等处理措施应在工程边坡最终开挖面的施工地质编录图上标明。

（15）土质地基及边坡编录图，应注明对地基边坡稳定性有影响的淤泥、软土、膨胀土、黄土、粉细砂等特殊土的性质、分布等状况及砾卵石的架空现象。

二、地下开挖工程

地下开挖工程一般包括不同断面规格、尺寸和跨度的地下厂房、隧洞、斜井、竖井等。

施工开挖期间，现场编录环境要求除了与前文地面建筑物类似部分外，还需要施工单位配合加强洞室内照明和通风，做好洞内排险、清渣、排水及开挖桩号的标识等辅助工作，为地质编录创造必要条件。对于前期勘察未发现的、影响围岩稳定性的地质问题，及时进行地质预报，调整围岩类别，以书面业务联系单形式，从地质角度提出处理建议。

（一）地下开挖工程施工地质编录

1. 平洞、竖井、探坑、探槽展示图的编制规定

（1）平洞、竖井与探槽展示图应包括展示图、地质描述和原位测试成果三部分内容。

（2）平洞展示图宜采用压顶法绘制，以洞顶为基准两壁掀起俯视展开格式。若地质条件复杂，可加绘底板。左壁、右壁应以进洞方向确定，图面布置时顶板宜居中，左壁在上，右壁在下，最终掌子面的展示图宜绘制在顶板展示图的右端，多个掌子面时可分别附于相应洞深的上（下）位置。洞深以洞口洞顶中心线为准，当平洞改变方向时，应注明转折方向。明挖部分应进行描绘，掌子面素描图可根据地质情况选绘。

（3）竖井展示图宜四壁平列展开，并注明井壁方向。圆井展示图应从正北开始，以 90°等分线剖开后，取相邻两壁平列展开方法绘制，井深计算以井口某一壁固定桩为准。斜井或斜洞展视图可参照上述展视方法，并注明其斜度。洞井展视图应标明坐标与高程并有分段的地质说明。

2. 地下开挖现场编录施工地质展示图内容

（1）平洞、竖井展示图基本信息包括所处的位置、坐标、高程、方向和深度、形状和大小等，斜井（洞）应注明其斜度，按比例尺绘制其形状和大小等。

（2）图中应包括岩性界线、地层产状、断层裂隙出露位置及产状、风化及卸荷分带界线、地下水露头、岩溶洞穴、原位测试及取样点等。

（3）展示图应进行工程地质分段，并作相应的地质说明。

3. 编录注意事项

（1）确认排险，保证照明，仔细观察，安全第一，不宜久留。

（2）出现塌方事故应及时与施工、监理和设计人员到场进行查看分析，找出事故原因，制定支护处理方案与对策。

（3）围岩突水、涌水或突泥的地质预判也极为重要，制定合理的排水措施建议，以及预测地下水对围岩可能带来的不良后果等。

(4)大型隧洞局部地质条件较差洞段,因围岩稳定性差,施工及时喷护覆盖或拱架临时支护,需要寻找“窗口”安全因素考虑事项等。

(5)对于施工隧洞地质编录,存在诸多的干扰和局限,无法完全采用勘探平洞的地质描述方法,其更侧重于对洞室围岩稳定性的宏观把握和决断。此外,对于采用 TBM 等开凿新技术的地下洞室,往往需要采用特殊的地质编录方法。

(6)大断面(洞径)隧洞,由于施工条件的特殊性,很大程度限制现场编录工作,如果参照编录勘探平洞展示图的方法,则难以操作实施。应在充分了解洞室地质资料的基础上,力争在每个施工循环结束排险后及时编录描述掌子面和拱顶围岩的主要地质特征,并与原勘察资料分析对比,重点查清延伸长度大于开挖洞径或 5m 以上长度的结构面走向、性质特征及对围岩的影响等问题。结构面分类编录准则、结构面延续性和张开度分级编录标准如表 4-1～表 4-3 所示。

表 4-1　结构面的分类编录准则

结构面分类		编录准则
构造结构面	节理	根据结构面分级有选择地编录其空间位置及特性要素
	断层	详细编录其空间位置及特性要素
	劈理	记录其特性要素,可不绘制其空间位置
原生结构面	沉积	图纸需编录原生软弱夹层,记录其空间分布特征
	火成	编录接触破碎带,记录接触带性状特征
	变质	如泥化构成软弱结构面,记录其特性要素及空间位置
次生结构面	风化	可不进行空间位置编录,记录其性状特征
	卸荷	详细编录其空间位置及特性要素
	次生夹泥	详细编录其空间位置及特性要素

表 4-2　结构面延续性分级编录标准

描述	延伸长度(m)	标准	备注
延续性很差的	<1	不编录	视围岩等级及结构面组合而定
延续性差的	1～3	可编录	
中等延续性的	3～10	应编录	
延续性好的	10～30	应编录	
延续性很好的	≥30	应编录	

表 4-3　结构面张开度编录标准

描述		张开度(mm)	标准	备注
闭合结构面	很紧密的	<0.1	不编录	
	紧密的	0.1～0.25	不编录	
	不紧密的	0.25～0.5	可编录	视具体情况而定
裂开结构面	窄的	0.5～2.5	应编录	
	较宽的	2.5～10		
	宽的	≥10		
张开结构面	很宽的	10～100		
	极宽的	100～1000		
	洞穴式的	≥1000		

地下开挖工程地质编录资料过程中，参照表 4-4～表 4-6，根据结构面渗流、块体大小、节理裂隙组数进行分级，对照初步设计勘察资料，对开挖洞室围岩类别进行复判，填制围岩类别施工地质复核评定(表 4-7)。

表 4-4　结构面渗流分级标准

地下水活动状态	干燥	渗水	滴水	流水	涌水
水量 Q［L(min·10m)洞长］		<10	10～25	25～125	≥125
压力水头			<10	10～100	≥100

表 4-5　按照 J_v 描述块体大小

J_v(条/m^3)	<1	1～3	3～10	10～30	≥30
描述	很大块体	大块体	中块体	小块体	很小块体

表 4-6　节理组数分级标准

节理发育等级	节理组数	间距	延伸长度	张开度	充填
不发育	1～2 组规则节理	1 组间距多大于 1m，2 组间距多大于 2m	<3m	闭合	无充填
较发育	由 2 组或 3 组规则节理和少数不规则节理	1 组间距多为 0.6～1m，2～3 组间距多为 1～2m	<10m	多闭合	无充填或有方解石、长英质细脉充填
发育	规则节理多于 3 组，较多不规则节理	1～2 组间距为 0.2～0.4m，3 组以上为 0.4～0.6m	延伸长、短不均，多数延伸长度>10m	风化层内多张开	风化层内多夹泥
很发育	规则节理多于 3 组，并有很多不规则节理	<0.2	存在延伸长>30m 结构面	多张开	夹泥及岩屑

表 4-7　地下洞室围岩类别施工地质复核判定表

<table>
<tr><td>日期</td><td colspan="2"></td><td colspan="2">天气</td><td colspan="2"></td><td colspan="2">记录人</td><td colspan="2"></td></tr>
<tr><td>工程部位</td><td colspan="6"></td><td colspan="2">结构面编号</td><td colspan="2"></td></tr>
<tr><td>地层岩性</td><td colspan="2"></td><td colspan="2">坚硬程度</td><td colspan="2"></td><td colspan="2">建筑物形式（洞径）</td><td colspan="2"></td></tr>
<tr><td rowspan="23">要素</td><td rowspan="4">结构面产状</td><td></td><td colspan="3">走向</td><td colspan="2">倾向</td><td colspan="3">倾角</td></tr>
<tr><td>第 1 组</td><td colspan="3"></td><td colspan="2"></td><td colspan="3"></td></tr>
<tr><td>第 2 组</td><td colspan="3"></td><td colspan="2"></td><td colspan="3"></td></tr>
<tr><td>第 3 组</td><td colspan="3"></td><td colspan="2"></td><td colspan="3"></td></tr>
<tr><td rowspan="3">间距(mm)</td><td>＜20</td><td>20～60</td><td>60～200</td><td>200～600</td><td>600～2000</td><td colspan="2">2000～6000</td><td colspan="2">≥6000</td></tr>
<tr><td>极窄的</td><td>很窄的</td><td>窄的</td><td>中等的</td><td>宽的</td><td colspan="2">很宽的</td><td colspan="2">极宽的</td></tr>
<tr><td></td><td></td><td></td><td></td><td></td><td colspan="2"></td><td colspan="2"></td></tr>
<tr><td rowspan="3">（延伸长度）延续性</td><td colspan="2">＜1</td><td colspan="2">1～3</td><td colspan="2">3～10</td><td colspan="2">10～30</td><td>≥30</td></tr>
<tr><td colspan="2">很差</td><td colspan="2">差</td><td colspan="2">中等</td><td colspan="2">好</td><td>很好</td></tr>
<tr><td colspan="2"></td><td colspan="2"></td><td colspan="2"></td><td colspan="2"></td><td></td></tr>
<tr><td rowspan="3">地下水渗流水量[L/(min·10m)洞长]</td><td colspan="2">干燥</td><td colspan="2">渗水</td><td colspan="2">滴水</td><td colspan="2">流水</td><td>涌水</td></tr>
<tr><td colspan="2"></td><td colspan="2">＜10</td><td colspan="2">10～25</td><td colspan="2">25～125</td><td>≥125</td></tr>
<tr><td colspan="2"></td><td colspan="2"></td><td colspan="2"></td><td colspan="2"></td><td></td></tr>
<tr><td rowspan="3">粗糙度</td><td colspan="3">台阶型</td><td colspan="3">波浪型</td><td colspan="3">平面型</td></tr>
<tr><td>粗糙</td><td>平坦</td><td>光滑</td><td>粗糙</td><td>平坦</td><td>光滑</td><td>粗糙</td><td>平坦</td><td>光滑</td></tr>
<tr><td></td><td></td><td></td><td></td><td></td><td></td><td></td><td></td><td></td></tr>
<tr><td rowspan="4">张开度(mm)</td><td colspan="3">闭合</td><td colspan="3">裂开</td><td colspan="3">张开</td></tr>
<tr><td>＜0.1</td><td>0.1～0.25</td><td>0.25～0.5</td><td>0.5～2.5</td><td>2.5～10</td><td>≥10</td><td>10～100</td><td>100～1000</td><td>≥1000</td></tr>
<tr><td>很紧密的</td><td>紧密的</td><td>不紧密的</td><td>窄的</td><td>中等宽度的</td><td>宽的</td><td>很宽的</td><td>极宽的</td><td>洞穴式的</td></tr>
<tr><td></td><td></td><td></td><td></td><td></td><td></td><td></td><td></td><td></td></tr>
<tr><td rowspan="3">充填</td><td rowspan="2">无</td><td colspan="8">有</td></tr>
<tr><td colspan="3">泥</td><td colspan="3">岩屑</td><td colspan="2">岩屑夹泥</td></tr>
<tr><td></td><td colspan="3"></td><td colspan="3"></td><td colspan="2"></td></tr>
<tr><td rowspan="5">评价分类</td><td rowspan="2">节理组数</td><td colspan="2">不发育</td><td colspan="2">较发育</td><td colspan="2">发育</td><td colspan="3">很发育</td></tr>
<tr><td colspan="2"></td><td colspan="2"></td><td colspan="2"></td><td colspan="3"></td></tr>
<tr><td rowspan="3">块体大小 J_v（条/m³）</td><td colspan="2">＜1</td><td colspan="2">1～3</td><td colspan="2">3～10</td><td colspan="2">10～30</td><td>≥30</td></tr>
<tr><td colspan="2">很大块体</td><td colspan="2">大块体</td><td colspan="2">中块体</td><td colspan="2">小块体</td><td>很小块体</td></tr>
<tr><td colspan="2"></td><td colspan="2"></td><td colspan="2"></td><td colspan="2"></td><td></td></tr>
<tr><td>围岩类别</td><td colspan="10">结合本表内容，依据相关规范针对洞室围岩进行详细分类</td></tr>
<tr><td>建议</td><td colspan="10">复核地质条件是否与勘测设计成果一致，如有变化应提出相应的地质建议</td></tr>
</table>

(7)实际施工环境及安全影响因素：施工干扰、分包工人素质、技术人员欠缺。

(8)及时分析所编录资料，并验证前期勘察成果，预测围岩类别条件，便于为现场施工提供地质方面的服务。

(二)洞室转弯段编录技巧

全断面展开法在工程实践中得到广泛应用。无论地下洞室形状如何,都可利用这种方法成图。将洞室或竖井沿中轴线(或其他对称轴线)全部展开形成整个边墙及底板的“平面”图。形成这个底图后,就可以不用投影、不用考虑地质构造产状,简洁高效地将地质信息直接绘制于底图上。

1. 步骤

全断面展开法要求在编录开始前在室内编制编录用的底图。对隧洞先在平面图上画顶拱中心线,根据与顶拱中心线实际距离,画出边墙和底拱。例如,圆形隧洞直径 3.048m,则在平面图上绘制的底拱中心线距离顶拱中心线为 4.79m,同时在距离顶拱中心线合适的位置画左右腰线(城门洞型则在一定位置画拱角线)。通过以上步骤绘制出一个代表整个隧洞开挖面的平面图。这个平面图的视向为从洞顶向下看整个洞子。而同样方法的竖井展开图其视向则为由内向外看。一般隧洞底板由于受堆碴影响不做编录。在展开图的两半标示尺寸以控制编录。展开图的下方加一个纵断面图用以反映支撑的类型、位置与超挖等。连接地质结构面与几条已知线(顶拱中心线、左右起拱线,两条底线)的交点,即可得到结构面等地质信息的出露线。在结构面附近标注其产状。在展开图上标注取样位置、照相位置、渗水位置。具体操作方法如图 4-2 所示。

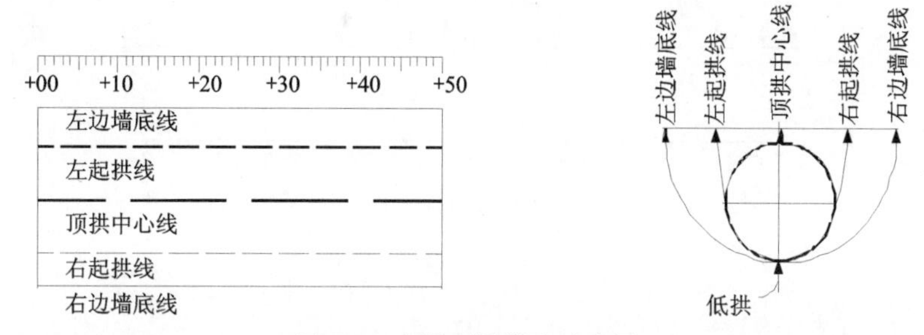

图 4-2　全断面投影法示意图

2. 隧洞转弯段的展开

在编录过程中,我们常遇到隧洞转弯的情况,因而要求在编录时对转弯段进行合理处理。

常见的处理方法如图 4-3、图 4-4 所示。一般情况下,勘探隧洞的桩号以中心线为准,因此就会存在一个长边、短边的问题,即长边比中心线长,短边比中心线短。如果将编录图按实际的转弯画成弯曲的形状,则一是在图面上占据较大空间且不整齐,二是有 2 个边墙也不好处理。因此前人在编录时一般采用“开口法”,既可以使图面美观,又足以将地质信息描述准确。如图 4-4 中“开口”方向须开向短边方向,“开口”线自长边顶线开始,至短边底线结束。“开口”角度由长短边的长度差别及隧洞的宽度决定,而并不是隧洞的实际转弯角度(我们经常错误地以为这个角度就是隧洞的实际转弯角度,但在经过“开口”处理后,弧线与直线的转换使这个角度发生了变化)。长边、短边和中心线长度均为其实际长度在图上标出。这里要注意的是中心线桩号标注在“开口”段,即转弯段是不连续的。这个处理方法有一个前提,即短边可以近似看作折线,而不是弧线转弯。

水工隧洞(这种方法也适用于其他行业的开挖隧洞),其转弯段较大,一般长边、短边皆为弧线,不能像勘探洞那样将短边近似地处理成折线形,因此须采用另一种“开口”方法,如图 4-5、图 4-6 所示。同样,这里长边、短边及中线均采用实际长度,按比例在图中绘出。如图 4-5 中“开口”方向须开向短边方向,“开口”线自长边顶线开始,至短边底线结束。“开口”角度由长短边的长度差别及隧洞的宽度决定。

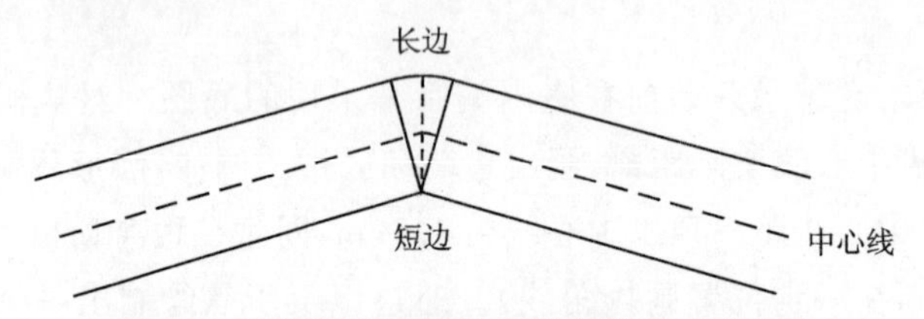

图 4-3　勘探隧洞地质编录转弯段平面示意图

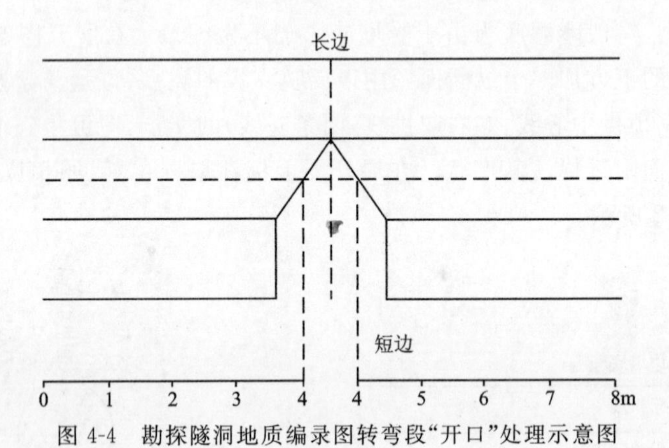

图 4-4　勘探隧洞地质编录图转弯段“开口”处理示意图

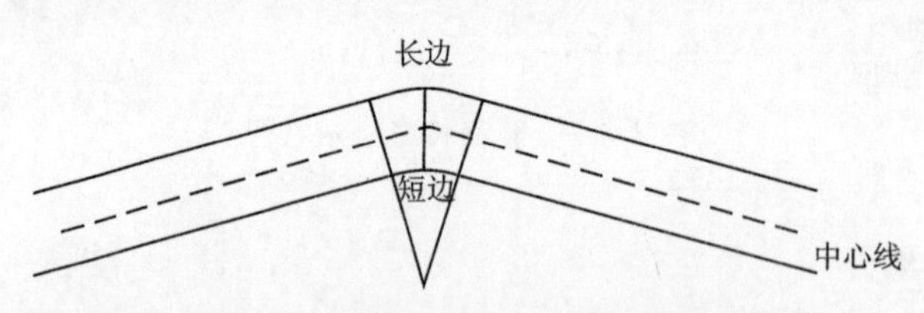

图 4-5　水工隧洞地质编录转弯段平面示意图

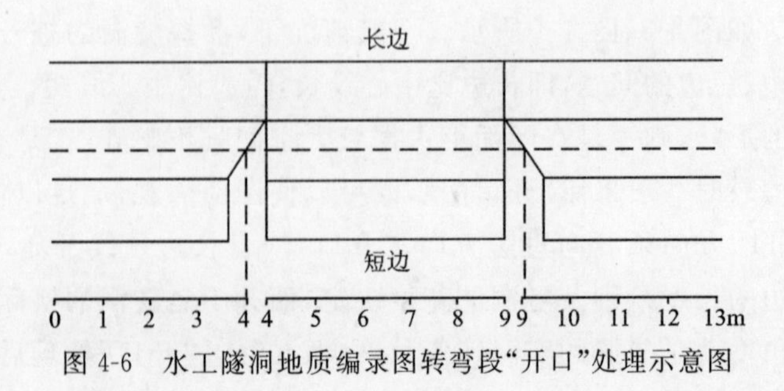

图 4-6　水工隧洞地质编录图转弯段“开口”处理示意图

（三）竖井（与斜井）开挖工程编录的注意事项

重点反映竖井不同高程，井壁不同方向围岩的地层岩性、构造、地下水、不良地质问题等。

竖井编录主要采用文字、图件、影像、表格等形式，把竖井掘进过程中所观察到的地层岩性、地质构造、地下水（或基岩裂隙水）等工程地质现象和特点以及综合研究结果记录下来，以系统、客观、全面地反映现场编录工作。

主要成果为竖井编录展示图，其编录展示图内容见第四章第二节地下开挖工程施工地质编录。

（四）编录工作注意要点

(1)熟悉地质资料，分析预测不利洞段；熟悉深埋长隧洞高地应力区岩体应力分布情况、岩爆发生的概率及可能性。

(2)了解施工开挖工艺（上下导洞、斜井）、施工环境影响（废气、灰尘、光线、出渣车辆废气等）、有害气体及放射性元素赋存情况。

(3)关注斜井洞顶主要结构面与洞线夹角、构造岩特征、地下水（贯穿结构面、破碎带、软弱夹层等）。

(4)施工、编录协调配合；隧洞进口洞脸开挖编录建议参照高陡边坡开挖编录方法，应随着施工进度自上而下逐层（不宜超过 3m）编录。

(5)施工细节调查（询问了解施工人员存在哪些不利进度的影响）。

(6)不同施工方法侧重不同（斜井与竖井施工自下而上及自上而下编录时有所区别），施工工序一般先上导洞再下导洞，编录应与所处位置相适应，主要结构面延伸对于不同高度和桩号，投影拼接后应能够前后呼应。

(7)资料及时汇总、及时复核（导洞完成后）修正。

(8)重点记录：各段掌子面（尤其对于斜井）、左右边墙准确平面位置、桩号、高程、主要结构面（或断层）产状特征、破碎带岩性特征、地下水渗出情况等。

(9)及时整理资料，发现问题随时复核，如果被覆盖则在下期导洞扩挖或洞底板清理时予以补充完善。

注：采用钻爆法开挖的洞室，当洞径大于 3.5m，一般都采用上、下导洞分层开挖，因此施工地质人员应该清楚，编录的洞室展示图最初都是顶拱、上半导洞部分和上部边墙，而下部开挖则根据施工作业的情况进行。上半导洞编录资料分析对判断洞室围岩稳定性和自稳能力至关重要，因此，务必高度重视，发现问题及时反馈各参建单位，而不应该等到下半洞室开挖完毕后再做判断。有时下半导洞开挖，如果支护措施不得当，可能会导致上部导洞产生塌方、冒顶或边墙滑落等失稳破坏现象。

三、边坡工程与防护

修建水利水电工程形成的、因修建水利水电工程有可能影响其稳定的以及对水利水电工程安全有影响的边坡统称为水利水电工程边坡。

山区水利枢纽工程建设过程中，凡涉及开挖土石方便会出现各类工程边坡，其中有部分为永久边坡，但多部分为临时边坡。边坡的稳定性取决因素也是多种多样，其工程风险，仅次于地下开挖工程。

边坡稳定性受地形地貌、地层岩性、地质构造和水文地质条件等地质环境因素控制，其中对于岩质边坡来说，开挖线走向与岩层走向、优势结构面及断裂构造分布密切相关。

（一）边坡施工的设代编录准备工作

（1）收集并熟悉建筑物开挖图及周围地形地貌。包括开挖范围（坐标）、宽度、深度等。

（2）开挖相应部位地层岩性及岩体工程特性等地质资料。

（3）地质编录之前，应仔细观察，确保边坡处于安全状态，随行人员应仔细观察边坡上部，注意有无岩块或滚石滑落。

（二）边坡开挖编录注意事项

（1）设计边坡开挖前，必须做好开挖线外的危石清理、削坡、加固和排水等工作。

（2）处于不良地质地段的设计边坡，当其对边坡稳定有不利影响时，在开挖过程中，建设、勘测、设计、施工单位必须共同协商，提出相应解决办法。

（3）已开挖的设计边坡，必须及时检查处理与验收，并按设计要求加固后，才可进行其下相邻部位的开挖。

（4）对于高陡边坡开挖过程应及时进行编录和素描，而不是被动等待施工单位通知。

（5）施工单位常规做法是：爆破开挖出渣，直至建基面，通知验收，然后采取喷锚支护（或混凝土）覆盖隐蔽。

对高陡边坡建议随挖随描，可考虑控制在3m左右高度编录，每级马道（一般10m高度），需要3次编录。

（6）编录时应准确记录开挖位置与高程，以便最终拼接开挖展示图。

（三）边坡的变形与破坏

水利水电工程的水工建筑物，在根据设计要求进行人工开挖的过程中，形成各种边坡类型，由于开挖后岩土体应力状态的改变，造成工程边坡存在不同程度的变形和破坏。在施工地质巡视、编录和测绘过程中，应加强对边坡地质特征变化的认识，了解和掌握边坡破坏类型、特征机理等方面知识，有助于从施工地质角度，提出针对性的建议，指导施工采取更为合理的措施，减少和避免边坡失稳发生。滑动和崩塌是最为常见的破坏类型。边坡变形破坏分类见表4-8。

表 4-8　边坡变形破坏的分类表

变形破坏类型		边坡破坏特征
崩塌		边坡岩体坠落或滚动
滑动	平面型	边坡岩体沿一结构面向下滑动
	弧面型	散体结构、碎裂结构的岩质边坡或土坡沿弧形滑动面向下滑动
	楔形体	结构面组合的楔形体,沿滑动面交线方向滑动
蠕变	倾倒	反倾向层状结构的边坡,表部岩层逐渐向外弯曲倾倒
	溃屈	反倾向层状结构的边坡,岩层倾角或坡角大致相似,边坡下部岩体逐渐向上鼓起,产生层面拉裂和脱开
	侧向张裂	双层结构边坡,下部软岩产生塑性变形或流动,使上部岩层发生扩展、移动、张裂和下沉
流动		崩塌碎屑类堆积向坡脚流动,形成碎屑流

(四)一般边坡的防护

一般边坡的治理方法主要有开挖、截排水、加固与支挡等。开挖可分为两种情况:一是挖除浅表层一部分使坡度放缓;二是顶部挖除减载。截排水总体是治水措施,包括表面环形截(排)水沟、表面防渗水等。加固与支挡则是工程最常用的治理措施,包括锚固、抗滑、支挡等。

(五)超高边坡的主动防护与被动防护

水利水电工程所处的地质环境复杂,新疆天山昆仑山以及西部许多高山峡谷区工程边坡和环境边坡规模大,开挖高达 300m 边坡,开口线之上还可能存在数百米甚至千米以上的自然边坡(环境边坡;图 4-7),坡度陡峻,高边坡的稳定性问题已经成为工程建设中的关键技术问题。

现行边坡技术规范及边坡分类仅从所处的地貌单元及其他的内力作用进行分类,不涉及边坡的坡体结构、规模和稳定性,很难适用于复杂的水电工程边坡分类。难以满足一些超高边坡处理与评价要求,有专家提出了新的边坡分级表,峻坡与悬坡、高边坡与超高边坡的分界线,以及环境边坡按危险源的分类方法:建议峻坡与悬坡的分界为 60°,高边坡与超高边坡分界为 80m,大于 300m 的边坡为特高边坡,并指出采用坡体结构进行分类,能揭示边坡可能变形破坏的边界条件和失稳模式,其工程应用性更强。

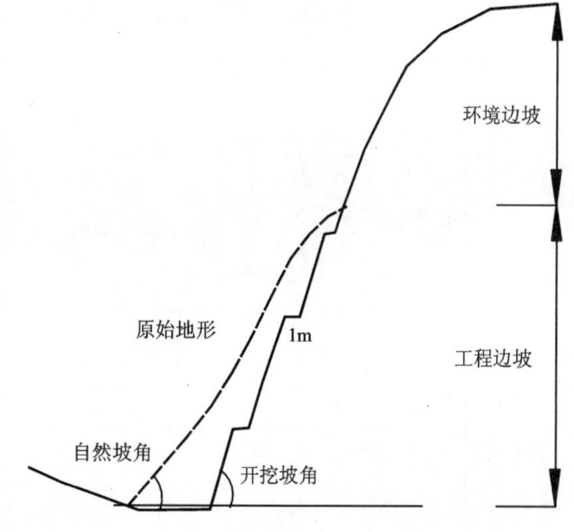

图 4-7　枢纽区建筑物边坡分区示意图

表 4-9　水利水电工程边坡一般分类表

依据	分类	亚类
重要及危险性	1 级边坡	
	2 级边坡	
	3 级边坡	
	4 级边坡	
	5 级边坡	
组成物质	岩质边坡	
	土质边坡	黏性土、砂性土、黄土、膨胀土、碎石土
	岩土混合边坡	
坡体结构	层状坡体结构(Ⅰ)	顺倾层状结构(ⅠA)
		反倾层状结构(ⅠB)
		上硬下软结构(ⅠC)
		上软下硬结构(ⅠD)
	中陡裂控制坡体结构(Ⅱ)	中陡倾断层型(ⅡA) 深卸荷破裂型(ⅡB)
	楔形坡体结构(Ⅲ)	
	(似)均质坡体结构(Ⅳ)	整体块状结构(ⅣA) 碎(块)裂结构(ⅣB)
坡度	缓坡(≤15°)	
	中等坡(15°～30°)	
	陡坡(30°～45°)	
	峻坡(45°～65°)	
	悬坡(65°～90°)	
	倒坡(>90°)	
坡高	特高边坡(>300m)	
	超高边坡(80～300m)	
	高边坡(30～80m)	
	中边坡(10～30m)	
	低边坡(≤10m)	
变形机制	滑动变形	倾倒、溃屈、张裂
	蠕动变形	
	剥落变形	
	流动变形	
破坏形式	崩塌	平面形、曲面形、楔形
	滑动	
	倾倒	
	溃屈	
	拉裂	
	流动	
变形范围	坡面变形(<2m)	
	边坡变形(2～10m)	
	坡体变形(>2m)	

续表 4-9

依据	分类	亚类
危险源	孤石(群)	
	危石(群)、危石体	
	高位覆盖层	

为了直观反映坝顶高程以上天然斜坡对工程安全影响程度或工程高边坡的环境质量，黄润秋(2012)提出超高比概念，其定义为：

超高比(R)＝主体建(构)筑物以上天然斜坡的高度/枢纽建(构)筑物高度

当R为1.0～1.3时，工程的高边坡环境较好，运行期间出现高边坡稳定性问题可能性较小；当R为1.3～2.0时，工程的高边坡环境为中等，出现高边坡稳定性问题可能性较大；当R＞2.0时，工程的高边坡环境差，将出现高边坡稳定性问题，必须引起高度重视。

表4-10所列举数据表明，西部地区已建和在建的大型水利水电工程，边坡超高比大多在2.0以上，有的甚至超过3.0，这从另一个角度表明了这个地区工程边坡环境的复杂性。

表4-10　西部地区在建和拟建的大型水电工程高边坡情况

工程名称	自然坡高(m)	自然坡度(°)	人工坡高(m)	超高比
小湾水电站高边坡	700～800	47	670	2.7
天生桥水电站高边坡	400	50	350	3.0
锦屏水电站高边坡	＞1000	＞55	＞300	＞3.0
溪洛渡水电站高边坡	330	＞60	300	1.25
向家坝水库高边坡	350	＞40	200	2.0
糯扎渡水电站高边坡	800	＞43	＞400	2.6
拉西瓦水电站	700	＞55	＞300	2.8
紫坪铺水电站	350	＞40	280	2.2

影响环境边坡危岩体稳定程度的因素很多。危岩体的稳定程度通常受地形地貌、地层岩性、岩体结构等内在因素，以及水的作用、风化卸荷、震动、植被、动物活动等外在因素的影响。

一般选取结构面特征、岩性、坡度、风化与卸荷程度、地表水、地下水作为水利水电工程环境边坡危岩体稳定性评价的关键性因素，并结合专家评分系统，对各因素赋予相应权值。主要介绍结构面特征如下：

结构面特征包括结构面不利组合、主控结构面倾角、结构面张开充填及连通情况。结构面特征对危岩体的稳定性有着明显的控制性作用，结构面不利组合越完备，主控结构面张开度越大，连通性越好，危岩体的稳定性越差，在稳定性评分标准中得分值越高。另外，危岩体的稳定性取决于主控结构面倾角与地形坡度间的几何组合关系，它是分析危岩体稳定性力学属性的基础，通常情况下，主控结构面倾角越大，对危岩体的稳定性越不利。主控结构面倾角的赋分值见表 4-11。

表 4-11　危岩体稳定性影响及评分标准

影响因素	表现形式	综合评分(R)
结构面特征	结构面不利组合不完备或较完备，主控结构面微张或闭合，连通性一般； 结构面不利组合完备或较完备，主控结构面微张，连通性较好； 结构面不利组合完备，主控结构面张开，完全连通	1～5 6～10 11～15
	主控结构面倾角 $0°\leqslant\alpha\leqslant15°$； 主控结构面倾角 $15°<\alpha<45°$； 主控结构面倾角 $\alpha\geqslant45°$	1～5 6～10 11～15
岩性	硬岩； 软硬； 软、硬相间岩	1～5 6～10 11～15
坡度	缓坡-斜坡(0°～30°)； 陡坡-峻坡(30°～65°)； 悬坡-倒坡(>65°)	0～5 5～12 13～15
风化与卸荷程度	弱风化-弱卸荷； 弱风化-强卸荷； 强风化-强卸荷	1～5 6～10 11～15
地表水	坡面漫流； 坡面积水； 沟槽积水	0～3 1～3 4～5
地下水	干燥； 潮湿-串珠状滴水； 线状-股状流水	0～3 1～3 4～5
判断分	特殊因素，如地震、冻融、根劈等；具体问题具体分析，酌情加减 15 分	

通过表 4-11 可见，危岩体稳定性的评分值(R)越高，稳定性越差。根据统计综合分析结果有：$R<40$，稳定性一般（Ⅲ类）；$40\leqslant R\leqslant70$，稳定性较差（Ⅱ类）；$R>70$，稳定性差（Ⅰ类）。我国西部部分大型水电工程环境边坡危岩体稳定性综合评分效果经验，见表 4-12。

表 4-12　部分水电工程环境边坡危岩体稳定性综合评分效果经验

危岩体编号	极限平衡法		综合评分系统		对比评判结果
	稳定性计算结果	定量计算定性类别	综合评分值	评价方法-稳定性类别	
双江口左坝肩 W25	1.152(滑移式)	稳定性较差(Ⅱ类)	67	稳定性较差(Ⅱ类)	一致
双江口左坝肩 W27	1.207(滑移式)	稳定性较差(Ⅱ类)	67	稳定性较差(Ⅱ类)	一致
锦屏二级闸 W17	1.18(崩滑式)	稳定性较差(Ⅱ类)	67	稳定性较差(Ⅱ类)	一致
锦屏二级闸 W23	1.21(滑移式)	稳定性较差(Ⅱ类)	66	稳定性较差(Ⅱ类)	一致
锦屏二级厂房 W8	1.08(崩滑式)	稳定性差(Ⅰ类)	72	稳定性差(Ⅰ类)	一致
锦屏一级闸 W13	1.05(滑移式)	稳定性差(Ⅰ类)	72	稳定性差(Ⅰ类)	一致
卜寺沟厂房 W06	1.29(滑移式)	稳定性较差(Ⅱ类)	50	稳定性较差(Ⅱ类)	一致
卜寺沟坝区 W01	1.12(滑移式)	稳定性差(Ⅰ类)	68	稳定性较差(Ⅱ类)	不一致
卜寺沟下厂房 W10	1.09(滑移式)	稳定性差(Ⅰ类)	70	稳定性差(Ⅰ类)	一致
卜寺沟坝区 W02	1.03(滑移式)	稳定性差(Ⅰ类)	72	稳定性差(Ⅰ类)	一致
卜寺沟厂房 W09	1.01(崩滑式)	稳定性差(Ⅰ类)	75	稳定性差(Ⅰ类)	一致
卜寺沟下厂房 W02	1.09(错落式)	稳定性差(Ⅰ类)	72	稳定性差(Ⅰ类)	一致

通过表 4-12 中 12 组定量计算结果与综合评分方法的评判结果对照可知，二者的吻合率为 91.6%，说明综合评分系统是正确可靠的。

(五)边坡开挖工程经验坡比建议参考表

水利水电工程施工过程中，各类地面建筑物都存在大量涉及边坡稳定性问题的开挖工程，针对开挖边坡建议开挖坡比问题较多，下面列举部分岩质边坡和土质边坡开挖坡比的经验值(表 4-13～表 4-15)，供现场施工地质人员参考。

表 4-13　岩质边坡建议开挖坡比

岩体特征	建议开挖坡比	备注
散体结构岩体	不大于天然稳定坡角	结合表层保护及拦石措施
全/强风化岩体	1∶1	结合系统锚固或随机锚固
中(弱)风化岩体	1∶0.5	结合随机锚固
微风化/新鲜岩体	1∶0.3 至直立(临时)	
整体/完整块状岩体	1∶0.3 至直立(临时)	
层状岩体逆向坡	1∶0.15～1∶0.25	逆向坡应注意防倾倒破坏 结合系统锚固或随机锚固
层状岩体顺向坡	不大于层面坡度	

注：引自《水力发电工程地质手册》表 10.3.1-9。适用于非结构面控制稳定条件下的岩质边坡。

表 4-14　坡高小于 30m 岩质边坡建议开挖坡比

边坡岩体类型	风化程度	边坡坡比	
		≤15m	15～30m
Ⅰ	新鲜、微风化	1∶0.1～1∶0.3	1∶0.1～1∶0.3
	弱风化	1∶0.1～1∶0.3	1∶0.3～1∶0.5
Ⅱ	新鲜、微风化	1∶0.1～1∶0.3	1∶0.3～1∶0.5
	弱风化	1∶0.3～1∶0.5	1∶0.5～1∶0.75
Ⅲ	新鲜、微风化	1∶0.3～1∶0.5	
	弱风化	1∶0.5～1∶0.75	
Ⅳ	弱风化	1∶0.5～1∶1	
	强风化	1∶0.75～1∶1	

注：引自《水力发电工程地质手册》表 10.3.1-10。适用于无外倾软弱结构面的岩质边坡。

表 4-15　土质边坡建议坡比允许值

边坡土体类别	状态	边坡坡比允许值	
		坡高小于 5m	坡高 5～10m
碎石土	密实	1∶0.35～1∶0.5	1∶0.5～1∶0.75
	中密	1∶0.5～1∶0.75	1∶0.75～1∶1.00
	稍密	1∶0.75～1∶1.00	1∶1.00～1∶0.25
黏性土	坚硬	1∶0.75～1∶1.00	1∶1.00～1∶0.25
	硬塑	1∶1.00～1∶1.25	1∶1.25～1∶1.50

注：引自《水力发电工程地质手册》表 10.3.1-11。适用于土质均匀、无地下水影响和不良地质现象的土质边坡。

上述各表在使用过程中，必须把握好其适用条件，结合现场岩体和结构面的实际工况，有控制性软弱结构面时务必谨慎对待。此外，岩体分类及结构面类型不同，会造成参数很大的差异。如坚硬岩、中硬岩或软岩区分，Ⅱ、Ⅲ、Ⅳ、Ⅴ类岩区分，胶结、张开（无充填）、软弱结构面区分，岩块岩屑型、岩屑加泥型、泥化夹层型区分等。

对于土质（或砂砾石）边坡：应重点考虑土质均匀程度、稠度状态、密实度、有无地下水影响和不良地质现象等；砂砾石边坡除均匀程度、密实度外，还应注意其充填物、骨架颗粒、细粒含量、胶结类型及其胶结程度情况等因素。

兵团设计院向南发展水利工程项目蓄水沉砂池（平原水库）土质边坡经验值见表 4-16。

表 4-16 全库盘防渗对砂砾石或风积砂稳定坡度要求经验值

库盘土体类别	状态	库盘防渗边坡坡比允许值	
		坡高小于 5m	坡高 5～10m
碎石土	中密—密实	1∶3～1∶5	1∶5～1∶8
	稍密	1∶8～1∶10	1∶10～1∶15
风积沙	稍密	1∶10～1∶12	1∶12～1∶15
	松散	1∶12～1∶15	1∶15～1∶20

四、边坡与洞室的锚喷支护

1. 边坡锚固方式与选择

施工期间的地质巡视和编录，难免发现新开挖岩质边坡出现有不利结构面组合，此时需要及时进行分析评价并做出地质预报，提出地质建议，最重要的是根据现场测绘，找出可能失稳的边界条件，为边坡加固提供地质依据。了解边坡锚固常用的措施方法，对照实际开挖地质条件，可以使得地质建议措施更为有的放矢。

在选择岩(土)体边坡支护措施时，采取适宜的锚固方式，一方面能够承受和分担边坡岩(土)体难以承受的下滑推力；另一方面能够通过注浆使岩(土)体形成一个整体，约束其整体变形，提高岩(土)体的力学性能。

预应力锚固是指通过施加预应力将锚杆或锚索锚固在坡体内部稳定地层的主动防护措施。锚杆或锚索必须穿过潜在滑移面，通过锚固段把潜在滑动体与稳固地层联结在一起，从而改变边坡岩体的应力状态，提高边坡不稳定岩体的整体性和强度。预应力锚固通过稳定地层提供的锚固力平衡滑坡推力，控制危岩变形破坏，对边坡进行预加固，防止岩土体卸荷松弛，或形成岩土与结构共同作用的岩土挡墙式稳定边坡。

(1)预应力锚索。适用于潜在滑移面陡、埋深较大、边坡推力大、坡体内部强度较高的边坡，常与抗滑桩结合使用，形成桩锚体系。

(2)预应力锚杆。适用于潜在滑移面陡、边坡推力较小、坡体内部岩体强度较高的边坡。

(3)非预应力锚杆。适用于潜在岩体破碎、局部存在潜在不稳定块体的边坡，通过改善岩土体强度达到防止边坡变形的目的。

(4)注浆锚杆。适用于厚度较大的碎裂结构岩质边坡，通过锚管注入一定压力的浆液，将碎裂岩块结合成一个整体，改善岩土体及结构面的物理力学性质，提高其力学性能。注浆方式较多，可以采用中空锚杆、钻孔灌浆、锚管注浆等形式。

(5)锚筋桩。它是通过把两根以上的锚杆焊接在一起，构成具有较强抗拔能力和具有一定抗剪和抗弯能力的结构。在节理岩体边坡、镶嵌碎裂岩体边坡的治理中经常采用，是一种安全快速的加固手段。

2. 边坡坡面防护与锚固参数选取

岩质边坡坡面防护一般采用喷混凝土、喷纤维混凝土、挂网喷混凝土，以及柔性主动支护、土工合成材料防护等措施。

对于岩质边坡锚固(各种锚杆、抗滑洞塞等)参数选取，主要取决于岩体的完整性和结构面发育情况，非预应力锚杆作为岩质边坡浅层锚固的常用手段，主要用于：①节理裂隙发育、风化严重的岩质边坡的浅层锚固；②碎裂和散体结构岩质边坡的浅层锚固；③边坡松动岩块锚固。作为系统锚杆时，长度可为 3～15m，锚杆最大间距宜小于 5m，且不大于锚杆长度的 1/2。岩质边坡系统非预应力锚杆孔向宜与主要结构面垂直或呈较大夹角。

锚杆支护类型主要有普通水泥砂浆锚杆、中空注浆锚杆、水胀式锚杆、缝管式锚杆、自进式锚杆、锚筋束、玻璃纤维锚杆等。

喷锚支护锚杆长度与喷混凝土厚度的选取。并非锚杆越长越好，混凝土越厚越好。首先要在满足变形、稳定和运行的基本条件的基础上遵循客观地质因素，从科学合理的角度加以指导。

3. 锚杆合理间距与长度确定

(1)在欧洲广泛采用的是 Rabcewiez 经验法则：①锚杆有效长度应等于或大于开挖宽度的 1/3；②锚杆间距不应超过锚杆有效长度的 1/2。

(2)美国陆军工程兵推荐了下列参数：

锚杆的最小长度。①锚杆间距的 2 倍。②不稳定岩块宽度的 3 倍。③用于洞室顶部的锚杆，跨度小于 6.0m 的取跨度的 1/2；跨度在 6～18m 范围内取 3.0～4.5m；跨度在 18～30m 范围内取跨度的 1/4。④用于洞室侧壁的锚杆，高度小于 18m 的，锚杆长度与③洞室顶部的相同；高度大于 18m 的，锚杆长度取高度的 1/5。

锚杆的最小间距。①锚杆长度的 1/2；②不稳定岩块宽度的 1.5 倍。

对照水工建筑物锚喷支护规范，普通砂浆锚杆长度在 1.5～5.0m 之间，与上述发达国家标准建议参数基本一致。从目前工程实践看，各工程现场所采用的设备与施工水平不都是先进的。因此，在工程设计中，应结合现场设备使用、施工水平、材料规格来确定支护参数。比如，最常见 10m 以下隧洞一般采用简易台车配手风钻凿孔，锚杆长度一般不要超过 4.0m，以 3m、4m 为宜，间距取锚杆有效长度的 1/2。施工中，要求尽量采用光面爆破，减少对围岩的扰动。

4. 喷混凝土时机与厚度

对于喷混凝土的要求：一般初喷厚度宜在 3～10cm 之间，喷层总厚度不超过 10～20cm。根据不同厚度喷层有限元应力分析结果，喷层厚度为 4～30cm，应力仅降低 15%，较厚喷层限制围岩变形的效果不明显。一般较小断面洞室，较适宜的喷层厚度为 8～15cm。支护施工顺序及初次支护时间与围岩自稳时间密切相关。自稳时间较长的围岩，一般采用先锚后喷；自稳时间较短的围岩，则采用喷—锚—喷的施工顺序。初次喷护应尽早进行，在自稳时间内完成至少一半以上喷层作业。超过 5cm 的喷层，应采用分次喷护的办法。

5. 预应力锚索的使用

初步设计阶段对部分存在不稳定因素的岩质工程边坡采取了预应力锚索的加固措施。在施工期间，当边界条件较前期勘察产生变化时，施工地质应及时调整预应力锚索的方案，根据测绘和试验成果分析，为设计提供地质依据。

预应力锚杆（锚索）主要用于岩体存在较深层的滑动或倾倒破坏模式时边坡的加固与防护，锚索的锚固力（吨位）、锚索长度、锚索间距选取应综合考虑边坡地层岩性和地质条件。锚杆自由段长度不宜小于 5m，锚固段应在潜在滑动面 1.5m 以外的稳定岩土体内。锚杆布置：①宜长、短相间；②锚杆平行布置时间距可为 4～10m；③锚杆体不平行时，锚固段最小间距应大于 1.5m。锚杆长度一般小于 18m，而锚索长度一般大于 20m，部分可达 40～50m。

预应力锚索一般以群组形式布设，是一种可承受拉力的结构系统。它主要由外锚索束体、锚头和锚固孔组成，通过钻孔将锚索束体固定于深部稳定地层中。常见类型为有黏结预应力锚索、无黏结预应力锚索和对穿式预应力锚索。

注意锚索的吨位并非越大越好，必须根据所锚边坡岩体的强度、块度、完整性、结构面发育情况对工程地质条件加以确定。

此外，重要的高边坡支护一般为系统工程，绝非单独的锚杆或锚索所能完成，需要遵循因地制宜、技术可行、结构可靠、经济合理的原则，部分边坡需要喷锚支护、锚杆框架、系统锚杆加格构梁、锚索框架等相互配合才能发挥其有效作用。

五、长引水线路（管线）的施工地质工作

随着近年来城乡饮水工程项目的日益增多，目前兵团设计院在疆内外已经完成诸多的引水管线工程，对于部分线路长、跨越地貌单元多、地质条件复杂的引水管线，应该引起足够的重视。

重要的大型引调水工程项目，前期投入有保障，勘察工作量相对充足，加之后期服务具备常驻条件，施工地质问题相对较少；而对于一些中小型引水工程，尤其在复杂山区，一般前期投入难以完全满足大量勘探工作量的费用，一般多采用地面测绘为主，及轻型勘探（坑、槽探为主）和物探，辅以少量钻探方法，部分段或采用工程类比方法，往往会出现设计调整或变更。

对于中小型长引水管线项目，施工地质过程中，在充分了解前期勘察设计资料的基础上，坚持问题导向，因地制宜。针对前期掌握的不良地质条件段、特殊性岩（土）体段以及深埋洞室段，应加强巡视编录，具体工作内容及流程可参照本节有关地面建筑物、地下开挖工程和边坡工程的相关条款，结合工程实际加以解决。现场地质工作者还应注意线路水文地质和环境地质条件变化，给线路岩土体工程性质带来的新变化，以及对施工条件可能产生的不利影响，在巡视、编录和测绘过程中，发现问题及时发布地质预报，提出建议措施，以便进行科学应对。

针对中小型工程投资和工期等因素限制，施工地质人员应善于总结和利用已有成熟工程经验，解决施工遇到的有关地质方面的问题，与各参建单位积极配合，提供科学合理的地质参数和施工措施建议，贡献地质智慧。

第三节　岩(土)体防渗与排水工程

一、建筑物基坑排水

为保证地面建筑物建基面质量，要求地基验收应无积水。施工地质人员在施工期间，应根据前期勘察成果资料所获得的水文地质参数，对各类岩(土)体排水提出措施建议。具体参见本手册第二章第六节有关排(降)水条款。

(1)基坑施工开挖遭遇地下水是施工过程中常见现象，基坑排水一般设置有积水井(坑)，根据地层透水性选取潜水泵抽取，引排至下游。

(2)基坑开挖施工中，应及时排出工作场地的积水。基坑中来水量很大时，应采取有效办法减少来水量。

(3)基坑排水应避免或减少污水对河流的污染。

通常在坝基处理时，在防渗帷幕下游设置进入基岩一定深度的排水孔，是降低坝基扬压力的有效措施。对于高坝除在帷幕下游设一道主排水孔外，还可以设置2～3道辅助排水孔，必要时可沿横向廊道或宽缝空腔内设置。

二、地下开挖工程防渗与排水

(1)根据围岩地下水渗出情况不同，选取相应措施，通常先查明地下水源补给情况，再采取排、堵、截、引等技术措施。

(2)当洞室围岩拱顶部发现滴、渗水量很小时，一般对围岩影响不大；当有线状滴水时，则需采取嵌入钢管等引排水措施，并注意围岩结构面组合情况；当发生基岩裂隙水突涌现象，应格外小心，并注意进行排水减压，当水量逐渐减少，也可采取引排水措施，当水量有增大趋势或出现浑浊状态时，应高度警惕，注意采取强支护或超前支护措施配合排水。总之，施工地质在巡视编录时，应根据前期勘察资料，结合开挖实际情况的分析，要做好洞室围岩裂隙水的地质预报。

(3)对于有基岩裂隙水影响，且出现塌方事故的洞段，应先控制好渗水后，再处理塌方。

三、边坡工程的治理及排水

可参照地下开挖工程采取排、堵、截、引措施。重视“治坡先治水”原则。需区分水的作用类型，如水库浸水、天然降水、泄洪雨雾水、远程补给地下水等，其软化、弱化、泥化、水压力等作用的性质和强度均有不同。此外寒冷地区由水而冰、由冰再水的冷胀和冻融作用也是应该重视的因素。

国际地质科学联合会滑坡工作组(IUGS. WG/L)在总结世界各地滑坡治理方法的基础上，提出滑坡治理的措施分类(表4-17)。其中所列的四大类、33细项中，大都在中国也普遍采用。

王连新等比较全面、系统和详细地汇总整理的表4-18可供参考。

表 4-17　IUGS. WG/L 滑坡治理措施简表

序号	分类	治理方法细项
1	改变滑坡几何形态	(1)削减推动滑坡产生区的物质(或以轻材料置换)； (2)增加维持滑坡稳定区的物质(反压马道)； (3)减缓斜坡总坡度
2	排水	(1)将地表水引出滑坡区之外(集水明沟或管道)； (2)充填有自由排水土工材料(粗粒换填或土工聚合物)的浅或深排水暗沟； (3)粗颗粒材料构筑成的支撑护坡墙(水文效果)； (4)垂直(小口径)钻孔抽起地下水或自由水； (5)垂直(大口径)钻孔重力排水； (6)近水平或近垂直的排水钻孔； (7)真空排水； (8)虹吸排水； (9)电渗析排水； (10)种植植被蒸腾排水
3	支挡构筑物	(1)重力式挡土墙； (2)木笼块石墙； (3)鼠笼墙(钢丝笼内充填卵石)； (4)被动桩、墩、沉井； (5)原地浇筑混凝土连续墙； (6)加筋挡土墙(加聚合物、金属、板片)； (7)粗颗粒材料构筑的支撑护坡墙； (8)岩石坡面防护网； (9)拦截的沟槽、堤、栅栏或钢丝网拦截系统； (10)预防侵蚀的石块或混凝土块体
4	滑坡内部加固	(1)岩石锚固； (2)微型桩； (3)土锚钉； (4)锚索(有或无预应力)； (5)灌浆； (6)石灰桩或块石桩； (7)热处理； (8)冻结； (9)电渗锚固； (10)种植植被

表 4-18　滑坡治理方法分类及措施一览表

治理原理	防止措施	采用工程	布置原则及部位	适用条件与目的	备注
绕避滑坡或清除滑坡体	避开、另寻建设用地	用隧洞避开滑坡	在稳定的滑床下方设置隧洞	线路及道路工程	避离滑坡后，滑坡可不处理或设置警示标志
		用桥跨越滑坡		适合小型滑坡	
	开挖	往往结合造地形成压坡平台	自上而下顺序开挖清除滑坡	适合清除部分滑体，小规模滑坡	

续表 4-18

治理原理	防止措施		采用工程	布置原则及部位	适用条件与目的	备注
减少滑动力	排水措施	地面排水	绿化坡面	全部外露坡面	适于土质坡面	利用植物蒸腾排水
			树枝状排水沟	滑坡体范围内的自然沟谷位置	所有土质滑坡	汇集或引出滑坡体范围内的地面水
		浅层地下水	边坡渗沟、盲沟	滑坡体前缘的边坡上	排除滑坡体前缘路基边坡上的浅层地下水	
			暗沟(含连接暗沟的排水沟、为平钻孔及排水砂井)	滑坡体内外的封闭积水处或有深层地下承压水处	排除浅层积水或深层地下承压水	
		深层地下水	长水平排水孔	排水孔应穿过滑面	土质滑坡、岩质滑坡排水滞水及潜水	
			排水隧洞(含洞孔联合)	布置在滑床内	岩质滑坡,排出深层滑床内的承压水	常与垂直排水孔组成排水帷幕
			竖向排水孔井(含虹吸排水)	排水孔垂直滑坡轴线布置,排水井群平行滑坡轴线布置	排水量大的滑坡降低承压水压力、潜水水位	
			降压管井	需降低承压水部位		
	截水措施	表面护填	①整平夯填坡面;②喷射成现浇混凝土填塞缝隙孔洞;③绿化坡面;④地面铺盖	滑坡体范围内	①③④适于土质滑坡;②④适于岩质滑坡	
		地面截水	环形截水沟(集水明沟)	滑坡可能发展的边界以外不小于5m处	拦截或旁引斜坡上流向滑坡体的面水	
		地下截水	截水渗沟、盲沟	滑坡可能发展的边界以外不小于5m的稳定土体处	拦截或旁引滑坡体范围外的地下水	
			截水隔渗帷幕	滑坡可能发展的边界以外不小于5m的稳定土体处	拦截滑坡体范围外的地下水	灌浆帷幕,地下防渗墙
	削坡减载		开挖减载,减缓坡面总坡度	滑坡体后缘	适用于推动式滑坡,减少下滑推力	削减推动滑坡产生区的物质或轻质材料置换

续表 4-18

治理原理	防止措施	采用工程	布置原则及部位	适用条件与目的	备注
增加抗滑力	压坡加载	填筑压坡、反压马道	滑坡体抗滑地段	需增加抗滑力的滑坡	增加维持滑坡稳定的物质
		抗滑片石垛(木笼块石垛、鼠笼块石垛、卵石铁丝笼垛)	滑坡体抗滑地段	依靠垛重阻止滑坡下降,防止河水冲刷	水下采用抛石、铺石笼设置丁坝
	抗滑挡墙	重力式挡墙(混凝土挡墙、浆砌块石挡墙、加筋土挡墙)	滑坡体前缘以外,滑面出露部位	依靠挡墙重及墙后填土阻止滑坡体下滑,适于厚度不大于6m的滑坡	填土后宜覆盖部分前缘
	抗滑桩、键	抗滑桩、阻滑键、拉锚桩、抗滑沉井	滑坡体内或前缘适当位置	依靠桩、键的锚杆抗剪作用支撑滑坡体	
	支撑盲沟	堆石或砌石渗沟	主干沟布置在地下水露头或由地下水形成的坍塌处,分支沟视汇水情况布置	支撑滑坡体,排除滑坡体内浅层地下水	粗粒材料构筑成的支撑护坡排水墙
	锚固系统	预应力锚杆、预应力锚索、格构锚固	布置在阻滑段及主滑段坡面,锚杆或锚索进入稳定滑床内	可用于软土滑坡以外的各类滑坡	有时需配合岩石护坡防护结构
	复合抗滑	不同抗滑结构组合,利用建筑物中具抗滑作用的结构			
改善滑带土或滑面力学参数	注浆及注浆加筋法	静压注浆	施工时处于稳定状态且不影响滑带排水的滑坡	阻滑段较平缓且排水条件好	宜采用基本不泌水的稳定浆液
		高压喷射注浆		粉细砂及黏性土滑坡	
		深层搅拌		软黏土滑坡及淤泥质土、淤泥滑带土	
	群桩法	碎石桩、石灰桩、水泥土桩		人工填土、黄土及粉细砂滑坡	
		微型桩		滑带土较厚的推移式滑坡,已处于蠕动阶段的牵引式滑坡	
	疏干滑面	真空排水、电渗排水	降水疏干滑面	见“深层地下排水”	
	焙烧法	开口式热加固	热处理滑面	滑带土为非饱和性土、黄土	
	离子交换法	阳离子溶液	钻孔应穿过滑带土	滑移阶段的小型滑坡	
	爆破法	在后缘打孔进行小药量爆破	顺层岩质滑坡	增加滑面粗糙度、改善排水条件	

四、防渗墙、防渗帷幕和防渗铺盖的施工地质

(一)河床覆盖层垂直防渗墙施工地质工作指南

河床覆盖层防渗墙施工地质工作内容主要包括4个方面:①施工现场巡视;②岩性鉴定及成槽终孔验收;③防渗墙检测;④防渗墙施工地质资料整理。

1. 施工现场巡视

(1)钻凿槽孔、成槽施工巡视:了解施工进度、钻凿进尺速度、察看并记录岩粉和抓取的覆盖层以判定覆盖层岩性、颗粒级配及密实状态变化等;了解成槽过程中槽孔壁的稳定性并根据地层变化提出护壁和钻凿方案的预报与建议。

(2)成墙混凝土浇筑施工巡视:全程巡视终孔验收后至混凝土浇筑施工过程,现场监督保证在终孔后4h以内开始混凝土浇筑,深厚覆盖层可适当延长准备浇筑时间,减少槽底沉淀厚度,满足规范要求,以保障混凝土成墙质量。

(3)帷幕、固结灌浆施工巡视:了解灌浆进度,选择代表性钻孔编录岩芯并了解吃浆情况,检查督促灌浆施工满足设计要求。

2. 岩性鉴定及成槽终孔验收

(1)嵌岩式防渗墙基岩鉴定:在主槽孔钻凿到距设计基岩面约5m处时进行岩粉取样鉴定,取样间距0.5~1.0m,准确确定基岩面埋藏深度,为设计的嵌岩深度确定终孔深度提供依据。建议留存5组岩粉样品以备后期复核,采样深度控制在基岩面上、下2m范围内,样品照片作为资料保存。地质设代应在每个槽孔基岩面埋藏深度鉴定表上签字确认。

(2)成槽终孔验收:每个槽段应进行终孔验收。验收内容包括主、副槽孔终孔深度是否达到设计要求的确认,换浆密度和含沙量满足规范要求。地质设代要根据河床基底坡度等变化对槽段副孔的深度及嵌岩深度是否满足设计要求进行复核。地质设代应在槽段终孔四方验收报告上签字予以确认。

3. 防渗墙检测

(1)防渗墙声波检测:参与成墙后的物探声波现场对混凝土墙体质量的检测测试,了解并监督检测方案及操作是否满足规程、规范要求。收集检测成果。

(2)压水试验测试:参与试验孔的钻凿和压水试验过程,检查试验方案和操作是否满足规程、规范,检测结果是否满足设计要求;对检测钻孔岩芯进行编录并照相留存。

4. 防渗墙施工地质资料整理

(1)巡视记录:对防渗墙分部工程的所有巡视卡等资料按日期整理成册,进行归档。

(2)施工日志:对反映防渗墙分部工程内容的所有施工日志按日期整理成册并注明哪些

分部工程、日期等，以备检索，并进行归档。

(3)地质预报、联系单：对关于防渗墙部分的地质联系单整理成册，进行归档。

(4)基岩鉴定、验收资料：对已发生的基岩鉴定和槽段终验收予以签字确认的报告单等内容、名录以文字说明的形式进行记录，归档留存。

(5)照片、视频及施工地质编录资料：对反映防渗墙分部工程内容的照片、视频和施工地质编录资料进行分类整理，归档留存。

(6)资料整理：①防渗墙施工地质报告(说明)，在防渗墙作为分部工程阶段验收后应编写施工地质工作报告或说明。②防渗墙施工地质纵断面图，主要反映勘察阶段和成墙后实际基岩面的对照显示；防渗墙的成墙范围、结构形式；帷幕灌浆范围等。

防渗墙施工重点复核钻凿地层与勘察是否相符，尤其槽孔终孔深度地层岩性(岩芯留存、素描和拍照)有无异常，布置检测孔时，选取地层岩性地质条件薄弱地段。

(二)固结灌浆和防渗帷幕灌浆

(1)地质设代应熟悉防渗设计内容，了解施工工艺、方法、进度与程序。

(2)方案一般由施工单位编制，地质设代定期巡视和检查，并根据地质勘察成果结合施工开挖地质编录情况，给施工单位布置检查孔，作为检测灌浆质量的依据，检查孔一般布置在断层及节理裂隙发育部位和注入量异常孔段。

(3)先导孔与检查孔应保留所钻取的岩芯，并作地质素描、拍照留存等。注意保存灌浆检查孔中有混凝土充填的岩芯。

(4)对异常漏浆要高度重视并查明原因。

(5)检查和搜集灌浆试验资料，了解所在场地各类灌浆的工艺参数(如灌浆压力选用、一般情况单位注浆量、盖重与抬动观测情况、灌浆段长度、压水试验情况等)。

(6)根据勘察资料和施工编录资料，分析检查孔灌浆数据，对断层、裂隙密集带等不良单元予以重点关注。

(三)水工建筑物水泥灌浆工程

水工建筑物水泥灌浆工程施工内容包括现场灌浆试验、基岩固结灌浆、基岩帷幕灌浆、隧洞灌浆、混凝土坝接缝灌浆、岸坡接触灌浆、覆盖层灌浆等。各类灌浆可参照《水工建筑物水泥灌浆施工技术规范》(SL/T 62—2020)要求实施。下面对固结灌浆和帷幕灌浆作简要介绍：

固结灌浆是加固坝基的一种常用措施，它是用适当的压力将水泥浆液或其他化学固化材料灌注到地质缺陷部位，如断层破碎带、软弱夹层、深风化槽、裂隙密集带、卸荷带等，待浆液固化后，起到增加岩体完整性、提高岩体弹性模量、减少坝基沉陷的目的。一般来说，坝基岩体比较破碎、裂隙发育、具有一定可灌性时，应在坝基范围内全面进行固结灌浆。如地质条件良好，而灌浆效果不明显时，可适当缩小范围，在坝底上、下游各 1/4 底宽范围进行固结灌浆。灌浆材料以水泥浆液为主，某些特殊要求部位也可采用化学材料灌注，如环氧树脂等。

固结灌浆质量检测主要为声波法(或地震波法)，必要时采用钻孔压水试验和取样，甚至采取开挖探洞进行检查。

帷幕灌浆一般沿坝基防渗轴线布置，多由线形排列的1～2排灌浆孔组成，主要目的是减少坝基渗漏和绕坝渗漏，防止坝断层破碎带、岩体裂隙充填物、软弱夹层等抗水能力差的岩体产生渗透破坏。

一般要求防渗帷幕深入到相对隔水层下3～5m，相对隔水层按照不同坝高有不同透水率(q)标准(100m以上坝高，q控制在1～3Lu之间；50～100m坝高，q控制在3～5Lu之间；50m以下坝高，q控制在5～10Lu之间)；当隔水层埋深大或分布无规律时，帷幕灌浆深度通常取坝高的30%～70%或坝前壅水高度的1/3～1/2。

帷幕灌浆孔距一般为1.5～3.0m，排距比孔距略小；其灌浆压力上部段不宜小于1.5倍坝前净水头，孔底段不宜小于3倍坝前净水头，但以不抬动岩体为原则。

帷幕灌浆和固结灌浆施工原理基本相同，仅是在处理深度、范围和侧重点有所不同。灌浆材料以水泥浆为主，水泥标号不低于42.5。大致可灌入0.3mm以上的通道，对于小于0.2mm的通道可采用高细度水泥，如湿磨水泥等。任何种类灌浆，均需要合格的设备和材料，并且采取相应的施工工艺措施，如高速搅拌、浆液中添加活性掺合料等，在适宜的环境条件下施工，才能达到灌浆的设计目的。尤其需要注意的是：灌浆材料(水泥)具有特定的初凝和终凝时间，必须采取合理的保存措施，并保证其产品的可靠性，才能符合灌浆要求，变质过期的材料会导致灌浆的失效，而无法保证灌浆质量。

五、固结灌浆与帷幕灌浆的设计原则与标准

1. 固结灌浆

固结灌浆的设置范围应根据坝基工程地质条件，结合坝的等级和规模，以及灌浆试验等资料确定。除了上述所提的部位，当坝基岩体比较破碎、裂隙发育时，应在坝基范围内进行全面的固结灌浆。通常在坝底上、下各1/4底宽范围内需要固结灌浆。

为了获取固结灌浆合理的设计参数，如孔、排距与孔深，制定适合的施工工艺，应在坝址区选择具有代表性的坝段进行固结灌浆试验。

固结灌浆设计参数一般由灌浆试验获得，以便获取合理的孔、排距，以及孔深、灌浆压力等参数。国内目前经验一般设计孔、排距2～3m，多数为3m，孔深5～8m；在断层加固和帷幕上游区一般为8～15m。灌浆压力由灌浆试验确定，一般建议0.1～0.6MPa分级升压，尽可能取大值。固结灌浆施工遵循“分片围堵，逐步加密，避免抬动”的原则。灌浆材料以水泥浆液为主，需要确定合理的水灰比和开灌水灰比，部分特殊要求部位也可采用化学材料(如环氧树脂)等。

固结灌浆一般采用铅直孔，但如果坝基岩体中发育陡倾角裂隙和层面时，也可选择斜孔灌浆，尽可能打穿结构面，提高固结灌浆效果。

固结灌浆一般在完成14d后，采用声波或钻孔取样及压水试验进行质量检查(采用压水试验方法，检测时间可以在灌浆结束的7d后进行)，检查孔不少于总钻孔数的5%，必要时开挖探洞进行检查。

根据国内现有资料的统计分析和实践经验，在大坝固结灌浆工程中，一般常用的检查标

准:透水率控制在3～5Lu范围内。压水试验完毕后,在检查孔中依照同样的技术要求进行灌浆,以其单位水泥注入量值的大小作为检查围岩固结质量的一个标志常用的标准,单位水泥注入量小于25kg/m,一般可认为合格。

2. 防渗帷幕

施工地质在岩(土)体防渗工程中帷幕灌浆应该在固结灌浆完成,并经过质量检查合格后进行,帷幕的排数、排距及孔距,应根据工程地质条件、水文地质条件、作用水头以及灌浆试验资料确定。

对于完整性好、透水性弱的岩体,中坝及低坝,可采用1排,高坝可采用1～2排;对地质条件较差、岩体裂隙特别发育或可能发生渗透变形的地段,低坝可采用1排,中坝可采用1～2排,高坝可采用2～3排。帷幕孔距可为1.5～3m,排距宜比孔距略小。当帷幕由主、副帷幕组合而成时,副帷幕孔可取设计深度的1/2左右,钻孔宜穿过岩体的主要裂隙和层理,倾向上游0°～10°。帷幕灌浆必须在浇筑一定厚度的坝体混凝土作为盖重后施工,灌浆压力应通过试验确定,通常在帷幕孔顶段取1.0～1.5倍坝前净水头,在孔底取2～3倍坝前净水头,但不得抬动岩体。

防渗帷幕应该满足的标准根据水库坝型不同分为以下两种情况。

(1)当地材料坝:坝高 $H\geqslant200$m,透水率 $q\leqslant1$Lu 为相对隔水层;坝高 $200>H\geqslant100$m,透水率 $q<1\sim3$Lu 为相对隔水层;坝高 $H<100$m,透水率 $q\leqslant3\sim5$Lu 为相对隔水层。

(2)混凝土重力坝或拱坝:高 $H\geqslant100$m,透水率 $q\leqslant1$Lu 为相对隔水层;坝高 $100>H\geqslant50$m,透水率 $q<1\sim3$Lu 为相对隔水层;坝高 $H<50$m,透水率 $q\leqslant3\sim5$Lu 为相对隔水层。

防渗帷幕的深度和范围应满足以下要求:

(1)对于岩溶地区,防渗帷幕应穿过岩溶暗河、管道或较大规模溶蚀裂隙发育的强烈溶蚀带,深入至岩溶裂隙发育微弱的地带。

(2)对于一般性的裂隙透水岩体,坝基下防渗帷幕垂直深度有两种情况,即当存在相对隔水层(控制标准同上)时,帷幕深度应深入相对隔水层5～10m;当相对隔水层埋藏较深或分布无规律时,需设置悬挂式帷幕,帷幕深度按30%～70%坝高或坝前壅水高度的1/3～1/2考虑(也有工程经验为0.3～0.7倍水头),必要时结合渗流分析计算和工程规模、地质条件、地基渗透性、排水条件以及工程类比等综合选择。

(3)两岸防渗帷幕的长度应延伸到相对隔水层,或正常蓄水位与地下水交汇处,并适当留有余地。

3. 水利水电工程防渗灌浆一些常见现象和问题

(1)施工先导孔验证后,帷幕深度普遍大幅加深:根据笔者所了解防渗帷幕的深度在施工期根据灌浆试验验证,先导孔压水试验透水率结果普遍大于勘察阶段所提供的防渗深度,个别水库甚至超出原勘察防渗深度的1倍甚至更多。通过多个项目的总结,得出主要有以下因素:①首先施工期所用设备(记录仪、大量程压力表等)、试验方法以及边坡开挖后应力状态都与勘察阶段有所差异。此外通过以往对记录仪和人工压力表、流量表试验对比统计和分析,前者读数略为偏大(初判施工用泵功率和压力均远大于勘察设备),或者灌浆施工一般采用单点法简易压水试验,而勘探阶段一般采用3个压力5个阶段的压水试验方法,二者存在一定差异。②其次,灌浆施工所使用的压力表和流量表安装部位,与勘探阶段有所不同,甚至压水管路或管径均存在差异,都会导致记录仪读取的流量或压力比实际值偏大,从而导致灌浆施工中透水率值偏大。此外,受施工过程中洞室和大坝开挖爆破影响,心墙基槽所处的岩体应力有所释放,卸荷后裂隙的开合度增大,导致透水率有所加大。③坝基岩体以隐微裂隙为主,透水性弱,具有"吃水不吃浆"特点,上一段压水试验完成后,由于吃浆量很小,在灌浆过程中势必会增大灌浆压力,较大压力可能导致下一试段裂隙进一步劈裂张开,也会增大基岩透水率。④新疆天山或昆仑山区地质构造复杂,岩浆岩和变质岩等具有各向异性特征,当坝址区附近断层构造发育,其断层影响带附近构造裂隙较发育且不具有规律性,或呈韵律状在不同深度间断出现相对较大的透水率试段也属实际情况。综上所述,施工阶段灌浆试验压水试验成果与勘探阶段压水试验,两者设备条件及工况不同,对比性较差。

关于纯岩体帷幕灌浆的劈裂临界压力,可参见表4-9、表4-10。

表4-9　纯岩体的劈裂临界压力

岩性	纯岩体的劈裂临界压力(MPa)	岩性	纯岩体的劈裂临界压力(MPa)
花岗岩	1.5～8.5	蚀变花岗岩	3.6～8.2
流纹质熔凝灰岩	8.2～9.4	石英砂岩	5.8
厚层灰岩	3.4～6.0	硅质砂岩	＞4.0
中厚层灰岩	2.5～3.5	片麻岩	1.5～3.0

表4-10　一般岩体的浆力劈裂临界压力

岩性	浆力劈裂临界压力(MPa)	岩性	浆力劈裂临界压力(MPa)
页岩	1.5～8.5	砂岩与页岩互层	0.5～1.1
砂岩与粉砂岩互层	0.3～0.7	泥灰质砂岩	0.7
含粉质薄层的砾岩	≥0.5	薄层灰岩	0.7～1.0
板岩	0.3～1.2	片麻岩	0.5～1.0
黏土岩	0.7～1.1	具层状凝灰岩	≥0.5
石膏黏土岩	≥0.5	具有水平结构的花岗岩	≥0.5
石膏	≥0.3	砂岩、泥岩互层	≥0.7

针对此类问题,施工地质人员应该仔细分析前期勘察资料,认真检查灌浆试验施工过程,对记录仪校验、压力表、流量计计量标定进行复核,检查压力表、流量计的安装管路以及计量精度是否符合要求,对钻孔岩芯进行检查,并且与附近原勘察勘探岩芯进行对比,最终确定帷幕灌浆深度是否能够满足本工程要求,并作出科学合理的判断。

(2)化学灌浆问题探讨:对于部分坝基岩体来说,断层破碎带(尤其断层泥)、泥化夹层以及充填型裂隙,都影响普通水泥的注入,"吃水不吃浆"问题较为普遍,调整浆液配比及其灌浆工艺往往会大大影响施工效率，采用化学灌浆常常成为施工单位首要选择。目前普遍采用的是环氧树脂、聚氨酯类、硅溶胶等化学灌浆材料，然而许多化学灌浆工艺材料的耐久性尚没有经过时间和工程的考验，因此，在选择化学灌浆时，需要非常慎重地研究和考量。

对于施工地质人员来说，水利工程的坝基防渗施工至关重要，需要认真科学的工作态度，从客观公正的角度严格把好技术质量这一道“防渗界线”。

4. 特殊的全风化岩石灌浆

具有特殊物理力学性质，均匀性极差，可灌性差，“松”“软”“碎”特点的全风化岩石是岩土灌浆行业内重大技术难题。必须采用具有针对性的施工工艺，按照特殊性灌浆处理才能达到预期效果，但需特殊施工经验和足够的时间、耐心（尤其是对于浅表部全风化：压力小灌不进，压力大漏浆严重，需加强施工工艺，控制好压力、注入量、浆液配比等，并反复待凝、复灌）。

根据部分项目工程实践，总结如下：

全风化花岗岩灌浆后，其主要目的在于挤密。遵循“三个次序，两次加密”原则（如鸭子塘水库双排帷幕孔距 1.0m，排距 0.80m）。采用自上而下分段，孔内循环式的灌浆方法和方式进行。其单孔施工程序是：①钻进（第一段）；②钻孔洗孔、捞渣；③测量孔深；④压（注）水试验；⑤灌浆；⑥待凝；⑦压（注）水检查；⑧不合格复灌直至合格，重复①～⑧至设计孔深，最后校正孔深、测斜，采用压力分段灌浆压力封孔。根据类似地层岩性的工程经验，其核心在于：各灌浆孔段灌浆后原位（扫孔）压（注水）验证检查，如果原位孔灌浆检查不合格，则检查孔也势必不合格。

固结灌浆不宜采用稀浆，一般用 2∶1，然后 1∶1～0.8∶1，限流（一灌浆桶 100L），设一回浆管控制进浆；按照浆液浓度控制压力，上部灌浆段严格控制灌浆压力为 0.05～0.3MPa（需考虑压力表安装在回浆管读数偏大的因素）。

全风化花岗岩渗透系数一般为 10～4cm/s，属弱—中透水性，上部固结灌浆（有盖板时可以一段 5m）核心在于“挤密”。主要采取“孔口封闭法”（全风化花岗岩固结灌浆不建议做压水试验，可以考虑采用注水试验替代），采用双排 0.75m 孔、排距布置，灌浆材料采用超细水泥结合普通水泥。

此外，可以考虑一种新的灌浆工艺方法——稠浆封隔灌浆法（脉动压力灌浆法）、套阀管法，自上而下分小段（0.5～1.0m）套管灌浆法；浆液材料在全风化地层中可采用黏土水泥塑性浆液或膏状浆液，开灌水灰比可为 2～3 级：（0.8～1.0）∶1.0、（0.5～0.6）∶1，膏状或稠浆（流动度≤110mm）；在软弱全风化层中尽可能采用小灌段纯压式灌浆，结束标准采用压力、灌入量（每米单耗）双控方式；加强坝基接触段及上部 2～5m 范围内的灌浆质量控制，在该部位可采用自上而下分段纯压式、控制性灌浆，应尽可能提高灌浆压力，确保有效灌浆，改善基础防渗性能；在全风化软弱坝基适当增加灌浆钻孔，确保帷幕体的防渗厚度。

第四节　施工地质常见问题

一、开挖岩土界线、建基面岩性与前期勘察有明显变化或不相符

1. 岩土界线变化

如土石界线与前期勘察发生较大变化，此类问题较为常见，即地层开挖与原勘察不可能完全一致，当地层变化或出入较大时，要及时编发业务联系单，并反馈给设计和建设单位，以便尽快进行设计变更或采取相应的工程处理措施；当地层局部有轻微变化，对工程进度、费用影响不大时，应做好地质资料编录，提出相应的工程处理措施并在相关分部工程地质报告中予以说明。

2. 建基面岩性特征变化明显

指施工开挖已达到设计高程，发现岩性特征（或岩性）存在差异时，其岩土物理力学性质可能有明显变化，并可能对建筑地基产生不良影响（如岩土风化带厚度变化或岩石矿物成分成因明显变化），此时应对岩土物理力学性质进行全面复核，必要时应进行取样、试验复核工作，进行补充地质勘察或专题勘察；当复核后确定岩土物理力学性质指标满足原勘察所建议的指标或建筑物地基承载力需要时，也可通过验收，并予以详细地质编录和说明。

二、有需要进行专项勘察的工程地质问题

当施工出现原勘察遗留的（尤其中小型工程，前期经费投入不足或受到客观条件限制）未彻底查明的不良地质现象和特殊性岩土，如地基出现膨胀岩土或湿陷性岩土，或开挖出现深部卸荷裂缝等，其范围规模影响到拟建工程的安全时，均需专项勘察。

三、施工中相邻作业面相互干扰影响问题

水利水电工程一般施工周期较长，有时洞室、边坡开挖过程中经常存在不同作业单元相互干扰现象，主要是爆破开挖施工振动的影响，在相邻作业面中遇到特殊岩土体、完整性差岩体或不利结构面组合地段，往往出现边坡或洞室塌方失稳问题。因此，现场施工地质人员要根据日常巡视编录掌握的信息情况，及时分析判断，做出地质预测、预警和通报。根据边坡、洞室地质编录第一手资料，分析作业施工环境和地下水、地表水和降水可能诱发的次生地质灾害。重点分析岩土特殊组合、节理裂隙与层面的不利组合、施工工艺、地下水影响、附近基岩爆破震动、开挖建基面的预留保护事项等。

四、特殊性岩土

水利水电工程勘察过程中，一般的特殊性岩土（如膨胀性岩土、湿陷性岩土和可液化土）均已初步查明和评价分析其物理力学性质。但勘察期试验勘探存在不同程度的局限性，需要

在施工过程中进一步复核特殊性岩土的分布范围、等级等，及时将复核结果和注意事项与设计单位、建设单位进行沟通。及时全面收集岩土处理过程中的相关施工资料、检测资料。

五、地下水影响问题

地下水对水利水电工程施工影响较大，无论基岩裂隙水还是孔隙潜水，在环境变化过程中，也都处于一个动态变化过程中。地下水对边坡、洞室和基坑开挖岩土稳定性起到很大的负面作用，应谨慎对待。

水工建筑物地基开挖过程中，当地下水水位高于建基面，需要考虑施工排水降水问题。施工地质人员应全面掌握勘察的水文地质资料，并对现场地下水补、径、排条件进行复核，根据实际岩土的渗透系数等水文地质参数，制订适宜的施工降水排水方案，否则施工排水降水可能会对地基和周围建筑环境产生不利影响，或引发工程变更、施工索赔及环境地质问题等。

六、地基处理措施的变更

对特殊性岩土的施工难免进行地基处理，而每一种地基处理措施方法都具有其局限性和适用条件，而当实际处理的地层岩性与勘察资料有出入或有其他周围环境可能影响地基处理施工方案时，需要对地基处理措施进行变更。如原设计的湿陷性土强夯处理，可能由于地下水水位变浅或对附近居民影响大，而变更采用其他适宜的处理方案。地基处理方法分类及其适用范围参照本手册附录V。

七、施工质量与安全问题的施工地质义务

施工过程中，出现与工程地质相关的施工质量问题和安全问题，需要现场施工地质人员全面掌握的第一手资料有地质条件变化与否、设计要素、施工过程和方法等，必要时进行取样试验或原位测试工作，用试验数据做支撑，分析查找产生施工质量与安全问题的地质方面原因。

（一）水利水电工程施工地质与施工质量

在一些中小型水利水电工程项目施工过程中较为常见的施工质量问题主要为施工经验欠缺和施工工艺不得当。

1. 地下工程开挖过程中的问题

如隧洞围岩开挖时，如果爆破工艺较好及时喷锚支护，可以保持围岩的稳定，反之，如果爆破工艺差，往往造成超挖，支护不及时，则容易产生塌方冒顶。

2. 边坡工程开挖过程中的问题

岩质边坡开挖也是如此，原来勘察判断，边坡岩体质量一般或较差，属基本稳定或稳定性稍差，如果开挖爆破工艺合理，支护及时，本来可以保证边坡的稳定性，反之，则可能造成边坡滑塌失稳。

3. 地面工程开挖过程中的问题

软岩地基、一些软弱或较破碎或有断层影响的基础开挖，如缺乏预留保护层和处理不及时等，当有地下水影响时，往往造成严重超挖。

现场施工地质人员应根据地质勘察前期资料，以及施工期间地质预报及时提出针对性的处理建议，保证工程施工质量。

（二）水利水电工程施工危险源辨识与风险评价

（1）根据《水利部办公厅关于印发水利水电工程施工危险源辨识与风险评价导则（试行）的通知》（办监督函〔2018〕1693号），科学辨识与评价水利水电工程施工危险源及其风险等级，有效防范施工生产安全事故。

（2）施工地质大纲应该对危险源进行辨识与评价，主要是结合工程实际选用相关评价方法，制定评价标准。确定危险源及其级别，危险源风险等级。根据辨识与评价结果，对可能导致事故发生的危险、有害因素提出安全制度、技术及管理措施等。最后根据辨识与评价结果提出相关的应急预案。

（3）根据施工组织设计，结合现场施工开挖作业情况，参照《水利水电工程施工重大危险源清单（指南）》中的附表，确定工程可能存在的重大危险源和可能导致施工发生的事故类型。

（4）危险源类别、级别与风险等级。

①危险源分5个类别，分别为施工作业类、机械设备类、设施场所类、作业环境类和其他类，各类的辨识与评价对象主要有：A.施工作业类。明挖施工，洞挖施工，石方爆破，填筑工程，灌浆工程，斜井竖井开挖，地质缺陷处理，砂石料生产，混凝土生产，混凝土浇筑，脚手架工程，模板工程及支撑体系，钢筋制安，金属结构制作、安装及机电设备安装，建筑物拆除，配套电网工程，降排水，水上（下）作业，有限空间作业，高空作业，管道安装，其他单项工程等。B.机械设备类。运输车辆，特种设备，起重吊装及安装拆卸等。C.设施场所类。存弃渣场，基坑，爆破器材库，油库油罐区，材料设备仓库，供水系统，通风系统，供电系统，修理厂、钢筋厂及模具加工厂等金属结构制作加工厂场所，预制构件场所，施工道路、桥梁，隧洞，围堰等。D.作业环境类。不良地质地段，潜在滑坡区，超标准洪水，粉尘，有毒有害气体及有毒化学品泄漏环境等。E.其他类。野外施工，消防安全，营地选址等。对首次采用的新技术、新工艺、新设备、新材料及尚无相关技术标准的危险性较大的单项工程应作为危险源对象进行辨识与风险评价。②危险源分两个级别，即重大危险源和一般危险源。③危险源的风险等级分为4级，即由高到低依次为重大风险、较大风险、一般风险和低风险。

（5）与施工地质有关的主要危险源应该予以准确识别和防范。如施工作业类的明挖施工、洞挖施工、石方爆破、填筑工程、灌浆工程、斜井竖井开挖、地质缺陷处理等；设施场所类的基坑，施工道路、桥梁，隧洞，通风系统，供电系统，围堰等；作业环境类的不良地质地段、潜在滑坡区，超标准洪水，粉尘，有毒有害气体及有毒化学品泄漏环境等；其他类的野外施工、消防安全、营地选址等。

八、各类建筑物灌浆施工问题

无论是大坝、趾板、溢洪道等地面建筑物基础，还是各类隧洞洞室衬砌施工，都要进行不同类型的灌浆施工，以满足水工建筑物的设计和使用要求。地面建筑物的固结灌浆、帷幕灌浆，地下洞室的充填灌浆、固结灌浆和接触灌浆，灌浆参数选取主要根据现场地层特点进行试验性灌浆来确定，选取有代表性的施工块段，根据经验进行钻孔、吹洗孔、注浆，满足灌浆结束条件、封口等若干程序。

有时存在灌浆压力始终上不去的现象，需要停下来仔细检查，是否存在大的渗流通道，或封口不严从上部渗出，或引起抬动等，如果非地质条件差而引起的，应从施工工艺方面着手检查。

对于施工灌浆检查孔，地质人员主要关注地质条件薄弱地段以及注浆量异常部位，作为检查孔布置的主要部位。

关于固结灌浆和帷幕灌浆还可以参考本章第三节第五部分。

九、施工隧洞涌水突泥(或碎屑流)的处理措施

洞室开挖过程中产生涌水突泥(或碎屑流)会加速围岩稳定性的恶化，必须尽早控制。一般水量不大的基岩裂隙水首先以排(水)为主，开挖排水导洞或辅以排水孔，待水压减小到可以喷混凝土时，则再喷，即排、堵结合。排(水)有超前排、支护后排两种。对于断层破碎带以及涌水突泥(碎屑流)较严重部位，应采取超前支护、紧跟衬砌以及基底覆盖等措施。

如若地下水丰富到无法排出时，则要采用先堵后开挖的方法(如英吉利海峡)，必须注意在未灌浆前，千万不要开挖富水区。

在断层破碎带或裂隙密集带常会碰到较大水量稳定流量地下水，这时要用 TSP 法超前探测，以做好超前封堵。在开挖前封堵材料是水泥砂浆中加水玻璃或聚胺脂(速凝材料)。需要注意：水玻璃时效性差，凝结速度极快，较难掌控。聚胺脂强度不够，且价格较高。

当碰到与河流连通的引水隧洞段，需选择好施工季节。如果地下水丰富到无法排出时，需事先浇筑水下混凝土进行堵塞。

一般涌水突泥(碎屑流)处理措施：①超前注浆措施或对充填岩屑泥进行高压劈裂灌浆；②长管棚支护；③地表塌陷处理；④全封闭复合式防水堵泥衬砌结构，即喷锚网混凝土＋小钢管钢架模筑混凝土层＋塑料防水板＋钢筋混凝土模筑层。

十、高应力隧洞岩爆处理措施

目前对于岩爆尚没有一种好的应对办法。一般方法是导洞超前，设置应力释放孔，及时用锚、网喷、封闭、短进尺，润湿岩面。

参照已有工程，防止岩爆可采取措施：①加强监测工作，严格控制施工，采用短进尺、多循环及时支护，提高防范意识，及时清除危石；②爆破后，均匀及时地向开挖面和掌子面喷洒冷水，可在一定程度上降低围岩强度；③采用超前钻孔应力解除，松动爆破或震动爆破等方法，降低岩体应力，使能量在开挖前提前释放；④采用超前管缝式锚杆注入高压水，以降低岩体强

度;⑤及时喷钢纤维混凝土,阻止围岩张裂、松动、塌落或弹飞;⑥施工中特别注意开挖后岩体较完整地段,有时最易发生岩爆。

十一、洞口及洞内塌方处理

硬岩区的洞口开挖:平整掌子面,导洞超前,层层扩大成形,周边光爆;考虑到洞口有一临空面,施工爆破震动和围岩卸荷影响,会使洞脸边坡上节理裂隙张开度加大,从而大大降低围岩完整性,建议洞口采用钢筋混凝土锁口衬砌。

遇到断层破碎带或上覆岩层薄时,用管棚和吊顶法。

洞口塌方处理措施:①卸荷防水,从塌方产生的地表裂缝处向塌陷段削坡,坡度为 1∶0.5 或至稳定,打入 3m 以上长度锚杆,并设横向排水沟截水;②钢轨棚架,从明洞顶部顺线路方向打入钢轨加强支护,同时采用超前小导管注浆;③超前紧跟,采用先拱后墙法施工,拱脚设置托梁,并沿拱脚设置 Φ20mm、长度 3m 的锁脚锚杆;④地表陷坑回填夯实。

洞内塌方处理:①将地下水引出洞外;②导管预注浆;③加强支护措施,采用 Φ22mm、长度 2.5m 的锚杆,钢筋网 25cm×25cm,三角形格栅拱架支护及喷射混凝土覆盖钢格栅。

第一类塌方:块状岩体中之塌方,规模不大,宜自上而下锚、喷支护处理。

第二类塌方:松散体、高塑性体中,规模大宜处理松散体的围岩采用开挖支护法,但支护刚度必须大,把格构梁改为工字钢。

十二、边坡与洞室开挖的变形观测布置(及松动圈预判)

观测点的布置与观测内容的选择:针对围岩稳定,常用的是收敛变形观测,多点位移计与锚杆应力计。一般性隧洞施工,收敛观测即可满足。

用总变形量来判断围岩稳定与否,是不全面的,而是要用变形-时间曲线是否收敛来判断。围岩不稳定时,务必及时增加锚杆。

收敛观测断面:岩性变化不大的较好岩石区段,可以数百米布置一个断面。而断层带、塌方区要专门布置断面,Ⅴ类围岩区根据需要 50m 左右布置一个断面。

总变形量的允许值:目前无统一标准,也不可能有统一标准。孙钧院士提出日变量小于 3mm 为稳定,也有人提出日变形量 1mm 为稳定,还有人提出总变形量允许值。围岩软硬不同,断面大小的允许值完全不相同。最根本的判断标准建议根据变形有无产生加速度,无论如何不允许产生变形的加速度,但更重要的是要根据施工技术人员的经验去判断。

新的开挖规范中,围岩稳定与否是用变形-时间曲线是否收敛来判断。提出日收敛变形速率 0.1～0.2mm/d(顶拱＜0.15mm/d)稳定标准,而连续变形 60d 即视为不稳定。

此外,如果锚杆应力计与多点位移计发生异常,要分析其原因,并及时采取措施,如加强支护等。

十三、新奥法——支护观念与支护结构

新奥法(新奥地利隧道施工法或 NATM)于 20 世纪 60 年代出现,其原理是通过发挥围岩承载环的主动作用使洞室围岩成为承载结构部件,它强调主要承载部分是围岩,衬砌与围岩

是一个整体化的结构。即通过适当的支护，控制因洞室开挖形成的应力重分布来最大限度地利用围岩的自承能力。

围岩原有的抗力必须尽可能得到保持，防止围岩松弛，一旦松弛，岩块间的摩擦力下降，整体岩体强度下降；加强支护不是去增加衬砌厚度。

新奥法基本原则："少扰动、早喷锚、勤量测、紧封闭。"该原则是一种集设计、施工和监测于一体的科学隧洞施工理念。其中，控制爆破、喷锚支护与施工监测是新奥法施工的三大支柱。

洞室二次混凝土衬砌方法与时间应根据围岩变位的量测来决定，变形稳定后进行二次衬砌；尽量全断面一次掘进，以减少围岩的应力多次重分布；开挖后尽快形成一封闭环，以利围岩稳定……这是新奥法的最主要观点，利用这一概念可以应对各类不同性质的围岩。

新奥法是围岩从一种荷载变为承载荷载的结构。只要真正树立这一支护观念，选择正确的支护结构与参数，对付任何一种类型的围岩都没有问题。

新奥法是半理论、半经验的一种方法，它不完全依靠计算，而岩石力学这门学科，也不能依靠计算，因为边界条件复杂，参数的选定十分困难。因此，围岩压力、山岩压力都是一种假设性的计算，可供参考，不能作为依据。地下洞室中对围岩的支护，一方面要通过理论分析，另一方面要通过经验总结，最后进行正确的判断。这也是工程师的灵魂所在。

特别是在软岩中的支护，一定要牢牢树立充分利用并提高围岩自承能力这一理念。让在围岩中支护的各种结构物如钢拱架（格构梁），锚杆，喷混凝土等共同联合起作用，组成一个支承拱。在软岩中这几项个体缺一不可，否则不是被破坏就是顶不住松弛岩体产生的山岩压力。这里就有一个尽量不要让围岩松弛的要素，即没有松弛过的围岩。保持其承载力或再提高围岩的承载力比较容易。一旦松弛，把"睡着"的岩石唤醒了，再要让它保持原来的承载力，就要花非常大的功夫。

而在这么一个联合体支承拱中，锚杆是起主导性作用的，锚杆类型的选择也极为重要。锚杆在硬岩与软岩中的作用机理是有差别的。监理必须重视锚杆。

全固结砂浆锚杆是最佳选择，它的困难是安装困难（一般松散体岩石中成孔差），不能施加预应力，但可以施加拉应力，若在杆尾加垫板，达一定强度后再施加拉应力（预应力更好），则约束围岩变形的效果很好。值得重视的是注浆质量，关注浆液水灰比、稠度、注浆泵性能。

锚杆长度不宜过长，密度也要适当。砂浆浓度：水灰为（0.45～0.5）：1。

其他锚杆及适用条件如下。

机械式锚杆（有水压、楔缝、胀壳等）：作用来得快，应急时使用，只能使用在强度高的块状能成孔岩体中。

自进式锚杆：是一种中孔锚杆，原本设计是在松散破碎岩体中使用的一种能保证注浆饱满的全固结锚杆，事实上它成本高，抗剪能力差。注浆无法饱满，不是一种好锚杆。

可注浆锚杆：中空。能保证注浆质量。

树脂锚杆：应急用，可施加预应力，只能使用于能成孔的硬岩中。

水泥卷锚杆：施工方便，只能用于能成孔的岩体中，锚固力稍低于砂浆锚杆，锚杆孔周边无砂浆渗透，实际上它是一种磨擦型锚杆。

有了支承拱这一概念后，根据新奥法的观点，临时支护并不是临时性的，它是永久支护的一部分，所以，现在都叫它一次支护。

管棚的选择和使用：隧洞内不宜使用大管棚，因为大管棚要有一个操作空间，长管棚使后段外仰过多，成为无用段，大管棚与小管棚的作用是一样的。

新奥法强调支护强度。它必须区别于支护厚度与支护刚度。当围岩出现不稳定或变形量过大时，不能用增加支护物的厚度或刚度去解决问题，而是要增加支护强度去抑制围岩变形。增加支护强度的最好办法是增加锚杆的长度与密度，当然视情况也要增加支护物中的钢构件。在软岩中，不能过份强调柔性支护。如使用工字钢架，必须注意钢拱架与岩石面不能脱空，钢架不一定要大。

围岩出现不稳定迹象，说明原来使用的锚杆参数不对，因此，锚杆参数的确定十分重要。锚杆的作用有两方面：块状围岩中，有悬吊作用与组成支承拱作用；在松软岩体中，悬吊作用不明显，而主要是组成支承拱作用。经验表明，块状坚硬岩中锚杆可以稀一点，而软岩和Ⅴ类围岩中要有足够的密度(间距0.5～1.0m)。锚杆长度与洞室断面大小及形状有关。

及时支护与及时封闭：新奥法强调适时支护，开挖后对围岩退让部分应力后，寻找一最佳支护时间，即使支护阻力达最低点时进行支护。这一点在硬岩中或许能找到，可在软岩中是找不到的，或许不存在，软岩中要及早支护。一般讲先立即喷上一层混凝土，及早封闭岩面，这是十分有好处的。它在块状围岩中，能封闭和充填所有节理裂隙，阻止裂隙间小颗料与软弱物质被挤压出来，保持它的楔子作用，不降低围岩强度，保持围岩稳定；而在软岩中，实践也证明了，及时用喷混凝土封闭，也能延长自稳时间(但不能阻止围岩变形)，从而有时间做进一步的支护，如安装格构梁、锚杆及再喷混凝土等。这里要注意的是支护时间，硬岩Ⅰ、Ⅱ、Ⅲ类岩要延后一段时间，软岩宜早。

当然，在没有自稳时间或自稳时间很短的围岩中开挖，超前管棚与超前锚杆的预支护是很有必要的。在高塑性的地层中，开挖成洞后及时形成封闭环是有必要的，封闭底拱可以用底衬混凝土，也可用工字钢加底锚。

十四、料场的变化问题

料场储量和质量的复核是水利水电工程施工前必须进行的一项重要工作。首先施工地质人员必须熟悉所属项目的坝型和坝料的要求，施工开采的基本作业程序。

大范围和厚度的开挖，难免遇到与勘察不尽一致的夹层或无用层，需要施工地质人员在施工过程中密切关注。目前较多见的坝壳堆石填筑料，需要对爆破开采工艺、碾压试验过程对填筑料的质量影响有基本了解和掌握，与现场试验人员多沟通，发现问题及时提出地质建议。

由于料场质量或储量出现较大偏差，工程投资和费用出现较大的变更甚至出现施工方索赔的事例也屡见不鲜，因此务必要认真对待和把握，应充分收集和准备施工过程中的料场资料。

其他可以参照本章第六节“天然建筑材料”相关内容。

十五、设计变更及施工地质

根据《水利部关于印发水利工程设计变更管理暂行办法》的通知(水规计〔2020〕283号)(以下简称“暂行办法”),结合西南地区部分施工地质督查中发现的问题,该办法主要针对初步设计批复后的在建项目,施工过程中所涉及的“对已批准的初步设计所进行的修改活动”(即施工对原设计有较大的变化更改行为),对指导我们今后施工地质工作,控制施工项目工程风险,化解工程勘察风险更具有现实意义。

“暂行办法”第八条,“重大设计变更是指工程建设过程中,对初步设计批复的有关建设任务和内容进行调整,导致工程任务、规模、工程等级及设计标准发生变化,工程总体布置方案、主要建筑物布置及结构形式、重要机电与金属结构设备、施工组织设计方案等发生重大变化,对工程质量、安全、工期、投资、效益、环境和运行管理等产生重大影响的设计变更。”

对应于小型水利水电项目,由于本身总投资基数较低,加之在复杂地质环境条件下,因施工工艺方法不当,往往对一些不良地质可能导致的后续施工处理措施的“局部基础处理方案变化”,可能被划定为重大设计变更,但对大中型工程投资不会产生明显影响的属于一般设计变更。这一点作为文件发布机构,可能需要制定更加详细的细则加以甄别。本手册在此建议,需要更加注重前期勘察阶段报告资料的分析研究和施工措施建议方面的研判,而在施工地质过程中,务必及时掌握施工进度和动态,以及周围水文、气象、地质环境等影响因素对开挖过程的不利影响,及时做出施工地质预报和预判,为设计和施工提供针对性和建设性的意见建议,也需要对现场地质编录进行及时、完整和系统的归纳整理。

“暂行办法”第八条第五款,施工组织设计中“水库枢纽和水电站工程的混凝土骨料、土石坝填筑料、工程回填料料源发生重大变化”也是中小型水利工程项目存在较多的“重大设计变更”问题。

对于施工建设过程中,出现确需进行设计变更的问题,应该知道或及时提议“项目法人应当对设计变更建议及理由进行评估,必要时可以组织勘察设计单位、施工单位、监理单位及有关专家对设计变更建议进行技术、经济论证”。

“暂行办法”规定设计变更报告的主要内容包括:①工程概况;②设计变更的缘由、依据;③设计变更的项目和内容;④设计变更方案比选及设计;⑤设计变更对工程任务和规模、工程安全、工期、生态环境、工程投资、效益和运行等方面的影响分析;⑥变更方案工程量、投资以及与原初步设计方案变化对比;⑦结论及建议。此外,设计变更报告附件包括:①项目原初步设计批复文件;②设计变更方案勘察设计图纸、原设计方案相应图纸;③设计变更相关的试验资料、专题研究报告等。

“暂行办法”第十八条之特殊情况重大设计变更的处理,也是勘察设计单位需要掌握的,主要包括两方面:①对需要进行紧急抢险的工程设计变更,项目法人可先组织进行紧急抢险处理,同时通报项目主管部门,按照本办法办理设计变更审批手续,并附相关的资料说明紧急抢险的情形;②若工程在施工过程中不能停工,或不继续施工会造成安全事故或重大质量事故的,经项目法人、勘察设计单位、监理单位同意并签字认可后即可施工,但项目法人应将情况在5个工作日内报告项目主管部门备案,同时按照本办法办理设计变更审批手续。

根据"暂行办法"第二十条第六款,"项目法人管理不当、勘测设计单位前期勘察设计深度不足、施工单位不具备投标承诺的施工能力,导致重大设计变更的""由于项目建设各有关单位的过错引起工程设计变更并造成损失的""有关单位应当承担相应的责任"。

综上所述,随着今后水利行政主管部门监管的逐步规范。勘察设计单位应该不断加强自身的责任意识。存在的小型项目存在施工程序不规范或参建单位水平偏低等问题,影响施工组织设计正常进行,效率低下、窝工和怠工现象时有发生。一旦出现工程风险,设计单位很难摆脱干系,甚至可能由于其他参建单位各自利益原因而被"算计"。针对普遍存在的此类问题,对设代人员业务能力水平提出了更高的要求,处理好参建各方矛盾,才能维护好自身利益。

目前各省(区)水行政主管部门针对设计变更,都制定有相应实施细则,及时学习和掌握不同省(区)相关文件,在项目实施过程中,根据实际情况,对可能存在的难点进行及时预判,并作出合理合法的设计变更和应对措施,对今后避免各类风险具有现实意义。

十六、勘测设计失误与施工地质

根据《水利部关于印发〈水利工程勘测设计失误问责办法(试行)〉的通知》(水总〔2020〕33号)(以下简称"33号文")附件1《水利工程勘测设计失误分级标准》,涉及施工地质严重失误指:未按照要求对建筑物基坑、工程边坡和地下建筑物围岩进行地质编录(较严重失误3条:①建筑物基坑、工程边坡和地下建筑物围岩编录不完整;②未按要求进行地质巡视和地质编录;③未对施工中新出现的特殊地质问题及时提出处理意见)。

由此可见,国家有关主管部门,对施工地质资料的现场巡视、编录等有明确要求,如果未按照要求严格执行,在工程运行出现问题后,涉及的隐蔽工程将难以追溯,或容易使本专业处于被动局面。简言之,没有按照要求进行编录属于严重失误,而编录工作不完整、不到位,没有及时对特殊问题提出建议均属于较严重失误。可见施工地质不好,可能直接导致被追究责任的风险。

此外根据《水利部监督司关于印发〈水利建设项目稽察常见问题清单(试行)〉的通知》(监督质函〔2020〕16号)(以下简称"16号文"),针对责任主体单位(勘察设计单位)提出了诸多较重和严重问题分类。地质资料缺失多属于严重问题。

"16号文"清单第2.1条,对于基本资料收集,第2.1.2条"地质资料不满足相应阶段的深度要求(地质调查、孔数、孔深、试验孔取样或试验数据等)",如果资料"深度不够"属"较严重"问题,而如果资料"缺失"则属于"严重"问题。

依据的法规文件:《水利工程质量管理规定》(水利部令第7号,2017年第49号修改)第二十六条(以下简称"二十六条");以及遵循的规范:《水利水电工程地质勘察规范》(GB 50487—2008)、《水库枢纽工程地质勘察规范》(SL 652—2014)、《堤防工程地质勘察规程》(SL 188—2005)、《水闸与泵站工程地质勘察规范》(SL 704—2015)、《水利水电工程施工地质勘察规程》(SL 313—2004)、《水利水电工程天然建筑材料勘察规程》(SL 251—2015)等。

其中"二十六条"基本要求是:(一)设计文件应当符合国家、水利行业有关工程建设法规、工程勘测设计技术规程、标准和合同的要求。(二)设计依据的基本资料应完整、准确、可靠,设计论证充分，计算成果可靠。（三）设计文件的深度应满足相应设计阶段有关规定要求，设计质量必须满足工程质量、安全需要并符合设计规范的要求。

“16 号文”清单第 2.4 条，对于设计现场服务，第 2.4.3 条，根据《建设工程勘察设计管理条例》（国务院令第 293 号，2017 年第 687 号修改）第三十条，明确要求“建设工程勘察、设计单位应当在建设工程施工前，向施工单位和监理单位说明建设工程勘察、设计意图，解释建设工程勘察、设计文件。建设工程勘察、设计单位工程勘察设计单位应当及时解决施工中出现的勘察、设计问题”。“未及时解决施工中出现的勘察、设计问题”属“较严重问题”类别。

“16 号文”清单第 2.4.5 条，依据“《建设工程质量管理条例》（国务院令第 279 号，2019 年第 714 号修改）第二十四条”，对于“未参加质量事故分析，未按规定提出技术处理方案”，属“严重问题”类别。

此外，与勘察有关的，针对碾压式土石坝工程，“16 号文”清单第 5.1.47 条—第 5.1.51 条，坝基防渗灌浆要求均有明确规定如下：

第 5.1.47 条“未通过现场帷幕灌浆试验论证灌浆帷幕的技术可能性和经济合理性” 属“较严重问题”。

第 5.1.48 条“未对坝基范围内断层、破碎带、软弱夹层等地质构造进行处理” 属“严重问题”。

第 5.1.49 条“坝基帷幕深度不符合规范要理要求”低坝属“较严重问题”，中、高坝属“严重问题”。

第 5.1.50 条“灌浆帷幕伸入两岸长度不符合规范要求”低坝属“较严重问题”，中、高坝属“严重问题”。

第 5.1.51 条“坝基基岩灌后透水率不符合规范要求”属“较严重问题”。

……

由此可见，重视和加强施工地质工作的管理势在必行，对于列入国家计划的大量即将开工和正在建设中的中小型水库项目来说更是刻不容缓！

第五节 施工地质预报

一、施工地质预报概念

施工地质预报是指工程施工期内，对可能出现的影响建筑物及施工安全的地质问题，为预防突发的灾害事故，及时做出的预测预报。

二、各类施工地质预报的情形

根据《水利工程建设标准强制性条文》（2020 版），遇下列现象时，应对其产生原因、性质和可能的危害作出分析判断，并及时进行预报。

1. 地面建筑工程的预测预报的情形

(1)与原设计所依据的地质资料和结论有较大出入的工程地质条件和问题。

(2)基坑可能出现的管涌、流土或大量涌水时。

(3)由于天然或人为因素使边坡岩(土)体可能产生破坏失稳时。

(4)地表水或地下水运移状况有很大变化等。

2. 地下开挖工程的预测预报的情形

地下开挖工程超前地质预报:地质预报的一种特殊形式,指利用地质编录、导洞、先导孔、物探等手段和地质综合分析方法,对井、洞开挖前进方向的地质条件及可能遇到的影响洞室施工安全或围岩稳定的重要地质问题(断层破碎带、岩溶、软弱层带、含有害气体的地层、突泥、突水等)所作的预报。

(1)深埋隧洞和长隧洞及其他根据实际情况需要进行预测预报工作的地下开挖工作。

(2)开挖揭露的地质情况与前期工程地质勘察资料有较大出入。

(3)预计开挖前进方向可能遇到重大不良地质现象(坍塌、崩落、断层破碎带、岩溶、软弱层带、岩爆、膨胀、突泥、突水、涌沙、含有害气体的地层等)。

(4)围岩不断掉块,洞室内灰尘突然增多,支撑变形或连续发出响声。

(5)围岩顺裂缝错位、裂缝加宽、位移速率加大。

(6)出现片帮、岩爆或严重鼓胀变形。

(7)出现涌水、涌沙、涌水量增大、涌水突然变浑浊现象,地下水化学成分产生明显变化。

(8)干燥岩质洞段突然出现地下水流,渗水点位置突然变化,破碎带水流活动加剧,土质洞段含水量明显增大。

(9)地温突然发生变化,洞内突然出现冷空气对流。

(10)钻孔时,纯钻进速度加快且钻孔回水消失、经常发生卡钻。

3. 边坡工程的预测预报的情形

遇下列现象时,应对这些现象的产生原因、性质和可能的危害作出分析判断,并及时进行预报:

(1)边坡上不断出现小塌方、掉块、小错动、弯折、倾倒、反翘等现象,且有加剧趋势。

(2)边坡上出现新的张裂缝或剪切裂缝,下部隆起、胀裂。

(3)坡面开裂、爆破孔错位、原有裂隙扩展和错动。

(4)坡面水沿裂隙很快漏失,沿软弱结构面的湿度增加。

(5)地下水水位、出露点的流量突变,出现新的出露点,水质由清变浑。

(6)边坡变形监测数据出现异常。

(7)土质边坡出现管涌、流土等现象。

三、各类施工地质预报的内容

(一)地面建筑预报

1. 预报的主要内容

地面建筑物工程地质条件勘察期间即可查明，一般不会存在意外的塌方滑落等工程风险。但有时施工过程中，可能存在前期勘察始料未及的状况，如地下水变化、出现不良夹层透镜体(或下卧层)以及开挖新发现特殊不良地质现象，此时应该对基础工程地质条件进行重新论证评价，并从地质角度提出处理建议。

中长期预报主要针对进行过岩土处理的特殊土地基提出预报及建议。

与原设计所依据的地质资料和结论有较大出入的工程地质条件问题。

基坑可能出现的管涌、流土或大量涌水。

2. 预报的方法

(1)地质调查法是根据原有勘察资料，结合地表施工期地质调查资料和地质素描，对比原勘察成果如地层岩性、地质构造、水文地质条件、新出现的不良地质问题和不良岩(土)体，利用常规地质理论进行趋势分析，推测可能出现的问题。

(2)利用现场的监测成果，分析推测可能出现的问题，并进行预测预报。

3. 处理措施建议

(1)开挖处理的位置、范围、深度和体积。

(2)固结灌浆的位置、范围、方向和深度。

(3)锚固处理的位置、范围、方向和深度。

(4)土基置换、压(振、挤)密、桩基等加固处理的位置、范围和深度。

(5)防渗帷幕、排水孔(洞)的位置、范围、方向和深度。

(6)地下水的引、排、封、堵。

(二)边坡工程预报

1. 边坡预报的主要内容

(1)边坡中可能失稳岩(土)体的位置、体积、几何边界和力学参数。

(2)边坡可能的变形和失稳的形式、发展趋势及危害程度，对边坡稳定性差的部位，提出处理措施的建议。

(3)综合分析前期及施工期地质成果，提出修改设计和优化边坡处理的建议。

2. 预报的方法

主要采用地质调查法，边坡稳定性预报应该在深入分析前期勘察资料的基础上，根据开挖坡面的揭露情况，结合现场施工开挖情况进行动态跟踪，边坡岩体卸荷状况、不良结构面（含软弱夹层）及其组合特征、水文地质条件等，对勘察资料与编录资料进行分析对比，对边坡稳定性做出预判和预报，对可能出现的边坡稳定问题进行预判分析。

对于大中型项目或较重要边坡（级别1、2级），国内外也有采用数学模型进行边坡失稳的预测预报，主要有理论模型、统计模型和灰色模型3类。

3. 边坡处理措施建议

(1)开挖、减载处理的位置、范围、深度、体积和坡比。

(2)挡墙、抗滑桩的位置、范围和进入持力层深度。

(3)锚固处理的位置和范围，锚固深度和方向。

(4)坡面喷护的类型和范围。

(5)置换或回填处理的位置、范围和深度，排水孔、洞的位置、深度和方向。

(6)排水孔、洞的位置，深度和方向。

（三）地下工程超前地质预报

1. 预报的主要内容

(1)未开挖洞段的地质情况和可能出现的工程地质问题。

(2)可能出现坍塌、崩落、岩爆、膨胀、涌沙、突泥、突水的位置、规模及发展趋势，含有害气体地层的位置。

施工地质在施工开挖期间，出现可能对工程建设产生影响的地质问题时，需要提供短期和中、长期地质预报。

关于超前预报距离，目前尚无统一规定，有的技术标准中规定，大于100m为长距离预报，30～100m为中长距离预报，30m以内为短距离预报。但实际工作中可根据隧洞工程地质条件和预报需要，合理调整。要坚持以长距离预报指导中距离预报，以中距离预报指导短距离预报的原则，以保证预报质量、确保施工安全。

1)短期预报

短期地质预报作为现场施工最有效、最及时的指导文件，应随着地质编录与地质测绘进行。对于以钻爆法为主的中小型工程，每个循环2～3m。实践表明，预报3～4个循环进场前方的地质情况，即可满足安全施工需要，也可以保证预报精度，因此可以小于15m作为短距离预报的深度。

从洞室围岩类别角度看，对于Ⅳ类或Ⅴ类围岩，短期地质预报深度应小于15m；其他相对较好的围岩类别短期预报深度不宜大于30m。在一个预报单元隧洞施工过程中，若围岩地质情况出现突变，则应在此桩号重新进行地质预报，预报长度可根据现场实际地质条件而定。

2）中长期预报

对下列情况发生可申请中长期地质预报。

（1）根据前期勘察资料，在洞室开挖前方近 100m 范围内发育区域性较大构造断裂。

（2）配合短期地质预报，地温变化急剧加大。

（3）已开挖洞室内连续出现具有一定规律的小型构造，且掌子面岩体开始逐渐变破碎。

2. 预报的方法

1）地质分析法

地质分析法主要包括地质素描法和超前平行导洞（坑）法。地质素描法主要是根据施工期掌子面地质条件，来预报隧洞掌子面前方存在的断层、不同岩类间的接触界面、隧洞前方围岩的稳定性及失稳破坏形式等；超前平行导坑（洞）法主要是利用施工前的平行导坑的地质资料推测隧道将遇到的地质情况而进行预报。这两种方法都是以地质资料为基础，采取推测、对比等手段对隧道进行地质超前预报。它的定量水平虽然不高，但其简单易行，且成本低廉、不占用施工时间，是目前隧道施工前期超前地质预报的一种常用方法，尤其是平行导洞法，该法比较直接，成本低，在岩溶发育极不均一的地区如与物探技术结合能收到较好的效果。

2）钻探法

目前常用的钻探方法为水平钻速法，水平钻速法是根据台车水平钻速（一般指每钻进 20cm 所需的时间）的快慢和钻孔回水的颜色来判断前方掌子面围岩的岩性、构造及岩石的破碎程度。该方法简单可行，快速实用，不占施工时间，但也受到一些因素的影响，诸如钻机钻压不稳定、钻孔的平行性、钻孔过程中存在卡钻现象等。

3）物探法

（1）电磁波反射法。电磁波反射法超前地质预报主要采用地质雷达法。在地表探测 5～30m 范围内的地下地层或地质异常体（溶洞、土洞、断裂、空隙等）反射信号还是比较明显的，也是一种比较理想的手段。

（2）地震波反射法。利用地震波在不均匀地质体中产生的反射波特性来预报隧洞掌子面前方及周围邻近区域的地质情况，可以检测出掌子面前方岩性的变化，可以在钻爆法或全断面掘进机（tunnel boring machine，TBM）开挖的隧道中使用，而不必接近掌子面。该法有效预报距离为 100～200m。

目前国外常用的系统是 TSP-202（203）。TSP 地质超前预报系统是目前利用物探方法进行地质超前预报系统诸多系统中较为有效的一种，它由四大部分组成，即人工震源、传感器单元、记录单元和分析处理解译单元。1996 年我国首次引进这一系统，它的预报距离为地质雷达的 4～12 倍，预报费用却仅为超前水平钻探的 1/20～1/10。迄今我国已用 TSP202 预报系统进行过一次性试验性预报和约 30 次生产性预报，经开挖验证，其预报结果与实际地质情况基本吻合。

(3)高分辨直流电法。高分辨直流电法是以岩石的电性差异(电阻率差异)为基础,在全空间条件下建立电场,电流通过布置在隧道内的供电电极在围岩中建立起全空间稳定电场,通过研究地下电场的分布规律,并根据视电阻率分布图预报开挖工作面前方储水、导水构造分布和发育情况的一种直流电法探测技术。适用于探测地层中存在的地下水位置及含水量大小。

(4)瞬变电磁法。瞬变电磁法是一种时间域的电磁探测方法,介质在一次电流脉冲场激励下会产生涡流,在脉冲间断期间涡流不会立即消失,在其周围空间形成随时间衰减的二次磁场。二次磁场随时间衰减的规律主要取决于异常体的导电性、体积规模和埋深,以及发射电流的形态和频率。因此,可以通过接收线圈测量的二次场空间分布形态,了解异常体的空间分布。

(5)红外探测法。红外线探测仪一切物质,每时每刻都在向外部辐射红外电磁波,并形成红外辐射场。物质在向外部发射红外辐射的同时,必然会把它内部的信息传递出来,因而根据辐射场的变化,即探测曲线上所出现的异常,可提前发现隐蔽的灾害实体,从而预防灾害的发生。红外探测能准确判断出探测点前方有无水体存在及其方位。

4)综合方法

综合方法主要是根据隧洞水文地质环境、地形地貌特征、岩溶发育特征等因素而采取多种方法结合对隧道进行地质超前预报的方法,在应用中讲究因地制宜,具体问题具体分析,因此需要做大量详尽的地质调查工作。

3. 处理措施建议

处理措施应包括①开挖处理的位置、范围、深度和体积;②置换、回填处理的位置、范围和深度;③固结灌浆的范围和深度;④支护的类型、范围和时机;⑤防渗帷幕、排水孔(洞)的位置、深度和方向;⑥地下水的排、截、堵、引。

第六节　水库区和天然建筑材料

一、水库

(1)施工期间水库区施工地质工作内容:①收集和分析水库区前期工程地质、水文地质勘察资料;②收集和分析前期勘察所布置的地下水动态观测和库岸不稳定岩土体位移监测网点的资料;③复核围堰蓄水对库岸稳定的影响;④提出可能漏水地段、库岸边坡可能失稳地段、可能浸没地段的运行期监测意见和建议,并视具体情况完善水库诱发地震台网监测的建议和意见;⑤水库区防渗工程、库岸稳定处理与农田防护等工程的施工地质工作。

对于水库区渗漏、库岸稳定、浸没及诱发地震等问题,获得必要的监测资料尤为重要,应在勘察资料的基础上,结合施工具体情况提出意见建议,这需要多方面的配合才能完成。

(2)水库蓄水安全鉴定前,应综合前期勘察和施工地质成果,对库区可能存在的环境地质问题，评价和验收主要内容：①库底及周边可能渗漏地段的封闭条件及处理情况；②库岸特别是近坝库岸的滑坡、危岩体、堆积体等的稳定性及处理情况；③影响水库安全的泥石流泥沙发生区的防治措施及实施情况；④可能产生浸没地段的防护措施及实施情况；⑤蓄水前地震本底值，蓄水后可能发生水库诱发地震的部位、震级上限及其对库坝区建筑物和环境的影响；⑥滑坡、危岩体、堆积体等的监测系统，可能渗漏地段地下水长期观测网，地震监测台网等的实施情况。

(3)遇到下列情况时，应提出进行专项勘察的建议：①与工程施工、运行安全相关的库岸稳定性需进一步查明；②岩溶发育地段、狭窄或低矮分水岭和河湾段等存在水库渗漏问题需进一步查明；③其他重要的工程地质问题和环境地质问题需要进一步查明。

二、天然建筑材料

1. 地质巡视与预报

遇到下列情况，应提出地质预报：①开采方法不合理，影响材料质量、储量；②料场地质条件局部变化影响材料质量、储量；③料场开挖边坡出现不稳定现象。

2. 料场专项勘察

施工期间应注意搜集了解各检测单位现场试验情况，并及时记录，如对工程总体方案有重大影响问题时，应及时进行地质预报，尽快以书面形式通知业主。对于下列情况，应提出专项勘察建议：①设计方案变更或其他原因需新辟料场；②天然或人为因素造成料场储量或质量发生明显改变。

3. 料场一些复杂问题

1)天然建筑材料新特点

涉及天然建筑材料的变更和调整日趋增多，如耿马芒枕水库、凤庆天生桥水库、前锋水库、云县河中水库、永德考拉水库、纸厂水库等块石料料场。

在《水利水电工程天然建筑材料勘查规程》(SL 251—2015)中考虑了天然建筑材料这种新特点，但由于地域广阔的国情，尚不足以照顾到方方面面，因此对于部分地区存在与规范不尽相同的特殊性建筑材料，应该注重当地普遍采用且较成熟的工程经验进行类比。

如云贵川等西南地区灰岩料以及高液限黏土(部分黏粒含量高达40%～60%，液限达到40%～70%，此类土最优含水量偏高，一般为28%～36%，最大干密度也明显偏低，一般为1.35～1.56g/cm^3，当地一般采用以“固定压实系数，浮动干密度”为控制原则的设计和施工方法)，在许多当地材料的黏土心墙坝(甚至不乏大于70m高坝)得到利用，且未发现不良影响的报道，这些工程经验都有待于进一步总结和研究。

2)块石料的爆破开采与利用

以当地材料建设的土石坝均需要大坝坝壳填筑料，在新疆大部分可以采用河床或阶地自然堆积形成的冲洪积卵砾石进行碾压填筑；而对于云南等西南地区大部分需要选取合格的山体料场进行人工爆破开采，其中灰岩、硬质砂岩、玄武岩、花岗岩等不失为较理想的块石料，但大多存在风化厚度较大，因构造影响其成分均一性差。这需要在勘察阶段查明外，施工阶段尚要认真进行料场复查。灰岩料场尽可能避开溶洞裂隙发育地段，其他料场尽可能选择风化厚度薄、构造不发育、岩体完整性相对好的地段。

3)风化料的勘察使用

无论从环境保护角度，还是从经济合理角度和国情出发，土石坝大多采用当地材料填筑，但优质合格的料源日益缺乏，目前利用开挖风化料等已成为趋势，大多数工程填筑材料需要进行特殊论证处理才能够满足设计需要。而多数中小型项目缺乏专题论证的条件，需要借助于本地区大中型工程成功经验才能够得以实施。设计人员对风化料筑坝的风险把控、施工开采和填筑过程的质量保证都是需要参建单位共同面对和加以解决的重要组成部分。

在熟悉前期天然建筑材料勘察资料的基础上，收集料场复查报告，并适时对开采的料场进行巡视，重点查看开挖范围是否相符，开挖地层剖面是否存在勘察未发现的较大储量的无用夹层。此外，注意搜集和了解各检测单位现场试验情况，并及时记录，如对工程总体方案有重大影响问题时，应尽快以书面形式通知业主。

堆石料爆破开采试验，对于绝大多数中小型水利水电工程来说，都是在开工以后进行的，而设计提供的块石料级配控制指标——包络线一般也都是采用经验值，这与实际爆破开采后所取得的指标差异较大，需要在碾压试验合格(满足设计要求)后，根据实际情况对包络线进行调整(前提是能够满足大坝填筑设计控制指标)，或参照当地成熟工程经验加以妥善处理。

4)特殊土料的勘察使用

对于黄土状土、盐渍土、高液限土等特殊性土，应进行专题技术论证。中小型水利水电项目尚需要注重当地工程实践经验。

第七节　不同水工建筑物对工程地质条件的要求

一、不同坝型对基础的要求

坝基工程地质条件评价主要是对各相关建筑物布置地段的地层岩性、地质构造发育情况、岩体风化及卸荷程度、水文地质条件、岩体物理力学性质等进行评价，并结合建筑物结构特点和对地基的要求，分析评价建基岩体的承载能力和稳定性(包括变形稳定性和渗透稳定性)，提出建基面选择建议和岩体相关物理力学参数。同时需根据地基地质条件分析评价可能出现的工程地质问题及其对高程点的影响，提出相应的工程地质建议。

水利水电工程常见坝型包括土石坝(又可细分为心墙坝、混凝土面板堆石坝等)、混凝土重力坝、混凝土拱坝，各类坝型对地质条件要求也有所差异，详见表4-11。

表 4-11　不同坝型对地质条件要求

地质条件	土石坝	混凝土重力坝	混凝土拱坝
岩土性质	坝基岩(土)应具有抗水性(不溶解),压缩性也应较小,尽量避免有很厚的泥炭、淤泥、软黏土、粉细砂、湿陷性黄土等不良土层	坝基尽可能为岩基,应有足够的整体性、均匀性,并具有一定的承载力、抗水性和耐风化性能,覆盖层与风化层不宜过厚	坝基应为完整、均一、承载力高、强度大、耐风化、抗水的坚硬岩基,覆盖层和风化层不宜过厚
地质构造	以土层均一、结构简单、层次较稳定、厚度变化小的为佳,最好避开严重破碎的大断层带	尽量避开大断层带、软弱带以及节理密集带等不良地质构造	尽量避开大断层带、软弱带以及节理密集带等不良地质构造
坝基与坝肩稳定	应避免有能使坝体活动的性质不良的软弱层及软弱夹层。两岸坝肩接头处,地形坡度不宜过陡	坝基应有足够的抗滑稳定性,应尽量避免有不利于稳定的滑移面(软弱夹层、缓倾角断层等)	两岸坝基在地形条件上应大致对称(河谷宽高比最好不超过 3.5),在拱推力作用下,不能发生滑移和过大变形,拱座下游应有足够的稳定岩体
渗透与渗流稳定	应有足够的渗流稳定性,应避开难以处理的易产生渗透变形破坏的土层与可液化土层,并避免渗漏量过大	岩石透水性不宜过大,不致产生大量漏水。避免产生过大的渗透压力	岩石透水性要小,应避免产生过大的渗透压力(特别是两岸坝肩的侧向渗透压力)

注:1. 土石坝的心墙基础要求较高的渗流稳定条件,一般需采取相应的工程措施;2. 支墩坝对地质条件的适应性较强,但须注意防止产生过大的侧向渗透压力,软弱夹层及软弱破碎带产生渗透变形破坏以及相邻支墩产生过大的不均一沉降。

二、地面厂房系统对基础的要求

岩基承载力一般都能满足厂房、开关站及压力明管等设计要求,但在某些条件下,如存在强度低且全风化厚度不均匀地基或存在软弱岩层、规模较大的断层破碎带,就可能无法满足承载力要求。同时岩石强度的差异性和不均匀将产生地基变形问题。出现此问题应尽可能避开或采取处理措施,减少或消除地基承载力不足及不均匀变形对建筑物安全的影响。

三、溢洪、泄洪建筑对基础的要求

处于高山峡谷区时往往出现边坡问题,尤其是下游消能冲刷区、雾化区。要求闸基控制段强度满足承载力和变形稳定要求,抗滑稳定评价根据岩基中结构面发育类型、分布位置、产状、性状以及各类结构面组合关系,尤其缓倾角结构面发育情况,进行抗滑稳定性分析,提出处理措施建议;挑流鼻坎建基面岩体需考虑抗冲刷能力和地基淘刷稳定性,宜置于回流冲刷深度以下相对坚硬完整的基岩上;下游消能雾化区,需根据地段内岩性及岩石强度、风化及卸荷程度、岩体完整性和结构面特征等对抗冲刷坑及岩体冲刷能力进行评价,提出各类岩体的抗冲性能及有关地质参数,结合雾化分区对岸坡稳定性进行评价。

四、临时建筑物的地质要求

导流明渠主要关注外导墙地基覆盖层结构、厚度及性状，基岩岩性、完整性、风化、卸荷情况，以及各类结构面位置、规模、产状、性状及其组合关系等，特别是要查明地基渗透稳定性和中缓倾角结构面发育情况；进行内侧边坡的稳定性以及出口边坡的抗冲刷稳定性、抗滑稳定性等分析，结合试验成果或通过工程类比提出相应参数地质建议值，提出处理措施建议等。

第五章　施工地质资料整编

第一节　现场资料汇总要求

水利水电工程施工地质工作周期长，资料繁多，现场地质人员频繁更换也常发生，需要对现场资料进行及时、规范的整编汇总。

一、施工地质现场资料编录与整理

1. 日常资料整理

按照日常资料整理要求对开挖现场地质巡视、地质观测（简单追踪、量测）、摄影录像、施工地质日志、各类记录表格、卡片等资料进行及时分类整理归纳，并进行电子文档的采集。

2. 开挖展示图的资料收集和整理

(1)开挖展示图需要具备的资料有水工建筑物设计开挖图、地质编录资料、施工开挖的测量数据（包括不同区块开挖的桩号、高程、坐标等）。

(2)资料收集途径和来源应准确可靠，资料数据主要是从设代处获得，也可以通过业主及监理从施工单位取得。

(3)开挖展示图应全面反映所开挖水工建筑物的建基面、边坡、洞室的工程地质条件，不良地质现象，特殊岩土及水文地质条件等。

(4)开挖展示图应直观、清晰，重点反映边坡或洞室的不利结构面或结构面组合，而对边坡洞室稳定性影响小的一般性节理裂隙，应适当简化，不宜过于繁杂。

(5)在开挖展示图上应附有开挖断面边界角点的坐标、高程等一览表，并进行分段工程地质说明。

二、施工地质影像资料的整理与保管

水利水电工程建设施工内容丰富，周期长，在施工地质过程中会采集大量的影像资料，待工程完工时，累计的影像资料将会形成庞大的数据。因此，平时日常分类分批整理影像资料应该作为施工地质工作的重要组成部分。

对每日照片的编号顺序以及照片部位进行备注，例如 2010 年 4 月 15 日，001～023 为导流洞出口、023～038 为联合进水口、038～050 为上游围堰等。按照施工地质工作时间作为文

件名进行保存,如 20100415 即为当日施工地质照片,以后每日照片依次类推。

每隔一周或一个月,再将照片进行分类保存。新建文件夹“2010－04 照片”,其中设下一级文件夹,按照单元工程或分部工程分别建立“导流洞”“联合进水口”“左岸趾板”“右岸趾板”“发电厂房”“上游围堰”等下一级文件夹;如果某个单元或分部工程内容较多还可以再细分下一级文件夹,依次类推。

每个年度或每个工程节点完成后,需要把按照施工地质时间顺序保存的照片和分类照片进行备份或刻制光盘加以妥善保存。

三、业务联系单的编制

(1)业务联系单采用统一固定格式。

(2)地质专业业务联系单作为设计方面业务联系单的重要支撑文件(不属于设计变更文件)。

(3)业务联系单内容应客观性地反映现状,保证其有效性。①对某单项工程某部位地质建议进行交底说明或补充说明,具体应该包括前期资料简况,目前地质条件与环境问题、现状地质评价分析,附件应包括照片(含注释),必要时附施工开挖的平面、剖面图等;②对工程开挖有关工作地质问题的通知或要求;③对某单项工程有关地质问题的建议、意见、答复意见或备忘录。

(4)业务联系单编制及发放程序:①业务联系单编制完成后,需进行校审工作;②业务联系单应统一编号;③设计更改通知单编号后,一式三份签名、盖章,并在业务联系单登记表上登记;④业务联系单登记后,由设代处(组)随设计联系单一并按规定发放,设计处(组)留存 2 份(1 份存档、1 份查阅)。

(5)内部资料传递:①交接人应将前期施工地质日志、分类照片、野外记录表、各类卡片、草图、业务联系等相关资料列出清单;②已完成的单元工程的地质说明和电子版图件;③填写交接报告,说明已完成和未完成的施工单元、进度、施工存在的主要工程地质问题、下期工作应重点关注内容;④建设单位、监理及施工单位联系人及联系方式;⑤已完成的联合验收台账;⑥填制“施工地质资料交接表”,交接人和接收人签署确认。

第二节　阶段验收资料整编

一、单元工程验收资料整编

(1)首先对现场开挖的测量数据、高程和坐标等进行复核确认。

(2)坝基、闸基等地面建筑物建基面地质编录,重点描述岩性、构造特征,复核地基岩体类别,有无地下水影响以及处理措施。

(3)边坡、洞室的现场编录,应重点注意结构面的延伸发育情况、结构面组合,对于不同的部位影响差异较大,例如同样一组或两组结构面在边坡、洞室拱顶和洞室边墙等部位,对其稳定性的影响是不同的,可能是稳定的,或者可能失稳或潜在失稳,或产生平面滑动、楔形体滑动、崩塌、蠕滑等多种类型的破坏。因此，在编录工程中，应认真把握判断。

(4)单元工程验收过程中，应详细了解施工过程、开挖起止时间、开挖边界、爆破工艺、开挖过程存在的问题等，并做好记录。采用计算纸进行现场素描(比例尺采用1∶100～1∶200，局部断层、软弱或泥化夹层等地质缺陷可以采用1∶50比例尺)，并填制综合描述卡和巡视卡。

(5)当相邻单元工程验收结束后，应及时进行编录素描图的拼接、合并整理，依次类推，直至分部工程所有单元验收完成，该建筑物分部工程的开挖编录展示图也就随之完成，以便着手进行分部工程验收资料的准备。

二、分部工程与单位工程资料整编

(1)当单位工程中的各个分部工程均完成并通过验收后，应及时汇总完成该分部工程的工程地质资料和地质说明，初步编制完成单位工程施工地质说明，并附必要的工程地质图、开挖展示图、开挖断面纵横剖面图等，作为单位工程验收的技术支撑性文件。

(2)单位工程验收阶段资料整理时，应重点把握对单位工程开挖起制约性作用的地质构造，如果过于细碎则无法突出重点，难以反映单位工程开挖地质体的主要地质问题。

三、分部工程及单位工程施工地质总结

隐蔽工程中与地质密切相关的分部工程及单位工程验收前，应进行必要的地质总结，诸如坝基、闸塔基等建筑物建基面、边坡工程、基础处理、地下开挖工程等。应根据前期勘察及后期施工开挖的变化情况，进行施工地质总结，同时验证前期勘察资料，为将来阶段工程验收积累资料，也可以及时发现施工存在的地质问题，并积累更多的经验。其地质总结内容包括分部工程及单位工程概况、工程地质水文地质条件、勘察阶段基本结论、施工开挖与勘察资料对比情况、存在主要工程地质问题、处理措施、注意事项及结论建议等。

四、枢纽工程阶段性验收资料整编

主要的阶段验收包括枢纽工程导(截)流阶段验收、水库下闸蓄水阶段验收。

(一)枢纽工程导(截)流阶段验收资料整编

该阶段验收前地质人员应该结合前期勘察资料，对导流洞进出口洞脸边坡和洞室现场开挖的地质编录进行分析研究，对洞室和边坡可能存在的稳定性问题进行预判分析，为设计和施工提供可行的处理措施。

由于随后是在截流堤下游进行上游围堰的施工，因此，在截流前应熟悉围堰坝线的工程地质条件和所需天然建筑材料情况。在截流后及时进行坝肩、坝坡和围堰坝基开挖施工的编录工作。

1.该阶段应编制和准备好如下相关地质资料

导流洞施工开挖地质编录展示图；导流洞基底清理地质编录展示图；导流洞进、出口洞脸

边坡展示图；导流洞施工地质说明；围堰施工完成后，及时整理出该单元工程施工地质开挖图件(纵横剖面图)及施工地质说明。

2. 截流工程验收阶段工程地质报告大纲提纲

1　工程概况

简介工程规模和前期勘察情况，并充分收集业主、施工单位、设计、监理等资料互相验证。

(1)布置方案、建筑物形式、主要工程技术指标、施工阶段起止日期、技施阶段的设计变更等。

(2)施工地质工作的起止日期，主要完成的工作内容和工作量，简述施工过程遇到的主要地质问题和处理意见(边坡、洞室稳定问题等)。

2　导流洞室基本地质条件及前期主要工程地质结论

3　施工开挖工程地质条件

(1)地层岩性条件(分段岩性)。

(2)地质构造条件(分析统计成果表)。

(3)水文地质条件(出水点、水量、水质分析成果)。

4　主要地质问题及施工处理

(1)岩石特性及爆破工艺对围岩的影响。

(2)结构面组合引起洞室围岩失稳、塌落情况。

(3)出口消能明渠段岩土工程条件。

(4)导流明渠洞脸边坡的破坏。

5　导流段工程地质评价

(1)洞室围岩、明渠基础的地质评价(按实际开挖重新分段评价围岩分类等)。

(2)洞室围岩的充填灌浆情况(特别是塌落拱、超挖等)。

(3)洞脸、明渠边坡的分析评价及最终采取的支护方式。

(4)施工过程中的临时支护选择和出现工程地质问题的关系分析。

6　导流洞竣工地质报告附图目录

(1)导流洞竣工工程地质纵、横剖面图(附工程地质说明及围岩分类表，断层统计表)。

(2)导流洞进口洞脸边坡展示图。

(3)导流洞洞室展示图(洞室、洞底各1张)。

(4)导流洞出口洞脸边坡展示图。

(5)导流洞明渠展示图。

(6)施工支洞洞室展示图(有支洞时)。

(二)水库下闸蓄水阶段验收

该阶段需要汇总前期完成的挡水建筑物、泄水建筑物开挖编录资料及库区调查资料，在已完成的单位工程施工地质说明及附图的基础上，编制蓄水安全鉴定工程地质自检报告及附图。蓄水安全鉴定工程地质自检报告主要内容如下：

(1)简述工程区工程地质勘察工作过程,累计完成的主要地勘工作量及初步设计阶段的主要勘察成果。

(2)简述区域地质概况,包括地形地貌、地层岩性、地质构造、地震活动性、主要断裂活动性;地震基本烈度及地震动参数。

(3)简述水库区工程地质条件。对水库渗透、库岸稳定、水库浸没、矿产及文物淹没、水库地震、近坝库区岸坡稳定条件及其对工程安全的影响等问题作出评价。

(4)枢纽区地质概况。简述枢纽区地形地貌、地层岩性、地质构造、物理地质现象、岩土体物理力学特性(包括各类岩土体的物理力学参数)和水文地质条件(地下水、岩溶、岩体透水性、水质分析)等。对初步设计以后所完成的地质勘察资料进行总结、分析和对比。

(5)主要建筑物工程地质条件评价。包括大坝、泄水建筑物和下游消能防冲(包括雾化区边坡)等施工开挖后揭露的地质条件、地质缺陷及主要工程地质问题、工程处理措施等,应阐明分析评价依据和结论;对大坝防渗帷幕轴线的水文地质条件进行复核,分析评价防渗处理范围及合理性。

(6)各类工程边坡稳定性评价。包括边坡地质结构、原始自然状态、施工开挖处理后的监测状态、当前状态、完工后的预测状态等均应作出评价。

(7)各类专题研究主要内容和结论。包括研究的主要内容、研究过程简介、主要研究结论、实际工程措施、遗留问题及建议等。

(8)天然建筑材料。主要说明天然建筑材料的分布、储量、质量,对施工期实际开采及施工采用状况(料场分布、储量、质量、用量)进行评价。

(9)结论与建议。

工程地质自检报告附件包括各类:初步设计阶段工程地质勘察报告、专题报告及图件;地震危险性分析专题报告;技施阶段工程地质专题报告、料场复核报告及图件等;专题报告和附图册等,自检报告应附的主要图件有施工地质编录图,包括大坝坝基、引水发电洞、泄水建筑物、引水发电系统等开挖后的地质编录展示图及代表性的纵横剖面图等,自检报告与附图册等资料一般要求一式不少于2份,提交给编制蓄水安全鉴定报告的机构和部门使用。

第三节　竣工验收资料整编

在工程所有建设项目完成后,水库已批准下闸蓄水并完成末台机组发电验收,河道疏浚工程已完成,经过一定时期(通常经过一个汛期至一年时间)安全运行后,建设单位择机进行工程竣工阶段验收。该阶段资料涉及整个枢纽工程的方方面面,需要从宏观上对工程各部分予以评价,也是对前期工程勘察工作的全面总结和复核,并对运行阶段可能涉及的地质问题提出预判和预测,提出各系统的监测建议,以及需要准备的一些应急措施和预案等。

工程竣工验收阶段工作重点是全面系统地收集整理分部工程和单位工程验收资料,编制整个枢纽工程竣工地质报告,编制提纲如下。

1　前言

1.1 工程概况

简述工程位置、枢纽建筑物总体布置、型式和工程技术指标，主要施工阶段起止时间，技术施工设计阶段重大设计变更情况等。

1.2 工程地质勘察概况

简述施工前工程地质勘察过程、项目和工作量，主要工程地质结论。

1.3 施工地质工作概况

施工地质工作起止时间，完成的工作项目和主要工作量。简述施工中遇到的主要工程地质问题和解决途径。

2　区域构造稳定性与地震

2.1 区域地质概况

简述区域地形地貌、地层岩性和地质构造等。

2.2 区域构造稳定性

简述区域构造格架、稳定性和基本结论。

2.3 地震基本烈度及地震动参数

工程区地震安全性评价，法律文件依据及其主要内容和结论，设计采用的抗震设计参数。

3　水库区工程地质与环境地质

3.1 水库区工程地质概况

简述水库区基本工程地质条件和工程地质分段。

3.2 水库渗漏

施工期水库封闭条件复核情况和结论，处理措施的建议；水库防渗工程施工处理情况和评价；运行期的检测建议。

3.3 库岸稳定性

库岸基本状况和库岸稳定性分段，施工期库岸稳定性复核情况和结论，库岸重点崩塌、滑坡、泥石流的工程地质评价和处理情况，运行期的监测建议。

3.4 水库诱发地震

水库诱发地震的条件和研究结论，地震监测台网的实施情况。

3.5 水库浸没与淹没

简述水库浸没与淹没情况和施工期复核结论，淹没区防护工程地质概况，淹没地段防护措施、施工处理情况，运行期的监测建议。

4　坝址区基本地质条件

4.1 地形地貌

4.2 地层岩性

4.3 地质构造

4.4 岩体风化

4.5 物理地质现象

4.6 水文地质

4.7 岩体质量与岩土物理力学性质

5　建筑物(导流与泄水建筑物、围堰与拦河大坝、引水发电系统、发电厂房及尾水建筑物等)工程地质条件及评价

5.1 基本地质条件及前期主要工程地质结论

5.2 竣工工程地质条件

5.3 主要工程地质问题及施工处理

5.4 工程地质评价

5.4.1 地面建筑物总体或分块(段)地基工程地质评价

内容包括:①地基岩(土)体的工程地质类别、物理力学参数、渗透性与渗透稳定性;②地基岩(土)体的性状是否满足所规定的的承载与变形的要求;③地基可能的整体和局部滑移形式及其相应的边界条件,滑移面体力学参数,抗力体范围及完整性;④不良地质问题的处理建议及工程处理是否满足要求;⑤需进行后续处理的地质问题和运行期的监测项目。

5.4.2 地下开挖工程总体或分段工程地质评价

内容包括:①洞室围岩、明渠基础、边坡等工程地质条件、工程地质类别、工程地质分段(按实际开挖重新分段评价围岩分类等);②不利块体、不良地质洞段处理建议及工程处理是否满足要求,施工过程中的临时支护选择和出现工程地质问题的关系分析;③岩土物理力学参数、岩土渗透性;④复核围岩应力、岩体抗力系数和外水压力;⑤需进行后续处理的地质问题和运行期的监测项目,洞室围岩(特别是塌落拱、超挖等)的充填灌浆情况。

5.4.3 工程边坡总体或分段工程地质评价

内容包括:①边坡的高度、几何形态和工程地质条件;②整体稳定性和局部稳定性及变形监测资料分析;③失稳岩土体的位置、范围、规模及破坏机制;④不利块体、不良地质问题处理建议及工程处理是否满足要求;⑤需进行后续处理的地质问题和运行期的监测项目。

5.4.4 岩土体防渗与排水工程的工程地质评价

内容包括:①防渗墙、帷幕的范围、深度是否满足设计要求;②检查孔、井中裂隙结石充填率及检查孔岩体透水率;③防渗线路上的岩溶洞穴清理、封堵情况;④软弱层带、含盐地层等特殊地段的长期渗透稳定性;⑤排水孔的有效性、排水量、水质及其变化;⑥防渗铺盖的地基处理及其两岸岸坡的结合情况;⑦对防渗与排水工程有不利影响的勘探洞(井孔)的封堵情况;⑧蓄水初期防渗墙、帷幕后观测孔水位与排水孔涌水及变化;⑨需进行后续处理的地质问题和运行期的监测项目。

6　天然建筑材料

6.1 天然建筑材料勘察概况

简述天然建筑材料勘察过程和工作量,着重评述前期选定料场和施工期新辟料场的储量与质量。

6.2 施工期天然建筑材料关键质量问题的研究与评价

简述混凝土骨料的碱活性、分散性土、碎石类土的渗透性等关键质量问题的施工期研究结论及处理措施。

6.3 开采料场的用量与质量评述

7 结论及建议

区域构造稳定性与地震基本烈度结论，水库主要工程地质问题的结论和评价，遗留问题及运行期监测项目和建议。

第四节 资料保管与归档

一、施工地质资料构成

(1)施工地质现场主要资料构成包括①野外记录表、手图、各类记录表等；②施工地质日志、施工大事记、现场初步成果、拼接图等；③施工地质过程中主要文件、会议纪要、变更报告、业务联系单、照片及影像资料；④验收块(段)施工地质说明及附图。

(2)现场形成的第一手资料应该统一保存于设代处办公室，并分类存放。

(3)施工地质设代人员发生变更时，应做好交接登记手续。

(4)施工地质技术成果包括①阶段验收工程地质报告与附图；②蓄水安全鉴定工程地质自检报告与附图；③工程竣工施工地质报告及附图；④工程地质勘察技术总结。

二、资料保管与归档

(1)各类现场资料未经项目行政领导和项目技术领导同意，不得随意外借。

(2)施工地质竣工报告编制完成前，可暂不归档，但必须分门别类保存完好。

(3)资料归档前，做好项目组自检，经项技检查资料齐全，按《科技档案管理办法》要求进行归档。

附　录

常用施工地质表格及
工程地质经验参数汇总

附录A　施工地质现场常用表格

A.1　施工地质日志

新疆兵团勘测设计院(集团)有限责任公司

施工地质日志

工程名称:________________

编制单位:　　工程勘察院

实施时间:____年__月__日—____年__月__日

______________工程施工地质日志

星期：　　　　　　　　　　　　　　　天气：

建筑物名称	
施工地质事项	
技术往来活动、技术问题讨论意见及结论	
重要处理措施及实施情况	
工程重大事项	
备注	

地质值班员：　　　　　　　　　　　　　　年　　月　　日

A.2 施工地质巡视卡

新疆兵团勘测设计院(集团)
有 限 责 任 公 司

施工地质巡视卡

工程名称:________________

编制单位: 工程勘察院

实施时间:____年__月__日—____年__月__日

______工程施工地质巡视卡

（地面建筑物含边坡）

<table>
<tr><td rowspan="2">建筑物名称</td><td rowspan="2"></td><td rowspan="2">部位</td><td rowspan="2"></td><td>坐标或桩号</td><td></td></tr>
<tr><td>高程</td><td></td></tr>
<tr><td>施工进度、现状
及开挖形态</td><td colspan="5"></td></tr>
<tr><td>综合地质描述及素描</td><td colspan="5"></td></tr>
<tr><td>工程地质
问题</td><td colspan="5"></td></tr>
<tr><td>需要立即开展
的工作</td><td colspan="5"></td></tr>
</table>

巡视人：　　　　　　　　记录：　　　　　　　　年　月　日

负责人 处置意见	签字：　　　年　月　日

________工程施工地质巡视卡
（地下开挖工程）

建筑物名称		部位		坐标或桩号	
				高程	
施工进度、现状及开挖形态、爆破半孔率					
地层岩性					
构造					
水文地质					
围岩类型 围岩变形					
工程处理措施实施情况					
其他					
需要立即开展的工作					
素描图					

巡视人：　　　　　　记录：　　　　　　年　月　日

负责人处置意见	签字：　　　年　月　日

A. 3 施工地质编录综合描述卡

新疆兵团勘测设计院(集团)
有 限 责 任 公 司

施工地质编录综合描述卡

工程名称:______________________________

编制单位: 工程勘察院

实施时间:____年__月__日—____年__月__日

______工程施工地质编录综合描述卡
（地面建筑物）

建筑物名称		坐标或桩号	
编录段（块）编号		高程	
建基面形态及岩性			
断层及裂隙特征			
风化特征			
水文地质特征			
检测手段及结果			
岩体结构、岩体质量分级			
建基面缺陷及处理			
工程地质分区及评价			
摄影、录像说明			
示 意 图			

编录负责人：　　　　记录：　　　　　　　　　　　年　月　日

______工程施工地质编录综合描述卡

（地下开挖工程）

工程部位		坐标或桩号	
编录段 编号		高程	
洞、井壁形态 及地层岩性			
断层及裂隙特征			
风化特征			
水文地质 特征			
检(监)测 手段及结果			
岩体结构及 围岩工程 地质分类			
工程地质 问题及处理			
工程地质 评价			
摄影、录像 说明			
示意图			

编录负责人：　　参加人：　　记录：　　年　月　日

______工程施工地质编录综合描述卡

（工程边坡）

<table>
<tr><td>建筑物名称</td><td></td><td>坐标或桩号</td><td></td></tr>
<tr><td>编录段(块)编号</td><td></td><td>高程</td><td></td></tr>
<tr><td>坡面形态
及地层岩性</td><td colspan="3"></td></tr>
<tr><td>断层及裂隙
特征</td><td colspan="3"></td></tr>
<tr><td>风化卸荷
特征</td><td colspan="3"></td></tr>
<tr><td>水文地质
特征</td><td colspan="3"></td></tr>
<tr><td>边坡类型及
岩体结构</td><td colspan="3"></td></tr>
<tr><td>边坡检(监)
测手段及结果</td><td colspan="3"></td></tr>
<tr><td>边坡
稳定性</td><td colspan="3"></td></tr>
<tr><td>边坡处理
措施及实施</td><td colspan="3"></td></tr>
<tr><td>工程地质
分区及评价</td><td colspan="3"></td></tr>
<tr><td>摄影、录像
说明</td><td colspan="3"></td></tr>
<tr><td colspan="4">示意图</td></tr>
</table>

编录负责人：　　　　　　　　记录：　　　　　　　　年　月　日

A.4 施工地质现场交接登记表

施工地质现场交接登记表

项目名称：　　　　　　　　　　　　　　　　　　　工号：

<table>
<tr><td>施工地质
上序责任人</td><td colspan="2"></td><td colspan="2">服务时间</td><td>年　月　日至
年　月　日</td></tr>
<tr><td>施工地质
下序责任人</td><td colspan="2"></td><td colspan="2">接收日期</td><td>年　月　日</td></tr>
<tr><td colspan="6">交接资料名称及数量</td></tr>
<tr><td>序号</td><td>资料名称</td><td>图号</td><td>单位</td><td>数量</td><td>备注</td></tr>
<tr><td>1</td><td>施工地质日志</td><td></td><td>张</td><td></td><td></td></tr>
<tr><td>2</td><td>施工地质综合巡视卡</td><td></td><td>张</td><td></td><td></td></tr>
<tr><td>3</td><td>工程业务联系单</td><td></td><td>张</td><td></td><td></td></tr>
<tr><td>4</td><td>施工地质编录描述卡</td><td></td><td>张</td><td></td><td></td></tr>
<tr><td>5</td><td>野外记录本</td><td></td><td>本</td><td></td><td></td></tr>
<tr><td>6</td><td>现场洞室边坡编录汇总手图</td><td></td><td>张</td><td></td><td></td></tr>
<tr><td>7</td><td>顾客意见反馈信息表</td><td></td><td>张</td><td></td><td></td></tr>
<tr><td>8</td><td>已完成电子文档和分类照片</td><td></td><td>份</td><td></td><td></td></tr>
<tr><td>9</td><td>收集(参建单位)资料</td><td></td><td>份</td><td></td><td>含设计施工等相关文件</td></tr>
<tr><td>10</td><td>上次交接登记表</td><td></td><td>张</td><td></td><td></td></tr>
<tr><td>11</td><td>工作联系卡</td><td></td><td>张</td><td></td><td>参建单位联系方式</td></tr>
<tr><td></td><td></td><td></td><td></td><td></td><td></td></tr>
<tr><td colspan="6">交 付 人：　　　　　　　　　　　交付日期：
接 收 人：　　　　　　　　　　　接受日期：
本表一式两份，接收人留存一份，交付人需提交办公室一份留存备查。</td></tr>
</table>

A.5　施工现场工作联系卡

施工现场工作联系卡

项目名称：　　　　　　　　　　　　　　　　工号：

参建单位	单位名称与联系人		职务职称	电话	电子邮箱
建设单位					
	联系人姓　名				
施工单位					
	联系人姓　名				
监理单位					
	联系人姓　名				
试验单位					
	联系人姓　名				
二检单位					
	联系人姓　名				
质检单位					
	联系人姓　名				
各单位现场联系人不宜少于二人，如有变更应及时更新。					

A.6 施工地质业务联系单

SGDZ-01 **施工地质业务联系单**

项目名称：

联系事项：

联系编号：(水库名拼音简写)—(分部工程拼音简写)—(年份)—(文件编号)

发文单位	编制	审核	联系单位	接收人	接收时间
工程勘察院			设计单位		

附录B　水利水电工程项目组成和建筑物级别

B.1　水利工程项目组成

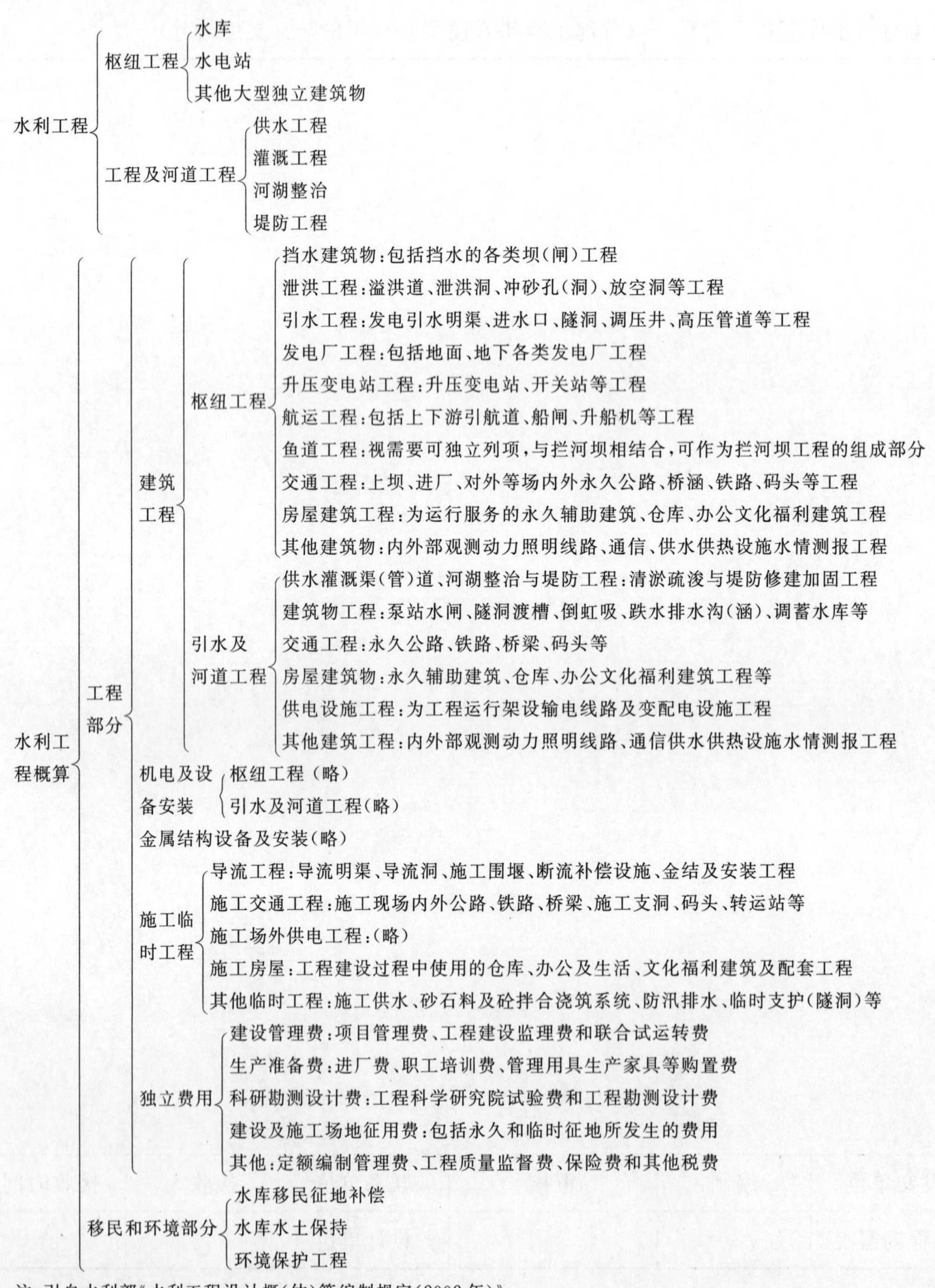

注:引自水利部《水利工程设计概(估)算编制规定(2002年)》。

B.2 灌溉工程永久性水工建筑物级别

(1)灌溉工程永久性水工建筑物级别,应根据设计灌溉流量按表B.2-1确定。

表B.2-1 灌溉工程永久性水工建筑物级别(SL 252—2017)

设计灌溉流量(m^3/s)	主要建筑物	次要建筑物
≥300	1	3
100～<300	2	3
20～<100	3	4
5～<20	4	5
<5	5	5

(2)灌溉工程中的泵站永久性水工建筑物级别,应根据设计流量及装机功率按表B.3-1确定。

B.3 供水工程永久性水工建筑物级别

(1)供水工程永久性水工建筑物级别,应根据设计流量按表B.3-1确定。

表B.3-1 供水工程的永久性水工建筑物级别(SL 252—2017)

设计流量(m^3/s)	装机功率(MW)	主要建筑物	次要建筑物
≥50	≥30	1	3
10～<50	<30,≥10	2	3
3～<10	<10,≥1	3	4
1～<3	<1,≥0.1	4	5
<1	<0.1	5	5

注1.设计流量指建筑物所在断面的设计流量。

2.装机功率指泵站包括备用机组在内的单站装机功率。

3.泵站建筑物分级指标分属两个不同级别时,按其中高者确定。

4.由连续多级泵站串联组成的泵站系统,其级别可按系统总装机功率确定。

(2)承担县级市及以上城市供水任务的供水工程永久性水工建筑物级别不宜低于3级;承担建制镇主要供水任务的供水工程永久性水工建筑物级别不宜低于4级。

B.4 临时性水工建筑物

(1)水利水电工程施工期临时性挡水、泄水等水工建筑物的级别,应根据保护对象、失事后果、使用年限和临时性挡水建筑物规模按表B.4-1确定。

表 B.4-1 临时性水工建筑物级别(SL 252—2017)

级别	保护对象	失事后果	使用年限(年)	临时性挡水建筑物规模	
				围堰高度(m)	库容(亿 m^3)
3	有特殊要求的Ⅰ级永久性水工建筑物	淹没重要城镇、工矿企业交通干线或推迟总工期及第一台(批)机组发电而造成重大灾害和经济损失	>3	>50	>1.0
4	1级、2级永久性水工建筑物	淹没一般城镇、工矿企业交通干线或影响工程总工期及第一台(批)机组发电而造成较大经济损失	1.5~3	15~50	0.1~1
5	3级、4级永久性水工建筑物	淹没基坑,但对总工期及第一台(批)机组发电影响不大,经济损失不大	<1.5	<15	<0.1

(2)当临时性水工建筑物根据上表指标分属不同级别时,其级别应按照其中最高级别确定,但对3级临时性水工建筑物,符合该级别规定的指标不得少于两项。

(3)利用临时性水工建筑物挡水发电、通航时,经过技术经济论证,3级以下临时水工建筑物的级别可提高一级。

(4)失事后造成损失不大的3级、4级临时性水工建筑物,其级别经论证后可适当降低。

B.5 调水工程分等指标

据《调水工程设计导则》(SL 430—2008),应根据工程规模、供水对象在地区经济社会中的重要性,按表B.5-1确定。

以城市供水为主的调水工程,应按供水对象重要性、引水流量和年引水量3个指标拟定工程等别,确定等别时至少应有两项指标符合要求。以农业灌溉为主的调水工程,应按灌溉面积指标确定工程等别。

表 B.5-1 调水工程分等指标

工程等别	工程规模	分等指标			
		保护对象重要性	引水流量(m^3/s)	年引水量(亿 m^3)	灌溉面性(万亩)
Ⅰ	大(1)型	特别重要	≥50	≥10	≥150
Ⅱ	大(2)型	重要	10~50	3~10	50~150
Ⅲ	中型	中等	2~10	1~3	5~50
Ⅳ	小(1)型	一般	<2	<1	<5

B.6 导流建筑物级别划分

据《水利水电工程施工组织设计规范》(SL 303—2017):

（1）导流建筑物应根据其保护对象、失事后果、使用年限和工程规模划分为 3 级、4 级、5 级，具体按表 B.6-1 确定。

（2）当导流建筑物根据表中指标分属不同级别时，应以其中最高级别为准。但列为 3 级导流建筑物时，至少应有两项指标符合要求。

（3）应根据不同的导流分期按表 B.6-1 表划分导流建筑物级别；同一导流分期中的各导流建筑物级别，应根据其不同作用划分；各导流建筑物的洪水标准应相同，以主要挡水建筑物的洪水标准为准。

（4）过水围堰级别应按表 B.6-1 确定，表中各项指标以过水围堰挡水情况作为衡量依据。

表 B.6-1　导流建筑物级别划分

级别	保护对象	失事后果	使用年限（年）	导流建筑物规模	
				围堰高度（m）	库容（万 m^3）
3	有特殊要求的 1 级永久性水工建筑物	淹没重要城镇、工矿企业、交通干线或推迟工程总工期及第一台（批）机组发电，造成重大灾害和损失	＞3	＞50	＞1.0
4	1 级、2 级永久性水工建筑物	淹没一般城镇、工矿企业或影响工程总工期和第一台（批）机组发电，造成较大经济损失	1.5～3	15～50	0.1～1.0
5	3 级、4 级永久性水工建筑物	淹没基坑，但对总工期及第一台（批）机组发电影响不大，经济损失较小	＜1.5	＜15	＜0.1

注 1. 导流建筑物包括挡水和泄水建筑物，两者级别相同。

2. 表列 4 项指标均按导流分期划分，保护对象一栏中所列永久性水工建筑物级别系按《水利水电工程等级划分与洪水标准》(SL 252—2000)划分。

3. 有、无特殊性要求的永久性水工建筑物系针对施工期而言，有特殊要求的 1 级永久性水工建筑物系指施工期不应过水的土石坝及其他有特殊要求的永久性水工建筑物。

4. 使用年限系指导流建筑物每一导流分期的工作年限，两个或两个以上导流分期共用的导流建筑物，如分期导流一期、二期共用的纵向围堰，其使用年限不能叠加计算。

5. 导流建筑物规模一栏中，围堰高度指挡水围堰最大高度，库容指堰前设计水位所拦蓄的水量，二者应同时满足。

B.7　围堰级别划分

据《水利水电围堰设计规范》(SL 645—2013)：

（1）围堰级别应根据其保护对象、失事后果、使用年限和围堰工程规模划分为 3 级、4 级、5 级，具体按表 B.7-1 确定。

（2）当围堰工程根据表 B.7-1 指标分属不同级别时，应以其中最高级别为准。但列为3 级导流建筑物时，至少应有两项指标符合要求。

（3）当围堰与永久建筑物结合时，结合部分的结构设计应采用永久建筑物级别标准。

(4)过水围堰应按表 B.7-1 确定建筑物级别,表中各项指标应以挡水期工况作为衡量依据。

表 B.7-1　围堰级别划分表

级别	保护对象	失事后果	使用年限(年)	围堰工程规模	
				围堰高度(m)	库容(万 m^3)
3	有特殊要求的 1 级永久性水工建筑物	淹没重要城镇、工矿企业、交通干线或推迟工程总工期及第一台(批)机组发电,造成重大灾害和损失	>3	>50	>1.0
4	1 级、2 级永久性水工建筑物	淹没一般城镇、工矿企业或影响工程总工期和第一台(批)机组发电,造成较大经济损失	1.5～3	15～50	0.1～1.0
5	3 级、4 级永久性水工建筑物	淹没基坑,但对总工期及第一台(批)机组发电影响不大,经济损失较小	<1.5	<15	<0.1

注 1. 表中 4 项指标均按导流分期划分,保护对象一栏中所列永久性水工建筑物级别系按《水利水电工程等级划分与洪水标准》(SL 252—2000)划分。

2. 有、无特殊性要求的永久性水工建筑物系针对施工期而言,有特殊要求的 1 级永久性水工建筑物系指施工期不应过水的土石坝及其他有特殊要求的永久性水工建筑物。

3. 使用年限系指围堰每一导流分期的工作年限,两个或两个以上导流分期共用的导流建筑物,如分期导流一期、二期共用的纵向围堰,其使用年限不能叠加计算。

4. 围堰工程规模一栏中,围堰高度指挡水围堰最大高度,库容指堰前设计水位所拦蓄的水量,二者应同时满足。

B.8　水工挡土墙级别划分

据《水工挡土墙设计规范》(SL 379—2007):

(1)水工建筑物中的挡土墙级别,应根据所属水工建筑物级别按表 B.8-1 确定。

(2)位于防护(挡潮)堤上具有直接防洪(挡潮)作用的水工挡土墙,其级别不应低于所属防护(挡潮)堤的级别。

表 B.8-1　水工建筑物中的挡土墙级别划分

所属水工建筑物	主要建筑物中挡土墙级别	次要建筑物中的挡土墙级别
1	1	3
2	2	3
3	3	4

注:主要建筑物中的挡土墙是指一旦失事将直接危及所属水工建筑物安全或严重影响工程效益的挡土墙;次要建筑物中的挡土墙是指失事后不直接危及所属水工建筑物安全或对工程效益影响不大并易于修复的挡土墙。

B.9　水利水电工程合理使用年限

据《水利水电工程合理使用年限及耐久性设计规范》(SL 654—2014)：水利水电工程合理使用年限见表B.9-1。

表B.9-1　水利水电工程合理使用年限　　单位：年

工程等别	工程类别					
	水库	防洪	治涝	灌溉	供水	发电
Ⅰ	150	100	50	50	100	100
Ⅱ	100	50	50	50	100	100
Ⅲ	50	50	50	50	50	50
Ⅳ	50	30	30	30	30	30
Ⅴ	50	30	30	30	—	30

注：工程类别中水库、防洪、治涝、灌溉、供水、发电分别表示按水库库容、保护目标重要性和保护农田面积、灌溉面积、供水对象重要性、发电装机容量来确定工程等别。

水利水电工程永久性水工建筑物合理使用年限见表B.9-2。

表B.9-2　永久性水工建筑物合理使用年限　　单位：年

建筑物类别	建筑物级别				
	1	2	3	4	5
水库壅水建筑物	150	100	50	50	50
水库泄洪建筑物	150	100	50	50	50
调(输)水建筑物	100	100	50	30	30
发电建筑物	100	100	50	30	30
防洪(潮)、供水水闸	100	100	50	30	30
供水泵站	100	100	50	30	30
堤防	100	50	50	30	30
灌排建筑物	50	50	50	30	30
灌溉渠道	50	50	50	30	30

注：水库壅水建筑物不包括定向爆破坝、橡胶坝。

附录C　岩土分级分类

C.1　施工手册分级

表 C.1-1　一般工程土类分级表(Ⅰ-Ⅳ级)

土质级别	土质名称	自然湿容重(kg/cm³)	外形特征	开挖方式
Ⅰ	1.砂土 2.种植土	1650～1750	疏松,黏着力差或易透水,略有黏性	用锹或略加脚踩开挖
Ⅱ	1.壤土 2.淤泥 3.含壤种植土	1750～1850	开挖时能成块,并易打碎	用锹需用脚踩开挖
Ⅲ	1.壤土 2.淤泥 3.含壤种植土 4.含少量砾石黏土	1800～1950	黏手,看不见砂粒或干硬	用镐、三齿耙工具开挖或用锹需用力加脚踩开挖
Ⅳ	1.坚硬黏土 2.砾质黏土 3.含卵石黏土	1900－2100	壤土结构坚硬,将土分裂后呈块状或含黏粒砾石较多	用镐、三齿耙工具开挖

注:引自"水工建筑物地下开挖工程施工规范"(SL 378—2007 附录 A)。

表 C.1-2　岩石类别分级表(Ⅴ-ⅩⅥ级)

岩石级别	岩石名称	实体岩石自然湿度时的平均容重(kg/m³)	净钻时间(min/m)			极限抗压强度(MPa)	强度系数 f
			用直径30mm合金钻头,凿岩机打眼(工作气压为4.5atm)	用直径30mm淬火钻头,凿岩机打眼(工作气压为4.5atm)	用直径25mm钻杆,人工单人打眼		
Ⅴ	1.硅藻土与软的白垩岩 2.硬的石炭纪的黏土 3.胶结不紧的砾岩 4.各种不坚实的页岩	1500 1950 1900～2200 2000		≤3.5	≤30	≤20	1.5～2
Ⅵ	1.软的有孔隙的节理多的石灰岩及贝壳石灰岩 2.密实的白垩岩 3.中等坚实的页岩 4.中等坚实的泥灰岩	2200 2600 2700 2300		4 (3.5～4.5)	45 (30～60)	20～40	2～4

续表 C.1-2

岩石级别	岩石名称	实体岩石自然湿度时的平均容重（kg/m³）	净钻时间(min/m)			极限抗压强度（MPa）	强度系数 f
			用直径30mm合金钻头，凿岩机打眼（工作气压为4.5atm)	用直径30mm淬火钻头，凿岩机打眼（工作气压为4.5atm)	用直径25mm钻杆，人工单人打眼		
Ⅶ	1.水成岩卵石经石灰质胶结而成的砾石 2.风化的节理多的黏土质砂岩 3.坚硬的泥质页岩 4.坚实的泥灰岩	2200 2200 2300 2500		6 (4.5～7)	78 (61～95)	40～60	4～6
Ⅷ	1.角砾状花岗岩 2.泥灰质石灰岩 3.黏土质砂岩 4.云母页岩及砂质页岩 5.硬石膏	2300 2300 2200 2300 2900	6.8 (5.7～7.7)	8.5 (7.1～10)	115 (96～135)	60～80	6～8
Ⅸ	1.软的风化较甚的花岗岩、片麻岩及正长岩 2.滑石质蛇纹岩 3.密实的石灰岩 4.水成岩卵石经硅质胶结砾岩 5.砂岩 6.砂质石灰质页岩	2500 2400 2500 2500 2500 2500	8.5 (7.8～9.2)	11.5 (10.1～13)	157 (136～175)	80～100	8～10
Ⅹ	1.白云岩 2.坚实的石灰岩 3.大理岩 4.石灰质胶结的致密砂岩 5.坚硬的砂质页岩	2700 2700 2700 2600 2600	10 (9.3～10.8)	15 (13.1～17)	195 (176～215)	100～120	10～12
Ⅺ	1.粗粒花岗岩 2.特别结实的白云岩 3.蛇纹岩 4.火成岩卵石经硅质胶结砾岩 5.石灰质胶结坚实的砂岩 6.粗粒正长岩	2800 2900 2600 2800 2700 2700	11.2 (10.9～11.5)	18.5 (17.1～20)	240 (216～260)	120～140	12～14

续表 C.1-2

岩石级别	岩石名称	实体岩石自然湿度时的平均容重（kg/m³）	净钻时间(min/m)			极限抗压强度（MPa）	强度系数 f
			用直径30mm合金钻头，凿岩机打眼（工作气压为4.5atm）	用直径30mm淬火钻头，凿岩机打眼（工作气压为4.5atm）	用直径25mm钻杆，人工单人打眼		
Ⅻ	1.有风化痕迹安山岩及玄武岩	2700					
	2.片麻岩、粗面岩	2600	12.2 (11.6～13.3)	22 (20.1～25)	290 (261～320)	140～160	14～16
	3.特别坚实的石灰岩	2900					
	4.火成岩卵石经硅质胶结砾岩	2600					
ⅩⅢ	1.中粒花岗岩	3100					
	2.坚实的片麻岩	2800					
	3.辉绿岩	2700	14.1 (13.4～14.8)	27.5 (25.1～30)	360 (321～400)	160～180	16～18
	4.玢岩	2500					
	5.坚实的粗面岩	2800					
	6.中粒正长岩	2800					
ⅩⅣ	1.特别坚实的细粒花岗岩	3300					
	2.花岗片麻岩	2900					
	3.闪长岩	2900	15.5 (14.9～18.2)	32.5 (30.1～40)	—	180～200	18～20
	4.最坚实的石灰岩	3100					
	5.坚实的玢岩	2700					
ⅩⅤ	1.安山岩/玄武岩/坚实的角闪岩	3100	20 (18.3～24)	46 (40.1～60)	—	200～250	20～25
	2.最坚实辉绿岩及闪长岩	2900					
	3.坚实的辉长岩和石英岩	2800					
ⅩⅥ	1.钠钙长石质橄榄石质玄武岩	3300	>24	>60	—	>250	>25
	2.特别坚实的辉长岩、辉绿岩、石英岩及玢岩	2300					

注：1atm＝1.013 250×10^5Pa；引自“水工建筑物地下开挖工程施工规范”(SL 378—2007 附录 A)。

C.2 概算定额使用的分级标准

根据水利部2002年颁布的《水利工程设计概(估)算编制规定》(水总〔2002〕116号)，现行的《水利建筑工程概算定额》附录2：一般工程土类分级表与附录3：岩石类别分级表(同 SL 378—2007 附录 A)如下。

表 C.2-1　一般工程土类分级表

土质级别	土质名称	自然湿容重（kg/cm³）	外形特征	开挖方式
Ⅰ	1.砂土 2.种植土	1650～1750	疏松，黏着力差或易透水，略有黏性	用锹或略加脚踩开挖
Ⅱ	1.壤土 2.淤泥 3.含壤种植土	1750～1850	开挖时能成块，并易打碎	用锹需用脚踩开挖
Ⅲ	1.壤土 2.淤泥 3.含壤种植土 4.含少量砾石黏土	1800～1950	黏手，看不见砂粒或干硬	用镐、三齿耙工具开挖或用锹需用力加脚踩开挖
Ⅳ	1.坚硬黏土 2.砾质黏土 3.含卵石黏土	1900～2100	壤土结构坚硬，将土分裂后呈块状或含黏粒砾石较多	用镐、三齿耙工具开挖

表 C.2-2　岩石类别分级表

岩石级别	岩石名称	实体岩石自然湿度时的平均容重（kg/m³）	净钻时间（min/m）			极限抗压强度（kg/cm²）	强度系数 f
			用直径 30mm 合金钻头，凿岩机打眼（工作气压为 4.5atm）	用直径 30mm 淬火钻头，凿岩机打眼（工作气压为 4.5atm）	用直径 25mm 钻杆，人工单人打眼		
Ⅴ	1.硅藻土与软的白垩岩 2.硬的石炭纪的黏土 3.胶结不紧的砾岩 4.各种不坚实的页岩	1500 1950 1900～2200 2000		≤3.5	≤30	≤200	1.5～2
Ⅵ	1.软的有孔隙的节理多的石灰岩及贝壳石灰岩 2.密实的白垩岩 3.中等坚实的页岩 4.中等坚实的泥灰岩	2200 2600 2700 2300		4 （3.5～4.5）	45 （30～60）	200～400	2～4
Ⅶ	1.水成岩卵石经石灰质胶结而成的砾石 2.风化的节理多的黏土质砂岩 3.坚硬的泥质页岩 4.坚实的泥灰岩	2200 2200 2300 2500		6 （4.5～7）	78 （61～95）	400～600	4～6

续表 C.2-2

岩石级别	岩石名称	实体岩石自然湿度时的平均容重(kg/m³)	净钻时间(min/m)			极限抗压强度(kg/cm²)	强度系数 f
			用直径30mm合金钻头,凿岩机打眼(工作气压为4.5atm)	用直径30mm淬火钻头,凿岩机打眼(工作气压为4.5atm)	用直径25mm钻杆,人工单人打眼		
Ⅷ	1.角砾状花岗岩	2300	6.8 (5.7～7.7)	8.5 (7.1～10)	115 (96～135)	600～800	6～8
	2.泥灰质石灰岩	2300					
	3.黏土质砂岩	2200					
	4.云母页岩及砂质页岩	2300					
	5.硬石膏	2900					
Ⅸ	1.软的风化较甚的花岗岩、片麻岩及正长岩	2500	8.5 (7.8～9.2)	11.5 (10.1～13)	157 (136～175)	800～1000	8～10
	2.滑石质蛇纹岩	2400					
	3.密实的石灰岩	2500					
	4.水成岩卵石经硅质胶结的砾岩	2500					
	5.砂岩	2500					
	6.砂质石灰质页岩	2500					
Ⅹ	1.白云岩	2700	10 (9.3～10.8)	15 (13.1～17)	195 (176～215)	1000～1200	10～12
	2.坚实的石炭岩	2700					
	3.大理岩	2700					
	4.石灰质胶结的致密砂岩	2600					
	5.坚硬的砂质页岩	2600					
Ⅺ	1.粗粒花岗岩	2800	11.2 (10.9～11.5)	18.5 (17.1～20)	240 (216～260)	1200～1400	12～14
	2.特别坚实的白云岩	2900					
	3.蛇纹岩	2600					
	4.火成岩卵石经硅质胶结的砾岩	2800					
	5.石灰质胶结的坚实的砂岩	2700					
	6.粗粒正长岩	2700					
Ⅻ	1.有风化痕迹的安山岩及玄武岩	2700	12.2 (11.6～13.3)	22 (20.1～25)	290 (261～320)	1400～1600	14～16
	2.片麻岩、粗面岩	2600					
	3.特别坚实的石灰岩	2900					
	4.火成岩卵石经硅质胶结的砾岩	2600					

续表 C. 2-2

岩石级别	岩石名称	实体岩石自然湿度时的平均容重（kg/m³）	净钻时间（min/m）			极限抗压强度（kg/cm²）	强度系数 f
			用直径 30mm 合金钻头，凿岩机打眼（工作气压为 4.5atm）	用直径 30mm 淬火钻头，凿岩机打眼（工作气压为 4.5atm）	用直径 25mm 钻杆，人工单人打眼		
XIII	1. 中粒花岗岩 2. 坚实的片麻岩 3. 辉绿岩 4. 玢岩 5. 坚实的粗面岩 6. 中粒正长岩	3100 2800 2700 2500 2800 2800	14.1 （13.4～14.8）	27.5 （25.1～30）	360 （321～400）	1600～1800	16～18
XIV	1. 特别坚实的细粒花岗岩 2. 花岗片麻岩 3. 闪长岩 4. 最坚实的石灰岩 5. 坚实的玢岩	3300 2900 2900 3100 2700	15.5 （14.9～18.2）	32.5 （30.1～40）	～	1800～2000	18～20
XV	1. 安山岩/玄武岩/坚实的角闪岩 2. 最坚实的辉绿岩及闪长岩 3. 坚实的辉长岩和石英岩	3100 2900 2800	20 （18.3～24）	46 （40.1～60）	～	2000～2500	20～25
XVI	1. 钠钙长石质橄榄石质玄武岩 2. 特别坚实的辉长岩、辉绿岩、石英岩及玢岩	3300 2300	＞24	＞60	—	＞2500	＞25

注：1atm＝1.013 250×10^5 Pa。

根据《新编水利水电工程概预算》（方国华等，2003），工程项目划分如下：

（1）土方开挖工程，应将土方开挖与砂砾石开挖分列。

（2）石方开挖工程，应将明挖与暗挖，平洞与斜井、竖井分列。

（3）土石方回填工程，应将土方回填与石方回填分列。

（4）混凝土工程，应将不同工程部位、不同标号、不同级配的混凝土分列。

（5）模板工程，应将不同规格形状和材质的模板分列。

（6）砌石工程，应将干砌石、浆砌石、抛石、铅丝（钢筋）笼块石等分列。

（7）钻孔工程，应按使用不同钻孔机械及钻孔的不同用途分列。

（8）灌浆工程，应按不同灌浆种类分列。

（9）机电、金属结构设备及安装工程，应根据设计提供的设备清单，按分项要求逐一列出。

(10)钢管制作及安装工程,应将不同管径的钢管、叉管分列。

表C.2-3 岩石十二类分级与十六类分级对照表

十二类分级			十六类分级		
岩石级别	可钻性(m/h)	一次提钻长度(m)	岩石级别	可钻性(m/h)	一次提钻长度(m)
Ⅳ	1.6	1.7	Ⅴ	1.6	1.7
Ⅴ	1.15	1.5	Ⅵ Ⅶ	1.2 1.0	1.5 1.4
Ⅵ	0.82	1.3	Ⅷ	0.85	1.3
Ⅶ	0.57	1.1	Ⅸ Ⅹ	0.72 0.55	1.2 1.1
Ⅷ	0.38	0.85	Ⅺ	0.38	0.85
Ⅸ	0.25	0.65	Ⅻ	0.25	0.65
Ⅹ	0.15	0.5	ⅩⅢ ⅩⅣ	0.18 0.13	0.55 0.40
Ⅺ	0.09	0.32	ⅩⅤ	0.09	0.32
Ⅻ	0.045	0.16	ⅩⅥ	0.045	0.16

注:引自《新编水利水电工程概预算》(方国华等,2003)。

表C.2-4 钻机钻孔工程地层分类与特征表(方国华等,2003)

地层名称	特征
1.黏土	塑性指数＞17,人工回填压实或天然的黏土层包括黏土含石
2.砂壤土	1＜塑性指数＜17,人工回填压实或天然的砂壤土层。包括土砂、壤土、粉土互层、壤土含石和砂土
3.淤泥	包括天然孔隙比＞1.5时的淤泥河天然孔隙比＞1,并且≤1.5的黏土和亚黏土
4.粉细砂	d50≤0.25mm,塑性指数≤1,包括粉砂、粉细砂含石
5.中粗砂	d50＞0.25mm,并且≤2mm,包括中粗砂含石
6.砾石	粒径2～20mm的颗粒,占全重50%的地层包括砂砾石和砂砾
7.卵石	粒径20～200mm的颗粒,占全重50%的地层包括砂砾卵石

续表 C.2-4

地层名称	特征
8.漂石	粒径 200～800mm 的颗粒，占全重 50%的地层包括漂卵石
9.混凝土	指水下混凝土，龄期不超过 28d 的防渗墙接头混凝土
10.基岩	指全风化、强风化、弱风化的岩石
11.孤石	粒径＞800mm 需作专项处理，处理后的孤石按基岩定额计算

注：1、2、3、4、5 项包括≤50%含石量的地层。

C.3 土石方填筑工程和混凝土工程受气象因素影响的停工标准

摘自《水利水电施工组织设计规范》附录 I。

I.0.1 土石方填筑采用一般防护措施的停工标准见表 I.0.1。

I.0.2 常态混凝土施工受气象因素影响时应采用下列停工标准：

(1)日降雨量大于 10mm(机械化程度低的工程)，或 200mm(施工机械化程度较高工程)时，若无防雨措施，宜停工。

(2)月平均气温高于 25℃时，若温度控制措施费用过高，可以考虑白班停工。

(3)当日平均气温低于－10℃时，应停止露天混凝土浇筑；当日平均气温低于－20℃时或最低气温低于－30℃时，宜停工。

(4)大风风速在六级以上宜考虑停工。

(5)能见度小于 100m 应停工。

I.0.3 碾压混凝土施工受气象因素影响时应采用下列停工标准：

(1)当降雨等级超过“小雨”时，不宜停工。

(2)日平均气温连续 5d 稳定在 5℃ 以下或最低气温连续 5d 稳定在－3℃以下时，应按低温季节施工。

(3)日平均气温－10℃以下不宜施工。

按照《降水量等级》(GB/T 28592—2012)不同时段的降雨量等级划分见下表。

表 C.3-1 不同时段的降雨量等级划分表 单位：mm

等级	12h 降雨量	24h 降雨量
微量降雨(零星小雨)	＜0.1	＜0.1
小雨	0.1～4.9	0.1～9.9
中雨	5.0～14.9	10.0～24.9
大雨	15.0～29.9	25.0～49.9
暴雨	30.0～69.9	50.0～99.9
大暴雨	70.0～139.9	100.0～249.9
特大暴雨	≥140.0	≥250.0

表 C.3-2　土石方填筑采取一般防护措施的停工标准

序号	施工项目	停工标准											备注
		H降水量(mm)					日蒸发量	平均气温(℃)					
		0～0.5	0.5～5	5～10	10～30	>30	<4mm	>5	5～0	0～−5	−5～−10	<−10	
1	土料翻晒	雨日停工	雨日停工	雨日停工	雨日停工 雨后停一日	雨日停工 雨后停一日	停工	照常施工	照常施工	防护施工	防护施工	停工	
2	黏土料填筑	照常施工	雨日停工	雨日停工 雨后停半日	雨日停工 雨后停一日	雨日停工 雨后停二日	—	照常施工	照常施工	防护施工	防护施工	停工	
3	砾质土、掺和土、风化土填筑	照常施工	照常施工	雨日停工	雨日停工 雨后停半日	雨日停工 雨后停二日	—	照常施工	照常施工	防护施工	防护施工	停工	
4	反滤料填筑	照常施工	照常施工	照常施工	雨日停工	雨日停工	—	照常施工	照常施工	防护施工	防护施工	停工	当与防渗料同时施工时，有效施工天数同防渗料
5	石料填筑	照常施工	照常施工	照常施工	照常施工	雨日停工	—	照常施工	照常施工	防护施工	防护施工	停工	
6	碾压式沥青混凝土铺筑	照常施工	照常施工	雨日停工	雨日停工	雨日停工	—	照常施工	照常施工	防护施工	停工	停工	

注：法定假日停工，但不包括周六、周日。

C.4 地质手册、规范岩土分级

1. 岩石强度划分

表 C.4-1 岩质类型划分(引自 GB 50487—2008 附录 N)

岩质类型	硬质岩		软质岩		
	坚硬岩	中硬岩	软硬岩	软岩	极软岩
岩石饱和单轴抗压强度 R_b(MPa)	$R_b>60$	$60\geqslant R_b>30$	$30\geqslant R_b>15$	$15\geqslant R_b>5$	$R_b\leqslant5$

表 C.4-2 围岩岩质分类与岩石强度划分表(引自 SL 55—2005 附录 A)

岩质分类	岩石强度分级	单轴饱和抗压强度 R_b(MPa)	岩体纵波波速值 V_p(km/s)	点荷载强度 I_s(MPa)	岩体回弹仪测试值 r
硬质岩	坚硬岩	$60<R_b$	$5<V_p$	$8<I_s$	$60<r$
	中硬岩	$30<R_b\leqslant60$	$4<V_p\leqslant5$	$4<I_s\leqslant8$	$35<r\leqslant60$
软质岩	较软岩	$15<R_b\leqslant30$	$3<V_p\leqslant4$	$1<I_s\leqslant4$	$20<r\leqslant35$
	软岩	$5<R_b\leqslant15$	$2<V_p\leqslant3$	$I_s\leqslant1$	$r\leqslant20$

2. 岩体结构分级

表 C.4-3 岩体结构分类(引自 GB 50487—2008 附录 U)

类型	亚类	岩体结构特征
块状结构	整体结构	岩体完整,呈巨块状,结构面不发育,间距大于 100cm
	块状结构	岩体较完整,呈块状,结构面轻度发育,间距一般为 50～100cm
	次块状结构	岩体较完整,呈次块状,结构面中等发育,间距一般为 30～50cm
层状结构	巨厚层状结构	岩体完整,呈巨厚状,层面不发育,间距大于 100cm
	厚层状结构	岩体较完整,呈厚层状,层面轻度发育,间距一般为 50～100cm
	中厚层状结构	岩体较完整,中厚层状,层面中等发育,间距一般为 30～50cm
	互层结构	岩体较完整或完整性差,呈互层状,层面较发育或发育,间距一般为 10～30cm
	薄层结构	岩体完整性差,呈薄层状,层面发育,间距一般小于 10cm
镶嵌结构		岩体完整性差,岩块镶嵌紧密,结构面较发育到很发育,间距一般为 10～30cm
碎裂结构	块裂结构	岩体完整性差,岩块间有岩屑和泥质物充填,嵌合中等紧密—较松弛,结构面较发育—很发育,间距一般为 10～30cm
	碎裂结构	岩体破碎,结构面很发育,间距一般小于 10cm
散体结构	碎块状结构	岩体破碎,岩块夹岩屑或泥质物
	碎屑状结构	岩体破碎,岩屑或泥质物夹岩块

表 C.4-4 岩石可钻性分类表(引自《水利水电工程地质手册》)

类别	硬度	代表性岩土	与十二级分类的对应关系
Ⅰ	松软疏散的	软塑的黏性土(黏土、亚黏土、轻亚黏土),有机土(淤泥、泥炭、耕土)、人工填土(含硬性杂质10%以内者)	Ⅰ
Ⅱ	较松软疏散的	可塑的黏性土(黏土、亚黏土、轻亚黏土)新黄土、人工填土(含硬性杂质25%以内者)粉砂、细砂、中砂	Ⅱ
Ⅲ	软的	硬塑、坚硬的黏性土(黏土、亚黏土、轻亚黏土)老黄土、残积土、粗砂砾石、砾砂、轻微胶结的砂层、石膏、褐煤、软烟煤、软白垩	Ⅲ
Ⅳ	稍硬的	泥质页岩、砂质页岩、油页岩、碳质页岩、钙质页岩、泥质砂岩、较松散的砂岩、砂页岩互层、泥质板岩、滑石绿泥石片岩、云母片岩、泥灰岩、泥灰质白云岩、岩溶化石灰岩及大理岩、盐岩、结晶石膏、断层泥、无烟煤、硬烟煤、火山凝灰岩、强风化的岩浆岩及花岗片麻岩、冻土、冻结砂层、粒径20～40mm含量大于50%的卵(碎)石层	Ⅳ、Ⅴ
Ⅴ	中等硬度	长石砂岩、钙质胶接的长石石英砂岩、钙质砂岩、钙质胶接砾岩、灰岩及轻微硅化灰岩、大理岩、橄榄岩、白云岩、蛇纹岩、板岩、千枚岩、片岩、凝灰质砂岩、集块岩、弱风化岩浆岩及花岗片麻岩、冻结砾石层、粒径40～80mm含量大于50%的卵(碎)石层	Ⅳ、Ⅶ
Ⅵ	硬的	中粒与粗粒花岗岩、闪长岩、正长岩、辉长岩、花岗片麻岩、粗面岩、安山岩、辉绿岩、玄武岩、伟晶岩、辉石岩、硅化板岩、千枚岩、砂岩、灰岩、硅质胶结砾岩、硅化或角页化的泥灰岩、粒径80～130mm含量大于50%的卵(碎)石层半胶结的卵石层	Ⅷ、Ⅸ
Ⅶ	坚硬的	粗粒花岗岩、花岗闪长岩、花岗片麻岩、微晶花岗岩、石英粗面岩、极致密的玄武岩、安山岩、角闪岩、粒径130～200mm含量大于50%的卵(碎)石层、胶结的卵石层	Ⅹ
Ⅷ	最坚硬的	碧玉岩、刚玉岩、碧玉质硅化板岩、角页岩、石英岩、燧石岩、粒径大于200mm含量超过50%的漂(块)石层	Ⅺ、Ⅻ

注:破碎带钻进取芯时,类别提高一级。

表 C.4-5 岩石可钻性分级表[引自《水利水电工程钻探规程》(DL/T 5013—2005)]

级别	硬度	每一级有代表性的岩石	普氏坚固系数	可钻性(m/h)	
				金刚石	硬质合金
1	松软疏散的	次生黄土、红土、泥质土壤、松软的砂质土壤(不含石子和角砾)、冲积砂土层;湿的软泥、硅藻土、泥炭质腐殖层(不含植物根)	0.3～1.0	7.5	
2	较松软疏散的	黄土层、红土层、松软的泥灰层。含有10%～20%砾石的黏土质及砂土质层、砂质黄土层、松软的高岭土类(包括矿层中的黏土夹层)泥炭及腐殖质(带有植物根)	1～2	4	

续表 C.4-5

级别	硬度	每一级有代表性的岩石	普氏坚固系数	可钻性(m/h)	
				金刚石	硬质合金
3	软的	全风化的页岩、板岩、千枚岩、片岩。轻微胶结的砂岩。含有20%砾石(大于3cm)的砂质土壤及超过20%的砂质黄土层;泥灰岩;石膏质土层、滑石片岩、软白垩;贝壳石灰岩;褐煤、烟煤;松软的锰矿	2~4	2.45	
4	较软的	砂质页岩、油页岩、含锰页岩、钙质页岩及砂页岩互层。较致密的泥灰岩;泥质砂岩;块状石灰岩、白云岩;风化剧烈的橄榄岩、纯橄榄岩、蛇纹岩;铝矾土、菱镁矿、滑石化蛇纹岩、磷块岩(磷灰岩);中等硬度煤层;盐岩、钾盐、结晶石膏、无水石膏;高岭土层;褐铁矿(包括疏松的铁帽),冻结的含水砂层;火山凝灰岩	4~6	1.6	>3.9
5	稍硬的	卵石、碎石及砾石层。崩积层;泥质板岩;绢云母绿泥石板岩、千枚岩、片岩;细粒结晶的石灰岩、大理岩;较松软的砂岩;蛇纹岩、纯橄榄岩、蛇纹岩化的火山凝灰岩;风化的角闪石斑岩、粗面岩;硬烟煤、无烟煤;松散砂质的磷灰石矿;冻结的粗粒砂层、砾层、泥层、砂土层、萤石带	6~7	2.9~3.6	2.5
6	中等硬度的	石英绿泥石、云母、绢云母板岩、千枚岩、片岩,轻微硅化的石灰岩;方解石及绿帘石硅卡岩;含黄铁矿斑点的千枚岩、板岩、片岩、铁帽;钙质胶结砾岩、长石砂岩、石英砂岩;微风化含矿的橄榄岩及纯橄榄岩;石英粗面岩;角闪石斑岩、透辉石岩、辉长岩、阳起石、辉石岩;冻结的砾石层;较纯的明矾石	7~8	2.3~3.1	2.0
7	中等硬度的	角闪石、云母、石英、磁铁矿、赤铁矿化的板岩、千枚岩、片岩(如含铁镁矿物的鞍山式贫矿);微硅化的板岩、千枚岩、片岩;含石英粒的石灰岩;含长石石英砂岩;石英二长岩,微片岩化的钠长石斑岩、粗面岩、角闪石斑岩、灰绿凝灰岩;方解石化的辉岩、石榴石硅卡岩;硅质叶蜡石;有硅质的海绵状铁帽;铬铁矿、硫化矿物、菱铁磁铁矿;含角闪石磁铁矿;含矿的辉石岩类、含矿的角闪石岩类;砾石(50%砾石,系水成岩组成;钙质硅质结构的);砾石层、碎石层;轻微风化的粗粒花岗岩、正长石、斑岩、玢岩、辉长岩及其他火成岩;硅质石灰、燧石石灰岩;极松散的磷灰石矿	8~10	1.9~2.6	1.4
8	硬的	硅化绢云母板岩、千枚岩、片岩;片麻岩,绿帘石岩,明矾岩;含石英的碳酸土岩石;含石英重晶石岩石;含磁铁矿及赤铁矿的石英石;粗粒及中粒辉岩;石榴石硅卡岩;钙质胶结的砾岩;轻微风化的花岗岩、花岗片麻岩、伟晶岩、闪长岩、辉长岩;石英电气石类;玄武岩、钙钠斜长石岩、辉石岩、安山岩、石英安山斑岩;含矿的橄榄岩、纯橄榄岩等;中粒结晶钠长斑岩、角闪石斑岩,水成赤铁矿层、层状黄铁矿层、磁铁矿层;细粒钙质胶结的石英砂岩、长石砂岩;含大块燧石石灰岩;粗粒宽条带状磁铁矿、赤铁矿、石英岩	11~14	1.5~2.0	0.8

续表 C.4-5

级别	硬度	每一级有代表性的岩石	普氏坚固系数	可钻性(m/h)	
				金刚石	硬质合金
9	硬的	高硅化板岩、千枚岩、石灰岩及砂岩等;粗粒花岗岩、花岗闪长岩、花岗片麻岩、正长岩、辉长岩、粗面岩等;伟晶岩、微风化的石英粗面岩、微晶花岗岩、带有溶解空洞的石灰岩;硅化磷灰岩、角页化凝灰岩、绢云母化角页岩;细晶质的辉石、绿帘石、石榴石硅卡岩;硅钙硼石、石榴石、铁钙辉石、微晶硅卡岩;细粒细纹状的磁铁矿、赤铁矿、石英岩、层状重晶石;含石英的黄铁矿、事有相当多的黄铁矿的石英;含石英质的磷灰岩层	14~16	1.1~1.7	
10	坚硬的	细粒花岗岩、花岗闪长岩、花岗片麻岩;流纹岩、微晶花岗岩、石英钠长斑岩、石英粗面岩;坚硬的石英伟晶岩;粗纹结晶的层状矽卡岩、角页岩;带有微晶硫化矿物的角页岩;层状磷铁矿差夹有角页岩薄层;致密的石英铁帽;含碧玉玛瑙的铝矾土	16~18	0.8~1.2	
11	坚硬的	刚玉岩、石英岩、碧玉岩;块状石英、最硬的铁质角页岩;含赤铁矿、磷铁矿的碧玉岩;碧玉质硅化板岩;燧石岩	18~20	0.5~0.9	
12	最坚硬的	完全没有风化的极致密的石英、碧玉岩、角页岩、纯钠辉石刚玉岩、石英、燧石、碧玉		<0.6	

表 C.4-6　土、石工程分级表(引自 JTG C20—2011 附录 J)

土、石等级	土、石类别	土石名称	钻 1m 所需的净钻时间(min)			爆破 $1m^3$ 所需炮眼长度(m)		开挖方法
			湿式凿岩一字合金钻头	湿式凿岩一字淬火钻头	双人打眼(工日)	路堑	隧道导坑	
Ⅰ	松土	砂土、腐殖土、种植土,可塑—硬塑状的黏性土及粉土,松散的水分不大的黏土,含有 30cm 以下树根或灌木根的泥炭土						用铁锹挖,脚蹬一下到底的松散土层
Ⅱ	普通土	水分较大的黏土,半坚硬、硬塑状的粉土,黏性土,黄土,含有 30cm 以上的树根或灌木根的泥炭土、碎石土(不包括块石土或漂石土)						部分用镐刨松,再用锹挖,以脚蹬锹需连蹬数次才能挖动
Ⅲ	硬土	坚硬粉土、黏性土、黄土,含有较多的块石土及漂石的土,各种风化成土块的岩石						必须用镐整个刨过才能用锹挖

续表 C.4-6

土、石等级	土、石类别	土石名称	钻 1m 所需的净钻时间(min)			爆破 $1m^3$ 所需炮眼长度(m)		开挖方法
			湿式凿岩一字合金钻头	湿式凿岩一字淬火钻头	双人打眼(工日)	路堑	隧道导坑	
Ⅳ	软石	各种松软岩石、盐岩、胶结不紧的砾岩、泥质页岩、砂岩、煤,较坚实的泥灰岩、块石土及漂石土,软的节理多的石灰岩		7 以内	0.2 以内	0.2 以内	2.0 以内	部分用撬棍或十字镐及大锤开挖,部分用爆破法开挖
Ⅴ	次坚石	硅质页岩、砂岩、白云岩、石灰岩、坚实的泥灰岩、软玄武岩、片麻岩、正长石、花岗岩	15 以内	7～20	0.2～1.0	0.2～0.4	2.0～3.5	用爆破法开挖
Ⅵ	坚石	硬玄武岩、坚实的石灰岩、白云岩、大理岩、石英岩、闪长岩、粗粒花岗岩、正长岩	15 以上	20 以上	1.0 以上	0.4 以上	3.5 以上	用爆破法开挖

附录D 层状岩石单层厚度划分

表 D.1 层状岩层单层厚度分级(引自 DL/T 5414—2009 附录 B)

单层厚度(m)	描述术语
>2.00	巨厚层
2.0～0.6	厚层
0.6～0.2	中厚层
0.2～0.06	薄层
<0,06	极薄层

注:层状岩层单层厚度分级据国际岩石力学委员会及岩体分类委员会划分。

表 D.2 层状岩石(围岩)单层厚度分级(引自 SL 55—2005 附录 A)

层状岩石分级	单层厚度 h(cm)	层状岩石分级	单层厚度 h(cm)
巨厚层	$100\leqslant h$	薄层	$5\leqslant h<20$
厚层	$50\leqslant h<100$	极薄层	$h<5$
中层	$20\leqslant h<50$		

附录E 围岩完整性、节理裂隙发育程度及地下水活动分级

表E.1 岩体完整程度分级(引自SL 55—2005附录A)

岩体完整程度	完整	较完整	完整性差	较破碎	破碎
完整性系数K_v	$0.75<K_v$	$0.55<K_v\leqslant 0.75$	$0.35<K_v\leqslant 0.55$	$0.15<K_v\leqslant 0.35$	$K_v\leqslant 0.15$

表E.2 节理裂隙发育程度分级(引自SL 55—2005附录A)

节理裂隙发育程度	节理间距d(m)	节理特征
不发育	$2\leqslant d$	规则裂隙少于2组,延伸长度小于3m,多闭合,无充填
较发育	$0.5\leqslant d<2.0$	规则裂隙2～3组,一般延伸长度小于10m,多闭合,无充填,或有少量方解石脉或岩屑充填
发育	$0.1\leqslant d<0.5$	一般规则裂隙多于3组,延伸长度不均,多超过10m,多张开、夹泥
很发育	$d<0.1$	一般规则裂隙多于3组,并有很多不规则裂隙,杂乱无序,多张开、夹泥,并有延伸较长的大裂隙

表E.3 地下水活动程度分级(引自SL 55—2005附录A)

地下水活动程度	地下水活动状态
无	洞室位于地下水水位之上,施工时岩壁干燥或局部潮湿
轻微	洞室临近地下水水位,施工时沿结构面有渗水或滴水
中等	洞室位于地下水水位以下,外水压力水头小于10m,岩体透水性和富水性较差,施工时沿裂隙破碎结构面有大量滴水线状流水
较强烈	外水压力水头10～100m,岩体透水性与富水性较好,施工时岩溶裂隙管道、断层破碎带向斜蓄水构造有线状流水线大量突水
强烈	外水压力水头大于100m,施工时沿岩端管道、大断层破碎带大量涌水

附录F　岩体结构面分级

表 F.1　岩体结构面按规模分级

级别	规模	
	破碎带宽度(m)	破碎带延伸长度(m)
Ⅰ	>10.0	区域性断裂
Ⅱ	1.0～10.0	>1000
Ⅲ	0.1～1.0	100～1000
Ⅳ	<0.1	<100
Ⅴ	节理裂隙、层面、片理、劈理等	

注:引自 GB 50287—2006 附录 E 和 DL/T 5414—2009 附录 C。

表 F.2　软弱结构面描述指标体系表

内容			描述指标
软弱结构面性状描述	几何特征	产状(与结构面组合)	顺坡向:$0^\circ<\beta\leqslant 30^\circ$; 斜交:$30^\circ<\beta\leqslant 60^\circ$,$120^\circ<\beta\leqslant 150^\circ$; 横交:$60^\circ<\beta\leqslant 120^\circ$; 逆向坡:$150^\circ<\beta\leqslant 180^\circ$
		贯通性(与边坡关系)	可见最小延伸长度,与边坡尺寸关系
		厚度	破碎带充填实际厚度
		位置	实际位置描述
		连通性	连通性好:可见沟通坡面或坡体,充填物连续分布; 连通性较好:贯通两级以上边坡,充填物连续分布,局部胶结好; 连通性一般:贯通一级边坡,充填物断续分布; 连通性差:延伸长度小于5m,充填物呈透镜体状,结构面局部胶结好
		起伏特征(断续充填结构面)	光滑:平直、波状起伏; 粗糙:阶坎状起伏
	充填物特性	成分	破碎岩块、构造角砾、断层泥、岩屑、泥等及其所占比例估计
		蚀变特征	钾长石化、硅化、绿帘石化、绿泥石化、方解石化、高岭土化
		风化状态	新鲜:无污染或零星轻微污染; 微风化:零星轻微污染,有水蚀痕迹; 弱风化:普遍浸染,呈淡黄色,有岩粉、岩屑; 强风化:浸染严重,呈黄褐色,有岩粉、岩屑夹泥
		胶结程度	胶结好:石英脉、硅质或硅化胶结(褐铁矿、黄铁矿)、绿帘石; 胶结较好:完整方解石脉胶结; 胶结中等:局部石英脉或团块、方解石脉或团块胶结; 胶结差:岩屑、岩粉,少量钙质,片状绿泥石
		密实程度	密实:胶结好,紧密,片理闭合,锤很难刨动; 中密:胶结中等(钙质或方解石脉),但有局部空区,锤很难刨进; 疏松:胶结差与中等之间,呈架空状,锤可轻易刨动; 松散:胶结差,呈散体状,锤可轻易刨进
		地下水	干燥、潮湿、湿润、滴水、面状流水、股状涌水

注:引自《岩石高边坡稳定性工程地质分析》(黄润秋,2012),β为结构面倾向与边坡倾向间的夹角。

附录G 岩体风化带划分

表G.1 岩体风化带划分(引自GB 50487—2008附录H)

<table>
<tr><th colspan="2">风化带</th><th>主要地质特征</th><th>风化岩与新鲜岩纵波速之比</th></tr>
<tr><td colspan="2">全风化</td><td>全部变色,光泽消失;
岩石的组织结构完全破坏,已崩解和分解成松散的土状或砂状,有很大的体积变化,但未移动,仍残留有原始结构痕迹;
除石英颗粒外,其余矿物大部分风化蚀变为次生矿物;
锤击有松软感,出现凹坑,矿物手可捏碎,用锹可以挖动</td><td><0.4</td></tr>
<tr><td colspan="2">强风化</td><td>大部分变色,只有局部岩块保持原有颜色;
岩石的组织结构大部分已破坏,小部分岩石已分解或崩解成土,大部分岩石呈不连续的骨架或心石,风化裂隙发育,有时含大量次生夹泥;
除石英外,长石、云母和铁镁矿物已风化蚀变;
锤击哑声,岩石大部分变酥,易碎,用镐锹可以挖动,坚硬部分需爆破</td><td>0.4～0.6</td></tr>
<tr><td rowspan="2">弱风化(中等风化)</td><td>上带</td><td>岩石表面或裂隙面大部分变色,断口色泽较新鲜;
岩石原始组织结构清楚完整,但大多数裂隙已风化,裂隙壁风化剧烈,宽一般5～10cm,大者可达数十厘米;
沿裂隙铁镁矿物氧化锈蚀,长石变得混浊,模糊不清;
锤击哑声,用镐难挖,需用爆破</td><td rowspan="2">0.6～0.8</td></tr>
<tr><td>下带</td><td>岩石表面或裂隙面大部分变色,断口色泽新鲜;
岩石原始组织结构清楚完整,沿部分裂隙风化,裂隙壁风化较剧烈,宽一般1～3cm;
沿裂隙铁镁矿物氧化锈蚀,长石变得混浊,模糊不清;
锤击发声较清脆,开挖需用爆破</td></tr>
<tr><td colspan="2">微风化</td><td>岩石表面或裂隙面有轻微褪色;
岩石组织结构无变化,保持原始完整结构;
大部分裂隙闭合或为钙质薄膜充填,仅沿大裂隙有风化蚀变现象,或有锈膜浸染;
锤击发音清脆,开挖需用爆破</td><td>0.8～0.9</td></tr>
<tr><td colspan="2">新鲜</td><td>保持新鲜色泽,仅大的裂隙面偶见褪色;
裂隙面紧密,完整或焊接状充填,仅个别裂隙面有锈膜浸染或轻微蚀变;
锤击发音清脆,开挖需用爆破</td><td>0.9～1.0</td></tr>
</table>

表 G.2　岩体风化程度划分标准(引自《水力发电工程地质手册》)

岩石类别	风化程度	风化程度划分参数				
		纵波波速 V_p(m/s)	波速比 K_v	风化程度系数 K_y	点载荷强度 $I_{s(50)}$(MPa)	动弹模 E_d(GPa)
硬质岩石	新鲜	＞5000	0.9～1.0	0.9～1.0	＞12	＞36
	微风化	4000～5000	0.8～0.9	0.8～0.9	8～12	18～36
	弱风化	2000～4000	0.6～0.8	0.4～0.8	5～8	8～18
	强风化	1000～2000	0.4～0.6	＜0.4	1～5	2～8
	全风化	500～1000	0.2～0.4		＜1	＜2
	残积土	＜500	＜0.2			
软质岩石	新鲜	＞4000	0.9～1.0	0.9～1.0		
	微风化	3000～4000	0.8～0.9	0.8～0.9		
	弱风化	1500～3000	0.5～0.8	0.3～0.8		
	强风化	700～1500	0.3～0.5	＜0.3		
	全风化	300～700	0.1～0.3			
	残积土	＜300	＜0.1			

注:1. $I_{s(50)}$ 相当于岩芯等值直径为 50mm 时的点载荷强度统一换算值;

2. $I_{s(50)}$ 与 E_d 为参考建议值。

《水力发电工程地质勘察规范》(GB 50287—2006)采用波速比划分岩体风化程度的标准为:全风化带小于 0.4,强风化带 0.4～0.6,弱风化带 0.6～0.8,微风化带—新鲜为 0.8～1.0。

各类风化带纵波波速变化范围较大,一般统计结果:全风化带 600～2500m/s,强风化带 1300～4100m/s,变化范围明显大;而弱风化带 3000～5000m/s,微风化带 4000～6000m/s,新鲜岩 5000～6500m/s,变化范围相对较小。

附录 H 岩体卸荷带划分

表 H.1 边坡岩体卸荷带划分

卸荷类型	卸荷带分布	主要地质特征	特征指标	
			张开裂隙宽度	波速比
正常卸荷松弛	强卸荷带	近坡浅表部卸荷裂隙发育的区域； 裂隙密度较大，贯通性好，呈明显张开，宽度在几厘米至几十厘米之间，充填岩屑、碎块石、植物根须，并可见条带状、团块状次生夹泥，规模较大的卸荷裂隙内部多呈架空状可见明显的松动和变位错落，裂隙面普遍锈染； 雨季沿裂隙多有线状流水或成串滴水； 岩体整体松弛	张开宽度＞1cm 的裂隙发育（或每米洞段张开裂隙累计宽度＞2cm）	＜0.5
	弱卸荷带	强卸荷带以里可见卸荷裂隙较为发育的区域； 裂隙张开，其宽度几毫米，并具有较好的贯通性；裂隙内可见岩屑、细脉状或膜状次生夹泥充填，裂隙面轻微锈染； 雨季沿裂隙可见串珠状滴水或较强渗水； 岩体部分松弛	张开宽度＜1cm 的裂隙较发育（或每米洞段张开裂隙累计宽度＜2cm）	0.5～0.75
异常卸荷松弛	深卸荷带	相对完整段以里出现的深部裂隙松弛段； 深部裂缝一般无充填； 岩体纵波速度相对周围岩体明显降低	—	—

注：引自 GB 50487—2008 附录 J。

表 H.2 岩体卸荷带划分

卸荷带	主要地质特征
强卸荷	卸荷裂隙发育较密集，普遍张开，一般开度为几厘米至几十厘米，多充填次生泥及岩屑、岩块，有架空现象，部分可看到明显的松动或变位错落，卸荷裂隙多沿原有结构面张开。岩体多呈整体松弛
弱卸荷	卸荷裂隙发育较稀疏，开度一般为几毫米至几厘米，多有次生泥充填，卸荷裂隙分布不均匀，常呈间隔带状发育，卸荷裂隙多沿原有结构面张开。岩体部分松弛
深卸荷	深部裂缝松弛段与相对完整段相间出现，成带发育张开宽度几毫米至几十厘米不等，一般无充填，少数有铁锈或夹泥，岩体弹性波纵波速变化较大

注：引自 GB 50287—2006 附录 G 和 DL/T 5414—2009 附录 E，对于整体松弛卸荷作用不强烈时，可不划分亚带。

附录Ⅰ 岩(土)体渗透性分级及渗透变形

表Ⅰ-1 岩土体渗透性分级

渗透性分级		渗透性指标		岩体特征	土类
		渗透系数 K(cm/s)	透水率 q(Lu)		
极微透水		$K<10^{-6}$	$q<0.1$	完整岩石,含等价开度小于0.025mm裂隙的岩体	黏土
微透水		$10^{-6}\leqslant K<10^{-5}$	$0.1\leqslant q<1$	含等价开度0.025～0.05mm裂隙的岩体	黏土—粉土
弱透水	下带	$10^{-5}\leqslant K<10^{-4}$	$1\leqslant q<3$	含等价开度0.05～0.01mm裂隙的岩体	粉土—细粒土质砂
	中带		$3\leqslant q<5$		
	上带		$5\leqslant q<10$		
中等透水		$10^{-4}\leqslant K<10^{-2}$	$10\leqslant q<100$	含等价开度0.01～0.5mm裂隙的岩体	砂—砂砾
强透水		$10^{-2}\leqslant K<1$	$q\geqslant 100$	含等价开度0.5～2.5mm裂隙的岩体	砂砾—砾石、卵石
极强透水		$K\geqslant 1$		含连通孔洞及等价开度大于2.5mm裂隙的岩体	粒径均匀的巨粒

注:引自SL 55—2005附录D。

表Ⅰ-2 常见几种土的渗透系数表

土类	渗透系数 K(cm/s)	土类	渗透系数 K(cm/s)
黏土	$K<1.2\times10^{-6}$	细砂	$1.2\times10^{-3}\leqslant K<6.0\times10^{-3}$
粉质黏土	$1.2\times10^{-6}\leqslant K<6.0\times10^{-5}$	中砂	$6.0\times10^{-3}\leqslant K<2.4\times10^{-2}$
黏质粉土	$6.0\times10^{-5}\leqslant K<6.0\times10^{-4}$	粗砂	$2.4\times10^{-2}\leqslant K<6.0\times10^{-2}$
黄土	$3.0\times10^{-4}\leqslant K<6.0\times10^{-4}$	砾砂	$6.0\times10^{-2}\leqslant K<1.8\times10^{-1}$
粉砂	$6.0\times10^{-4}\leqslant K<1.2\times10^{-3}$		

注:引自《工程地质手册》(第五版),附录表3-1-21。

表Ⅰ-3 允许水利比降 $J_{允许}$ 经验值

土的渗透系数(m/s)	允许水利比降 $J_{允许}$
$\geqslant 0.5$	0.1
$<0.5\sim0.025$	0.1～0.2
$<0.025\sim0.005$	0.2～0.5
$\leqslant 0.005$	$\geqslant 0.5$

注:1.引自《工程地质手册》(第五版),附录表9-4-1;

2.该表中土的临界水利比降,地基渗流管涌稳定性计算安全系数取1.5～2.0修正后的水利比降。

表 I-4　允许水利比降[J]经验值

堤基材料	[J]	堤基材料	[J]
粉细砂、砂土	0.056	粗砂	0.083
中、细砂	0.067	砂砾石	0.111

注：1. 引自《工程地质手册》(第五版)，附录表 9-4-3；

2. 该表针对对于采取垂直和水平防渗措施的坝堤基础允许水利坡降[J]与坝堤基础材料有关；

3. 水平铺盖防渗黏土 $K<10^{-5}$cm/s，铺盖厚度 0.5～1.0m，允许水利坡降 4～6。

表 I-5　无黏性土允许水利比降

允许水利比降	渗透变形类型					
	流土型			过渡型	管涌型	
	$C_u \leqslant 3$	$3<C_u \leqslant 5$	$C_u>5$		级配连续	级配不连续
$J_{允许}$	0.25～0.35	0.35～0.50	0.50～0.80	0.25～0.40	0.15～0.25	0.10～0.20

注：1. 引自《水利水电工程地质勘察规范》(GB 50487—2008)附录 G.0.7；

2. 本表不适用于渗流出口有反滤层的情况。

附录J 围岩类别划分

J.1 围岩工程地质分类

围岩初步分类适用于规划阶段、可研阶段以及深埋洞室施工前的围岩工程地质分类,以岩石强度、岩体完整程度、岩体结构类型为依据,以岩层走向与洞轴线的关系、水文地质条件为辅助依据进行分类,并符合表J-1的规定。根据分类结果,评价围岩的稳定性,并作为确定支护类型的依据,其标准应符合表J-2的规定。

表J-1 围岩初步分类

围岩类别	岩质类型	岩体完整程度	岩体结构类型	围岩分类说明
Ⅰ、Ⅱ	硬质岩	完整	整体或巨厚层状结构	坚硬岩定Ⅰ类,中硬岩定Ⅱ类
Ⅱ、Ⅲ		较完整	块状结构、次块状结构	坚硬岩定Ⅱ类,中硬岩定Ⅲ类,薄层状结构定Ⅲ类
Ⅱ、Ⅲ			厚层或中厚层状结构、层(片理)面结合牢固的薄层状结构	
Ⅲ、Ⅳ			互层状结构	洞轴线与岩层走向夹角小于30°时,定Ⅳ类
Ⅲ、Ⅳ		完整性差	薄层状结构	岩质均一且无软弱夹层时可定Ⅲ类
Ⅲ			镶嵌结构	—
Ⅳ、Ⅴ		较破碎	碎裂结构	有地下水活动时定Ⅴ类
Ⅴ		破碎	碎块或碎屑状散体结构	—
Ⅲ、Ⅳ	软质岩	完整	整体或巨厚层状结构	较软岩定Ⅲ类,软岩定Ⅳ类
Ⅳ、Ⅴ		较完整	块状或次块状结构	较软岩定Ⅳ类,软岩定Ⅴ类
			厚层、中厚层或互层状结构	
		完整性差	薄层状结构	较软岩无夹层时可定Ⅳ类
		较破碎	碎裂结构	较软岩可定Ⅳ类
		破碎	碎块或碎屑状散体结构	—

注:引自GB 50487—2008附录N表N.0.2。

表J-2 围岩稳定性评价

围岩类型	围岩稳定性评价	支护类型
Ⅰ	稳定。围岩可长期稳定,一般无不稳定块体	不支护或局部锚杆或喷薄层混凝土。大跨度时,喷混凝土、系统锚杆加钢筋网
Ⅱ	基本稳定。围岩整体稳定,不会产生塑性变形,局部可能产生掉块	

续表 J-2

围岩类型	围岩稳定性评价	支护类型
Ⅲ	局部稳定性差。围岩强度不足，局部会产生塑性变形，不支护可能产生塌方或变形破坏。完整的较软岩，可能暂时稳定	喷混凝土、系统锚杆加钢筋网。采用 TBM 掘进时需及时支护。跨度>20m 时，宜采用锚索或刚性支护
Ⅳ	不稳定。围岩自稳时间很短，规模较大的各种变形和破坏都可能发生	喷混凝土、系统锚杆加钢筋网，刚性支护，并浇筑混凝土衬砌。不适宜于开敞式 TBM 施工
Ⅴ	极不稳定。围岩不能自稳，变形破坏严重	

注：引自 GB 50487—2008 附录 N 表 N.0.1。

表 J-3　岩体完整程度划分

间距（cm）	组数			
	1～2	2～3	3～5	>5 或无序
>100	完整	完整	较完整	较完整
50～100	完整	较完整	较完整	差
30～50	较完整	较完整	差	较破碎
10～30	较完整	差	较破碎	破碎
<10	差	较破碎	破碎	破碎

注：引自 GB 50487—2008 附录 N 表 N.0.4。

表 J-4　岩质类型划分

岩质类型	硬质岩		软质岩		
	坚硬岩	中硬岩	较软岩	软岩	极软岩
岩石饱和单轴抗压强度 R_b（MPa）	$R_b>60$	$60\geqslant R_b>30$	$30\geqslant R_b>15$	$15\geqslant R_b>5$	$R_b\leqslant 5$

注：引自 GB 50487—2008 附录 N 表 N.0.3。

施工图阶段的大型水利水电工程和重要中小型水利水电工程，围岩一般采用工程地质详细分类方法，以控制围岩稳定的岩石强度、岩体完整程度、结构面状态、地下水和主要结构面产状 5 项因素之和的总评分为基本判据，围岩强度应力比为限定依据，并应符合表 J-5 的规定。

表 J-5　地下洞室围岩详细分类表

围岩类别	围岩总评分 T	围岩强度应力比 S
Ⅰ	>85	>4
Ⅱ	$85\geqslant T>65$	>4
Ⅲ	$65\geqslant T>45$	>2
Ⅳ	$45\geqslant T>25$	>2
Ⅴ	$T\leqslant 25$	—

注：1. 引自 GB 50487—2008 附录 N 表 N.0.7；

2. Ⅱ、Ⅲ、Ⅳ类围岩，当围岩强度应力比小于本表规定时，围岩类别宜相应降低一级。

表 J-6 岩石强度评分

岩质类型	硬质岩		软质岩	
	坚硬岩	中硬岩	较软岩	软岩
岩石饱和单轴抗压强度 R_b(MPa)	$R_b>60$	$60\geqslant R_b>30$	$30\geqslant R_b>15$	$R_b\leqslant 15$
岩石强度评分 A	30～20	20～10	10～5	5～0

注:1. 引自 GB 50487—2008 附录 N 表 N.0.9-1;

2. 岩石饱和单轴抗压强度大于 100MPa 时,岩石强度的评分为 30;

3. 岩石饱和单轴抗压强度小于 5MPa 时,岩石强度的评分为 0。

表 J-7 岩体完整程度评分

岩体完整程度		完整	较完整	完整性差	较破碎	破碎
岩体完整性系数 K_v		$K_v>0.75$	$0.75\geqslant K_v>0.55$	$0.55\geqslant K_v>0.35$	$0.35\geqslant K_v>0.15$	$K_v\leqslant 0.15$
岩体完整性评分 B	硬质岩	40～30	30～22	22～14	14～6	<6
	软质岩	25～19	19～14	14～9	9～4	<4

注:1. 引自 GB 50487—2008 附录 N 表 N.0.9-2;

2. 当 $60\text{MPa}\geqslant R_b>30\text{MPa}$,岩体完整程度与结构面状态评分之和>65 时,按 65 评分;

3. 当 $30\text{MPa}\geqslant R_b>15\text{MPa}$,岩体完整程度与结构面状态评分之和>55 时,按 55 评分;

4. 当 $15\text{MPa}\geqslant R_b>5\text{MPa}$,岩体完整程度与结构面状态评分之和>40 时,按 40 评分;

5. 当 $R_b\leqslant 5\text{MPa}$,岩体完整程度与结构面状态不参加评分。

表 J-8 结构面状态评分

结构面状态	宽度 W (mm)	$W<0.5$		$0.5\leqslant W<5.0$									$W\geqslant 5.0$		
	充填物	—		无充填			岩屑			泥质			岩屑	泥质	无充填
	起伏粗糙状况	起伏粗糙	平直光滑	起伏粗糙	起伏光滑或平直粗糙	平直光滑	起伏粗糙	起伏光滑或平直粗糙	平直光滑	起伏粗糙	起伏光滑或平直粗糙	平直光滑	—	—	—
结构面状态评分 C	硬质岩	27	21	24	21	15	21	17	12	15	12	9	12	6	0～3
	软质岩	27	21	24	21	15	21	17	12	15	12	9	12	6	
	软岩	18	14	17	14	8	14	11	8	10	8	6	8	4	0～2

注:1. 引自 GB 50487—2008 附录 N 表 N.0.9-3;

2. 结构面的延伸长度小于 3m 时,硬质岩、较软岩的结构面状态评分另加 3 分,软岩加 2 分;结构面延伸长度大于 10m 时,硬质岩、较软岩减 3 分,软岩减 2 分;

3. 结构面状态最低分为 0。

表 J-9　地下水评分

活动状态			渗水到滴水	线状流水	涌水
水量 Q[L/(min·10m 洞长)] 或压力水头 H(m)			$Q\leqslant 25$ 或 $H\leqslant 10$	$25<Q\leqslant 125$ 或 $10<H\leqslant 100$	$Q>125$ 或 $H>100$
基本因素评分 T'	$T'>85$	地下水评分 D	0	0～−2	−2～−6
	$85\geqslant T'>65$		0～−2	−2～−6	−6～−10
	$65\geqslant T'>45$		−2～−6	−6～−10	−10～−14
	$45\geqslant T'>25$		−6～−10	−10～−14	−14～−18
	$T'\leqslant 25$		−10～−14	−14～−18	−18～−20

注：1. 引自 GB 50487—2008 附录 N 表 N. 0. 9-4；

2. 基本因素评分 T' 是前述岩石强度评分 A、岩体完整性评分 B 和结构面状态评分 C 的和；

3. 干燥状态取 0 分。

表 J-10　主要结构面产状评分

结构面走向与洞轴线夹角 β		$90°\geqslant\beta\geqslant 60°$				$60°>\beta\geqslant 30°$				$\beta<30°$			
结构面倾角 α(°)		$\alpha>70°$	$70°\geqslant\alpha>45°$	$45°\geqslant\alpha>20°$	$\alpha\leqslant 20°$	$\alpha>70°$	$70°\geqslant\alpha>45°$	$45°\geqslant\alpha>20°$	$\alpha\leqslant 20°$	$\alpha>70°$	$70°\geqslant\alpha>45°$	$45°\geqslant\alpha>20°$	$\alpha\leqslant 20°$
结构面产状评分 E	洞顶	0	−2	−5	−10	−2	−5	−10	−12	−5	−10	−12	−12
	边墙	−2	−5	−2	0	−5	−10	−2	0	−10	−12	−5	0

注：引自 GB 50487—2008 附录 N 表 N. 0. 9-5。

围岩的初步工程地质分类一般用于规划阶段、可研阶段及洞室施工之前的围岩工程地质分类，不具备详细评价条件时可以参照相关规范内容进行初步分类。

围岩工程地质分类方法中其他相关行业规范中有关岩石强度、层状岩石单层厚度、岩体完整程度、节理裂隙发育程度及地下水活动程度划分等详见《中小型水利水电工程地质勘察规范》(SL 55—2005)附录 A、《市政工程勘察规范》(CJJ 56—2012)附录 C 和《公路工程地质勘察规范》(JTG C20—2011)附录 F。

表 J-11　中小型水利水电工程围岩工程地质分类

围岩类别	围岩稳定程度	围岩主要工程地质特征	毛洞自稳能力和变形	支护类型
Ⅰ	稳定	坚硬岩,新鲜—微风化,层状岩为巨厚层,且层间结合牢固,岩体呈整体—块状结构,强度高,完整,节理裂隙不发育,无不利结构面组合和明显地下水出露	成型好,可长期稳定,偶有掉块,深埋或高压力区可能有岩爆	不支护或随机锚杆
Ⅱ	基本稳定	坚硬岩,微风化块状或中、厚层状,岩体强度高,较完整,结构面粗糙,层间结合良好,结构面无不稳定组合及软弱夹层,地下水活动轻微,洞线与主要结构面走向夹角大于 30°	基本稳定,围岩整体能维持较长时间稳定,局部可能有掉块,平缓岩层或裂隙顶部易局部坍落	一般不支护,部分喷混凝土结合锚杆加固,遇平缓岩层拱顶需及时支护
		中硬岩,微风化,岩体呈整体结构或厚层状,岩体较完整,无不利结构面组合,节理裂隙较发育,无软弱夹层,地下水活动轻微,洞线与主要结构面走向夹角大于 45°,岩层倾角大于 45°		
Ⅲ	局部稳定性差	坚硬岩,薄层状,微风化夹弱风化,无软弱夹层,受构造影响严重,节理裂隙发育,岩体完整性差,裂面有夹泥或泥膜,层间结合差,地下水活动轻微,洞线与主要结构面走向夹角大于 45°,岩层倾角大于 30°	围岩稳定受软弱结构面组合控制,可发生小—中等坍落,毛洞短时间内可稳定。完整的较软岩,稳定性较好,但强度不足,局部会产生塑性变形或小—中等坍落,可短期稳定	喷混凝土或喷锚支护,拱顶系统锚杆
		坚硬岩为主,夹中硬岩或较软岩,或呈互层状,微风化夹较多弱风化岩,受构造影响节理裂隙发育,有贯穿性软弱结构面或局部存在不利组合,岩体完整性差,呈块状结构,地下水活动中等,沿裂隙面或软弱结构面有大量滴水或线流,洞线与主要结构面走向夹角大于 45°		
		中硬岩,微风化夹弱风化火成岩、变质岩,中厚层沉积岩,岩体完整性差,节理裂隙发育,有贯穿性软弱结构面,地下水活动中等,沿裂隙面或软弱结构面有大量滴水或线流,洞线与主要结构面走向交角大于 30°		
		较软岩,微风化,岩性均一,巨厚层状,无软弱夹层,岩体完整,节理裂隙不发育,闭合无充填,无控制性软弱结构面,岩体抗风化能力低,暴露大气和湿水后,强度降低较快,地下水活动轻微,洞线与岩层走向夹角大于 30°		

续表 J-11

围岩类别	围岩稳定程度	围岩主要工程地质特征	毛洞自稳能力和变形	支护类型
Ⅳ	不稳定	坚硬岩与软岩互层，弱风化夹强风化，节理裂隙发育，岩体较破碎，层面与其他结构面易构成不稳定块体或存在不利结构面组合，地下水活动强烈，洞线与主要结构面走向夹角及岩层倾角均小于30°	围岩自稳时间很短，拱顶常有坍落，边墙也有失稳现象，时间效应明显，可能产生较大的变形破坏，软岩流变显著，可产生较大的塑性变形	开挖后需及时支护，喷锚挂网，必要时可全部衬砌或设钢拱架，需注意施工期安全
		中硬岩，薄层状，弱风化带夹软弱夹层，岩体节理裂隙发育，破碎，局部夹泥，层间结合差，地下水活动中等，洞线与岩层走向夹角及岩层倾角均小于30°		
		较软岩或软岩，弱风化为主，节理裂隙较发育，层间错动常见，多为软弱面与其他结构面形成不利组合，地下水活动轻微，洞线与岩层走向夹角大于30°		
Ⅴ	极不稳定	中硬岩，强风化，岩体破碎，受地质构造影响，节理裂隙很发育，无规则，且张开夹泥，咬合力差，呈不规则碎裂块体状，地下水活动中等，洞线与结构面夹角小于30°，倾角平缓	难于自稳，边墙、拱顶极易坍塌变形，经常是边挖边塌，甚至出现冒顶和地面下陷，变形破坏严重	成洞条件差，开挖需支护紧跟或超前支护，全断面衬砌
		较软岩或软岩，弱风化夹强风化，岩体破碎，受地质构造影响，节理裂隙发育，多张开有泥，有软弱夹层和顺层错动带，有大量临空切割体，地下水活动中等—强烈，加速岩体风化和降低结构面抗剪强度，洞线与结构面夹角大于30°，岩层倾角小于30°		
		全风化，多呈松散碎石土状，不均一散体结构，地下水活动中等—强烈		

注：引自 SL 55—2005 附录 A。

表 J-12　隧道围岩分级

围岩级别	围岩主要工程地质条件		围岩开挖后的稳定状态（单线）	围岩弹性纵波波速 v_p(cm/s)
	主要工程地质特征	结构形态和完整状态		
Ⅰ	坚硬岩（单轴饱和抗压强度 f_{rk}＞60MPa）；受地质构造影响轻微，节理不发育，无软弱结构面（或夹层）；层状岩层为巨厚层或厚层，层间结合良好，岩体完整	呈巨块状整体结构	围岩稳定，无坍塌，可能产生岩爆	＞4.5

续表 J-12

围岩级别	围岩主要工程地质条件		围岩开挖后的稳定状态(单线)	围岩弹性纵波波速 v_p(cm/s)
	主要工程地质特征	结构形态和完整状态		
Ⅱ	坚硬岩(f_{rk}>60MPa):受地质构造影响较重,节理较发育,有少量软弱面(或夹层)和贯通微张节理,但其产状及组合关系不致产生滑动;层状岩层为中厚层或厚层,层间结合一般,很少有分离现象,或为硬质岩偶夹软质岩石,岩体较完整	呈大块状砌体结构	暴露时间长,可能出现局部小坍塌,侧壁稳定,层间结合差的平缓岩层顶板易塌落	3.5～4.5
	较硬岩(30<f_{rk}≤60):受地质构造影响轻微,节理不发育;层状岩层为厚层,层间结合良好,岩体完整	呈巨块状整体结构		
Ⅲ	坚硬岩和较硬岩:受地质构造影响较重,节理较发育,有层状软弱面(或夹层),但其产状组合关系尚不致产生滑动;层状岩层为薄层或中层,层间结合差,多有分离现象;或为硬、软质岩石互层	呈块(石)碎(石)状镶嵌结构	拱部无支护时可能产生局部小坍塌,侧壁基本稳定爆破震动过大易塌落	2.5～4.0
	较软岩(15<f_{rk}≤30)和软岩(5<f_{rk}≤15),受地质构造影响严重,节理较发育;层状岩层为薄层、中厚层或厚层,层间结合一般	呈大块状结构		
Ⅳ	坚硬岩和较硬岩:受地质构造影响极严重,节理较发育;层状软弱面(或夹层)已基本破坏	呈碎石状压碎结构	拱部无支护时可产生较大坍塌,侧壁有时失去稳定	1.5～3.0
	较软岩和软岩:受地质构造影响严重,节理较发育	呈块石、碎石状镶嵌结构		
	土体:1.具压密或成岩作用的黏性土、粉土及碎石土;2.黄土(Q_1、Q_2);3.一般钙质或铁质胶结的碎石土、卵石土、粗角砾土、粗圆砾土、大块石土	1和2呈大块状压密结构,3呈巨块状整体结构		
Ⅴ	岩体:受地质构造影响严重,裂隙杂乱,呈石夹土或土夹石状	呈角砾碎石状松散结构	围岩易坍塌,处理不当会出现大坍塌,侧壁经常小坍塌;浅埋时易出现地表下沉(陷)或塌至地表	1.0～2.0
	土体:一般第四系的坚硬、硬塑的黏性土,稍密及以上、稍湿或潮湿的碎石土,卵石土,圆砾土,角砾土,粉土及黄土(Q_3、Q_4)	非黏性土呈松散结构,黏性土及黄土松软状结构		
Ⅵ	岩体:受地质构造影响严重,呈碎石、角砾及粉末、泥土状	呈松软状	围岩极易坍塌变形,有水时土砂常与水一齐涌出,浅埋时易塌至地表	<1.0(饱和状态的土<1.5)
	土体:可塑、软塑状黏性土,饱和的粉土和砂类等土	黏性土呈易蠕动的松软结构,砂性土呈潮湿松散结构		

注:1.引自市政工程勘察规范 CJJ 56—2012 附录 C;

2.表中"围岩级别"和"围岩主要工程地质条件"栏,不包括膨胀性围岩、多年冻土等特殊性岩土;

3.软质岩石Ⅱ、Ⅲ类围岩遇有地下水时,可根据具体情况和施工条件适当降低围岩级别。

表 J-13 公路隧道围岩分级

围岩级别	围岩或土体主要定性特征	BQ 或[BQ]
Ⅰ	坚硬岩，岩体完整，整体状或巨厚层状结构	＞550
Ⅱ	坚硬岩，岩体较完整，块状或厚层状结构； 较坚硬岩，岩体完整，块状整体结构	550～451
Ⅲ	坚硬岩，岩体较破碎，巨块(石)碎(石)状镶嵌结构； 较坚硬岩或较软硬岩层，岩体较完整，块体状或中厚层状结构	450～351
Ⅳ	坚硬岩，岩体破碎，碎裂结构； 较坚硬岩，岩体较破碎—破碎，镶嵌碎裂结构； 较软岩或软硬岩互层，且以软岩为主，岩体较完整—较破碎，中薄层状结构	350～251
	压密或成岩作用的黏性土及砂土； 黄土(Q_1、Q_2)； 钙质、铁质胶结的碎石土(碎石、卵石、块石等)	
Ⅴ	较软岩，岩体破碎； 软岩，岩体较破碎—破碎； 极破碎各类岩体，碎裂状松散结构	≤250
	半坚硬—坚硬状黏性土及稍湿—潮湿的碎石土； 黄土(Q_3、Q_4)； 非黏性土呈松散结构，黏性土及黄土呈松软结构	
Ⅵ	软塑状黏性土及潮湿饱和的粉细砂、软土等	

注：1. 引自《公路工程地质勘察规范》(JTG C20—2011)附录 F；

2. 本表不适用于特殊条件的围岩分级，如膨胀性围岩、多年冻土等。

J.2 围岩物理力学参数经验值

(1)参照《水利水电工程地下建筑物工程地质勘察技术规程》(DL 5415—2009)，列举各类围岩物理力学参数经验值如下。

表 J-14 各类围岩物理力学参数经验值表

围岩类别	密度 ρ (g/cm^3)	内摩擦角 φ(°)	凝聚力 c(MPa)	变形模量 E_0(GPa)	泊松比 μ	坚固系数 f_k	单位弹性抗力系数 K_0(MPa/cm)
Ⅰ	＞2.7	＞45	＞3.5	＞20	＜0.17	＞7	＞70
Ⅱ	2.5～2.7	40～45	1.7～3.5	10～20	0.17～0.23	5～7	50～70
Ⅲ	2.3～2.5	35～40	0.4～1.7	5～10	0.23～0.29	3～5	30～50
Ⅳ	2.1～2.3	25～35	0.1～0.4	0.5～5	0.29～0.35	1～3	10～30
Ⅴ	＜2.1	＜25	＜0.1	＜0.5	＞0.35	＜1	＜10

注：引自 DL 5415—2009。

(2)围岩坚固系数、围岩单位弹性抗力系数估算。

对于各项同性的弹性介质体,可用下式估算 f_k 及 K_0 值,根据围岩的强度、岩体结构及完整性等对估算值进行适当折减后确定围岩的地质建议值。

①围岩坚固系数可按下式估算:

$$f_k = a \times R_b / 10$$

式中:f_k 为围岩坚固系数;R_b 为岩石饱和单轴抗压强度,MPa;a 为修正系数,不大于 1。与围岩强度、完整性有关。

②围岩单位弹性抗力系数可按下式估算:

$$K_0 = E / [(1 + \mu) \times 100]$$

式中:K_0 为围岩单位弹性抗力系数,MPa/cm;E 为围岩的弹性(变形)模量,MPa;μ 为围岩的泊松比。

J.3 结构面方向对地下开挖工程的影响

表 J-15 结构面方向对工程的影响

结构面走向与洞轴线关系	倾向与倾角(°)		对工程影响的评价
结构面走向与洞轴线相垂直	顺着倾向开挖	倾角 45~90	很有利
		倾角 20~45	有利
	逆着倾向开挖	倾角 45~90	较好
		倾角 20~45	不利
结构面走向与洞轴线相平行	倾角 45~90		很不利
	倾角 20~45		较好
结构面走向与洞轴线无关	倾角 0~20		较好

注:引自《水利发电工程地质手册》,附录表 8.4.5-16。

附录K　边坡分类(工程分类、岩体分类)

表K-1　边坡工程地质一般分类

分类依据	分类名称	分类特征说明
与工程关系	自然边坡	未经人工改造的边坡
	工程边坡	经人工改造的边坡
岩性	岩质边坡	由岩石组成的边坡
	土质边坡	由土层组成的边坡
	岩土混合边坡	部分由岩石部分由土层组成的边坡
变形情况	未变形边坡	边坡岩(土)体未发生变形位移
	变形边坡	边坡岩(土)体曾发生或正在发生变形位移
边坡坡度θ	缓坡	$\theta \leqslant 10°$
	斜坡	$10° < \theta \leqslant 30°$
	陡坡	$30° < \theta \leqslant 45°$
	峻坡	$45° < \theta \leqslant 65°$
	悬坡	$65° < \theta \leqslant 90°$
	倒坡	$90° < \theta$
工程边坡高度H(m)	超高边坡	$H \geqslant 150$
	高边坡	$50 \leqslant H < 150$
	中边坡	$20 \leqslant H < 50$
	低边坡	$H < 20$
失稳边坡体积V(m³)	特大型滑坡	$1000 \times 10^4 \leqslant V$
	大型滑坡	$100 \times 10^4 \leqslant V < 1000 \times 10^4$
	中型滑坡	$10 \times 10^4 \leqslant V < 100 \times 10^4$
	小型滑坡	$V < 10 \times 10^4$

注:引自《中小型水利水电勘察规范》(SL 55—2005)附录B表B.0.1。

表K-2　边坡变形破坏分类

变形破坏类型		变形破坏特征
崩塌		边坡岩体坠落或滚动
滑动	平面型	边坡岩体沿某一结构面滑动
	弧面型	散体结构、碎裂结构的岩质边坡或土坡沿弧形滑动面滑动
	楔形体	结构面组合的楔形体,沿结构面交线方向滑动

续表 K-2

变形破坏类型		变形破坏特征
崩塌		边坡岩体坠落或滚动
蠕变	倾倒	反倾向层状结构的边坡，表部岩层逐渐向外弯曲、倾倒
	溃屈	顺倾向层状结构面的边坡，岩层倾角与坡角大致相似，边坡下部岩层逐渐向上鼓起，产生层面拉裂和脱开
	侧向张裂	双层结构的边坡，下部软岩产生塑性变形或流动，使上部岩层发生扩展、移动张裂或下沉
流动		崩塌碎屑类堆积物向坡脚流动，形成碎屑流

注：引自《水利水电工程地质勘察规范》(GB 50487—2008)附录K表K.0.2。

表 K-3　岩质边坡岩体分类

边坡岩体类型	判定条件			
	岩体完整程度	结构面结合程度	结构面产状	直立边坡自稳能力
Ⅰ	完整	结构面结合良好或一般	外倾结构面或外倾不同结构面的组合线倾角>75°或<27°	30m高的边坡长期稳定，偶有掉块
Ⅱ	完整	结构面结合良好或一般	外倾结构面或外倾不同结构面的组合线倾角27°～75°	15m高的边坡稳定，15～30m高的边坡欠稳定
	完整	结构面结合差	外倾结构面或外倾不同结构面的组合线倾角>75°或<27°	
	较完整	结构面结合良好或一般	外倾结构面或外倾不同结构面的组合线倾角>75°或<27°	边坡出现局部落块
Ⅲ	完整	结构面结合差	外倾结构面或外倾不同结构面的组合线倾角27°～75°	8m高的边坡稳定，15m高的边坡欠稳定
	较完整	结构面结合良好或一般		
	较完整	结构面结合差	外倾结构面或外倾不同结构面的组合线倾角>75°或<27°	
	较破碎	结构面结合良好或一般		
	较破碎(裂隙镶嵌)	结构面结合良好或一般	结构面无明显规律	
Ⅳ	较完整	结构面结合差或很差	外倾结构面以层面为主，倾角多为27°～75°	8m高的边坡不稳定
	较破碎	结构面结合一般或差	外倾结构面或外倾不同结构面的组合线倾角27°～75°	
	破碎或极破碎	碎块间结合很差	结构面无明显规律	

注：1. 结构面指原生结构面和构造结构面，不包括风化裂隙；
　　2. 外倾结构面系指倾向与坡向的夹角小于30°的结构面；
　　3. 不包括全风化基岩；全风化基岩可视为土体；
　　4. Ⅰ类岩体为软岩，应降为Ⅱ类岩体；Ⅰ类岩体为较软岩且边坡高度大于15m时，可降为Ⅱ类；
　　5. 当地下水发育时，Ⅱ、Ⅲ类岩体可根据具体情况降低一档；
　　6. 强风化岩应划为Ⅳ类；完整的极软岩可划为Ⅲ类或Ⅳ类；

7. 当边坡岩体较完整、结构面结合差或很差、外倾结构面或外倾不同结构面的组合线倾角 27°～75°，结构面贯通性差时，可划为Ⅲ类；

8. 当有贯通性较好的外倾结构面时应验算沿该结构面破坏的稳定性；

9. 引自《建筑边坡工程技术规范》(GB 50330—2013)表 4.1.4。

表 K-4　公路岩质边坡破坏类型

序号	变形破坏		变形破坏特征	变形破坏机制	破坏面形态
	类型	亚类			
1	崩塌		边坡上局部岩体向临空方向拉裂、移动、崩落，崩落的岩体其主要运动形式为自由坠落或沿坡面的跳跃、滚动	拉裂、剪切—滑移。岩体存在临空面，在重力作用下，岩体向临空方向拉裂、剪切—滑移、崩落	切割崩塌体的结构面组合
2	滑动	平面型	边坡岩层、岩体沿某一外倾的层理、节理或断层整体向下滑移	剪切—滑移。结构面临空，边坡岩层、岩体沿某一贯通性结构面向下产生剪切—滑移	平面
		圆弧型	具有散体结构或碎裂结构的岩体沿弧形滑动面滑移、坡脚隆起	剪切—滑移。坡面临空，边坡过高，岩体发生剪切破坏，滑裂面上的抗滑力小于下滑力	圆弧
		楔形体	两个或三个结构面组合而成的楔形体，沿两个滑动面交线方向的滑动	剪切—滑移。结构面临空，交线倾向路基，楔体沿相交的两结构面向下剪切—滑移	两个倾向相反，交线倾向路基的结构面组合
		折线型	边坡岩体追踪两个或两个以上的外倾结构面产生沿折线滑动面的滑动	剪切—滑移。边坡岩体沿外倾的层理、节理或断裂构成的折线型滑面产生剪切—滑移	折线
3	错落		坡脚岩体破碎或岩质软弱，边坡的岩体，沿陡倾结构面发生整体下错位移	鼓胀、下沉、剪切—滑移。结构面临空，坡脚失去支撑，岩体沿陡倾结构面下错、滑移	与边坡平行的陡倾节理或断层与坡脚缓倾层理
4	倾倒		具有层状反向结构的边坡，在重力作用下，其表部岩层向边坡下方发生弯曲倾倒	弯曲—拉裂—滑动。反倾岩层在重力作用产生的弯矩作用下弯曲、拉裂、折断、滑动	沿软弱结构面与反倾向节理面追踪形成
5	溃屈		岩层倾角与坡角大体一致层状同向结构边坡，上部岩层沿软弱面蠕滑，下部岩层鼓起、弯折、剪断，岩层沿上部层面和下部剪切面滑动	滑移—弯曲。顺坡向层间剪应力大于层间结合力，上部岩层沿软弱结构面蠕滑，由于下部受阻而发生纵向弯曲、鼓起、弯折、剪断，最终滑面贯通后滑动	层面与下部剪断面的组合
6	滑塌		边坡表面的风化岩体，沿某一弧形或节理、层理组合而成的滑动面产生局部的滑动—坍滑	剪切—滑动—坍滑。风化岩体强度降低发生剪切破坏或滑动面上的抗滑力小于下滑力，风化岩体产生局部滑动并伴有坡面坍滑	圆弧或层理、节理等结构面的组合

续表 K-4

序号	变形破坏		变形破坏特征	变形破坏机制	破坏面形态
	类型	亚类			
7	碎落		边坡表面的风化岩石，在水流和重力作用下，呈片状或碎块状剥离母体、沿坡面滚落、堆积的现象	拉裂。岩体存在临空面，在结合力小于重力时，发生碎落	

注：引自《公路工程地质勘察规范》(JTG C20—2011)附录B表B-1。

表 K-5 公路岩质边坡岩体结构类型

序号	边坡结构分类		岩石类型	岩体结构	边坡稳定特征
	类型	亚类			
1	块体结构		岩浆岩、中深变质岩、厚层沉积岩、火山岩	岩体呈块状、厚层状，结构面不发育，多为刚性结构面，贯穿性软弱结构面少见	边坡稳定性好，易形成高陡边坡，失稳形态多沿某一结构面崩塌或复合结构面滑动。滑动稳定性受结构面抗剪强度及岩石抗剪强度控制
2	层状结构	层状同向结构	各种厚度的沉积岩、层状变质岩和复杂多次喷发的火山岩	边坡与层面同向，倾向夹角小于30°，岩体多呈互层和层间错动带，常为贯穿性软弱结构面	层面或软弱夹层，形成滑动面，坡脚切断后易产生顺层滑动，倾角较陡时可形成溃屈破坏。稳定性受坡角与岩层倾角组合、顺坡向软弱结构面的发育程度及其强度控制
		层状反向结构		边坡与层面反向，倾向夹角大于150°，岩体特征同上	岩层较陡时易产生倾倒弯曲松动变形；坡脚有软弱地层发育时，上部易拉裂，局部崩塌滑动；共轭节理的组合交线倾向路基时，可产生楔体滑动。边坡稳定性受坡角与岩层倾角组合、岩层厚度、层间结合能力及反倾结构面发育程度控制
		层状斜向结构		边坡与层面斜交或垂直，倾向夹角30°～150°岩体特征同上	易形成层面与节理组成的楔形体滑动或崩塌。层面与坡面走向夹角越大稳定性越高
		层状平叠结构		近于水平的岩层构成的边坡，岩体特征同上	坡脚有软弱地层或层间有软弱层发育时，在孔隙水压力或卸荷作用下产生向临空面方向的滑移或错落、崩塌、拉裂倾倒
3	碎裂结构		各种岩石的构造影响带、破碎带、蚀变带或风化破碎岩体	岩体结构面发育，岩体宏观的工程力学特性已基本不具备由结构面造成的各向异性	边坡稳定性较差，坡脚取决于岩块间的镶嵌情况和岩块间的咬合力，可产生崩塌，弧形滑动
4	散体结构		各种岩石的构造破碎及其强烈影响带、强风化破碎带	由碎屑泥质物夹大小不等的岩块组成，呈土夹石或石夹土状，软弱结构面发育呈网状	边坡稳定性差，坡角取决于岩体的抗剪强度，滑动面呈圆弧状

注：引自《公路工程地质勘察规范》(JTG C20—2011)附录B表B-2。

附录L 常见边坡开挖工程经验坡比参考

表 L-1 岩质边坡建议开挖坡比

岩体特征	建议开挖坡比	备注
散体结构岩体	不大于天然稳定坡	结合表层保护及拦石措施
全/强风化岩体	1∶1	结合系统锚固或随机锚固
中(弱)风化岩体	1∶0.5	结合随机锚固
微风化/新鲜岩体	1∶0.3 至直立(临时)	
整体/完整块状岩体	1∶0.1 至直立(临时)	
层状岩体逆向坡	1∶0.15～1∶0.25	逆向坡应注意防倾倒破坏，结合系统锚固或随机锚固
层状岩体顺向坡	不大于层面坡度	

注:1.引自《水电水利工程边坡设计规范》(DL/T 5353—2006)表1;

2.适用于非结构面控制稳定条件下的岩质边坡。

表 L-2 坡高小于 30m 岩质边坡建议开挖坡比

边坡岩体类型	风化程度	边坡坡比	
		坡高不大于 15m	坡高 15～30m
Ⅰ	未风化、微风化	1∶0.1～1∶0.3	1∶0.1～1∶0.3
	弱风化	1∶0.1～1∶0.3	1∶0.3～1∶0.5
Ⅱ	未风化、微风化	1∶0.1～1∶0.3	1∶0.3～1∶0.5
	弱风化	1∶0.3～1∶0.5	1∶0.5～1∶0.75
Ⅲ	未风化、微风化	1∶0.3～1∶0.5	
	弱风化	1∶0.5～1∶0.75	
Ⅳ	弱风化	1∶0.5～1∶1	
	强风化	1∶0.75～1∶1	

注:引自《水力发电工程地质手册》,附录表 10.3.1-10。适用于无外倾软弱结构面的岩质边坡。

表 L-3　弱风化、微风化和新鲜岩石边坡坡比参考值

<table>
<tr><th colspan="3" rowspan="2">岩石</th><th colspan="3">不利结构面与边坡直交或内倾</th><th rowspan="2">不利结构面与边坡平行或外倾</th></tr>
<tr><th>单级坡高(m)</th><th>完整岩体坡比</th><th>欠完整岩体坡比</th></tr>
<tr><td rowspan="2">沉积岩</td><td colspan="2">灰岩、砂岩</td><td>15～20</td><td>1∶0.25～1∶0.35</td><td>1∶0.35～1∶0.75</td><td rowspan="9">(1)与边坡平行、向外倾斜的软弱结构面切割边坡，并在临空坡面出露时，若软弱结构面倾角小于其内摩擦角，结构面以上边坡岩体可视为稳定；
(2)当软弱结构面倾角大于其内摩擦角，边坡坡比则不能大于其内摩擦角，否则需采取必要的防护措施；
(3)在高地震区，尚需考虑地震力对边坡稳定的影响；
(4)水平地层条件下，应注意期间软弱夹层对边坡稳定的影响</td></tr>
<tr><td colspan="2">页岩、泥岩</td><td>10～15</td><td>1∶0.5～1∶0.75</td><td>1∶0.75～1∶1.0</td></tr>
<tr><td rowspan="4">火成岩</td><td rowspan="2">侵入岩</td><td>花岗岩、闪长岩、辉长岩</td><td>15～25</td><td>1∶0.25～1∶0.35</td><td>1∶0.35～1∶0.50</td></tr>
<tr><td>花岗斑岩、闪长玢岩、辉绿玢岩、正长斑岩、煌斑岩</td><td>15～20</td><td>1∶0.35～1∶0.50</td><td>1∶0.50～1∶0.75</td></tr>
<tr><td rowspan="2">喷出岩</td><td>流纹岩、安山岩、玄武岩</td><td>15～25</td><td>1∶0.35～1∶0.50</td><td>1∶0.50～1∶0.75</td></tr>
<tr><td>凝灰岩、火山碎屑岩</td><td>15～20</td><td>1∶0.50～1∶0.75</td><td>1∶0.75～1∶1.0</td></tr>
<tr><td rowspan="3">变质岩</td><td colspan="2">片麻岩、混合岩</td><td>15～25</td><td>1∶0.35～1∶0.50</td><td>1∶0.50～1∶0.75</td></tr>
<tr><td colspan="2">板岩</td><td>15～20</td><td>1∶0.50～1∶0.75</td><td>1∶0.75～1∶1.0</td></tr>
<tr><td colspan="2">千枚岩、片岩、片理化凝灰岩</td><td>10～15</td><td>1∶0.50～1∶0.75</td><td>1∶0.75～1∶1.0</td></tr>
</table>

注：1. 表中数值为水上岩质边坡参考值；

2. 若有地下水时，需考虑孔隙水压力对边坡稳定性的影响；

3. 灰岩中岩溶发育者，边坡值按破碎岩石考虑。

表 L-4　全风化、强风化岩石和强烈破碎岩石边坡坡比参考值

岩石			不利结构面与边坡直交或内倾			不利结构面与边坡平行或外倾
			坡高（m）	全、全风化（溶蚀）带坡比	破碎新鲜岩石坡比	
沉积岩		石灰岩（中厚层）	<10	1∶0.5～1∶0.75	1∶0.75	(1)与边坡平行、向外倾斜的软弱结构面切割边坡，并在临空坡面出露时，若软弱结构面倾角小于其内摩擦角，结构面以上边坡岩体可视为稳定；(2)当软弱结构面倾角大于其内摩擦角，边坡坡比则不能大于其内摩擦角，否则需采取必要的防护措施；(3)在高地震区，尚需考虑地震力对边坡稳定的影响；(4)在水平地层条件下，应注意期间软弱夹层对边坡稳定的影响
			10～20	1∶0.75～1∶1.0	1∶1	
		页岩	<10	1∶1	1∶1	
			10～15	1∶1～1∶1.25	1∶1	
		粉细砂岩及凝灰质砂岩	<10	1∶0.75～1∶1.0	1∶0.75	
			10～20	1∶1	1∶1	
火成岩	侵入岩	花岗岩、闪长岩、辉长岩	<10	1∶0.75～1∶1.0	1∶0.5～1∶0.75	
			10～20	1∶1～1∶1.25	1∶1	
		花岗斑岩、闪长玢岩、辉绿玢岩、正长斑岩、煌斑岩	<10	1∶0.75～1∶1	1∶0.75	
			10～15	1∶1～1∶1.25	1∶1	
	喷出岩	流纹岩、安山岩	<10	1∶0.75～1∶1.0	1∶0.75	
			10～20	1∶1	1∶1	
		凝灰岩、火山碎屑岩	<10	1∶1	1∶0.75～1∶1	
			10～15	1∶1.25	1∶1	
变质岩		片麻岩、混合岩	<10	1∶0.75～1∶1	1∶0.75	
			10～20	1∶1～1∶1.25	1∶1	
		板岩	<10	1∶1	1∶0.75	
			10～15	1∶1.25	1∶1	
		千枚岩及片理化凝灰岩	<10	1∶1	1∶1	
			10～15	1∶1.25	1∶1	

注：1. 表中数值为水上岩质边坡参考值；

2. 若有地下水时，需考虑孔隙水压力对边坡稳定性的影响；

3. 破碎新鲜岩石边坡中，对易风化的凝灰岩、火山碎屑岩、页岩、千枚岩和板岩等岩质边坡，需注意坡面防护。

表 L-5　土质边坡建议坡比允许值

边坡土体类别	状态	边坡坡比允许值	
		坡高小于 5m	坡高 5～10m
碎石土	密实	1∶0.35～1∶0.50	1∶0.50～1∶0.75
	中密	1∶0.50～1∶0.75	1∶0.75～1：∶1.00
	稍密	1∶0.75～1∶1.00	1∶1.00～1∶1.25
黏性土	坚硬	1∶0.75～1∶1.00	1∶1.00～1∶0.25
	硬塑	1∶1.00～1∶1.25	1∶1.25～1∶1.50

注：引自《水力发电工程地质手册》附录参考文献[8]表 10.3.1-11）。

1. 表中碎石土的充填物为坚硬或硬塑状态的黏性土；
2. 对于砂石或充填物为砂土的碎石土，其边坡坡度的允许值应按自然休止角确定；
3. 适用于土质均匀、无地下水影响和不良地质现象的土质边坡。

表 L-6　边坡级别与水工建筑物级别的对照关系

建筑物级别	对水工建筑物的危害			
	严重	较严重	不严重	较轻
	边坡级别			
1	1	2	3	4、5
2	2	3	4	5
3	3	4	5	
4	4	5		

注：引自《水利水电工程边坡设计规范》(SL 386—2007)表 3.2.2。

1. 严重：相关水工建筑物完全破坏或功能完全丧失；
2. 较严重：相关水工建筑物遭到较大的破坏或功能受到比较大的影响，需进行专门的除险加固后才能投入正常使用；
3. 不严重：相关水工建筑物遭到一些破坏或功能受到一些影响，及时修复后仍能使用；
4. 较轻：相关水工建筑物仅受到很小的影响或间接地受到影响。

表 L-7　抗滑稳定安全系数标准

运用条件	边坡级别				
	1	2	3	4	5
正常运用条件	1.3～1.25	1.25～1.20	1.20～1.15	1.15～1.10	1.10～1.05
非正常运用条件Ⅰ	1.25～1.20	1.20～1.15	1.15～1.10	1.10～1.05	
非正常运用条件Ⅱ	1.15～1.10	1.10～1.05		1.05～1.00	

注：引自《水利水电工程边坡设计规范》(SL 386—2007)表 3.4.2。

边坡运用条件划分：1. 正常运用工况(1)临水边坡①水库水位处于正常蓄水位和设计洪水位与死水位之间的各种水位及其经常性降落；②除宣泄校核洪水以外各种情况下的水库下游水位及其经常性降落；③水道边坡的正常高水位与最低水位之间的各种水位及其经常性降落。(2)不临水边坡工程投入运用后经常发生或持续时间长的情况。

2. 非常运用条件Ⅰ包括工况有：①施工期；②临时边坡的水位非常降落；③校核洪水位及其水位降落；④由于降雨、泄水雨雾和其他原因引起的边坡饱和及相应地下水位变化；⑤正常运用条件下，边坡排水失效。

3. 非常运用条件Ⅱ应为正常运用条件下遭遇地震。

表 L-8　水下稳定岸坡角 α(地质调查法)

岩土体名称	颗粒组成及性质	α(°)
粉细砂(Qh^{al})	密实 $e<0.6$(e 为孔隙比)	18～21
	中密 $e=0.6\sim0.75$	15～18
	稍松 $e>0.75$	12～15
中粗砂夹角砾(Qh^{al})	密实 $e<0.6$	24～27
	中密 $e=0.6\sim0.9$	21～24
	稍松 $e>0.9$	18～21
黏土、砂黏土、夹碎(卵)石、角圆砾($Qh^{dl+pl+al}$)	密实石质含量>35%	27～30
	中密石质含量 20%～35%	24～27
	稍松石质含量<20%	21～24
碎(卵)石土($Qh^{dl+pl+col}$)	密实石质含量>70%	33～36
	中密石质含量 60%～70%	30～33
	稍松石质含量<60%	27～30
漂(块)石、卵(碎)石土(Qh^{al+col})	全胶结	45～50
	半胶结	40～45
石渣	粒径 3%～30%cm,含量>70%	34～36

注:引自《水力发电工程地质手册》,附录表 5.3.3-4。

表 L-9　水上稳定岸坡角(β)

岩土体名称	颗粒组成	β实测值(°)	β终止值(天然)(°)
黏土	粒径≤0.002mm 占 8%以上	58～80	60
砂黏土	粒径≥0.02mm 占 60%以上	55～70	55
砂夹卵石	含砂量≥70%卵石含量≤30%	40～62	40
石渣	粒径 3～30cm 含量占 90%	45	45～42

注:引自《水力发电工程地质手册》,附录表 5.3.3-5。

附录M 坝基岩体分类及岩土经验参数

M.1 分类

表M.1-1 坝基岩体工程地质分类

岩体基本质量	A坚硬岩(R_b>60MPa)		B中硬岩(30MPa≤R_b≤60MPa)		C软质岩(R_b<30MPa)	
	岩体特征	岩体工程性质评价	岩体特征	岩体工程性质评价	岩体特征	岩体工程性质评价
Ⅰ	Ⅰ$_{A}$:岩体呈整体状或块状、巨厚层状、厚层状结构,结构面不发育—轻度发育,延展性差,多闭合,各向同性力学特性	岩体完整,强度高,抗滑、抗变形性能强,不需作专门性地基处理,属优良高混凝土坝地基	—	—	—	—
Ⅱ	Ⅱ$_{A}$:岩体呈块状或次块状、厚层结构,结构面中等发育,软弱结构面局部分布,不成为控制性结构面,不存在影响坝基或坝肩稳定的大型楔体或棱体	岩体较完整,强度高,软弱结构面不控制岩体稳定,抗滑、抗变形性能较高,专门性地基处理工程量不大,属良好高混凝土坝地基	Ⅱ$_{B}$:岩体结构特征同Ⅰ$_{A}$,具有各向同性力学特征	岩体完整,强度较高,抗滑、抗变形性能较强,专门性地基处理工程量不大,属良好高混凝土坝地基	—	—
Ⅲ	Ⅲ$_{1A}$:岩体呈次块状中厚层结构。结构面中等发育,岩体中分布有缓倾角或陡倾角(坝肩)的软弱结构面或存在影响局部坝基或坝肩稳定的楔体或棱体	岩体较完整,局部完整性较差,强度较高,抗滑、抗变形性能在一定程度上受结构面控制。对影响岩体变形和稳定的结构面应做专门处理	Ⅲ$_{1B}$:岩体结构特征基本同Ⅱ$_{A}$	岩体较完整,有一定强度,抗滑、抗变形性能受结构面和岩石强度控制	Ⅲ$_{C}$:岩石强度大于15MPa,岩体呈整体状或巨厚层状结构,结构面不发育-中等发育,岩体具有各向同性力学特性	岩体完整,抗滑、抗变形性能受岩石强度控制
	Ⅲ$_{2A}$:岩体呈互层状、镶嵌结构、块裂结构,结构面发育,但贯穿性结构面不多见,结构面延展差,多闭合,岩块间嵌合力较好	岩体完整性差,强度仍较高,抗滑、抗变形性能受结构面和岩块间嵌合能力以及结构面抗剪强度特征控制,对结构面应做专门处理	Ⅲ$_{2B}$:岩体呈次块或中厚层状结构,结构面中等发育,多闭合,岩块间嵌合力较好,贯穿性结构面不多见	岩体较完整,局部完整性差,抗滑、抗变形性能在一定程度上受结构面和岩石强度控制		

续表 M.1-1

岩体基本质量	A 坚硬岩(R_b>60MPa)		B 中硬岩(30MPa≤R_b≤60MPa)		C 软质岩(R_b<30MPa)	
	岩体特征	岩体工程性质评价	岩体特征	岩体工程性质评价	岩体特征	岩体工程性质评价
Ⅳ	$Ⅳ_{1A}$:岩体呈互层状或薄层状结构,结构面较发育一发育,明显存在不利于坝基及坝肩稳定的软弱结构面、楔体或棱体	岩体完整性差,抗滑、抗变形性能明显受结构面和岩块间嵌合能力控制。能否作为高混凝土坝地基,视处理效果而定	$Ⅳ_{1B}$:岩体呈互层状或薄层状、存在不利于坝基(肩)稳定的软弱结构面、楔体或棱体	同$Ⅳ_{1A}$	$Ⅳ_C$:岩石强度大于15MPa,结构面发育或岩体强度小于15MPa,结构面中等发育	岩体较完整,强度低,抗滑、抗变形性能差,不宜作为高混凝土坝地基,当坝基局部存在该岩体,需专门处理
	$Ⅳ_{2A}$:岩体呈碎裂结构,结构面很发育,且多张开,夹碎屑和泥,岩块间嵌合力弱	岩体较破碎,抗滑、抗变形性能差,不宜作为高混凝土坝地基。当局部存在该岩体时,需做专门处理	$Ⅳ_{2B}$:岩体呈薄层状或碎裂状,结构面发育一很发育,多张开,岩块间嵌合力差	同$Ⅳ_{2A}$	$Ⅳ_C$:岩石强度大于15MPa,结构面发育或岩体强度小于15MPa,结构面中等发育	岩体较完整,强度低,抗滑、抗变形性能差,不宜作为高混凝土坝地基,当坝基局部存在该岩体,需专门处理
Ⅴ	$Ⅴ_A$:岩体呈散体结构,由岩块夹泥或泥包岩块组成,具有散体连续介质特征	岩体破碎,不能作为高混凝土坝地基。当坝基局部地段分布该岩体时,需做专门处理	同$Ⅴ_A$	同$Ⅴ_A$	同$Ⅴ_A$	同$Ⅴ_A$

注:1.引自GB 50287—2016附录O;
2.本分类适用于高度大于70m的混凝土坝,R_b为岩石饱和单轴抗压强度。

M.2 坝基岩体物理力学参数

(1)坝基岩体抗剪断(抗剪)强度及变形参数经验值表如下:

表 M.2-1 坝基岩体抗剪断(抗剪)强度及变形参数经验值表

岩体分类	混凝土与基岩接触面			岩体			岩体变形模量
	抗剪断		抗剪	抗剪断		抗剪	
	f'	C'(MPa)	f	f'	C'(MPa)	f	E(GPa)
Ⅰ	1.50~1.30	1.50~1.30	0.85~0.75	1.60~1.40	2.50~2.00	0.90~0.80	>20
Ⅱ	1.30~1.10	1.30~1.10	0.75~0.65	1.40~1.20	2.00~1.50	0.80~0.70	20~10

续表 M.2-1

岩体分类	混凝土与基岩接触面			岩体			岩体变形模量
	抗剪断		抗剪	抗剪断		抗剪	
	f'	C'(MPa)	f	f'	C'(MPa)	f	E(GPa)
Ⅲ	1.10～0.90	1.10～0.70	0.65～0.55	1.20～0.80	1.50～0.70	0.70～0.60	10～5
Ⅳ	0.90～0.70	0.70～0.30	0.55～0.40	0.80～0.55	0.70～0.30	0.60～0.45	5～2
Ⅴ	0.70～0.40	0.30～0.05	0.40～0.30	0.55～0.40	0.30～0.05	0.45～0.35	2～0.2

注：1. 引自 GB 50487—2008 附录 E；

2. 表中参数仅限于硬质岩，软质岩应根据软化系数进行折减。

(2)结构面抗剪断(抗剪)强度及变形参数经验值表如下：

表 M.2-2　结构面抗剪断(抗剪)强度及变形参数经验值表

结构面类型		f'	C'(MPa)	f
胶结结构面		0.90～0.70	0.30～0.20	0.70～0.55
无充填结构面		0.70～0.55	0.20～0.10	0.55～0.45
软弱结构面	岩块岩屑型	0.55～0.45	0.10～0.08	0.45～0.35
	岩屑夹泥型	0.45～0.35	0.08～0.05	0.35～0.28
	泥夹岩屑型	0.35～0.25	0.05～0.02	0.28～0.22
	泥型	0.25～0.18	0.01～0.005	0.22～0.18

注：1. 表中胶结结构面、无充填结构面的抗剪强度参数限于坚硬岩，半坚硬岩、软质岩中的结构面应进行折减；

2. 胶结结构面、无充填结构面的抗剪断(抗剪)强度参数应根据结构面胶结程度和粗糙程度取大值或小值；

3. 引自 GB 50487—2008 附录 E。

(3)坝、闸基础与地基土间摩擦系数地质建议值如下：

表 M.2-3　坝、闸基础与地基土间摩擦系数地质建议值

地基土类型		摩擦系数 f
卵石、砾石		$0.55 \geqslant f > 0.50$
砂		$0.50 \geqslant f > 0.40$
粉土		$0.40 \geqslant f > 0.25$
黏土	坚硬	$0.45 \geqslant f > 0.35$
	中等坚硬	$0.35 \geqslant f > 0.25$
	软弱	$0.25 \geqslant f > 0.20$

注：引自 GB 50487—2008 附录 E。

(4)坝基岩体允许承载力经验值如下：

表 M.2-4　坝基岩体允许承载力经验值

岩石单轴饱和抗压强度 R_b(MPa)	允许承载力 R(MPa)			
	岩体完整节理间距>1.0m	岩体较完整节理间距 1.0～0.3m	岩体完整性较差，节理间距 0.3～0.1m	岩体破碎节理间距<0.3m
坚硬岩、中硬岩 $R_b > 30$	$(1/7)R_b$	$(1/8 \sim 1/10)R_b$	$(1/11 \sim 1/16)R_b$	$(1/17 \sim 1/20)R_b$
软岩，$R_b \leqslant 30$	$(1/5)R_b$	$(1/6 \sim 1/7)R_b$	$(1/8 \sim 1/10)R_b$	$(1/11 \sim 1/16)R_b$

注：引自 GB 50287—2006。

M.3 坝基岩体抗剪断(抗剪)强度及变形参数经验值

坝基岩体抗剪断(抗剪)强度及变形参数经验值表如下：

表 M.3-1 坝基岩体抗剪断(抗剪)强度及变形参数经验值表

岩体分类	混凝土与基岩接触面			岩体			岩体变形模量
	抗剪断		抗剪	抗剪断		抗剪	
	f'	C'(MPa)	f	f'	C'(MPa)	f	E(GPa)
Ⅰ	1.50～1.30	1.50～1.30	0.85～0.75	1.60～1.40	2.50～2.00	0.90～0.80	>20
Ⅱ	1.30～1.10	1.30～1.10	0.75～0.65	1.40～1.20	2.00～1.50	0.80～0.70	20～10
Ⅲ	1.10～0.90	1.10～0.70	0.65～0.55	1.20～0.80	1.50～0.70	0.70～0.60	10～5
Ⅳ	0.90～0.70	0.70～0.30	0.55～0.40	0.80～0.55	0.70～0.30	0.60～0.45	5～2
Ⅴ	0.70～0.40	0.30～0.05	0.40～0.30	0.55～0.40	0.30～0.05	0.45～0.35	2～0.2

注：引自《水利水电工程地质勘察规范》(GB 50287—2008)附录表 E.0.4。

M.4 常见岩石物理力学性质指标经验值

表 M.4-1 主要造岩矿物相对密度

矿物名称	相对密度(比重)	矿物名称	相对密度(比重)
石英	2.65	蛇纹石	2.5～2.65
蛋白石	2.1～2.3	绿泥石	2.7～2.9
正长石	2.58	石膏	2.2～2.4
斜长石	2.6～2.7	方解石	2.6～2.8
黑云母	2.7～3.1	白云岩	2.85～2.95
白云母	2.7～3.0	高岭石	2.60～2.63
角闪石	2.9～3.4	褐铁矿	3.4～4.0
橄榄石	3.2～3.6	黄铁矿	4.9～5.2

表 M.4-2 岩石软化系数

岩石名称及其特征	软化系数	岩石名称及其特征	软化系数
变质片状岩	0.69～0.84	侏罗纪石英长石砂岩	0.68
石灰岩	0.70～0.90	微风化白垩纪砂岩	0.50
软质变质岩	0.40～0.68	中等风化白垩纪砂岩	0.40
泥质灰岩	0.44～0.54	奥陶纪砂岩	0.54
软质岩浆岩	0.16～0.50	新近纪红砂岩	0.33

表 M.4-3　常见岩石的物理性质参数经验值表

岩石名称		物理性质						力学性质								
		密度 ρ (g/cm³)	相对密度 G_s	孔隙率 n(%)	吸水率 ω_a(%)	饱和抗压强度 R_b(MPa)	软化系数 η	纵波波速 η_p (m/s)	抗拉强度 R_I (MPa)	弹性模量 E_d (GPa)	变形模量 E_0 (GPa)	泊松比 μ	抗剪断强度		抗剪强度	
													f'	c' (MPa)	f	C (MPa)
岩浆岩	花岗岩	2.40～2.85	2.50～3.00	0.18～2.54	0.47～1.94	75～200	0.69～0.90	4500～6500	3.1～10.0	14～65	9～38	0.18～0.33	1.05～1.50	>20	0.80～1.25	0.1～0.3
	正长岩	2.42～2.85	2.54～3.00	0.68～2.50	0.10～1.70	80～230	0.70～0.90	4500～6800	3.5～10.5	30～60	25～54	0.18～0.30	1.10～1.80	3.0～7.0	0.84～1.25	0.15～1.25
	闪长岩	2.52～2.99	2.60～3.10	0.25～3.19	0.18～1.00	110～240	0.70～0.92	>5000	4.0～12.0	47～100	16～38	0.14～0.33	1.23～1.70	1.6～3.18	0.73～1.18	0.23～1.07
	辉长岩	2.55～3.09	2.70～3.20	0.29～3.13	0.5～1.1	60～114	0.50～0.90	4500～6500	4.5～7.1	8～27	4～14	0.16～0.23	0.90～1.31	1.1～1.5	0.78～1.10	<0.3
	玢岩	2.40～2.84	2.60～2.90	0.27～4.35	0.07～0.65	100～160	0.78～0.91	4500～6000	>4.6	25～40	14～29	0.18～0.25	0.95～1.37	1.4～2.7	0.85～1.08	<0.3
	斑岩	2.60～2.89	2.70～2.90	0.29～2.75	<1.0	110～180	0.75～0.95	>4000	>4.0	9～23	6～15	0.22～0.27	1.00～1.64	1.8～2.8	0.82～1.21	<0.3
	花岗闪长岩	2.60～2.75	2.65～2.84	1.5～2.34	0.25～0.80	120左右	0.66～0.90	>4500	5.0～7.3	24～38	14～26	0.18～0.22	0.95～1.70	1.1～3.3	0.90～1.30	0.1～1.4
	辉绿岩	2.53～2.97	2.60～3.10	0.29～6.38	0.2～1.0	60～114	0.50～0.90	4500～6800	4.5～7.1	17～37	14～24	0.18～0.26	0.94～1.31	1.1～2.5	0.78～1.10	<0.3
	流纹岩	2.49～2.65	2.62～2.72	1.1～3.4	0.14～1.65	100～180	0.70～0.90	4200～6500	5.0～8.5	18～60	10～26	0.16～0.20	1.17～1.38	>1.0	0.79～1.09	<0.3
	安山岩	2.3～2.8	2.4～2.9	0.29～4.35	0.4～1.0	90～170	0.70～0.85	4000～6500	4.5～6.5	23～48	12～24	0.20～0.26	0.93～1.24	1.5～2.4	0.75～1.1	0.2～0.3
	玄武岩	2.5～3.1	2.65～3.3	0.3～4.3	0.2～1.0	125～190	0.80～0.95	4500～6800	5.0～9.6	34～100	28～46	0.22～0.28	1.19～1.57	1.8～3.5	0.84～1.00	0.1～0.52

续表 M.4-3

岩石名称		物理性质						力学性质								
		密度 ρ (g/cm³)	相对密度 G_s	孔隙率 n(%)	吸水率 ω_a(%)	饱和抗压强度 R_b(MPa)	软化系数 η	纵波波速 η_p (m/s)	抗拉强度 R_I (MPa)	弹性模量 E_d (GPa)	变形模量 E_0 (GPa)	泊松比 μ	抗剪断强度		抗剪强度	
													f'	c' (MPa)	f	C (MPa)
火山碎屑岩	火山角砾岩	2.20～2.90	2.50～3.00	0.90～7.54	0.34～2.12	60～100	0.57～0.90	4000～6000	3.0～5.6	1.8～5.6	1.1～3.9	0.28～0.30	0.84～1.27	0.3～0.9	0.78～1.04	<1
	安山凝灰岩	2.58左右	2.68左右	1.58～4.59	0.18～1.55	31～56	0.52～0.75	3000～4500	1.5～2.5	1.3～3.2	0.9～1.9	0.30～0.35	0.76～0.94	0.1～0.5	0.65～0.8	<0.05
	凝灰质熔岩	2.60～2.65	2.80～2.90	5.05～5.10	3.3～3.4	30～35	0.46～0.70	3400～3600	1.8～2.2	1.5～1.7	7～11	0.30～0.35	0.70～0.83	0.1～0.5	0.58～0.75	<0.05
碎屑沉积岩类	硅质砾岩	2.62～2.70	2.70～2.77	0.4～4.0	0.16～1.4	80～150	0.65～0.97	4500～6500	3.1～7.5	14～36	9～18	0.16～0.30	0.88～1.34	1.1～2.8	0.75～0.90	<0.1
	钙质胶结砾岩	2.60～2.70	2.68～2.77	0.5～5.0	0.2～1.0	40～100	0.70～0.90	4500～6500	2.2～5.4	12～28	7～15	0.25～0.30	0.85～1.10	0.5～1.8	0.70～0.85	<0.08
	泥质胶结砾岩	2.55～2.64	2.66～2.74	1.5～6.5	0.62～5.1	17～32	0.58～0.75	4000～5500	1.2～1.8	2.4～4	1.2～2.6	0.25～0.35	0.7～0.85	0.3～1.2	0.60～0.75	<0.05
	混合胶结砾岩（钙、泥铁质）	2.58～2.66	2.68～2.76	3.5～6.75	1.05～2.85	28～45	0.68～0.80	2500～3500	1.5～2.0	3.9～6	2.8～3.8	0.28～0.35	0.82～1.02	0.5～1.5	0.65～0.80	<0.05
	石英（硅质）砂岩	2.46～2.75	2.66～2.79	1.04～9.30	0.14～4.10	60～110	0.65～0.79	3000～4000	2.5～4.0	6.5～16.5	4～12.4	0.2～0.28	0.92～1.46	1.8～3.5	0.78～1.13	0.05～0.50
	钙质胶结砂岩	2.55～2.70	2.64～2.78	0.5～6.7	0.2～5.4	60～90	0.70～0.85	4000～5500	2.0～3.0	6～14.8	3.5～11.5	0.25～0.30	0.90～1.28	0.8～2.5	0.65～0.85	0.03～0.1
	泥质砂岩或泥质粉砂岩	2.35～2.65	2.68～2.75	1.2～12	0.6～5.6	20～45	0.55～0.80	3500～5000	1.0～2.4	1.5～4.5	0.9～3.2	0.27～0.37	0.63～0.85	0.3～0.9	0.50～0.75	<0.03

续表 M. 4-3

岩石名称		物理性质						力学性质								
		密度 ρ (g/cm³)	相对密度 G_s	孔隙率 n(%)	吸水率 ω_a(%)	饱和抗压强度 R_b(MPa)	软化系数 η	纵波波速 η_p (m/s)	抗拉强度 R_l (MPa)	弹性模量 E_d (GPa)	变形模量 E_0 (GPa)	泊松比 μ	抗剪断强度		抗剪强度	
													f'	c' (MPa)	f	C (MPa)
碎屑沉积岩类	钙质胶结粉细砂岩	2.55～2.67	2.70～2.75	1.0～8.6	0.4～4.8	40～85	0.66～0.86	2000～3800	1.8～3.5	6.5～12.4	3.7～11	0.25～0.30	0.65～0.94	0.5～2.0	0.55～0.80	0.01～0.05
	砂质(泥)黏土岩	2.50～2.65	2.66～2.75	1.5～6.7	1.1～5.8	10～26	0.4～0.68	3500～4800	0.7～3.2	1～4.2	0.5～1.9	0.35～0.40	0.48～0.60	0.1～0.5	0.45～0.55	<0.03
	泥(黏土)岩	2.49～2.65	2.68～2.75	1.28～8.5	0.68～5.3	<15	0.35～0.65	1000～2500	0.5～0.8	0.5～1	0.25～0.6	0.35～0.45	0.45～0.55	<0.03	0.40～0.48	<0.03
	砂质、钙质页岩	2.47～2.70	2.65～2.78	0.6～6.8	1.6～2.4	11～30	0.5～0.65	800～1500	1.0～1.8	1.2～5.6	0.8～3.4	0.35～0.4	0.5～0.65	0.1～0.5	0.45～0.56	<0.05
	页岩	2.53～2.67	2.63～2.76	1.0～7.8	0.8～3.0	<20	0.45～0.60	1500～3000	0.8～1.5	0.8～1.5	0.3～1	0.35～0.45	0.45～0.58	<0.30	0.42～0.52	<0.03
	碳质页岩	2.46～2.68	2.63～2.72	1.8～4.0	0.5～2.9	10～25	0.60～0.65	1000～2000	0.8～1.6	0.3～0.8	0.2～0.46	0.33～0.40	0.45～0.56	<0.30	0.42～0.48	<0.01
化学沉积岩类	石灰岩	2.61～2.73	2.70～2.82	0.8～2.0	0.2～1.0	60～110	0.75～0.90	1200～2500	4.0～6.0	14～30	10～20	0.18～0.30	0.80～1.35		0.65～0.85	0.05～0.35
	薄层石灰岩	2.5～2.67	2.70～2.78	1.0～3.5	0.4～2.0	30～60	0.70～0.90	4500～6500	1.5～2.5	5～15	3.5～10	0.22～0.30	0.65～0.85		0.55～0.75	<0.3
	白云质灰岩	2.6～2.75	2.75～2.81	1.20～3.2	0.5～1.6	55～90	0.68～0.95	2500～4000	2.8～5.5	11～25	8～13.5	0.2～0.3	0.72～1.07		0.60～0.80	<0.2
	白云岩	2.64～2.76	2.78～2.90	0.3～2.5	<1.0	55～90	0.66～0.92	3800～6000	3.0～5.5	11～26	8～14	0.2～0.3	0.75～1.15		0.65～0.87	<0.2
	泥灰岩	2.35～2.65	2.70～2.75	2.2～8.5	2.0～6.0	10～40	0.46～0.80	1800～3300	1.0～2.5	2～9	1～6.5	0.29～0.40	0.55～0.75		0.45～0.60	<0.05

续表 M.4-3

岩石名称		物理性质						力学性质					抗剪断强度		抗剪强度	
		密度 ρ (g/cm³)	相对密度 G_s	孔隙率 n(%)	吸水率 ω_a(%)	饱和抗压强度 R_b(MPa)	软化系数 η	纵波波速 η_p (m/s)	抗拉强度 R_I (MPa)	弹性模量 E_d (GPa)	变形模量 E_0 (GPa)	泊松比 μ	f'	c' (MPa)	f	C (MPa)
变质岩类	片麻岩	2.65～2.75	2.69～2.82	0.7～2.0	0.1～0.7	70～150	0.75～0.97	4000～6500	3.5～5.5	11～35	6～21	0.20～0.33	0.92～1.27	1.5～4.1	0.70～0.94	0.05～0.50
	石英角闪石片岩	2.64～2.92	2.72～2.02	0.7～2.0	0.1～0.3	60～110	0.70～0.93	3800～6000	3.0～5.0	10～20	5.5～17	0.22～0.30	0.75～1.15	1.2～3.5	0.65～0.85	<0.3
	云母绿泥石片岩	2.66～2.76	2.75～2.83	0.8～2.5	0.1～0.6	30～60	0.53～0.90	2500～4500	1.5～2.8	5～14	2.5～8.5	0.25～0.35	0.75～0.92	0.8～2.0	0.55～0.78	<0.1
	片岩	2.50～2.68	2.64～2.90	0.5～1.8	0.3～1.0	30～100	0.55～0.89	2500～5000	1.5～4.0	8～18	5～12	0.25～0.30	0.75～1.10	1.0～3.0	0.6～0.85	<0.3
	石英岩、硅化灰岩	2.65～2.75	2.7～2.82	0.5～2.8	0.1～0.4	100～180	0.94～0.96	4000～6500	3.5～6.0	12～36	10～24	0.2～0.3	0.93～1.32	1.8～4.5	0.82～0.93	<0.3
	大理岩	2.69～2.78	2.75～2.87	0.1～2.6	<1.0	50～90	0.80～0.95	4000～6500	4.0～7.0	10～34	7.5～18	0.16～0.3	0.81～1.35	1.5～4.0	0.73～0.91	<0.5
	硅质板岩	2.70～2.72	2.74～2.81	0.3～3.8	0.2～1.0	60～100	0.70～0.85	3500～6000	2.0～3.5	8～16	5～12	0.25～0.33	0.75～0.93	1.5～2.8	0.60～0.81	<0.1
	泥质板岩	2.42～2.70	2.68～2.77	2.5～8.5	0.7～4.6	20～50	0.39～0.52	2500～4500	0.8～2.5	2～5.5	1.2～2.5	0.25～0.35	0.60～0.85	0.5～1.5	0.48～0.68	<0.1
	砂质板岩	2.40～2.65	2.68～2.72	2.5～7.4	0.5～3.0	45～75	0.75—0.90	3000～5000	1.5～3.0	6～15	4.5～12	0.22～0.35	0.75～1.00	1.2～2.5	0.65～0.80	<0.3
	千枚岩	2.71～2.86	2.81～2.96	1.1～3.6	0.54～3.13	16～40	0.53～0.87	2000～4000	0.7～1.8	1.2～4.3	0.8～1.8	0.25～0.40	0.58～0.69	0.3～0.85	0.48～0.60	<0.1
	绢云母千枚岩	2.68～2.76	2.76～2.80	0.24～1.8		16～42	0.60～0.72	2000～3600	0.7～1.5	1～3.6	0.6～1.2	0.28～0.35	0.55～0.65	0.2～0.70	0.45～0.55	<0.1
	变质砂岩	2.68～2.72	2.72～2.76		0.29～0.54	56～172	0.75～0.82	4818～6034	5.5～16	33～53		0.2～0.24	1.70～2.09	1.68～2.38	1.28～1.31	1.28～1.33

表 M.4-4　岩石力学性质指标的经验数据

岩类	岩石名称	密度 ρ (g/cm³)	抗压强度 R_c(MPa)	抗拉强度 R_I(MPa)	静弹性模量 E(×10⁴MPa)	动弹性模量 E_d (×10⁴MPa)	泊松比 ν	纵波波速 υ_p(m/s)	弹性抗力系数 K_0 (MN/m³)	似内摩擦角 φ(°)	应力 P(MPa)
岩浆岩	花岗岩	2.63～2.73	75～110	2.1～3.3	1.4～5.6	5.0～7.0	0.36～0.16	600～3000	600～2000	70°～82°	3～4
		2.80～3.10	120～180	3.4～5.1	5.43～6.9	7.1～9.1	0.16～0.10	3000～6800	1200～5000	75°～87°	4～5
		3.10～3.30	180～200	5.1～5.7		9.1～9.4	0.10～0.02	6800	5000	87°	6～6
	正长岩	2.5	80～100	2.3～2.8	1.5～11.4	5.4～7.0	0.36～0.16	600～3000	600～2000	82°30′～85°	4～5
		2.7～2.8	120～180	3.4～5.1		7.1～9.1	0.16～0.10	3000～6800	1200～5000	82°30′～85°	4～5
		2.8～3.3	180～250	5.1～5.7		9.1～11.4	0.10～0.02		5000	87°	5～6
	闪长岩	2.5～2.9	120～200	3.4～5.7	2.2～11.4	7.1～9.4	0.25～0.10	3000～6000	1200～5000	75°～87°	4～6
		2.9～3.3	200～250	5.7～7.1		9.4～11.4	0.10～0.02	6000～6800	2000～5000	87°	6
	斑岩	2.8	160	5.4	6.6～7.0	8.6	0.16	5200	1200～2000	85°	4～5
	安山岩、玄武岩	2.5～2.7	120～160	3.4～4.5	4.3～10.6	7.1～8.6	0.20～0.16	3900～7500	1200～2000	75°～85°	4～5
		2.7～3.3	160～250	4.5～7.1		8.6～11.4	0.16～0.02	3900～7500	2000～5000	87°	5～6
	辉绿岩	2.7	160～180	4.5～5.1	6.9～7.9	8.6～9.1	0.16～0.10	5200～5800	2000～5000	85°	4～5
		2.9	200～250	5.7～7.1		9.4～11.4	0.10～0.02	5800～6800		87°	5～6
	流纹岩	2.5～3.3	120～250	3.4～7.1	2.2～11.4	7.1～11.4	0.16～0.02	3000～6800	1200～5000	75°～87	4～6
变质岩	花岗片麻岩	2.7～2.9	180～250	5.1～5.7	7.3～9.4	9.1～9.4	0.20～0.05	6800	3500～5000	87°	5～6
	片麻岩	2.5	80～100	2.2.～2.8	1.5～7.0	5.0～7.0	0.30～0.20	3700～5000	600～2000	78°～82°30′	3～4
		2.6～2.8	140～180	4.0～5.1		7.8～9.1	0.20～0.05	5300～6500	1200～5000	80°～87°	4～5
	石英岩	2.61	87	2.5	4.5～14.2	5.6	0.20～0.16	3000～6500	800～2000	80°	3
		2.8～3.0	200～360	5.7～10.2		9.4～14.2	0.15～0.10		2000～5000	7°	6
	大理岩	2.5～3.3	70～140	2.0～4.0	1.0～3.4	5.0～8.2	0.36～0.16	3000～6500	600～2000	70°～82°30′	4～5
	千枚岩、板岩	2.5～3.3	120～140	3.0～4.0	2.2～3.4	7.1～7.8	0.16	3000～6500	1200～2000	80° 7°	4～5

续表 M. 4-4

岩类	岩石名称	密度 ρ (g/cm³)	抗压强度 R_c(MPa)	抗拉强度 R_I(MPa)	静弹性模量 E(×10⁴MPa)	动弹性模量 E_d (×10⁴MPa)	泊松比 ν	纵波波速 v_p(m/s)	弹性抗力系数 K_0 (MN/m³)	似内摩擦角 φ(°)	应力 P(MPa)
沉积岩	凝灰岩	2.5～3.3	120～250	3.4～7.1	2.2～11.4	7.1～11.4	0.16～0.02	3000～6800	1200～5000	70°～82°30′	4～6
	火山角砾岩、火山集块岩	2.5～3.3	120～250	3.4～7.1	1.0～11.4	7.1～11.4	0.16～0.05	3000～6800	1200～5000	75°～87°	4～6
	砾岩	2.2～2.5 2.8～2.9 2.9～3.3	40～100 120～160 160～250	1.1～2.8 3.4～4.5 4.5～7.1	1.0～11.4	3.3～7.0 7.1～8.6 8.6～11.6	0.36～0.20 0.20～0.16 0.16～0.05	3000～6500	200～1200 12000～1500 2000～5000	70°～82°30′ 75°～85° 80°～87°	3～4 4～5 5～6
	石英砂岩	2.6～2.71	68～102.5	1.9～3.0	0.39～1.25	5.0～6.4	0.25～0.05	900～4200	400～2000	75°～82°30′	2～3
	砂岩	1.2～1.5 2.2～3.0	4.5～10 47～180	0.2～0.3 1.4～5.2	0.5～2.5 2.78～5.4	0.5～1.0 3.7～9.1	0.30～0.25 0.20～0.05	900～3000 3000～4200	30～50 200～3500	27°～45° 70°～85°	1.2～2 2～4
	片状砂岩、 碳质砂岩、 碳质页岩、 黑页岩、 带状页岩	2.76 2.2～3.0 2.0～2.6 2.71 1.55～1.65	80～130 50～140 25～80 66～130 6～8	2.3～3.8 1.5～4.1 1.8～5.6 4.7～9.1 0.4～0.6	6.1 0.6～2.2 2.6～5.5 2.6～5.5 0.5～2.5	5～8 4～7.8 2.8～5.4 5.0～7.5 0.7～0.9	0.25～0.05 0.25～0.08 0.20～0.16 0.20～0.16 0.30～0.25	900～4200 4000～4150 1800～5250 1800～5250 1800	400～2000 200～2000 200～1200 400～2000 30～50	72°30′ 65°～85° 65°～75° 75° 30°～40°	1.2～8 2～3 2～4 2～4 1.2～2
	砂质页岩、云母页岩	2.3～2.6	60～120	4.3～8.6	2.0～3.6	4.4～7.1	0.30～0.16	1800～5250	300～1200	70°～80°30′	2～4
	软页岩	1.8～2.0	20	1.4	1.3～2.1	1.9	0.30～0.25	1800	60～300	45°～65°	1.2～2
	页岩	2.0～2.7	20～40	1.4～2.8	1.3～2.1	1.9～3.3	0.25～0.16	1800～5250	60～400	45°～76°	2～4
	泥灰岩	2.3～2.35 2.5	3.5～20 40～60	0.3～1.4 2.8～4.2	0.38～2.1	0.5～1.9 3.3～4.4	0.40～0.30 0.30～0.20	1800～2800 2800～5250	30～200 200～600	9°～65° 65°～76°	1.2～2 3～4

续表 M.4-4

岩类	岩石名称	密度 ρ (g/cm³)	抗压强度 R_c(MPa)	抗拉强度 R_I(MPa)	静弹性模量 E(×10⁴MPa)	动弹性模量 E_d (×10⁴MPa)	泊松比 ν	纵波波速 υ_p(m/s)	弹性抗力系数 K_0 (MN/m³)	似内摩擦角 φ(°)	应力 P(MPa)
沉积岩	黑泥灰岩	2.2～2.3	25～30	1.8～2.1	1.3～2.1	2.8～3.6	0.30～0.25	1800	200～400	65°70°	2.5～3
	石灰岩	1.7～2.2	10～17	0.6～1.0	2.1～8.4	1.0～1.6	0.50～0.31	2500～2800	30～300	27°～60°	1.2～2
		2.2～2.5	25～55	1.5～3.3		2.8～4.1	0.31～0.25	3500～4400	120～800	60°～73°	2～2.5
		2.5～2.75	70～128	4.3～7.6		5.0～8.0	0.25～0.16	4800～6300	600～2000	70°～85°	2.5～3
		3.1	180～200	10.7～11.8		9.1～9.4	0.16～0.04	6700	1200～2000	85°	3.5～4
	白云岩	2.2～2.7	40～120	1.1～3.4	1.3～3.4	3.3～7.1	0.36～0.15	3000～6800	200～1200	65°～83°	3～4
		2.7～3.0	120～140	3.4～4.0		7.1～7.8	0.16		1200～2000	87°	4～5

注:引自工程地质手册(第五版)。

M.5　各类土体建议力学参数值表

表 M.5-1　各类土体力学参数建议值

土体类别				允许承载力(MPa)	压缩模量 E_s(MPa)	变形模量 E_0(MPa)	抗剪强度 f	渗透系数(cm/s)	容许渗透比降
室内土工定名			野外地质定名						
细粒类土		高液限黏土	黏土	0.08～0.12	4～7	3～5	0.20～0.45	$<10^{-5}$	0.35～0.90
		低液限黏土							
		高液限粉土	粉土	0.12～0.18	7～12	5～10	0.25～0.40	10^{-5}～10^{-4}	0.25～0.35
		低液限粉土							
粗类土	砂类土	细粒土质砂	砂	0.18～0.25	12～18	10～15	0.40～0.50	10^{-4}～10^{-3}	0.22～0.35
		含细粒土砂							
		砂							
	砾类土	细粒土质砾	砾石	0.25～0.40	18～35	15～30	0.50～0.55	10^{-3}～10^{-2}	0.17～0.30
		含细粒土砾							
		砾							
巨粒类土		巨粒混合土	漂石、块石、卵石、碎石	0.40～0.70	35～65	30～60	0.55～0.65	$>10^{-2}$	0.10～0.25
		混合巨粒土							
		巨粒土							

注:1. 当渗流出口处设滤层时,表列容许渗透比降可加大30%;

2. 该表引自《水闸设计规范》(SL 265—2001)。

M.6　岩、土抗冲刷流速

表 M.6-1　部分工程岩基抗冲刷流速值(经验值)

工程名称	岩性	风化程度	抗冲流速(m/s)	备注
曼格拉	砂岩、粉砂岩、黏土岩互层		4.9	
塔贝拉	片岩、灰岩		6.1	
葛洲坝	砾岩、砂岩、粉砂岩、黏土岩		5	
金沙江阿海水电站	表层(冲积层)		0.8～1.2	为不冲刷流速
	Dla1、Dla2、Dla4 砂、板岩	强风化	1.0～2.0	
		弱风化	3.0～4.0	
		微新岩体	5.0～6.0	
	Dla3 硅化岩及辉绿岩	强风化	1.0～2.0	为不冲刷流速
		弱风化	5.0～6.0	
		微新岩体	8.0～9.0	

续表 M.6-1

工程名称	岩性	风化程度	抗冲流速(m/s)	备注
金安桥水电站	二叠纪玄武岩夹软弱凝灰岩夹层	强风化	1.0～2.0	
		弱风化	5.0～9.0	
		微新岩体	8.0～15.0	
阿墨江三江口水电站	河床冲积层		0.5～0.8	
	中生代三叠纪红层，砂岩、粉砂岩、泥岩	全风化	0.5～1.0	冲积层、全风化层为不冲刷流速；高值为砂岩，低值为泥岩，过渡岩性取中间值
		强风化	0.6～2.0	
		弱风化	1.5～5.0	
		微新岩体	2.0～6.0	
澜沧江糯扎渡水电站	河床冲积层		0.5～1.3	为不冲刷流速
	坡积层		0.65～0.9	
	花岗岩($\gamma_4^3-\gamma_5^1$)及后期浸入的花岗斑岩($\gamma\pi$)、石英岩(q)、灰绿玢岩($V\pi$)和隐爆角砾岩等岩脉	全风化	0.7～1.0	
		强风化	1.0～1.3	
		弱风化	3.5～6.5	
		微风化岩体	12～20	
		构造裂隙带	0.7～1.3	
老挝南立水电站	英安岩及火山角砾岩	河床冲积层	0.5～1.0	为不冲刷流速
		强风化岩体	1.0～2.5	英安岩取高值，火山角砾岩取低值
		弱风化岩体	4～6	
		微新岩体	6～9	
苗尾	砂岩夹板岩	弱风化	5.0～5.5	
五强溪	石英岩、砂岩、板岩	微新岩体	6～7	

注：引自《水力发电工程地质手册》，附录表 7.7.3-5。

表 M.6-2 部分岩基抗冲刷流速值(经验值)

岩性	不同水深的流速(m/s)			
	水深 0.4m	水深 1.0m	水深 2.0m	水深 3.0m
软弱的泥岩、千枚岩、煤系	1.0	1.5	2.0	2.5
松的砾岩、泥灰岩、页岩	2.0	2.5	3.0	3.5
多孔灰岩、紧密砾岩、层状灰岩、白云质灰岩	3.0	3.5	4.0	3.5
不成层的致密灰岩、硅质灰岩、大理岩	4.0	5.0	5.5	6.5
花岗岩、辉绿岩、玄武岩、石英岩、斑岩	15.0	18.0	20.0	22.0
备注	各岩类的容许流速，指相应岩体弱风化带及以下完整岩体，破碎岩体容许流速根据实际情况进行折减			

注：引自《水力发电工程地质手册》，附录表 7.7.3-6。

M.6-3 土质渠道抗冲刷流速

	一般水深渠道	宽浅渠道
砂土	0.35～0.75	0.3～0.6
砂质粉土	0.4～0.7	0.35～0.6
细砂质粉土	0.55～0.8	0.45～0.7
粉土	0.65～0.9	0.55～0.8
黏质粉土	0.7～1.0	0.6～0.9
黏土	0.85～1.05	0.6～0.95
砾石	0.75～1.3	0.6～1.0
卵石	1.2～2.2	1.0～1.9

注:引自《水力发电工程地质手册》,附录表 6.3.2-10。

M.7 覆盖层介质波速主要分布表

表 M.7 覆盖层介质波速主要分布表　　单位:m/s

沉积物	纵波速度	横波速度
干砂/干土层	200～300	80～130
湿砂/致密土层	300～500	130～230
砂、土、块石、砾石组成的松散堆积物	450～600	200～280
砂、土、块石、砾石组成的含水松散堆积物	600～900	280～420
致密的砂卵砾石层	900～1500	420～700
胶结较好的砂卵砾石层	1500～1800	700～850
胶结好的砂卵砾石层	1800～2200	850～1100
饱水的砂卵砾石层	2100～2400	

注:引自《水力发电工程地质手册》,附录表 6.2.3-1。

M.8 土壤浸没与盐渍化

表 M.8-1 不同矿化度下防止次生盐渍化的临界地下水埋深值

地下水矿化度 (g/L)	临界地下水埋深(m)			
	砂土	砂壤土	黏壤土	黏土
1～3	1.4～1.6	1.8～2.1	1.5～1.8	1.2～1.9
3～5	1.6～1.8	2.1～2.2	1.8～2.0	1.2～2.1
5～8	1.8～1.9	2.2～2.4	2.0～2.2	1.4～2.3

注:引自《水力发电工程地质手册》,附录表 5.4.3-1。

表 M.8-2　土壤盐渍化程度分级　　单位：%

成分	轻度盐渍化	中度盐渍化	重度盐渍化	盐土
苏打($CO_3^{2-}+HCO^-)_3$	0.1～0.3	0.3～0.5	0.5～0.7	>0.7
氯化物(Cl^-)	0.2～0.4	0.4～0.6	0.6～1.0	>1.0
硫酸盐(SO_4^{2-})	0.3～0.5	0.5～0.7	0.7～1.2	>1.2

注：引自《水力发电工程地质手册》，附录表 5.4.3-2。

附录 N　岩体地应力和岩爆分级

表 N-1　岩爆分级与判别

岩爆分级	主要现象和岩性条件	岩石强度应力比 R_b/σ_m	建议防止措施
轻微岩爆（Ⅰ级）	围岩表层有爆裂射落现象，内部有噼啪、撕裂声响，人耳偶尔可以听到。岩爆零星间断发生。一般影响深度 0.1～0.3m。对施工影响小	4～7	根据需要进行简单支护
中等岩爆（Ⅱ级）	围岩爆裂弹射现象明显，有似子弹射击的清脆爆裂声响，有一定的持续时间。破坏范围较大，一般影响深度 0.3～1.0m。对施工有一定影响，对设备及人员安全有一定威胁	2～4	需进行专门支护设计。多进行喷锚支护
强烈岩爆（Ⅲ级）	围岩大片爆裂，出现强烈弹射，发生岩块抛射及岩粉喷射现象，巨响，似爆破声，持续时间长，并向围岩深部发展，破坏范围和块度大，一般影响 1～3m。对施工影响大，威胁机械设备及人员人身安全	1～2	主要考虑采取应力释放钻孔、超前导洞等措施，进行超前应力解除，降低围岩应力。也可采取超前锚固及格栅支撑等措施加固围岩。需进行专门支护设计
极强岩爆（Ⅳ级）	洞室断面大部分围岩爆裂，大块岩片出现剧烈弹射，震动强烈，响声剧烈，似闷雷。迅速向围岩深处发展，破坏范围和块度大，一般影响深度大于 3m，乃至整个洞室遭受破坏。严重影响施工，经济损失巨大。最严重者可造成地面建筑物破坏	<1	

注：引自 GB 50487—2008 附录 Q；表中 R_b 为岩石饱和单轴抗压强度（MPa），σ_m 为最大主应力（MPa）。

表 N-2　岩体初始地应力的分级

应力分级	最大主应力量级 σ_m（MPa）	岩石强度应力比 R_b/σ_m	主要现象
极高地应力	$\sigma_m \geqslant 40$	<2	硬质岩：开挖过程中时有岩爆发生，有岩块弹出，洞壁岩体发生剥离，新生裂缝多；基坑有剥离现象，成形差；钻孔岩芯多有饼化现象。 软质岩：钻孔岩芯有饼化现象，开挖过程中洞壁岩体有剥离，位移极为显著，甚至发生大位移，持续时间长，不宜成洞；基坑岩体发生卸荷回弹，出现显著隆起或剥离，不易成形
高地应力	$20 \leqslant \sigma_m \leqslant 40$	2～4	硬质岩：开挖过程中可能出现岩爆，洞壁岩体有剥离和掉块现象，新生裂缝较多；基坑时有剥离现象，成形一般尚好；钻孔岩芯时多有饼化现象。 软质岩：钻孔岩芯有饼化现象，开挖过程中洞壁岩体位移显著，持续时间长，成洞性差；基坑岩体发生有隆起现象，成形较差

续表 N-2

应力分级	最大主应力量级 σ_m (MPa)	岩石强度应力比 R_b/σ_m	主要现象
中等地应力	$10\leqslant\sigma_m\leqslant20$	4～7	硬质岩:开挖过程洞壁岩体局部有剥离和掉块现象,成洞性尚好;基坑局部有剥离现象,成形性尚好。 软质岩:开挖过程中洞壁岩体局部有位移,成洞性尚好;基坑局部有隆起现象,成形性一般尚好
低地应力	$\sigma_m<10$	>7	无上述现象

注:引自 GB 50287—2006 附录 P;表中 R_b 为岩石饱和单轴抗压强度(MPa),σ_m 为最大主应力(MPa)。

表 N-3　岩爆烈度分级

岩爆分级	主要现象	岩爆判别	
		临界埋深(m)	岩石强度应力比 R_b/σ_m
轻微岩爆	围岩表层有岩爆脱落、剥离现象,内部有噼啪、撕裂声响,人耳偶尔可以听到,无弹射现象。主要表现为洞顶的劈裂—松脱破坏和侧壁的劈裂—松胀、隆起等。岩爆零星间断发生,影响深度小于 0.5m,对施工影响小	$H\geqslant H_{cr}$	4～7
中等岩爆	围岩爆裂脱落、剥离现象较严重,有少量弹射,破坏范围明显。有似雷管爆破的清脆爆裂声,人耳可听到围岩内部岩石的撕裂声。有一定持续时间。影响深度 0.5～1.0m。对施工有一定影响		2～4
强烈岩爆	围岩大片爆裂脱落,出现强烈弹射,发生岩块的抛射及岩粉喷射现象,有似爆破的爆裂声,声响强烈。持续时间长,并向围岩深部发展,破坏范围和块度大,影响深度 1～3m。对施工影响大		1～2
极强岩爆	围岩大片严重爆裂,大块岩片出现剧烈弹射,震动强烈,有似炮弹、闷雷声,声响剧烈。迅速向围岩深处发展,破坏范围和块度大,影响深度大于 3m。严重影响施工		<1

注:1. 引自 GB 50287—2006 附录 P;表中 H 为地下洞室埋深。

2. 临界埋深可根据下列公式计算:

$$H_{cr}=0.318R_b(1-\mu)/(3-4\mu)\gamma$$

式中:H_{cr} 为临界埋深,即发生岩爆的最小埋深;R_b 为岩石饱和单轴抗压强度(MPa);μ 为岩石泊松比;γ 为岩石重力密度($10kN/m^3$)。

3. 该表中岩爆判别适用于完整—较完整的中硬、坚硬岩体,且无地下水活动的地段。

附录O　高边坡开挖展示图的编绘

O.1　地质素描图与展示图定义和区别

地质素描图是采用素描的方法记录地质现象，一般包括以下步骤：①取景，确定素描主题，选择素描位置、图幅、内容等；②控制比例，勾绘大体轮廓，确定景物的前后顺序；③画出景物的立体几何尺寸，划定块面；④刻画细部，加注说明。具体方法可见《怎样画野外地质素描图》（蓝淇锋，1977）。对于滑坡体、自然边坡工程地质调查时，建议绘制地质素描图。

目前虽可拍摄影像资料，但一般非专业设备，无法估算结构面、块体尺寸以及突出地质问题，许多重要地质信息量无法替代手工素描。

地质展示图与地质素描图有所不同，边坡地质展示图是将边坡坡面投影到某一面上，按照一定比例将地质现象绘制到图纸上。按照投影方向可以将地质展示图分为立面展示图（投影到走向与坡面大致平行的垂面上）、斜坡面展示图（边坡坡面，不做投影），其中坡面展示图是按实测尺寸按比例绘制到图纸上，绘制立面图是要求将实测距离换算成垂直距离。对地质数据要求不太精确的一般开挖边坡建议绘制地质立面展示图，对地质数据要求特别准确的开挖边坡（如坝肩、建基面边坡）建议绘制坡面展示图。

O.2　高边坡开挖面地质展示图的主要内容和编绘流程

1. 边坡开挖面展示图的主要内容

地质展示图应能够反映边坡出露的重点地质现象，包括坡面的几何特征、结构面几何特征、岩体结构分区特征、风化卸荷分区、地下水出露特征、已有变形破坏现象的边界条件等。边坡坡面开挖地质展示图一般建议比例尺1：100～1：200，局部代表性的复杂地段也可适当放大比例绘制。

（1）坡面几何特征：主要包括边坡走向、倾向、倾角，坡向变化位置，以及两侧坡面的走向、倾向、倾角。

（2）结构面：主要包括各类结构面在坡面上的出露迹线，并在图上按其类型进行统一编号，标注其产状、厚度、张开度等。

（3）岩体结构特征：对岩体结构存在明显差异的边坡应进行分区，在图上勾绘分区界线，记录岩体结构类型。

（4）风化卸荷特征：风化、卸荷存在明显变化的边坡应勾绘坡面颜色，风化程度、岩体坚硬程度等变化边界，并在图上记录。

（5）地下水出露特征：主要包括地下水出露位置、流出状态，对于股状涌水应测量其流速、流量。

（6）已有变形破坏现象：重点勾绘已有变形破坏现象的边界，准确测量尺寸、估算规模，并在图上详细记录和标注边界的产状、性状、张开度、充填情况、错动方向和错距等。

2. 展示图编绘流程(图 O. 2-1)

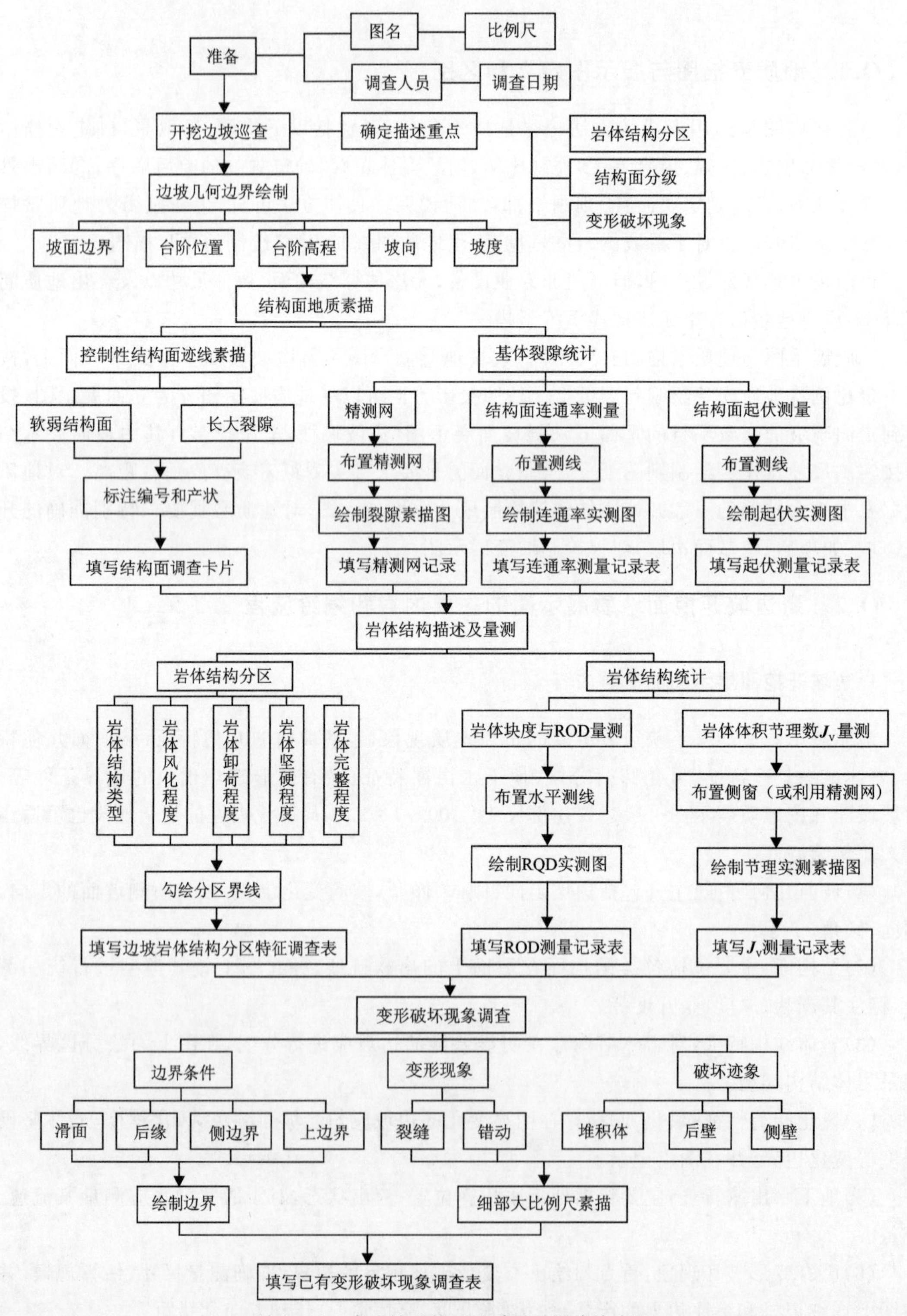

图 O. 2-1　高边坡开挖面地质展示图编绘流程

O.3 现场绘制方法和步骤

地质展示图绘制应遵循“所见即所得”的原则，将现场观测到的地质现象如实地按比例尺绘制到图纸上(米格纸)，绘制步骤如下：

(1)准备。首先，根据边坡长度和高度进行总体规划，选择合适大小的比例尺和纸张；其次，测量边坡走向进行分段，走向变化超过30°(参考值)时，斜边坡展示图需根据弯道原理拉开，并标示拐弯前、后边坡段的方向。

(2)总体巡视。绘图前，应对边坡岩体结构特征、已有变形破坏现象等进行总体巡视，总体上把握坡体结构特征，初步了解边坡稳定性状况，分析边坡稳定性的控制因素，确定地质展示图描述的重点。例如，岩体结构分区、结构面分级、已有变形破坏现象的分布等，由于坡面出露的结构面数量众多，要把所有出露的结构面绘制到地质展示图上，难度相当大且实际意义并不大，因此对结构面的素描，应重点调查软弱结构面和长度大于5m(可根据边坡实际情况调整)的长大裂隙。

(3)边坡几何边界素描。首先，将图名、比例尺、设计人、日期等标注在图纸上部，然后将边坡坡面的轮廓线按比例勾画到图纸上，并标出台阶和马道的位置，标注坡面走向、坡度、马道或台阶高程等。

(4)结构面的地质素描。结构面绘制前，应先将结构面进行分类，并统一编号，如断层带可以用f，挤压带用g，挤压面用g_m，层间软弱夹层用C，层面用C_m等。

结构面的地质素描应按照先控制性结构面(包括层间软弱夹层、断层带、挤压带、挤压面等软弱结构面)，再长大裂隙，最后统计其余节理的步骤进行。

绘制结构面出露迹线时，应按照实际情况如实绘制，在图纸上详细标注结构面的编号、不同部位的厚度、产状、裂隙的张开度等。除图纸上的内容外，还应按照统一的编号详细填写结构面调查卡片。

对分布相当广泛的基体裂隙进行调查时，应在图纸上勾绘出其分布范围，绘制简单示意图，并在图上作出标注，采用有关规程的方法进行调查和统计。

(5)岩体结构调查。应在现场通过结构面的发育程度、岩体风化、卸荷程度等，划分岩体结构类型，并在图上采用一定的线条勾绘其范围，标注坡面颜色、岩体风化程度、卸荷程度、完整性、定性判断的岩体基本质量级别等内容，并填写“岩体结构分区特征调查表”。

(6)地下水出露特征。根据地下水出露情况可以将坡面分为干燥、潮湿、湿润、滴水、流水、股状涌水等区域，若调查时存在滴水、面状流水、股状涌水的区或点，应在图纸上标注出露范围；若调查时为潮湿或湿润，应在雨后观察该处有无地下水呈流水或股状涌水。

(7)已有变形破坏现象。主要在图纸上绘制变形破坏体的边界、裂缝的分布，并标注边界的产状、裂缝张开度、错距等。另外，应详细填写“边坡已有变形破坏现象调查表”。

(8)检查和清绘。上述工作完成后，包括几乎所有地质现象的边坡地质展示图便基本形成了，它还包括大量的调查卡片和补充卡片。应在现场检查记录卡片和地质展示图的编号，描述对应情况，防止标注图纸编号与卡片编号不一致。

最后对较软弱结构面、岩体结构分区界线、变形破坏现象等主要内容采用不同类型或不同颜色的线条表示，使地质展示图更加美观，层次性强。

附录P 隧洞TBM施工适宜性分级及地下开挖工程

P.1 隧洞TBM施工适宜性分级

《引调水线路工程地质勘察规范》(SL 629—2014)规定，TBM施工的适宜性分为适宜(A)、基本适宜(B)、适宜性差(C)3个级别。分级标准见下表。

表P.1-1 隧洞TBM适宜性分级

围岩类别	与TBM掘进效率相关的岩体性状指标			TBM施工适宜性分级	
	岩体完整性 K_v	岩石饱和单轴抗压强度 R_b(MPa)	围岩强度应力比 S	适宜性评价	分级
Ⅰ	$K_v>0.75$	$100<R_b\leqslant150$	>4	岩体完整，围岩稳定，岩体强度对掘进效率有一定影响，地质条件适宜性一般	B
		$R_b>150$	<4	岩体完整，围岩稳定，岩体强度对掘进效率有明显影响，地质条件适宜性较差	C
Ⅱ	$0.75\geqslant K_v>0.55$	$100<R_b\leqslant150$	>4	岩体较完整，围岩基本稳定，岩体强度对掘进效率影响较小，地质条件适宜性好	A
				岩体较完整，围岩基本稳定，岩体强度对掘进效率有一定影响，地质条件适宜性一般	B
		$R_b>150$	<4	岩体较完整，围岩基本稳定，岩体强度对掘进效率有明显影响，地质条件适宜性较差	C
Ⅲ	$0.55\geqslant K_v>0.35$	$60<R_b\leqslant100$	>4	岩体完整性差，围岩局部稳定性差，不利岩体地质条件组合对掘进效率影响较小，地质条件适宜性好	A
			4～2	岩体完整性差，围岩局部稳定性差，不利岩体地质条件组合对掘进效率有一定影响，地质条件适宜性一般	B
	$K_v\leqslant0.35$	$15<R_b\leqslant60$	<2	岩体完整性差—较破碎，围岩局部稳定性差，不利岩体地质条件组合对掘进效率有明显影响，地质条件适宜性差	C
Ⅳ	$0.35<K_v\leqslant0.15$	$30<R_b\leqslant60$	>2	岩体较破碎，围岩不稳定，不利岩体地质条件组合对掘进效率有一定影响，地质条件适宜性一般或不适宜于开敞式TBM施工	B
		$15<R_b\leqslant60$	<2	岩体较破碎，围岩不稳定，变形破坏对掘进效率有明显影响，不利岩体地质条件地段需进行工程处理，地质条件适宜性差且不适宜于开敞式TBM施工	C
Ⅴ	$K_v\leqslant0.15$	$R_b\leqslant15$	<2	岩体破碎，强度低，围岩极不稳定，变形破坏严重，不适宜于TBM施工	/

注：引自《引调水线路工程地质勘察规范》(SL 629—2014)；Ⅴ类围岩和下列地质条件一般可判定为不适宜采用TBM施工：地应力高、塑性变形大的围岩；软弱或具有中等以上膨胀性的围岩；宽大断层破碎带及软弱破碎带；严重涌、突水洞段；岩溶发育洞段。

P.2　隧道掘进机工作条件分级

《铁路隧道全断面岩石掘进机法技术指南》(铁建设〔2007〕106号)指出,根据岩石单轴饱和抗压强度、岩体完整程度、岩石的耐磨性和岩石凿碎比功4个影响掘进机工作条件的主要地质参数指标,将隧道掘进机工作条件由好到差分成A(工作条件好)、B(工作条件一般)、C(工作条件差)3级,具体标准如下表。

表 P.2-1　隧道掘进机工作条件分级

<table>
<tr><th rowspan="2">围岩分级</th><th colspan="4">分级判别主要因素</th><th rowspan="2">掘进机工作条件等级</th></tr>
<tr><th>岩石单轴饱和抗压强度 R_b(MPa)</th><th>岩体完整性 K_v</th><th>岩石耐磨性 A_b(1/10mm)</th><th>岩石凿碎比功 a(kg/cm^3)</th></tr>
<tr><td rowspan="3">Ⅰ</td><td rowspan="2">80～150</td><td>＞0.85</td><td>＜6</td><td>＜70</td><td>ⅠB</td></tr>
<tr><td>0.85～0.75</td><td>＞6</td><td>≥70</td><td rowspan="2">ⅠC</td></tr>
<tr><td>≥150</td><td>＞0.75</td><td>—</td><td>—</td></tr>
<tr><td rowspan="4">Ⅱ</td><td rowspan="3">80～150</td><td rowspan="4">0.75～0.65</td><td>＜5</td><td>＜60</td><td>ⅡA</td></tr>
<tr><td>5～＜6</td><td>60～＜70</td><td>ⅡB</td></tr>
<tr><td>≥6</td><td>≥70</td><td rowspan="2">ⅡC</td></tr>
<tr><td>≥150</td><td>—</td><td>—</td></tr>
<tr><td rowspan="4">Ⅲ</td><td rowspan="3">60～120</td><td rowspan="3">0.65～0.45</td><td>＜5</td><td>＜60</td><td>ⅢA</td></tr>
<tr><td>5～＜6</td><td>60～＜70</td><td>ⅢB</td></tr>
<tr><td>≥6</td><td>≥70</td><td rowspan="2">ⅢC</td></tr>
<tr><td>≥150</td><td>＜0.45</td><td></td><td></td></tr>
<tr><td rowspan="2">Ⅳ</td><td>30～60</td><td>0.45～0.30</td><td>＜6</td><td>＜70</td><td>ⅣB</td></tr>
<tr><td>15～60</td><td>0.30～0.25</td><td>—</td><td>—</td><td>ⅣC</td></tr>
<tr><td>Ⅴ</td><td>＜15</td><td>＜0.25</td><td>—</td><td>—</td><td>不宜使用</td></tr>
</table>

P.3　公路隧道开挖事项

据《公路隧道施工技术规范》(JTJ 042—94)规定,以下几种情况下不宜采用掘进机开挖隧道:岩石抗压强度超过100MPa和裂隙发育(裂隙一般间距为30～40cm)的围岩;抗压极限强度在1.0MPa以下的断层破碎带或软弱泥岩及湿胀性围岩;石英等硬质矿物含量过多的围岩;地下水渗出量较大的围岩。

表 P.3-1 公路隧道各级围岩物理力学性质指标

围岩级别	重度 (kN/m³)	弹性抗力系数 K_0 (MPa/m)	变形模量 E_0 (GPa)	泊松比 μ	内摩擦角 φ(°)	凝聚力 c(MPa)	计算内摩擦角 φ_c(°)
Ⅰ	27～28	1800～2800	>33	≤0.2	>60	>2.1	>78
Ⅱ	25～27	1200～1800	20～33	0.2～0.25	50～60	1.5～2.1	70～78
Ⅲ	23～25	500～1200	6～20	0.25～0.3	39～50	0.7～1.5	60～70
Ⅳ	20～23	200～500	1.3～6	0.3～0.35	27～39	0.2～0.7	50～60
Ⅴ	17～20	100～200	1～2	0.35～0.45	20～27	0.05～0.2	40～50
Ⅵ	15～17	<100	<1	0.4～0.50	<20	<0.2	30～40

注:1.本表数值不包括黄土地层;

2.选用计算摩擦角时,不再计摩擦角和凝聚力;

3.引自 JTG D70—2004 附录表 A.0.4-1。

表 P.3-2 岩体结构面抗剪断峰值强度

序号	两侧岩体的坚硬程度及结构面的结合程度	内摩擦角 φ(°)	凝聚力 c(MPa)
1	坚硬岩,结合好	>37	>0.22
2	坚硬—较坚硬岩,结合一般较软岩,结合好	37～29	0.22～0.12
3	坚硬—较坚硬岩,结合差较软岩—软岩,结合一般	29～19	0.12～0.08
4	较坚硬—较软岩,结合差—很差软岩,结合差,软质岩的泥化面	19～13	0.08～0.05
5	较坚硬—全部软岩,结合很差软质岩泥化层本身	<13	<0.05

注:1.小塌方,塌方高度<3m,或塌方体积<30m³;

2.引自 JTG D70—2004 附录表 A.0.4-1。

表 P.3-3 隧道判断各级围岩自稳能力

围岩级别	自稳能力
Ⅰ	跨度 20m,可长期稳定,偶有掉块,无塌方
Ⅱ	跨度 10～20m,可基本稳定,局部可发生掉块或小塌方; 跨度 10m,可长期稳定,偶有掉块
Ⅲ	跨度 10～20m,可稳定数日至 1 个月,可发生小—中塌方; 跨度 5～10m,可稳定数月,可发生局部块体位移及小—中塌方; 跨度 5m,可基本稳定

续表 P.3-3

围岩级别	自稳能力
Ⅳ	跨度 5m，一般无自稳能力，数日至数月内可发生松动变形，小塌方，进而发展为中—大塌方。埋深小时，以拱部松动破坏为主，埋深大时，有明显塑性流动变形和挤压破坏； 跨度小于 5m，可稳定数日至 1 个月
Ⅴ	无自稳能力，跨度 5m 或更小时，可稳定数日
Ⅵ	无自稳能力

注：1. 小塌方，塌方高度＜3m，或塌方体积＜30m^3；

2. 中塌方，塌方高度 3～6m，塌方体积 30～100m^3；

3. 大塌方，塌方高度＞6m，或塌方体积＞100m^3；

4. 引自 JTG D70—2004 附录表 A. 0. 5。

P. 4 围岩类别判定卡

表 P. 4-1 围岩类别判定卡

<table>
<tr><td colspan="3">工程名称</td><td colspan="3"></td><td colspan="3">设计阶段</td><td colspan="3"></td></tr>
<tr><td colspan="3">位置</td><td colspan="3"></td><td colspan="3">洞段(桩号)</td><td colspan="3"></td></tr>
<tr><td rowspan="5">地质描述</td><td colspan="2">岩石名称</td><td colspan="3"></td><td rowspan="5">其他</td><td colspan="2">地质部位</td><td colspan="3"></td></tr>
<tr><td colspan="2">岩质类型</td><td colspan="3"></td><td colspan="2">工程埋深</td><td colspan="3"></td></tr>
<tr><td colspan="2">岩层产状</td><td colspan="3"></td><td colspan="2">建筑尺寸</td><td colspan="3"></td></tr>
<tr><td colspan="2">岩体结构</td><td colspan="3"></td><td colspan="2">洞段高程</td><td colspan="3"></td></tr>
<tr><td colspan="2">宏观地质特征</td><td colspan="3"></td><td colspan="2">地下水位</td><td colspan="3"></td></tr>
<tr><td rowspan="8">基本因素评分</td><td colspan="2">岩石强度</td><td colspan="9">R_b= ； f= ； V_p=</td></tr>
<tr><td colspan="2">岩体完整性</td><td colspan="9">K_v= ； J_v= ； RQD=</td></tr>
<tr><td rowspan="6">结构面状态</td><td rowspan="2">结构面</td><td rowspan="2">组别</td><td rowspan="2">宽度 mm</td><td rowspan="2">无充填</td><td rowspan="2">岩屑充填</td><td rowspan="2">泥质充填</td><td rowspan="2">粗糙状况</td><td colspan="3">选定结构面评分</td></tr>
<tr><td>K_f</td><td>长度</td><td>分值</td></tr>
<tr><td rowspan="4">主要节理</td><td>1</td><td></td><td></td><td></td><td></td><td></td><td></td><td></td><td rowspan="4"></td></tr>
<tr><td>2</td><td></td><td></td><td></td><td></td><td></td><td></td><td></td></tr>
<tr><td>3</td><td></td><td></td><td></td><td></td><td></td><td></td><td></td></tr>
<tr><td>4</td><td></td><td></td><td></td><td></td><td></td><td></td><td></td></tr>
<tr><td rowspan="4">修正因素评分</td><td colspan="2">地下水</td><td colspan="9"></td></tr>
<tr><td colspan="2">地质构造</td><td colspan="9"></td></tr>
<tr><td colspan="2">结构面方位</td><td colspan="7"></td><td>洞顶侧墙</td><td></td></tr>
<tr><td colspan="2">地应力</td><td colspan="7"></td><td></td><td></td></tr>
<tr><td colspan="3">总评分</td><td colspan="7"></td><td>洞顶侧墙</td><td></td></tr>
</table>

注：1. 完整岩石 V_p＝5000m/s；

2. s 值计算时，H 取 35m；

3. γ＝2. 7g/cm^3。

P.5 围岩与竖井的锚喷支护

表 P.5-1 素喷射混凝土一次喷射厚度选用表(mm)

喷射方法	部位	掺速凝剂	不掺速凝剂
干法	边墙	70～100	50～70
	拱部	50～60	30～40
湿法	边墙	80～150	
	拱部	60～100	

注:1.喷射作业紧跟开挖作业面时,混凝土终凝到下一循环放炮时间,不应小于3h;

2.喷射作业应分段分片依次进行,喷射顺序应自下而上;

3.分层喷射时,后一层喷射应在前一层混凝土终凝后进行,若终凝1h后再进行喷射时,应先用风水清洗喷层表面;

4.引自 GB 50086—2001 表8.5.1。

表 P.5-2 竖井锚喷支护类型和设计参数表

围岩类别	竖井毛径 D(mm)	
	$D<25$	$5\leqslant D<7$
Ⅰ	100mm厚喷射混凝土必要时局部设置长1.5～2.0m的锚杆	100mm厚喷射混凝土,设置长1.5～2.0m的锚杆;或150mm厚喷射混凝土
Ⅱ	100～150mm厚喷射混凝土,设置长1.5～2.0m的锚杆	100～150mm厚喷射混凝土,设置长2.0～2.5m的锚杆,必要时加设混凝土圈梁
Ⅲ	100～150mm厚喷射混凝土,设置长1.5～2.0m的锚杆,必要时加设混凝土圈梁	150～200mm厚喷射混凝土,设置长2.0～3.0m的锚杆,必要时加设混凝土圈梁

注:1.井壁采用锚喷做初期支护时,支护设计参数可以适当减小;

2.Ⅲ级围岩中井筒深度超过500m时,支护设计参数应予以增大;

3.引自 GB 50086—2001 表4.1.2-2。

表 P.5-3 水电工程围岩锚喷支护类型和支护参数

断面大小	Ⅰ	Ⅱ	Ⅲ	Ⅳ	Ⅴ
小断面	不支护	不支护或少量锚杆	喷混凝土5～7cm;系统锚杆2～3m,@1.5m×1.5m	网喷混凝土7～10cm或喷钢纤维混凝土;系统锚杆2～3m,@1.0m×1.0m	超前管棚,间距30～40cm,网喷混凝土或喷钢纤维混凝土10～12cm;系统锚杆2～3m,@1.0m×1.0m;钢拱架或格栅拱架间距60～80cm
中断面	不支护	喷混凝土3～5cm随机锚杆	喷混凝土5～10cm;系统锚杆3～4m,@1.5m×1.5m	网喷混凝土10～20cm或喷钢纤维混凝土;系统锚杆3～4m,@1.0m×1.0m;有时需加ϕ22～25钢筋代替钢筋网	超前管棚,间距30～40cm,网喷混凝土或喷钢纤维混凝土12～15cm;钢拱架(或格栅拱架)间距60～80cm;系统锚杆3～5m,@1.0m×1.0m～0.75m×0.75m

续表 P.5-3

断面大小	Ⅰ	Ⅱ	Ⅲ	Ⅳ	Ⅴ
大断面	素喷混凝土 3～5cm	素喷混凝土 3～5cm 随机锚杆	喷混凝土 7～12cm；系统锚杆 4～5m，@1.5m×1.5m	网喷混凝土或喷钢纤维混凝土 10～15cm；系统锚杆 4.5～9m，@1.0m×1.0m；有时需格栅拱架或用 ϕ25 圆钢筋代替格栅拱架	超前管棚，间距 30～40cm，格栅拱架或钢拱架，拱梁高 12～15cm，网喷混凝土或喷钢纤维混凝土 15～18cm；间距 60～80cm；系统锚杆 4.5～9m，@1.0m×1.0m～0.75m×0.75m
特大断面	挂网喷混凝土 5～7cm（或喷钢纤维混凝土）；随机锚杆	挂网喷混凝土 5～7cm 或喷钢纤维混凝土随机锚杆	挂网喷混凝土 10～15cm（或钢纤维混凝土）；系统锚杆 4.5～6m，@1.5m×1.5m	挂网或喷钢纤维混凝土 10～15cm；系统锚杆 6～8m，@1.0m×1.0m；有时需格栅拱架或用 ϕ25 圆钢筋加强	超前管棚，间距 30～40cm，格栅拱架或钢拱架，拱梁高 12～15cm，间距 80cm，网喷混凝土或喷钢纤维混凝土 15～18cm；间距 60～80cm；系统锚杆 6～12m，@1.0m×1.0m～0.75m×0.75m

注：引自 DL/T 5181—2017 表 A.0.1-2。

表 P.5-4 水利工程围岩锚喷支护类型和支护参数

围岩类别	洞室开挖跨度 B(m)					
	B≤5	5<B≤10	10<B≤15	15<B≤20	20<B≤25	25<B≤30
Ⅰ	不支护	①不支护；②50mm 喷射混凝土	①50～80mm 喷射混凝土；②50mm 喷射混凝土，布置长 2.0～2.5m、间距 1.0～1.5m 砂浆锚杆	100～120mm 喷射混凝土，布置长 2.5～3.5m、间距 1.25～1.50m 砂浆锚杆，必要时设置钢筋网	120～150mm 钢筋网喷射混凝土，布置长 3.0～4.0m、间距 1.5～2.0m 砂浆锚杆	150mm 钢筋网喷射混凝土，相间布置长 4.0m 砂浆锚杆和长 50m 张拉锚杆，间距 1.5～2.5m 砂浆锚杆
Ⅱ	①不支护；②50mm 喷射混凝土	①80～100mm 喷射混凝土；②50mm 喷射混凝土，布置长 2.0～2.5m、间距 1.0～1.25m 砂浆锚杆	①100～120mm 钢筋网喷射混凝土；②80～100mm 喷射混凝土，布置长 2.0～3.0m、间距 1.0～1.5m 砂浆锚杆，必要时设置钢筋网	120～150mm 钢筋网喷射混凝土，布置长 3.5～4.5m、间距 1.5～2.0m 砂浆锚杆	150～200mm 钢筋网喷射混凝土，相间布置长 3.5～5.5m、间距 1.5～2.0m 砂浆锚杆，原位监测变形较大部位进行二次支护	200mm 钢筋网喷射混凝土，相间布置长 4.0～5.0m 砂浆锚杆和长 5.0～8.0m 张拉锚杆，间距 1.5～2.5m，原位监测变形较大部位进行二次支护

续表 P. 5-4

围岩类别	洞室开挖跨度 B(m)					
	B≤5	5＜B≤10	10＜B≤15	15＜B≤20	20＜B≤25	25＜B≤30
Ⅲ	①80～100mm钢筋网喷射混凝土；②50mm钢筋网喷射混凝土，布置长1.5～2.0m、间距0.75～1.0m砂浆锚杆	①120mm钢筋网喷射混凝土；②80～100mm钢筋网喷射混凝土，布置长2.0～3.0m、间距1.0～1.5m砂浆锚杆	100～150mm钢筋网喷射混凝土，布置长30～4.0m、间距1.5～2.0m砂浆锚杆	150～200mm钢筋网喷射混凝土，布置长3.5～5.0m、间距1.5～2.5m砂浆锚杆，原位监测变形较大部位进行二次支护	200mm钢筋网喷射混凝土，相间布置长5.0～6.0m砂浆锚杆和长6.0～8.0m张拉锚杆，间距1.5～2.5m，原位监测变形较大部位进行二次支护	
Ⅳ	80～100mm钢筋网喷射混凝土，布置长1.5～2.0m、间距1.0～1.5m砂浆锚杆	150mm钢筋网喷射混凝土，布置长2.0～3.0m、间距1.0～1.5m砂浆锚杆，原位监测变形较大部位进行二次支护	200mm钢筋网喷射混凝土，相间布置长4.0～5.0m砂浆锚杆，间距1.0～1.5m，原位监测变形较大部位进行二次支护，必要时设置钢拱架或格栅拱架			
Ⅴ	150mm钢筋网喷射混凝土，布置长1.5～2.0m、间距0.75～1.25m砂浆锚杆，原位监测变形较大部位进行二次支护	200mm钢筋网喷射混凝土，相间布置长2.0～3.5m，间距1.0～1.25m砂浆锚杆，原位监测变形较大部位进行二次支护，必要时设置钢拱架或格栅拱架				

注：1. 表中空白部分表示不宜采用喷锚支护作为永久性支护。当采用锚喷支护作为临时支护时，可参照上一档次围岩类别或下一档次洞室开挖跨度初步确定支护参数，再根据监测结果最后确定设计与施工采用的支护参数。

2. 表中凡标明有①和②两个款项支护参数时，可根据围岩特性选择其中一种作为设计的支护参数。

3. 表中表示范围的支护参数，洞室开挖跨度小时取小值，开挖跨度大时取大值。

4. 引自 SL377—2007 表 4.1.5。

表 P.5-5 围岩锚喷支护工程监控量测项目表

围岩类别	洞室开挖跨度 B(m)				
	$B\leqslant5$	$5<B\leqslant10$	$10<B\leqslant15$	$15<B\leqslant20$	$20<B$
Ⅰ				根据需要布置随机性监测仪器	根据需要布置随机性监测仪器
Ⅱ			收敛及顶拱沉降量测	①收敛及顶拱沉降量测;②必要时布置多点位移计	①收敛及顶拱沉降量测;②多点位移计
Ⅲ		收敛及顶拱沉降量测	收敛及顶拱沉降量测	①收敛及顶拱沉降量测;②多点位移计	①收敛及顶拱沉降量测;②多点位移计
Ⅳ	收敛及顶拱沉降量测	收敛及顶拱沉降量测	①收敛及顶拱沉降量测;②多点位移计	①收敛及顶拱沉降量测;②多点位移计	①收敛及顶拱沉降量测;②多点位移计;③锚杆应力计
Ⅴ	收敛及顶拱沉降量测	收敛及顶拱沉降量测	①收敛及顶拱沉降量测;②多点位移计	①收敛及顶拱沉降量测;②多点位移计;③锚杆应力计	①收敛及顶拱沉降量测;②多点位移计;③锚杆应力计;④必要时增加仪器数量或其他项目

注:引自 SL 377—2007 表 4.2.5;此表也适用于临时支护的施工期监测。

表 P.5-6 围岩允许变形标准值 单位:%

围岩类别	埋深		
	<50m	50~300m	>300m
Ⅲ	0.10~0.30	0.20~0.50	0.40~1.20
Ⅳ	0.15~0.50	0.40~1.20	0.80~2.00
Ⅴ	0.20~0.80	0.60~1.60	1.00~3.00

注:1. 表中允许位移值用相对值表示,指两点间实测位移累计值与两测点间距离之比。

2. 脆性围岩取小值,塑性围岩取较大值。

3. 本表适用于高跨比为 0.8~1.2;Ⅲ类围岩开挖跨度不大于 25m;Ⅳ类围岩开挖跨度不大于 15m;Ⅴ类围岩开挖跨度不大于 10m 的情况。

4. 本表引自 SL 377—2007 表 4.2.7。

P.6 浅埋隧洞锚喷支护设计

(1)符合下表条件的浅埋岩石隧洞,宜采用锚杆钢筋网喷射混凝土作永久支护,必要时应加设格栅拱架,其参数可采用工程类比法并结合监控量测和理论计算确定。

表 P.6-1　宜采用锚喷支护的浅埋岩石隧洞条件

围岩级别	洞顶岩石厚度	毛洞跨径(m)	水文地质条件
Ⅲ	0.5～1.0 倍洞径	<10	无地下水
Ⅳ	1.0～2.0 倍洞径	<10	无地下水
Ⅴ	2.0～3.0 倍洞径	<5	无地下水

注:引自 GB 50086—2001 表 4.4.1。

(2)对于Ⅳ、Ⅴ类围岩中的浅埋隧洞,应设置仰拱,必要时宜采用深层固结灌浆,设置长锚杆、超前锚杆或长管棚等方法加固地层。

(3)对于表 P.6-2 中的浅埋岩石隧洞,其支护结构应考虑偏压对隧洞的影响,而作适当加强。

表 P.6-2　浅埋岩石隧洞考虑偏压影响条件

围岩级别	洞顶地表横向坡度	隧洞拱部至地表最小距离
Ⅲ	1∶1.25	<1 倍洞径
Ⅳ	1∶1.25	<2 倍洞径
Ⅴ	1∶1.25	<3 倍洞径

注:引自 GB 50086—2001 表 4.4.3。

(4)覆土厚度大于 1 倍洞径的浅埋土质隧洞初期支护宜选用钢筋网喷射混凝土或钢架钢筋网喷射混凝土全封闭式支护类型。对于小于 1 倍洞径的浅埋土质隧洞采用锚喷支护作为初期支护时,其支护参数应通过现场试验及监控量测确定。对于厚淤泥质黏土或厚层含水粉细砂等土层,未采取有效措施前不宜选用锚喷支护作初期支护。

(5)浅埋土质隧洞锚喷支护结构类型和参数应根据土质条件隧洞跨度支护强度和支护刚度要求采用计算方法确定,宜按表 P.6-3 所列的经验参数类比及现场监控量测验证。

表 P.6-3　浅埋土层隧洞初期支护结构类型和参数

地质条件	洞跨	
	≤5m	5～12m
无地下水,隧洞稳定性较好	喷层厚 150～200mm,钢筋网 $\phi 6$～10mm,网距 120mm×120mm	喷层厚 250～300mm,钢筋网 $\phi 6$～10mm,网距 120mm×120mm,钢架间距 750～1000mm
无地下水,隧洞稳定性较差	喷层厚 250～300mm,钢筋网 $\phi 6$～10mm,网距 120mm×120mm,钢架间距 750～1000mm	喷层厚 300～350mm,双层钢筋网 $\phi 6$～10mm,网距 120mm×120mm,钢架间距 750mm

注:引自 GB 50086—2001 表 4.4.5。

附录Q　TBM掘进隧洞工程开挖展示图

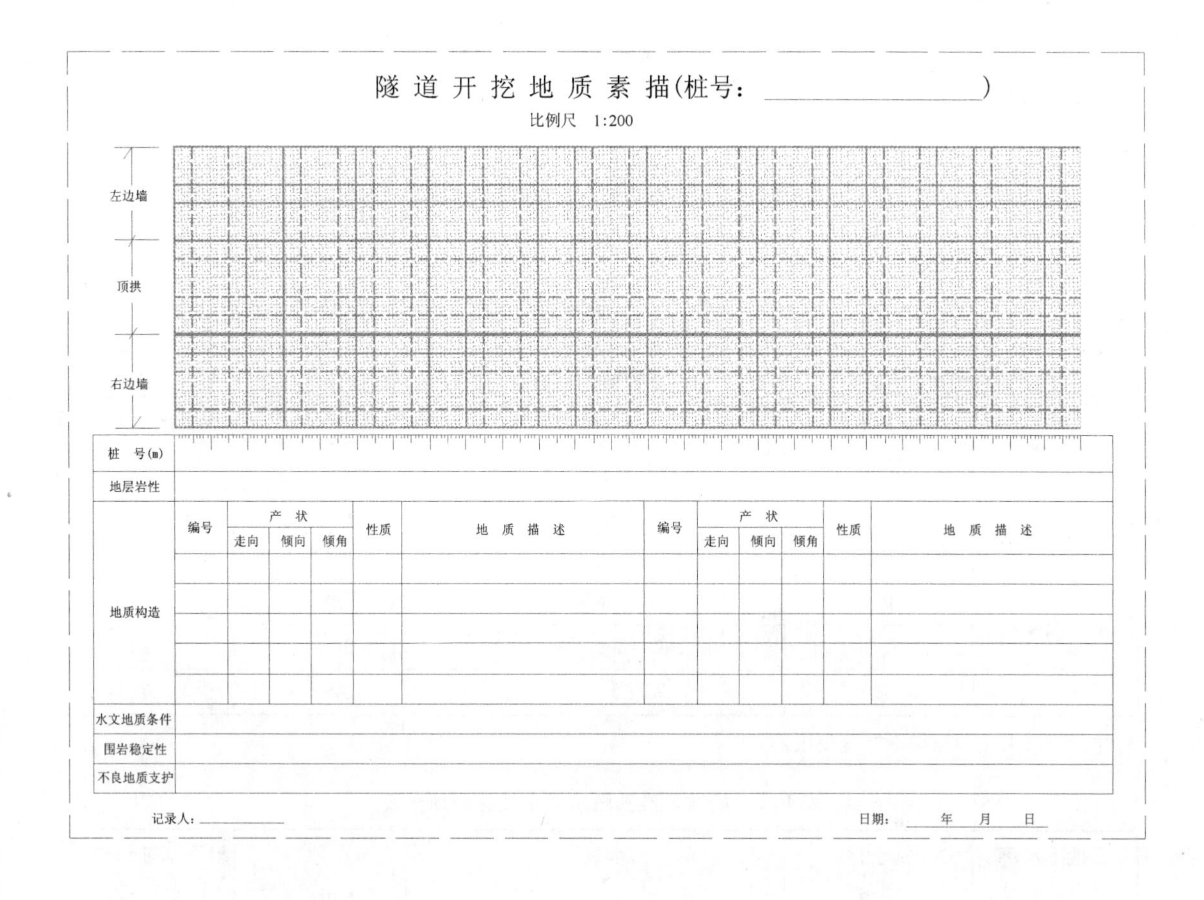

附录R　岩土地下水富水性等级划分表

表R.1　基岩裂隙水富水性等级划分表

地下水类型	富水性等级	单井涌水量(m^3/d)	泉水流量(L/s)	地下水径流模数[L/(s·km^2)]
碎屑岩裂隙孔隙水	丰富	＞500	＞50	＞5
	中等	300～500	10～50	3～5
	微弱	100～300	5～10	1～3
	弱	＜100	＜5	＜1
碳酸盐岩类裂隙溶洞水	丰富	＞3000	＞1000	＞15
	中等	1000～3000	500～1000	7～15
	微弱	100～1000	100～500	1～7
	弱	＜100	＜100	＜1
基岩裂隙水	丰富	＞700	＞100	＞7
	中等	300～700	50～100	3～7
	微弱	100～300	10～50	1～3
	弱	＜100	＜10	＜1

注:引自《水文地质勘察》(蓝俊康等,2008)。

表R.2　松散岩类孔隙水富水性等级划分表

地下水类型	富水性等级	单井涌水量(m^3/d)	单位涌水量[(L/(s·m)]	地下水补给模数[L/(s·km^2)]
山前地区	极丰富	＞5000	＞5	＞20
	丰富	1000～5000	1～5	7～20
	中等	100～1000	0.5～1	3～7
	微弱	＜100	＜0.5	＜3
平原区	丰富	＞3000	＞3	＞15
	中等	1000～3000	1～3	10～15
	微弱	100～1000	0.5～1	5～10
	弱	＜100	＜0.5	＜5
滨海区	丰富	＞500	＞2	＞10
	中等	200～500	1～2	5～10
	微弱	100～200	0.5～1	3～5
	弱	＜100	＜0.5	＜3

注:引自《水文地质勘察》(蓝俊康等,2008)。

表 R.3 常见土层渗透系数 K 经验值(据王大纯等,1995)

含水层岩性	渗透系数(m/d)	含水层岩性	渗透系数(m/d)	含水层岩性	渗透系数(m/d)
亚黏土	0.001～0.10	细砂	1.0～5.0	砾石	50～150
亚砂土	0.10～0.50	中砂	5～20	卵石	100～500
粉砂	0.50～1.0	粗砂	20～50		

表 R.4 岩体渗透性与外水压力折减系数的关系(据宋岳,2007)

渗透性分级	渗透系数 K(cm/s)	透水率 q(Lu)	外水压力折减系数 β_e
极微透水	$K<10^{-6}$	$q<0.1$	$0\leqslant\beta_e<0.1$
微透水	$10^{-6}\leqslant K<10^{-5}$	$0.1\leqslant q<1$	$0.1\leqslant\beta_e<0.2$
弱透水	$10^{-5}\leqslant K<10^{-4}$	$1\leqslant q<10$	$0.2\leqslant\beta_e<0.4$
中等透水	$10^{-4}\leqslant K<10^{-2}$	$10\leqslant q<100$	$0.4\leqslant\beta_e<0.8$
强透水	$10^{-2}\leqslant K<1$	$q\geqslant 100$	$0.8\leqslant\beta_e<1.0$
极强透水	$K\geqslant 1$	$q\geqslant 100$	$0.8\leqslant\beta_e<1.0$

附录S　光面爆破与预裂爆破参数

(1)光面爆破和孔深小于5m的浅孔预裂爆破参数可按照表S.1、表S.2选择，并按爆破试验结果进行修正。

表S.1　光面爆破参数

岩石类别	周边孔间距(mm)	周边孔抵抗线(mm)	线装药密度(g/m)
硬岩	500～650	600～800	300～350
中硬岩	450～600	600～750	200～300
软岩	350～450	450～550	70～120

注：引自SL 387—2007附录D；炮孔直径：40～50mm；药卷直径20～25mm。

表S.2　浅孔预裂爆破参数

岩石类别	周边孔间距(mm)	周边孔抵抗线(mm)	线装药密度(g/m)
硬岩	450～500	400	350～400
中硬岩	400～450	400	200～250
软岩	350～400	350	70～120

注：引自SL 387—2007附录D；炮孔直径：40～50mm；药卷直径20～25mm。

(2)孔深不小于5m的深孔预裂爆破参数，可按下列要求确定：

①炮孔直径不宜大于80mm。

②孔距宜为炮孔直径的8～12倍，岩体完整段或孔径小时取大值，反之取小值。

③不耦合系数可取2～4。

④线装药密度可采用工程类比法或按下式估算：

岩体较为坚硬，其极限抗压强度R为20～200MPa时：

$$\Delta_g = 0.042R^{0.5}a^{0.6}$$

式中：Δ_g为线装药密度(kg/m)；R为岩石极限抗压强度(MPa)；a为预裂孔孔距(m)。

岩石极限抗压强度R为10～150MPa时：

$$\Delta_g = 9.32R^{0.53}r^{0.38}$$

式中：Δ_g为线装药密度(g/m)；r为预裂孔半径(mm)。

(3)质点振动速度的允许值可按表S.3选取。质点振动速度传播规律可按下列公式计算：

表 S.3　爆破质点振动安全允许标准

序号	保护对象类别	质点振动安全允许速度值(cm/s)		
		<10Hz	10～50Hz	50～100Hz
1	土窑洞、土坯房、毛石房屋	0.5～1.0	0.7～1.2	1.1～1.5
2	一般砖房、非抗震的大型砌块建筑物	2.0～2.5	0.7～1.2	2.7～3.0
3	钢筋混凝土结构房屋	3.0～4.0	2.3～2.8	4.2～5.0
4	一般古建筑与古物	0.1～0.3	3.5～4.5	0.3～0.5
5	水工隧洞	7.0～15.0		
6	交通隧洞	10.0～20.0		
7	矿山巷道	15.0～30.0		
8	水电站及发电厂中心控制设备	0.5		
9	新浇大体积混凝土 龄期:初凝至 3d 龄期:3～7d 龄期:7～28d	 2.0～3.0 3.0～7.0 7.0～12.0		

注:1. 表中所列频率为主震频率,系指最大振幅所对应的频率。

2. 频率范围可根据类似工程或现场实测波形选取。选取频率时,应参考下列数据:洞室爆破小于20Hz;深孔爆破 10～60Hz;浅孔爆破 40～100Hz。

3. 选取建筑物安全允许振动速度值时,应综合考虑建筑物的重要性、建筑质量、新旧程度、自振频率、地基条件等因素;选取隧洞、巷道安全允许振动速度值时,应综合考虑建筑物的重要性、围岩状况、断面大小、埋深、爆破方向、地震振动频率等因素;非挡水的、浇筑的大体积混凝土的安全允许振动速度值,可按本表给出的上限值选取;省级以上(含省级)重点保护古建筑与古迹的安全允许振动速度值,应经专家论证选取,并报相应文物管理部门批准。

4. 引自 SL 387—2007 附录 D。

$$v=K(W^{1/3}/D)^{a}$$

式中:v 为质点振动速度(cm/s);W 为爆破装药量,齐发爆破时取总装药量,分段延时爆破时视具体条件取有关段的或最大一段的装药量(kg);D 为爆破区药量分布的几何中心至观测点或建筑物、防护目标的距离(m);K、a 分别为与场地地质条件、岩性特性、爆破条件以及爆破区与观测点或建筑物、防护目标相对位置等有关的常数,由爆破试验确定。初选时可按表 S.4 选取。

表 S.4　爆破区不同岩性的 K、a 参考值

岩性	K	a
坚硬岩石	50～150	1.3～1.5
中硬岩石	150～250	1.5～1.8
软岩石	250～350	1.8～2.0

注:引自 SL 387—2007 附录 D。

附录T　桩基础参数选取

(1)标贯试验确定单桩承载力[引自《土工试验与原位测试》(袁聚云,2004)]

Schmertmann(1967)的方法见表 T.1,该方法同时需要测定静力触探试验锥尖阻力 q_c。

表 T.1　用 N 估算桩端阻力 P_b 和侧壁摩阻力 P_f

土类	q_c (N)	摩阻比 (%)	桩尖阻力 P_b (kPa)	桩身阻力 P_f(kPa)
各种密实的砂土(地下水位以上或以下)	374.5	0.6	2.03N	342.4N
黏土、粉土、砂混合、粉砂及泥炭土	214.0	2.0	4.28N	171.2N
可塑黏土	107.0	5.0	5.35N	74.9N
含贝壳的砂、软岩	428.0	0.25	1.07N	385.2N

注:1. 该表用于预制打入混凝土桩,$N=5\sim60$,当 $N<5$ 时,N 取 5;当 $N>60$ 时,N 取 60;

2. 原表中桩尖阻力和锥尖阻力单位换算为 kPa。

(2)北京市勘察院的经验公式[引自《土工试验与原位测试》(袁聚云,2004)]为:

$$Q_u = p_b A_p + (\sum P_{fc} L_c + \sum P_{fs} L_s) U + C_1 + C_2 x$$

式中:p_b为锥尖以上和以下 4D 范围内 N 平均值换算的桩极限端承力(kPa),见表 T.2;P_{fc}、P_{fs}为桩身范围内黏土、砂土 N 值换算的桩极限端承力(kPa),见表 T.2;L_c、L_s为黏性土层、砂土层的桩段长度(m),见表 T.2;U 为桩截面周长(m);A_p为桩截面面积(m^2);C_1为建议参考值(kN),见表 T.3;C_2为孔底虚土折减系数(kN/m),取 18.1;X 为孔底虚土厚度,预制桩取 $x=0$;当虚土厚度大于 0.5m 时,取 $x=0.5$,而端承力取 0。

表 T.2　N 与 P_{fc}、P_{fs}和 P_b的关系表

N		1	2	4	8	12	16	20	24	26	28	30	35
预制桩	P_{fc} (kPa)	7	13	26	52	78	104	130					
	P_{fs} (kPa)			18	36	53	71	89	107	115	124	133	155
	P_b (kPa)			440	880	1320	1760	2200	2640	2860	3080	3300	3850
钻孔灌注桩	P_{fc} (kPa)	3	6	10	25	37	50	62					
	P_{fs} (kPa)		7	13	26	40	53	66	79	86	92	99	116
	P_b (kPa)			110	220	330	450	560	670	720	780	830	970

表 T.3　经验参数 C_1

桩　型	预制桩		钻孔灌注桩
土层条件	桩周有新近堆积土	桩周无新近堆积土	桩周无新近堆积土
C_1(kN)	340	150	180

(2)经验参数法[引自《建筑桩基技术规范》(JGJ 94—2008)]

①根据土的物理指标与承载力参数之间的经验关系确定单桩竖向极限承载力标准值时，宜采用下式估算：

$$Q_{uk}=Q_{sk}+Q_{pk}=u\sum q_{sik}l_i+q_{pk}A_p$$

式中：Q_{uk}为单桩竖向承载力标准值；Q_{sk}、Q_{pk}分别为总极限侧阻力标准值和总极限端阻力标准值；u为桩身周长；l_i为桩周第i层土的厚度；q_{sik}为桩侧第i层土的极限侧阻力标准值，如无当地经验时，可按表T.4取值；q_{pk}为极限端阻力标准值，如无当地经验时，可按表T.5取值；A_p为桩端面积。

表 T.4　桩的极限侧阻力标准值 q_{sik}(kPa)

土的名称	土的状态		混凝土预制桩	泥浆护壁钻(冲)孔桩	干作业钻孔桩
填土			22～30	20～28	20～28
淤泥			14～20	12～18	12～18
淤泥质土			22～30	20～28	20～28
黏性土	流塑	$I_L>1$	22～40	21～38	21～38
	软塑	$0.75<I_L\leqslant 1$	40～55	38～53	38～53
	可塑	$0.50<I_L\leqslant 0.75$	55～70	53～68	53～66
	硬可塑	$0.25<I_L\leqslant 0.50$	70～86	68～84	66～82
	硬塑	$0<I_L\leqslant 0.25$	86～98	84～96	82～94
	坚硬	$I_L\leqslant 0$	98～105	96～102	94～104
红黏土	$0.7<a_w\leqslant 1$		13～32	12～30	12～30
	$0.5<a_w\leqslant 0.7$		32～74	30～70	30～70
粉土	稍密	$e>0.9$	26～46	24～42	24～42
	中密	$0.75\leqslant e\leqslant 0.9$	46～66	42～62	42～62
	密实	$e<0.75$	66～88	62～82	62～82

续表 T.4

土的名称	土的状态		混凝土预制桩	泥浆护壁钻(冲)孔桩	干作业钻孔桩
粉细砂	稍密	$10<N\leqslant 15$	24～48	22～46	22～46
	中密	$15<N\leqslant 30$	48～66	46～64	46～64
	密实	$N>30$	66～88	64～86	64～86
中砂	中密	$15<N\leqslant 30$	54～74	53～72	53～72
	密实	$N>30$	74～95	72～94	72～94
粗砂	中密	$15<N\leqslant 30$	74～95	74～95	76～98
	密实	$N>30$	95～116	95～116	98～120
砾砂	稍密	$5<N_{63.5}\leqslant 15$	70～110	50～90	60～100
	中密	$N_{63.5}>15$	116～138	116～130	112～130
圆砾、角砾	中密、密实	$N_{63.5}>10$	160～200	135～150	135～150
碎石、卵石	中密、密实	$N_{63.5}>10$	200～300	140～170	150～170
全风化软质岩		$30<N\leqslant 50$	100～120	80～100	80～100
全风化硬质岩		$30<N\leqslant 50$	140～160	120～140	120～150
强风化软质岩		$N_{63.5}>10$	160～240	140～200	140～220
强风化硬质岩		$N_{63.5}>10$	220～300	160～240	160～260

注：1. 对于尚未完成自重固结的填土和以生活垃圾为主的杂填土，不计其侧阻力；

2. a_w为含水比，$a_w=w/w_L$，w为天然含水量，w_L为土的液限；

3. N为标准贯入击数，$N_{63.5}$为圆锥动力触探击数；

4. 全风化、强风化软质岩和全风化、强风化硬质岩系指其母岩分别为$f_{rk}\leqslant 15$MPa，$f_{rk}>30$MPa的岩石。

②根据土的物理指标与承载力参数之间的经验关系，确定大直径桩单桩极限承载力标准值时，可采用下式估算：

$$Q_{uk}=Q_{sk}+Q_{pk}=u\sum\psi_{si}q_{sik}l_i+\psi_p q_{pk}A_p$$

式中：q_{sik}为桩侧第i层土的极限侧阻力标准值，如无当地经验时，可按表 T.5 取值，对于扩底桩变截面以上 2d 长度范围不计侧阻力；q_{pk}为桩径为 800mm 的极限端阻力标准值，对于干作业挖孔（清底干净）可采用深层载荷板试验确定，当不能采取深层载荷板试验时，可按表 T.6 取值；ψ_{si}、ψ_p分别为大直径桩侧阻、端阻尺寸效应系数，可按表 T.7 取值；u为桩身周长，当人工挖孔桩桩周护壁为振捣密实的混凝土时，桩身周长可按护壁外直径计算。

表 T.5　干作业挖孔桩(清底干净，$D=800$mm)极限端阻力标准值 q_{pk}(kPa)

土名称		状态		
黏性土		$0.25<I_L\leqslant0.75$	$0<I_L\leqslant0.25$	$I_L\leqslant0$
		800～1800	1800～2400	2400～3000
粉土			$0.75\leqslant e\leqslant0.9$	$e<0.75$
			1000～1500	1500～2000
砂土碎石类土	状态	稍密	中密	密实
	粉砂	500～700	800～1100	1200～2000
	细砂	700～1100	1200～2000	2000～2500
	中砂	1000～2000	2200～3200	3500～5000
	粗砂	1200～2200	2500～3500	4000～5500
	砾砂	1400～2400	2600～4000	5000～7000
	圆砾、角砾	1600～3000	3200～5000	6000～9000
	卵石、碎石	2000～3000	3300～5000	7000～11 000

注：1. 当桩进入持力层的深度 H_b 分别为：$H_b\leqslant D$，$D<H_b\leqslant4D$，$H_b>4D$ 时，q_{pk} 可相应取低、中、高值；

2. 砂土密实度可根据标贯击数确定，$N<10$ 为松散，$10<N\leqslant15$ 为稍密，$N>30$ 为密实；

3. 当桩的长径比 $l/d\leqslant8$ 时，q_{pk} 宜取较低值；

4. 当对沉降要求不严时，q_{pk} 可取高值。

表 T.6　大直径灌注桩侧阻尺寸效应系数 ψ_{si}、端阻尺寸效应系数 ψ_p

土类型	黏性土、粉土	砂土、碎石类土
ψ_{si}	$(0.8/d)^{1/5}$	$(0.8/d)^{1/3}$
ψ_p	$(0.8/D)^{1/4}$	$(0.8/d)^{1/3}$

表 T.7 桩的极限端阻力标准值 q_{pk}(kPa)

土名称	土的状态	桩型	混凝土预制桩桩长 L(m)				泥浆护壁钻(冲)孔桩桩长 L(m)				干作业钻孔桩桩长 L(m)		
			$L\leqslant9$	$9<L\leqslant16$	$16<L\leqslant30$	$L>30$	$5\leqslant L<10$	$10\leqslant L<15$	$15\leqslant L<30$	$30\leqslant L$	$5\leqslant L<10$	$10\leqslant L<15$	$15\leqslant L$
黏性土	软塑	$0.75<I_L\leqslant1$	250～850	650～1400	1200～1800	1300～1900	150～250	250～300	300～450	300～450	200～400	400～700	700～950
	可塑	$0.50<I_L\leqslant0.75$	850～1700	1400～2200	1900～2800	2300～3600	350～450	450～600	600～750	750～800	500～700	800～1100	1000～1600
	硬可塑	$0.25<I_L\leqslant0.50$	1500～2300	2300～3300	2700～3600	3600～4400	800～900	900～1000	1000～1200	1200～1400	850～1100	1500～1700	1700～1900
	硬塑	$0<I_L\leqslant0.25$	2500～3800	3800～5500	5500～6000	6000～6800	1100～1200	1200～1400	1400～1600	1600～1800	1600～1800	2200～2400	2600～2800
粉土	中密	$0.75\leqslant e\leqslant0.9$	950～1700	1400～2100	1900～2700	2500～3400	300～500	550～650	650～750	750～850	800～1200	1200～1400	1400～1600
	密实	$e<0.75$	1500～2600	2100～3000	2700～3600	3600～4400	650～900	750～950	900～1100	1100～1200	1200～1700	1400～1900	1600～2100
粉砂	稍密、中等	$10<N\leqslant15$	1000～1600	1500～2300	1900～2700	2100～3000	350～500	450～600	600～700	650～750	500～950	1300～1600	1500～1700
	密实	$N>15$	1400～2200	2100～3000	3000～4500	3800～5500	600～750	750～900	900～1000	1100～1200	900～1000	1700～1900	1700～1900
细砂	中密、密实	$N>15$	2500～4000	3600～5000	4400～6000	5300～7000	650～850	900～1200	1200～1500	1500～1800	1200～1600	2000～2400	2400～2700
中砂			4000～6000	5500～7000	6500～8000	7500～9000	850～1050	1100～1500	1500～1900	1900～2100	1800～2400	2800～3800	3600～4400
粗砂			5700～7500	7500～8500	8500～10 000	9500～11 000	1500～1800	2100～2400	2400～2600	2600～2800	2900～3600	4000～4600	4600～5200

续表 T.7

土名称	土的状态	桩型	混凝土预制桩桩长 L(m)				泥浆护壁钻(冲)孔桩桩长 L(m)				干作业钻孔桩桩长 L(m)		
			$L\leqslant 9$	$9<L\leqslant 16$	$16<L\leqslant 30$	$L>30$	$5\leqslant L<10$	$10\leqslant L<15$	$15\leqslant L<30$	$30\leqslant L$	$5\leqslant L<10$	$10\leqslant L<15$	$15\leqslant L$
砾砂	中密、密实	$N>15$	6000～9500		9000～10 500		1400～2000		2000～3200		3500～5000		
角砾、圆砾		$N_{63.5}>10$	7000～10 000		9500～11 500		1800～2200		2200～3600		4000～5500		
碎石、卵石		$N_{63.5}>10$	8000～11 000		10 500～13 000		2000～3000		3000～4000		4500～6500		
全风化软质岩		$30<N\leqslant 50$	4000～6000				1000～1600				1200～2000		
全风化硬质岩		$30<N\leqslant 50$	5000～8000				1200～2000				1400～2400		
强风化软质岩		$N_{63.5}>10$	6000～9000				1400～2200				1600～2600		
强风化硬质岩		$N_{63.5}>10$	7000～11 000				1800～2800				2000～3000		

注：1. 砂土和碎石类土中桩的极限端阻力取值，宜综合考虑土的密实度，桩端进入持力层的深径比 h_b/d，土愈密实，h_b/d 愈大，取值愈高；

2. 预制桩的岩石极限端阻力指桩端支承于中、微风化基岩表面或进入强风化岩、软质岩一定深度条件下极限端阻力；

3. 全风化、强风化软质岩和全风化、强风化硬质岩指其母岩分别为 $f_{ra}\leqslant 15$MPa、$f_{ra}>30$MPa 的岩石。

附录U 水文地质常用参数与工程降水技术方法

U.1 水文地质常用参数参考

(1)各类土的渗透系数：

表 U.1-1 黄淮平原地区渗透系数经验值

岩性	渗透系数(m/d)	岩性	渗透系数(m/d)
砂卵石	80	粉细砂	5～8
砂砾石	45～50	粉砂	2～3
粗砂	20～30	砂质粉土	0.2
中粗砂	22	砂质粉土-粉质黏土	0.1
中砂	20	粉质黏土	0.02
中细砂	17	黏土	0.001
细砂	6～8		

注：引自《工程地质手册》(第五版)，附录表 9-3-8。

(2)砾石渗透系数：

表 U.1-2 砾石渗透系数

平均粒径 d_{50}	35	21	14	10	5.8	3	2.0
不均匀系数 C_u	2.7	2.0	2.0	6.3	5.9	3.5	2.7
渗透系数(cm/s)	20.0	20.0	10.0	5.0	3.3	3.3	0.8

注：引自《工程地质手册》(第五版)，附录表 9-3-9。

(3)给水度：从单位体积饱和的岩土中所能排出的重力水的体积称给水度，其值等于排出水的体积和含水介质总体积之比，不同岩土体的给水度经验值见表 U.1-3：

表 U.1-3 不同岩土体的给水度经验值

岩土名称	给水度	岩土名称	给水度
卵砾石	0.35～0.30	强裂隙岩石	0.01～0.002
粗砂	0.30～0.25	裂隙岩石	0.002～0.000 2
中砂	0.25～0.2	强岩溶化	0.15～0.05
细砂	0.2～0.15	岩溶化	0.05～0.01
极细砂	0.15～0.10	弱岩溶化	0.01～0.005

注：引自《水力发电工程地质手册》，附录表 1.4.3-8。

(4)松散岩层影响半径经验值：

表 U.1-4　松散岩层影响半径经验值

岩性	主要颗粒粒径(mm)	影响半径(m)	岩性	主要颗粒粒径(mm)	影响半径(m)
粉砂	0.05～0.1	25～50	极粗砂	1.0～2.0	400～500
细砂	0.1～0.25	50～100	小砾	2.0～3.0	500～600
中砂	0.25～0.5	100～200	中砾	3.0～5.0	600～1500
粗砂	0.5～1.0	300～400	大砾	5.0～10.0	1500～3000

注：引自《工程地质手册》(第五版，2018)，附录表 9-3-11。

(5)根据单位出水量、单位水位下降确定影响半径经验值。

表 U.1-5　根据单位出水量、单位水位下降确定影响半径经验值

单位涌水量[L/(s·m)]	影响半径(m)	降深(m)
＞2.0	300～500	＜0.5
2.0～1.0	100～300	1～0.5
1.0～0.5	50～100	2～1
0.5～0.33	25～50	3～2
0.33～0.2	10～25	5～3
≤0.2	≤10	≥5

注：引自《水利水电工程地质手册》，附录表 1-6-10。

U.2　工程降水技术方法与适用条件表

表 U.2-1　工程降水技术方法与适用条件表

降水技术方法	适合地层	渗透系数(m/d)	降水深度(m)
明排井(坑)	黏性土、砂土	＜0.5	＜2
真空点井	黏性土、粉质黏土砂土	0.01～20	单级＜2 多级＜20
喷射点井		0.1～20	＜20
电渗点井	黏性土	＜0.1	按井类型确定
引渗井	黏性土、砂土	0.1～20	由下伏含水层的埋藏和水头条件确定
管井	砂土、碎石土	1.0～200	＞5
大口井	砂土、碎石土	1.0～200	＜20
辐射井	黏性土、砂土、砾砂	0.1～20	＜20
浅埋井	黏性土、砂土、砾砂	0.1～20	＜2

注：引自《工程地质手册》(第五版，2018)。

附录Ⅴ　地基处理方法及其适用范围

表 V.1　地基处理方法分类及其适用范围

类别	方法	简要原理	适用范围
置换	换土垫层法	较软弱土或不良土开挖至一定深度，回填抗剪强度较大、压缩性较小的土，如砂、砾	各种软弱土地基
	挤淤置换法	通过抛石和夯击回填碎石置换淤泥达到加固地基的目的	厚度较小的淤泥地基
	褥垫法	当建(构)筑物的地基一部分压缩性很小，而另一部分压缩性较大时，为了避免不均匀沉降，在压缩性很小的部分，通过换填法铺设一定厚度可压缩性的土料形成褥垫，以减少沉降差	建(构)筑物部分坐落在基岩上，部分坐落在土上，以及类似情况
	振冲置换法	利用振冲器在高压水流作用下边振边冲在地基中成孔，在孔内填入碎石、卵石等粗粒料且振密成碎石桩。碎石桩与桩间土形成复合地基，以提高承载力，减少沉降	不排水抗剪强度不小于 20kPa 的黏性土、粉土、饱和黄土和人工填土等地基
	强夯置换法	采用边填碎石边强夯的强夯置换法在地基中形成碎石墩体，由碎石土、墩间土以及碎石垫层形成复合地基，以提高承载力，减少沉降	人工填土、砂土、黏性土和黄土、淤泥和淤泥质土地基
	砂石桩(置换)法	在软黏土地基中采用沉管法或其他方法设置密实的砂桩或碎石桩，置换同体积的黏性土形成砂石桩复合地基，以提高地基承载力。同时砂石桩还可以同沙井一样起排水作用，以加速地基土固结	软黏土地基
	石灰桩法	通过机械或人工成孔，在软弱地基中填入生石灰块或生石灰块加其他掺合料，通过石灰的吸水膨胀、放热以及离子交换作用改善桩周土的物理力学性质，并形成石灰桩复合地基，可提高地基承载力，减少沉降	杂填土、软土地基
	CFG 桩法	采用机械或人工成孔，通过振动、泵送、人工灌注等方式在地基中形成 CFG 桩体，桩与桩间土、垫层形成 CFG 桩复合地基，可提高地基承载力，减少沉降	杂填土、素填土、砂土、粉土、黏性土地基
	EPS 超轻质料填土法	发泡聚苯乙烯(EPS)密度只有土的 1/50～1/100，并具有较好的强度和压缩性能，用于填土料，可有效减少沉降作用在地基上的载荷，需要时也可置换部分地基土，以达到更好的效果	软弱地基上的填方工程

续表 V.1

类别	方法	简要原理	适用范围
排水固结	加载预压法	在建造建(构)筑物以前,天然地基在预压载荷作用下,压密、固结,地基产生变形,地基土强度提高,卸去预压载荷后再建造建(构)筑物,完工后沉降小,地基承载力也得到提高。堆载预压有时也利用建筑物自重进行。当天然地基土渗透性较小时,为了缩短土体排水距离,加速土体固结,在地基土中设置竖向排水通道,常用形式有普通砂井、袋装砂井、塑料排水带等。 当常用竖向排水通道时,也有人将其分别称为砂井法、袋装砂井法或塑料排水带法等	软黏土、粉土、杂填土、充填土、泥炭土地基等
	超载预压法	基本上与堆载预压法相同,不同之处是预压载荷大于建(构)筑物实际载荷。超载预压不仅可以减少建(构)筑物完工后固结沉降,还可以消除部分完工后次固结沉降	软黏土、粉土、杂填土、充填土、泥炭土地基等
	真空预压法	在饱和软黏土地基中设置竖向排水通道(砂井或塑料排水带等)和砂垫层,在其上覆盖不透气密封膜,通过埋设于砂垫层的抽水管进行长时间不断抽水和气,使砂垫层和砂井中造成负气压,从而使软黏土层排水固结。负气压形成的当量预压载荷一般可达 85kPa	软黏土、粉土、杂填土、充填土、泥炭土地基等
	真空预压与堆载预压联合作用法	当真空预压达不到要求的预压载荷时,可与堆载预压联合使用,其堆载预压载荷和真空预压载荷可叠加计算	软黏土、粉土、杂填土、充填土、泥炭土地基等
	降低地下水位法	通过降低地下水,改变地基土受力状态,其效果如堆载预压,使地基土固结。在基坑开挖围护设计中可减小作用在围护结构上的土压力	砂土或渗水性较好的软黏土层
	电渗法	在地基中设置阴极、阳极,通以直流电,形成电场。土中水流向阴极。采用抽水设备将水抽走,达到地基土体排水固结的效果	软黏土地基

续表 V.1

类别	方法	简要原理	适用范围
灌入固化物（灌浆法）	深层搅拌法	利用深层搅拌机将水泥或石灰和地基土原位搅拌形成圆柱状、格栅状或连续墙水泥土增强体，形成复合地基以提高地基承载力，减小沉降。深层搅拌法分喷浆搅拌法和喷粉搅拌法两种。也用它形成防渗帷幕	淤泥、淤泥质土和含水量较高地基承载力标准值不大于120kPa的黏性土、粉土等软土地基。用于处理泥炭土或地下水具有腐蚀性时宜通过试验确定其适用性
	高压喷射注浆法	利用钻机较带有喷射嘴的注浆管钻进预定位置，然后用20MPa左右的浆液或水的高压流冲切土体，用浆液置换部分土体，形成水泥土增强体。高压喷射注浆有单管法、二重管法、三重管法。在喷射浆液的同时通过旋转、提升可形成定喷、摆喷和旋喷。高压喷射注浆可形成复合地基以提高承载力，减少沉降。也常用它形成防渗帷幕	淤泥、淤泥质土、黏性土、粉土、黄土、砂土、人工填土和碎石土等地基。当土中含有较多的大块石，或有机质含量较高时应通过试验确定其适用性
	渗入性注浆法	在灌浆压力作用下，将浆液灌入土中原有空隙，改善土体的物理力学性质	中砂、粗砂、砾石地基
	劈裂灌浆法	在灌浆压力作用下，浆液克服地基土中初始应力和抗压强度，使地基土中原有的孔隙或裂隙扩张，或形成新的裂缝和孔隙，用浆液充填，改善土体的物理力学性质。与渗入性灌浆相比，其所需灌浆压力较高	岩基或砂、砂砾石、黏性土地基。形成劈裂需要一定条件
	压密灌浆法	通过钻孔向土层中压入浓浆液，随着土体压密将在压浆点周围形成浆泡。通过压密和置换改善地基性能。在灌浆过程中因浆液的挤压作用可产生辐射状上抬力，可引起地面局部隆起。利用这一原理可以纠正建筑物不均匀沉降和建筑物纠斜	常用于中砂地基，排水条件较好的黏性土地基
	电动化学灌浆法	当在黏性土中插入金属电极并通过直流电后，在土中引起电渗、电泳和离子交换等作用，在通电区含水量降低，从而在土中形成浆液“通道”。若在通电同时向土中灌注化学浆液，就能达到改善土体物理力学性质的目的	黏性土地基

续表 V.1

类别	方法	简要原理	适用范围
振密、挤密	表层原位压实法	采用人工或机械夯实、碾压或振动，使土密实。但密实范围较浅	杂填土、疏松无黏性土、非饱和黏性土、湿陷性黄土等地基的浅层处理
	强夯法	采用质量为10～40t的夯锤从高处自由落下，地基土在强夯的冲击力和振动力作用下密实，可提高承载力，减少沉降	碎石土、砂土、低饱和度的粉土和黏性土，湿陷性黄土、杂填土和素填土等地基
	振冲密实法	依靠振冲器的强力振动使饱和砂层发生液化，砂颗粒重新排列，孔隙减小，此外，依靠振冲器的水平振动力，加回填料使砂层挤密，从而达到提高地基承载力，减小沉降，并提高地基土抗液化能力	黏粒含量少于10%的疏松砂土地基
	挤密砂石桩法	采用沉管法或其他方法在地基中设置砂桩、碎石桩，在成桩过程中对周围土层产生挤密、被挤密的桩间土和砂石桩形成复合地基，达到提高地基承载力和减小沉降的目的	疏松砂土、杂填土、非饱和黏性土地基、黄土地基
	土桩、灰土桩法	采用沉管法、爆扩法和冲击法在地基中设置土桩和灰土桩，在成桩过程中挤密桩间土，由挤密的桩间土和密实的土桩或灰土桩形成复合地基	地下水水位以上的湿陷性黄土、杂填土、素填土等地基
	夯实水泥土桩法	通过人工成孔或其他成孔方法成孔，回填水泥和土拌合料，分层夯实，形成水泥土桩并挤密桩间土桩与桩间土形成复合地基，可提高地基承载力，减少沉降	地下水水位以上各种软弱地基
	CFG桩法	通过振动沉管成孔，灌注水泥、粉煤灰、碎石、中粗砂混合料，形成CFG桩，振动沉管对桩间土有挤密作用，桩与桩间土、垫层形成CFG复合地基，可提高地基承载力，减少沉降	杂填土、素填土、砂土、粉土、黏性土地基
	柱锤冲扩桩法	通过人工成孔、或螺旋钻成孔、或振动沉管成孔、或柱锤冲击成孔，填人工碎石，或矿渣，或灰土，或水泥加土，或渣土或CFG料等，分层夯击，夯扩桩体，挤密桩间土，形成复合地基以提高地基承载力和减小沉降	杂填土、素填土、砂土、粉土、黏性土地基因地制宜采用适当的成孔工艺、回填料和夯扩工艺

注：引自《工程地质手册》(第五版，2018)。

表 V.2 地基处理方法一览表

土的分类	方法名称	适用条件	方法要点	作用及效果
岩石	褥垫法	基底局部基岩突出地段	将基岩凿去 5～50cm，换填压缩性较高土层	减少差异沉降
	灌浆法	裂隙性基岩，溶洞	利用压力灌入水泥、沥青或黏土泥浆	防渗及加强地基
砂土	硅化法	渗透系数为 2～80m/d	注入硅酸钠和氧化钠溶液	防渗及加强地基
	振动法、振冲法砂桩法、强夯法	饱和与非饱和松散砂层	浅层用振动法，深层用振冲法、强夯法及砂桩法	使地基密实，提高地基强度及抗液化能力
湿陷性黄土	换填垫层法	黄土	换去一定厚度的湿陷性土	提高地基强度，减少湿陷性
	重锤夯击法、强夯法	湿陷性黄土	重锤吊起一定高度自由落下	消除或减少湿陷性，提高强度
	挤密土桩法	湿陷性黄土	桩管成孔，内填夯实素土或灰土	消除湿陷性，提高强度
	灰土井柱法	下有非湿陷性密实土层	挖井或钻孔成孔，填以夯实灰土	消除湿陷性，提高强度
	硅化法、碱液加固法、热加固法	湿陷性黄土	向土中灌注化学溶液或加热	消除湿陷性，提高强度
软弱黏性土、淤泥质土	砂石垫层法	饱和与非饱和土	换掉一定深度的软土	提高地基强度，减少地基变形
	砂桩法	饱和与非饱和土	桩管成孔，孔内夯填砂砾	
	电动硅化法	饱和黏性土	电渗排水，硅化加固	
	旋喷注浆加固法	饱和黏性土、松散砂土	强力将浆液与土搅拌混合经凝固在土中形成固结体	增强地基强度，防渗、防液化、防基底隆起
	砂井排水法	饱和软黏土	加速排水，缩短地基固结时间	提高地基强度，减少地基变形
	堆载预压法	软土地基	加速地基固结时间	提高地基强度，减少地基变形

续表 V.2

土的分类	方法名称	适用条件	方法要点	作用及效果
杂填土	机械压实法	非饱和土	用机械方法进行压实	使地基密实，提高地基强度
	换土垫层法	饱和或非饱和土	挖去杂填土，换夯素土、灰土或砂砾	
	土桩、砂桩法、灰土桩、夯实水泥土	饱和或非饱和土	管桩成孔，换填土、灰土或砂砾	
膨胀土	换土法	地基内有膨胀性土	挖去膨胀性土，换填非膨胀性土	使地基密实，提高地基强度
	封闭处理法	地基内有膨胀性土	防止地面水渗入，防止地基内水分散失	
各类土层	冻结法	地下水水位以下断层	较冷气循环送入钻孔内	降低透水性，提高土的地基强度
杂填土、素填土、新近沉积土	水泥土桩法、灰土桩法、夯实水泥土桩、CFG 桩等	非饱和土	人工或机械成孔，填入水泥土、灰土、CFG 料	提高地基强度，减少地基变形
	碎石桩法	饱和土或非饱和土	机械成孔，填入碎石	

注：引自《工程地质手册》(第五版，2018)。

表 V.3　各种垫层的承载力表

施工方法	换填材料类别	压实系数 λ_c	承载力特征值 f_{ak}(kPa)
碾压、振密或夯实	碎石、卵石	0.94～0.97	200～300
	砂夹石(其中碎石、卵石占全重的 30%～50%)		200～250
	土夹石(其中碎石、卵石占全重的 30%～50%)		150～200
	中砂、粗砂、砾砂、角砾、圆砾、石屑		150～200
	粉质黏土		130～180
	灰土	0.95	200～250
	粉煤灰	0.90～0.95	150～200

注：1. 压实系数小的垫层，承载力标准值取低值，反之取高值；

2. 重锤夯实土的承载力标准值取低值，灰土取高值；

3. 压实系数 λ_c 为土的控制干密度与最大高密度 ρ_{dmax} 的比值，土的最大高密度宜采用击实试验确定，碎石或卵石的最大高密度可取 2.0～22t/m^3；

4. 引自《地基与基础》(第三版)。

表 V.4 地基处理效果检测方法

地基处理方法	承载力检测	其他方法
换填垫层法	载荷试验	环刀法、贯入仪、标准贯入试验、动力触探试验、静力触探试验
预压法	载荷试验	十字板剪切试验、土工试验
强夯法	载荷试验	标准贯入试验、动力触探试验、静力触探试验、土工试验、波速测试
振冲法	载荷试验	标准贯入试验、动力触探试验
碎石桩法	载荷试验	标准贯入试验、动力触探试验、静力触探试验
CFG 桩法	载荷试验	低应变动力试验
夯实水泥土桩法	载荷试验	轻型动力触探试验
水泥土搅拌法	载荷试验	轻型动力触探试验、钻孔取芯
高压喷射注浆法	载荷试验	标准贯入试验、钻孔取芯
灰土挤密桩法和土挤密桩法	载荷试验	轻型动力触探试验、土工试验
柱锤冲扩桩法	载荷试验	标准贯入试验、动力触探试验
单液硅化法和碱液法	动力触探试验	土工试验、沉降观测

注：引自《工程地质手册》(第五版,2018)。

附录 W 地层年代、成因和岩层倾角换算表

表 W.1 地层与年代符号

<table>
<tr><th colspan="2">界(代)</th><th>系(纪)</th><th colspan="2">统(世)</th><th>构造运动</th><th>距今年龄(亿年)</th></tr>
<tr><td colspan="2" rowspan="9">新生界(代)Cz</td><td rowspan="4">第四系(纪)Q</td><td colspan="2">全新统(世)Qh</td><td rowspan="3">喜马拉雅期</td><td rowspan="4">0.02～0.03</td></tr>
<tr><td rowspan="3">更新统(世)Qp</td><td>上(晚)更新统(世)Qp_3</td></tr>
<tr><td>中更新统(世)Qp_2</td></tr>
<tr><td>下(早)更新统(世)Qp_1</td><td rowspan="6">燕山期</td></tr>
<tr><td rowspan="2">新近系(纪)N</td><td colspan="2">上新统(世)N_2</td><td>0.12</td></tr>
<tr><td colspan="2">中新统(世)N_1</td><td>0.12～0.25</td></tr>
<tr><td rowspan="3">古近系(纪)E</td><td colspan="2">渐新统(世)E_3</td><td>0.25～0.40</td></tr>
<tr><td colspan="2">始新统(世)E_2</td><td>0.40～0.60</td></tr>
<tr><td colspan="2">古新统(世)E_1</td><td>0.60～0.80</td></tr>
<tr><td colspan="2" rowspan="8">中生界(代)Mz</td><td rowspan="2">白垩系(纪)K</td><td colspan="2">上(晚)白垩统(世)K_2</td><td rowspan="5">燕山期</td><td rowspan="2">0.80～1.40</td></tr>
<tr><td colspan="2">下(早)白垩统(世)K_1</td></tr>
<tr><td rowspan="3">侏罗系(纪)J</td><td colspan="2">上(晚)侏罗统(世)J_3</td><td rowspan="3">1.40～1.95</td></tr>
<tr><td colspan="2">中侏罗统(世)J_2</td></tr>
<tr><td colspan="2">下(早)侏罗统(世)J_1</td></tr>
<tr><td rowspan="3">三叠系(纪)T</td><td colspan="2">上(晚)三叠统(世)T_3</td><td rowspan="3">印支期</td><td rowspan="3">1.95～2.30</td></tr>
<tr><td colspan="2">中三叠统(世)T_2</td></tr>
<tr><td colspan="2">下(早)三叠统(世)T_1</td></tr>
<tr><td rowspan="17">古生界(代)Pz</td><td rowspan="8">上古生界(晚古生代)Pz_2</td><td rowspan="2">二叠系(纪)P</td><td colspan="2">上(晚)二叠统(世)P_2</td><td rowspan="8">海西期</td><td rowspan="2">2.30～2.80</td></tr>
<tr><td colspan="2">下(早)二叠统(世)P_1</td></tr>
<tr><td rowspan="3">石炭系(纪)C</td><td colspan="2">上(晚)石炭统(世)C_3</td><td rowspan="3">2.80～3.50</td></tr>
<tr><td colspan="2">中石炭统(世)C_2</td></tr>
<tr><td colspan="2">下(早)石炭统(世)C_1</td></tr>
<tr><td rowspan="3">泥盆系(纪)D</td><td colspan="2">上(晚)泥盆统(世)D_3</td><td rowspan="3">3.50～4.10</td></tr>
<tr><td colspan="2">中泥盆统(世)D_2</td></tr>
<tr><td colspan="2">下(早)泥盆统(世)D_1</td></tr>
<tr><td rowspan="9">下古生界(晚古生代)Pz_1</td><td rowspan="3">志留系(纪)S</td><td colspan="2">上(晚)志留统(世)S_3</td><td rowspan="9">加里东期</td><td rowspan="3">4.10～4.40</td></tr>
<tr><td colspan="2">中志留统(世)S_2</td></tr>
<tr><td colspan="2">下(早)志留统(世)S_1</td></tr>
<tr><td rowspan="3">奥陶系(纪)O</td><td colspan="2">上(晚)奥陶统(世)O_3</td><td rowspan="3">4.40～5.00</td></tr>
<tr><td colspan="2">中奥陶统(世)O_2</td></tr>
<tr><td colspan="2">下(早)奥陶统(世)O_1</td></tr>
<tr><td rowspan="3">寒武系(纪)E</td><td colspan="2">上(晚)寒武统(世)$\in_3$</td><td rowspan="3">5.00～6.00</td></tr>
<tr><td colspan="2">中寒武统(世)$\in_2$</td></tr>
<tr><td colspan="2">下(早)寒武统(世)$\in_1$</td></tr>
</table>

续表 W.1

界(代)	系(纪)	统(世)	构造运动	距今年龄(亿年)
	震旦系(纪)Z	上(晚)震旦统(世)Z_3	蓟县期	6.00～17.00
		中震旦统(世)Z_2		
		下(早)震旦统(世)Z_1		
古元古界(代)Pt_1			吕梁	17.00～25.00
太古宇(宙)Pt_1			五台,泰山	25.00～35.00
冥古宇				>35.00

表 W.2 第四系地层成因类型符号

地层名称	符号	地层名称	符号	地层名称	符号	地层名称	符号
人工填土	Q^{ml}	残积层	Q^{el}	海陆交互相沉积层	Q^{mc}	滑坡堆积层	Q^{del}
植物层	Q^{pd}	风积层	Q^{el}	冰碛层	Q^{ol}	泥石流堆积层	Q^{set}
冲积层	Q^{al}	湖积层	Q^{l}	冰水沉积层	Q^{fgl}	生物堆积层	Q^{o}
洪积层	Q^{pl}	沼泽沉积层	Q^{h}	火山堆积层	Q^{b}	化学堆积层	Q^{oh}
坡积层	Q^{dl}	海相沉积层	Q^{m}	崩积层	Q^{ool}	成因不明沉积层	Q^{pr}

表 W.3 岩层倾角换算表

1.剖面方向与岩层走向不一致的倾角换算

真倾角	岩层走向与剖面间夹角								
	80°	75°	70°	65°	60°	55°	50°	45°	40°
10°	9°51′	9°40′	9°24′	9°5′	8°41′	8°13′	7°41′	8°6′	6°25′
15°	14°47′	14°31′	14°8′	13°39′	13°34′	12°28′	11°36′	10°4′	9°46′
20°	19°43′	19°23′	18°53′	18°15′	17°30′	16°36′	15°35′	14°25′	13°10′
25°	24°48′	24°15′	23°39′	22°56′	22°0′	20°54′	19°39′	18°15′	16°41′
30°	29°37′	29°9′	28°29′	27°37′	26°34′	25°18′	23°51′	22°12′	20°21′
35°	34°36′	34°4′	33°21′	32°24′	31°13′	29°50′	28°12′	26°20′	24°14′
40°	39°34′	39°2′	38°15′	37°15′	36°0′	34°30′	32°44′	30°41′	28°20′
45°	44°34′	44°1′	43°13′	42°11′	40°54′	39°19′	37°27′	35°16′	32°44′
50°	49°34′	49°1′	48°14′	47°12′	45°54′	44°17′	42°23′	40°7′	37°27′
55°	54°35′	54°4′	53°19′	52°18′	51°3′	49°29′	47°35′	45°17′	42°33′
60°	59°37′	59°8′	58°26′	57°30′	56°19′	54°49′	53°0′	50°46′	48°4′
65°	64°40′	64°14′	63°36′	62°46′	61°42′	60°21′	58°40′	56°36′	54°2′
70°	69°43′	69°21′	68°49′	68°7′	67°12′	66°8′	64°35′	62°42′	60°29′
75°	74°47′	74°30′	74°5′	73°32′	72°48′	71°53′	70°43′	69°14′	67°22′
80°	79°51′	79°39′	79°22′	78°59′	78°29′	77°51′	77°2′	76°0′	74°40′
85°	84°56′	84°50′	84°41′	84°29′	84°14′	83°54′	83°29′	82°57′	82°15′
89°	88°59′	88°58′	88°56′	88°54′	88°51′	88°47′	88°42′	88°35′	88°27′

续表 W.3

真倾角	岩层走向与剖面间夹角								
	35°	30°	25°	20°	15°	10°	5°	1°	
10°	5°46′	5°2′	4°15′	3°27′	2°31′	1°45′	0°59′	0°10′	
15°	8°44′	7°38′	6°28′	5°14′	3°33′	2°40′	1°20′	0°16′	
20°	11°48′	10°19′	8°45′	7°6′	5°23′	3°37′	1°49′	0°22′	
25°	14°58′	13°7′	11°9′	9°3′	6°53′	4°37′	2°20′	0°28′	
30°	18°19′	16°6′	13°43′	11°10′	8°30′	5°44′	2°53′	0°35′	
35°	21°55′	19°18′	16°29′	13°28′	10°16′	6°56′	3°30′	0°42′	
40°	25°42′	22°45′	19°31′	16°0′	12°15′	8°17′	4°11′	0°50′	
45°	29°50′	26°33′	22°55′	18°53′	14°30′	9°51′	4°59′	1°0′	
50°	34°21′	30°47′	26°44′	22°11′	17°9′	11°41′	5°56′	1°11′	′
55°	39°20′	35°32′	31°7′	26°2′	20°17′	13°55′	7°6′	1°26′	
60°	44°47′	40°54′	36°14′	30°29′	24°8′	16°44′	8°35′	1°44′	
65°	50°53′	46°59′	42°11′	36°15′	29°2′	20°25′	10°35′	2°9′	
70°	57°36′	53°57′	49°16′	43°13′	35°25′	25°30′	13°28′	2°45′	
75°	64°58′	61°46′	57°31′	51°55′	44°1′	32°57′	18°1′	3°44′	
80°	72°15′	70°34′	67°21′	62°43′	55°44′	44°33′	26°18′	5°31′	
85°	81°20′	80°5′	78°19′	75°39′	71°20′	43°15′	44°54′	11°17′	
89°	88°15′	88°0′	87°38′	87°5′	86°9′	84°15′	78°41′	44°15′	

2.纵横比例尺不同时的倾角换算

m	a								
	5°	10°	15°	20°	25°	30°	35°	40°	45°
2	9°55′	19°26′	28°11′	36°03′	43°0′	49°06′	54°28′	59°13′	63°26′
3	14°42′	27°53′	38°48′	47°31′	54°27′	60°0′	64°33′	68°20′	71°34′
4	19°17′	35°12′	46°59′	55°31′	61°48′	66°35′	70°21′	73°25′	75°58′
5	23°38′	41°24′	53°16′	61°13′	66°47′	70°54′	74°04′	76°36′	78°41′
6	27°42′	46°37′	58°07′	65°24′	70°20′	73°54′	76°37′	78°46′	80°32′
7	31°29′	50°59′	61°56′	68°34′	72°58′	76°06′	78°28′	80°20′	81°05′
8	34°59′	54°40′	64°59′	71°03′	74°59′	77°47′	79°53′	81°32′	82°53′
10	42°11′	60°26′	69°32′	74°38′	77°54′	80°10′	81°52′	83°12′	84°17′
15	52°42′	69°17′	76°02′	79°37′	81°52′	83°25′	84°34′	85°27′	86°11′
20	60°15′	74°10′	79°26′	82°11′	83°53′	85°03′	85°55′	86°35′	87°08′

续表

m	a								
	50°	55°	60°	65°	70°	75°	80°	85°	
2	67°14′	70°42′	73°54′	76°53′	79°41′	82°22′	84°58′	87°30′	
3	74°22′	76°52′	79°06′	81°10′	83°05′	84°54′	86°38′	86°20′	
4	78°09′	80°04′	81°47′	82°21′	84°48′	86°10′	87°29′	88°45′	
5	80°28′	82°02′	83°25′	84°40′	85°50′	86°56′	87°59′	89°0′	
6	82°02′	83°21′	84°30′	85°33′	86°32′	87°27′	88°19′	89°10′	
7	83°10′	84°17′	85°17′	86°11′	87°02′	87°49′	88°33′	89°17′	
8	84°01′	85°0′	85°52′	86°40′	87°24′	88°05′	88°44′	89°22′	
10	85°12′	86°0′	86°42′	87°20′	87°55′	88°28′	88°59′	89°30′	
15	86°48′	87°20′	87°48′	88°13′	88°37′	88°59′	89°20′	89°40′	
20	87°36′	88°0′	88°21′	88°40′	88°57″	89°14″	89°30′	89°45′	

注：1. a 为岩层真倾角；

2. m 为垂直比例尺和水平比例尺之比值。

附录X 法定计量单位及换算

表 X.1 法定计量单位及其换算

量的名称 (符号)[量纲]	法定计量 单位名称	法定计量单位符号		法定计量单位的换算系数	备注
		外文	中文		
长度 (*L*,*l*) [L]	米 千米(公里) 厘米 毫米 微米 海里	m km cm mm μm nmile	米 千米,公里 厘米 毫米 微米 海里	(英寸)1in=2.54×10^{-2}m (英尺)1ft=0.304 8m (码)1yd=0.914 4m (英里)1mile=1.609 3km (埃)1Å=10^{-10}m 1nmile=1.852km	SI 基本单位公里为千米的俗称只用于航行
面积 (*A*,*S*) (L^2)	平方米 平方厘米 平方公里	m^2 cm^2 km^2	米^2 厘米^2 (公里^2)	1[市]亩=666.6m^2 (公亩)1a=$10^2 m^2$ (公顷)1ha=$10^4 m^2$ (英亩)1acre=4047m^2	
体积 (*V*) [L^3]	立方米 立方厘米 升 毫升	m^3 cm^3 L, l ml	米^3 厘米^3 升 毫升	(英品脱)1UK_{pt}=0.568 26L (英加仑)1UK_{qal}=4.546 09L (美加仑)1US_{qa}t=3.785 41L 1L=10^3mL=1dm^3=$10^{-3}m^3$	l 为升的备用符号
量的名称 (符号)[量纲]	法定计量 单位名称	法定计量单位符号		法定计量单位的换算系数	备注
		外文	中文		
平面角 (α、β、γ、θ、φ) [l]	弧度 [角]秒 [角]分 度	rad (″) (′) (°)	弧度 秒 分 度	1″=(π/648 000)rad 1′=(π/10 800)rad 1°=60′=(π/180)rad	SI 辅助单位角度单位度、分、秒的外文符号不处于数字之后时应加括号
立体角(Ω)[l]	球面度	Sr	球面度		SI 辅助单位
质量 (*m*) [M]	千克(公斤) 克 吨 原子质量单位	kg g t u	千克,公斤 克 吨 (u)	1t=10^3kg=1Mg 1u≈1.660 565 5×10^{-27}kg (磅)1b=0.453 592 37kg (英吨)1UKton=1 016.05kg (美吨)1USton=907.185kg	SI 基本单位质量在我国人民生活和贸易中习称重量
时间 (*t*)[T]	秒 分 小时 天,日 周 月 年	s min h d a	秒 分 [小]时 天,日 周 月 年	1min=60s 1h=60min=3600s 1d=24h=66 400s 1a=31.557 6×10^6s	SI 基本单位[ ]内的字在不致混淆时可以省略,余同。 周、月、年为一般常用时间单位

续表 X.1

量的名称 (符号)[量纲]	法定计量 单位名称	法定计量单位符号		法定计量单位的换算系数	备注
		外文	中文		
速度 (u,v,w,c) [LT^{-1}]	米每秒 千米每时 节	m/s ($m \cdot s^{-1}$) km/h kn	米/秒 千米/时 节	1m/min=0.166 667m/s 1km/h=0.277 778m/s 1kn=1nmile/h=0.514 444m/s 1mile/h=0.447 04m/s 1ft/min=0.005 08m/s	
旋转速度 (n)	转每分钟	r/min	转/分	1r/min=(1/60)/s^{-1} =0.104 720rad/s	r 为"转"的单位符号
角速度(ω) [L^{-1}]	弧度每秒	rad/s	弧度/秒		
加速度 (a) [LT^{-2}]	米每二 次方秒	m/s^2	米/秒^2	1g=9.806 65m/s^2 (伽)1Cal=$10^{-2}m/s^{-2}$ 1ft/s^2=0.304 8m/s^2	g 为标准重力加速度
频率 (f)[T^{-1}]	赫兹	Hz(s^{-1})	赫		SI 导出单位 * 括号中的单位符号为其他示例,余同
量的名称 (符号)[量纲]	法定计量 单位名称	法定计量单位符号		法定计量单位的换算系数	备注
		外文	中文		
压力,压强(p) 应力(σ) (弹性,压缩,变形)模量(E) 剪切模量(G) 体积模量(K) 黏聚力(c) 承载力(R) 抗剪强度(τ,c) 摩擦力(f) 贯入阻力(p,q) [$ML-T^{-2}$]	帕斯卡 千帕斯卡 兆帕斯卡	Pa (Nm^{-2}) K Pa M Pa	帕 千帕 兆帕	1Pa=1N/m^2 1MPa=1N/mm^2 10kPa=1N/cm^2 1kgf/mm^2=9.8MPa 9.806 65MPa≈10MPa 1kgf/cm^2=98.0665kPa≈100kPa 1kgf/m^2=9.806 65Pa=1mmH_2O 1tf/m^2=9.806 65kPa≈10kPa (巴)1bar=10^5Pa=100kPa (毫米水柱)1mmH_2O=9.806 65Pa (毫米汞柱)1mmHg=133.322Pa (标准大气压)1atm=101.325kPa (工程大气压) 1at=98.066 5kPa1kgf/cm^2 (托)1Torr=(101 325/760)Pa= 133.224Pa=1mmHg 1dyn/cm^2=0.1Pa 1atm=760mmHg=1.033 6kgf/cm^2 1lbf/in^2=6.894 76kPa 1lbf/ft^2=47.880 3Pa	SI 导出单位 过去常将压力、模量的非法定单位 kgf/cm^2、tf/m^2 误写成 kg/cm^2、t/m^2… "巴"为流体压力的旧单位

续表 X.1

量的名称（符号）[量纲]	法定计量单位名称	法定计量单位符号		法定计量单位的换算系数	备注
		外文	中文		
能量(E) 功(W) 热(Q) [$ML^2 \cdot T^{-2}$]	焦耳 电子伏	J (N·m) eV	焦	1J＝1N·m （热化学卡）$1cal_{th}$＝4.184J （国际蒸发卡）$1cal_{rr}$＝4.186 8J （尔格）1erg＝10^{-7}J＝1dyn·cm 1lbf·ft＝1.355 82J 1kgf·m＝9.806 65J 1eV＝1.602 189×10^{-19}J	SI 导出单位 电能单法定位为千瓦时(kW·h)，不得用度代替
功率 辐射通量 [L^2MT^{-3}]	瓦特 千瓦特	W (J/s) kW (kJ/s)	瓦 千瓦	（瓦力）1 瓦力（米制）＝735.498 75W 1HP(英制)＝745.7W （伏安）1V＝1W （乏）1Var＝1W	SI 导出单位 我国所用米制马力无符号，HP 是英制马力符号。伏安、乏在电工领域暂时仍可使用
电流[I]	安培	A	安		SI 基本单位
电荷量[x]	库伦	C(A·s)	库		SI 导出单位
电位、电压 电动势 [$L^2MT^{-3}J^{-1}$]	伏特	V (W/A)	伏		SI 导出单位
电容 [IT]	法拉 微法拉	F μF	法 微法		SI 导出单位
电阻(R) [$L^2MT^{-3}I^{-2}$]	欧姆 千欧姆	Ω(V/A) kΩ	欧 千欧		SI 导出单位
电阻率(ρ) [$L^2MT^{-3}I^{-2}$]	欧姆米	Ω·m	欧姆米		
电导 [$L^2M^{-1}T^{-3}I^2$]	西门子	S (A/V)	西		SI 导出单位
磁通量 [$L^2MT^{-2}I^{-1}$]	韦伯	Wb (A·S)	韦	（麦克斯韦）1Mx＝10^{-8}Wb	SI 导出单位
磁通密度 磁感强度 [$MT^{-2}J^{-2}$]	特斯拉	T (Wb/m^3)	特	（高斯）1Gs＝10^{-4}T	SI 导出单位
电感 [$L^2MT^{-2}J^{-2}$]	亨利	H [Wb/A]	亨		SI 导出单位
热力学温度 (T)[H]	开尔文	K	开	（兰氏度）1°R＝(519)K	SI 基本单位

续表 X.1

量的名称(符号)[量纲]	法定计量单位名称	法定计量单位符号		法定计量单位的换算系数	备注
		外文	中文		
摄氏度(t, θ)[H]	摄氏度	℃	℃(特例)	T(K)=t(℃)+273.5 t(℃)=(5/9)[t(℉)−32]	I导出单位℉为华氏度
物质的量(n)[N]	摩尔	mol	摩	(磅摩尔每克)1lb·mol/g=153.592 37mol	SI基本单位
发光强度(I)[J]	坎德拉	cd	坎		SI基本单位
光通量(Φ)[J]	流明	Lm(cd·sr)	流		SI导出单位
光照度(E)[L^{-2}]	勒克斯	Lx(lm/m^2)	勒	(幅透)1ph=10^4lx	SI导出单位
放射性活度(A)[T^{-1}]	贝可尔勒	Bq(S^{-1})	贝可	(居里)1Ci=3.7×10^{10}Bq	SI导出单位
吸收计量(D)[L^2T^{-2}]	戈瑞	Gy(J/kg)	戈		SI导出单位
剂量当量(H)[L^2T^{-2}]	希沃特	SV(J/kg)	希		SI导出单位
级差(I)	分贝	dB	分贝		
线密度(P_1)[$L^{-1}M$]	特克斯	tex	特	1tex=1g/km	
渗透系数(k)[LT^{-1}]	米每秒 厘米每秒	m/s cm/s	米/秒 厘米/秒	(达西)1Darcy=9.675×10^{-4}cm/s 1ft/min=0.508cm/s 1ft/s=30.48cm/s	
绝对渗透系数(K)[L^2]	平方微米 平方毫米	μm^2 mm^2	微米 毫米	(达西)1Darcy=$9.869\times10^{-7}mm^2$ K=1cm/s相当于 K=$1.020\times10^{-2}mm^2$	
体积流率流量(Q、q)[L^3T^{-1}]	立方米每秒	m^3/s	米^3/秒	$1ft^3/s=0.028\ 316\ 8m^3/s$ 1UKgal/min=$7.576\ 82\times10^{-5}m^3/s$ 1USgal/min=$6.308\times10^{-5}m^3/s$	
密度,质量密度(ρ)[ML^{-3}]	克每立方厘米 千克每立方米 吨每立方米 千克每升	g/cm^3 kg/m^3 t/m^3 kg/L	克/厘米^3 千克/米^3 吨/米^3 千克/升	$1lb/in^3=27\ 679.9kg/m^3$ $1lb/ft^3=16.018\ 5kg/m^3$	

续表 X.1

量的名称 (符号)[量纲]	法定计量 单位名称	法定计量单位符号		法定计量单位的换算系数	备注
		外文	中文		
重度(重力密度) (γ)[$ML^{-2}T^{-2}$]	牛顿 每立方米 千牛顿 每立方米	N/m^3 kN/m^3	牛/米^3 千牛/米^3	$1gf/cm^3=1tf/m^3=9.806\ 65kN/m^3$ $1lbf/in^3=0.271\ 5MN/m^3$ $1lbf/ft^3=0.157\ 1kN/m^3$	$\gamma=\rho g$,但过去常将重度的非法定单位"$gfcm^3$"误写成"g/cm^3"
压缩系数(α) 体积压缩系数 (m_c) [$M^{-1}LT^2$]	每帕斯卡 每千帕斯卡 平方米每兆 牛顿	Pa^{-1} kPa^{-1} m^2/MN	帕$^{-1}$ 千帕$^{-1}$ 米^2/兆牛	$1cm^2/kgf=10.197\ 2MPa^{-1}$ $1m^2/tf=101.971\ 6MPa^{-1}$ $1in^2/lbf=0.145\ 038kPa^{-1}$ $1ft^2/UKtonf=9.323\ 84MPa^{-1}$ $1ft^2/UStonf=10.442\ 7MPa^{-1}$	过去常将压缩系数的非法定单位"cm^2/kgf"误写成"cm^2/kg"
团结系数 (C_0)[L_2T^{-1}]	平方厘米每秒 平方米每年	cm^2/s m^2/a	厘米^2/秒 米^2/年	$1m^2/a=3.169\times10^{-4}cm^2/s$ $1in^2/s=6.451\ 6cm^2/s$ $1in^2/a=0.204\ 4\times10^{-6}cm^2/s$ $1ft^2/a=2.944\ 0\times10^{-5}cm^2/s$	
体膨胀系数(γ) [H^{-1}]	每开尔文 每摄氏度	K^{-1} ℃$^{-1}$	开$^{-1}$ ℃$^{-1}$		
比热容(c) [$L^2T^{-2}H^{-1}$]	焦耳每千克 开尔文	J/kg·K	焦/千克·开	1cal′g(℃)=4.186 8kJ/kg·K 1kal/kg(℃)=4.186 8kJ/kg·K 1cal′g·K=4.186 8kJ/kg·K	cal 为国际蒸汽表卡
热导率导 热系数(λ) [$MLT^{-3}H^{-1}$]	瓦特每米 开尔文 瓦特每米 摄氏度	W/m·K W/m·℃	瓦/米·开 瓦/米·℃	1cal/s·cm·K= 418.68W/m·K 1cal/s·cm·(℃)= 418.68W/m·K	cal 为国际蒸汽表卡
动力黏度 动力黏滞系数 (η,μ) [$ML^{-1}T^{-1}$]	帕斯卡秒 毫帕斯卡秒 牛顿秒 每平方米	Pa·s mPa·s N·s/m^2	帕·秒 毫帕·秒 牛·秒/米^2	1kgf·s/m^2=9.806 65Pa·s 1lbf·s/ft^2=47.880 3Pa·s 1lbf·h/ft^2=1.723 69×10^6Pa·s 1lbf·s/in^2=6 894.76Pa·s (泊肃叶)1P=1dyn ·s /cm^2= 10^{-1}Pa·s	
运动黏度 运动黏滞系数 (ν)[L^2T^{-1}]	二次方米 每秒 二次方毫米 每秒	m^2/s mm^2/s	米^2/秒 毫米^2/秒	斯托克斯 (st)1st=100cst=1cm^2/s= $10^{-4}m^2/s$ 1cst=1mm^2/s=$10^{-6}m^2/s$ $1in^2/s=6.451\ 6\times10^{-4}m^2/s$ $1ft^2/s=9.290\ 3\times10^{-2}m^2/s$ $1in^2/h=1.192\ 11\times10^{-7}m^2/s$ $1ft^2/h=2.580\ 64\times10^{-5}m^2/s$	$\nu=\eta/\rho$

续表 X.1

量的名称 (符号)[量纲]	法定计量 单位名称	法定计量单位符号		法定计量单位的换算系数	备注
		外文	中文		
力(F) 重力(G,P,W) 荷载(N) 总阻力(Q) [MLT^{-2}]	牛顿 千牛顿 兆牛顿	N(kg·m·s^{-2}) kN MN	牛 千牛 兆牛	1N=1kg·m/s^2 (克力)1gf=9.806 65×10^{-3}N (千克力,公斤力)1kgf=9.806 65N (吨力)1tf=9.806 65kN (达因)1dyn=10^{-5}N=1g·cm/s^2 (磅力)1lbf=4.448 22N	SI导出单位 过去常将力的单位与质量的单位相混淆,如将非法定单位“kgf”写成“kg”等 重力不应称为重量
力矩 弯矩 (J)[F·L]	牛顿米	N·m	牛·米	1kgf·m=9.806 65N·m	与功的单位相同

附录Y 抽水试验三角堰流量换算

Y.1 抽水试验三角堰流量换算表

单位:L/s

自三角堰口算起水深(cm)	0.0	0.1	0.2	0.3	0.4	0.5	0.6	0.7	0.8	0.9
1	0.014	0.018	0.022	0.027	0.032	0.039	0.045	0.053	0.061	0.070
2	0.079	0.089	0.101	0.112	0.125	0.138	0.153	0.168	0.184	0.201
3	0.218	0.237	0.256	0.277	0.298	0.321	0.344	0.369	0.394	0.421
4	0.448	0.477	0.508	0.537	0.569	0.601	0.635	0.670	0.707	0.744
5	0.783	0.822	0.863	0.905	0.949	0.993	1.039	1.086	1.134	1.184
6	1.234	1.287	1.340	1.395	1.451	1.508	1.567	1.626	1.688	1.751
7	1.815	1.881	1.947	2.016	2.085	2.157	2.229	2.303	2.379	2.456
8	2.534	2.614	2.696	2.779	2.863	2.950	3.037	3.126	3.216	3.308
9	3.402	3.498	3.594	3.693	3.793	3.84	3.997	4.102	4.210	4.317
10	4.427	4.539	4.652	4.766	4.883	5.001	5.122	5.243	5.366	5.492
11	5.619	5.748	5.878	6.010	6.142	6.278	6.416	6.556	6.696	6.840
12	6.983	7.131	7.279	7.428	7.579	7.735	7.890	8.048	8.207	8.368
13	8.532	8.695	8.862	9.032	9.203	9.374	9.550	9.725	9.905	10.084
14	10.268	10.451	10.637	10.827	11.017	11.209	11.403	11.599	11.797	11.997
15	12.200	12.405	12.612	12.821	13.029	13.242	13.458	13.672	13.892	14.111
16	14.336	14.559	14.788	15.016	15.250	15.482	15.717	15.958	16.197	16.438
17	16.682	16.928	17.176	17.427	17.679	17.935	18.192	18.452	18.714	18.979
18	19.246	19.511	19.783	20.057	20.334	20.608	20.890	21.169	21.455	21.739
19	22.030	22.319	22.615	22.909	23.210	23.509	23.810	24.113	24.424	24.732
20	25.043	25.356	25.672	25.996	26.317	26.640	26.966	27.296	27.626	27.959
21	28.295	28.628	28.969	29.313	29.659	30.008	30.360	30.708	31.065	31.424
22	31.779	32.144	32.52	32.875	33.248	33.616	33.991	34.368	34.751	35.130
23	35.519	35.903	36.298	36.687	37.080	37.482	37.880	38.280	38.691	39.097
24	39.506	39.917	40.331	40.756	41.175	41.597	42.022	42.450	42.881	43.314
25	43.750	44.189	44.637	45.075	45.522	45.973	46.426	46.882	47.331	47.793
26	48.257	48.724	49.194	49.653	50.134	50.613	51.094	51.569	52.057	52.547
27	53.030	53.527	54.016	54.518	55.023	55.521	56.032	56.535	57.053	57.562
28	58.058	58.600	59.118	59.650	60.174	60.712	61.242	61.775	62.322	62.861
29	63.403	63.948	64.507	65.058	65.612	66.169	66.741	67.303	67.869	68.438
30	69.000	69.585	70.163	70.757	71.341	71.928	72.519	73.113	73.709	74.309

注:1. 表中采用公式 $Q=1.4h^{5/2}$ (m^3/s),h 自三角堰口算起水深(cm);

2. 测量 h 时应在堰口上游＞$3h$ 处;

3. 堰口规格:自由流的非淹没薄壁堰,堰口角 90°;

4. 引自《水利水电工程地质手册》。

附录Z 现场地形图使用技巧

Z.1 在地形图上快速读取数据技巧

地形图比例尺	等高距（相邻等高线高差）	方格网等于实地距离	1cm 等于实地距离	$1cm^2$ 等于实地面积
1∶500	0.5m	50m×50m	5m	$25.00m^2$
1∶1000	1m	100m×100m	10m	$100.00m^2$
1∶2000	2m、2.5m	200m×200m	20m	$400.00m^2$
1∶5000	5m	500m×500m	50m	$0.25hm^2$
1∶100 00	平地 1m，丘陵 2.5m	1km×1km	100m	$1.00hm^2$
1∶250 00	5m	1km×1km	250m	$6.25hm^2$
1∶500 00	平地 5m、10m 丘陵 10m、山地 20m	1km×1km	500m	$25.00hm^2$
1∶100 000	丘陵 20m、山地 40m 高山地 80m	2km×2km	1000m	$100.00hm^2$
1∶250 000	40m、50m、100m	10km×10km	2500m	$625.00hm^2$

Z.2 地形坡度分级及多种表示方法

表 Z.2-1 常用坡度和角度转换

坡度(%)	坡角度(°)	坡度(%)	坡角度(°)	坡度(%)	坡角度(°)
5	2.86	40	21.80	75	36.86
10	5.71	45	24.22	80	38.65
15	8.53	50	26.56	85	40.36
20	11.30	55	28.81	90	41.98
25	14.03	60	30.96	95	43.53
30	16.69	65	33.02	100	45.00
35	19.29	70	34.99		

表 Z.2-2　坡度表示法数值互相转换

小数法	分数法	百分比法
0.000 1	1/10 000	0.01%
0.000 1～0.002	1/1000～2/1000	0.01%～0.02%
0.002～0.005	2/1000～5/1000	0.2%～0.5%
0.005～0.01	5/1000～1/100	0.5%～1.0%
0.001	1/100	1.0%
0.005	1/20	5.0%
0.100	1/10	10.0%

表 Z.2-3　坡地分级

分类	坡度分级					
自然坡度	0°～0.5°	0.5°～2°	2°～5°	5°～15°	15°～35°	35°～55°
	平地	微斜坡	缓斜坡	斜坡	陡坡	峭坡
耕地坡度	≤2°	2°～6°	6°～15°	15°～25°	>15°	中国>25°不能耕种
耕地分类	1类地	2类地	3类地	4类地	5类地	

主要参考文献

陈希哲,1998.土力学与地基基础[M].3版.北京:清华大学出版社.

党林才,方光达,2009.利用覆盖层建坝的实践与发展[M].北京:中国水利水电出版社.

邓铭江,于海鸣,2011.新疆坝工建设进展[M].北京:中国水利水电出版社.

邓争荣,龚文慈,尹春明,2006.水利水电工程施工地质编录成图方法综述[J].长江工程职业技术学院学报(3):21-23.

方国华,朱成立,等,2003.新编水利水电工程概预算[M].郑州:黄河水利出版社.

《工程地质手册》编委会,2018.工程地质手册[M].5版.北京:中国建筑工业出版社.

谷德振,1988.岩体工程地质力学基础[M].北京:科学出版社.

顾晓鲁,钱鸿缙,刘慧珊,等,2003.地基与基础[M].3版.北京:中国建筑工业出版社.

郭见杨,谭周地,等,1995.中小型水利水电工程地质[M].2版.北京:水利电力出版社.

侯瑜京,董锋,2005.甘肃昌马水库坝址右岸山体稳定性研究及加固处理[M].北京:中国水利水电出版社.

胡广涛,杨文元,1985.工程地质学[M].北京:水利水电出版社.

黄润秋,2012.岩石高边坡稳定性工程地质分析[M].北京:科学出版社.

孔德坊,1992.工程岩土学[M].北京:地质出版社.

孔思丽,2001.工程地质学[M].重庆:重庆大学出版社.

蓝俊康,郭纯清,等,2008.水文地质勘察[M].北京:中国水利水电出版社.

雷用,刘兴远,吴曙光,2018.建筑边坡工程手册[M].北京:中国建筑工业出版社.

李江,李湘权,2014.新疆大坝50年施工关键技术[J].水利规划与设计(7):1-7.

李江,李湘权,2016.新疆特殊条件下面板堆石坝和沥青混凝土心墙坝设计施工技术进展[J].水利水电技术(3):2-8.

李武,付喜军,刘正波,2016.柔性防护系统在锦屏电站边坡防护中的应用[J].人民长江(1):101-102.

林宗元,1994.岩土工程试验监测手册[M].沈阳:辽宁科学技术出版社.

林宗元,2003.简明岩土工程勘察设计手册(上、下册)[M].北京:中国建筑工业出版社.

刘军旗,黄长青,等,2015.工程地质信息处理技术与方法概论[M].武汉:中国地质大学出版社.

刘世煌,2018.水利水电工程风险管控[M].北京:中国水利水电出版社.

刘特洪,邵中勇,栾约生,2009.岩土工程技术与实例[M].北京:中国水利水电出版社.

刘勇,2008.地下洞室围岩编录方法[J].西北水电(3):12-14.

陆兆溱,2001.工程地质学[M].2版.北京:中国水利水电出版社.

蒙彦,雷明堂,2003.岩溶区隧洞涌水研究现状及建议[J].中国岩溶,22(4):287-292.

钮新强,杨启贵,谭界雄,等,2008.水库大坝安全评价[M].北京:中国水利水电出版社.

潘家铮,1980.建筑物的抗滑稳定及滑坡分析[M].北京:水利水电出版社.

潘家铮,1985.工程地质计算和基础处理[M].北京:水利水电出版社.

潘家铮,何璟,邴凤山,等,2000.中国水力发电工程.工程地质卷[M].北京:中国电力出版社.

彭土标,袁建新,王慧明,等,2011.水力发电工程地质手册[M].北京,中国水利水电出版社.

彭振斌,陈昌富,1997.锚固工程设计计算与施工[M].武汉:中国地质大学出版社.

祁庆和,1986.水工建筑物[M].3版.北京:水利电力出版社.

石林珂,孙文怀,郝小红,2003.岩土工程原位测试[M].郑州:郑州大学出版社.

史佩栋,1999.实用桩基工程手册[M].北京:中国建筑工业出版社.

水利电力部水利水电规划设计院,1985.水利水电工程地质手册[M].北京:水利水电出版社.

宋胜武,冯学敏,向柏宇,等,2011.西南水电高陡岩石边坡工程关键技术研究[J].岩石力学与工程学报(1):123-129.

宋胜武,徐光黎,张世殊,2012.论水电工程边坡分类[J].工程地质学报(1):123-129.

孙福,魏道垛,1998.岩土工程勘察设计与施工[M].北京:地质出版社.

孙广忠,1993.工程地质与地质工程[M].北京:地震出版社.

田雄,张世殊,黎昌有,等,2016.水电工程环境边坡危岩体稳定性综合评分方法[J].长江科学院院报(1):38-42.

王恩远,吴迈,2005.工程实用地基处理手册[M].北京:中国建材工业出版社.

王立忠,2000.岩土工程现场检测技术及其应用[M].杭州:浙江大学出版社.

王志强,温续余,覃利明,等,2020.水利水电工程建设标准强制性条文(2020版)[S].北京:中国水利水电出版社.

王自高,何伟,李文刚,等,2008.天生桥一级水电站枢纽工程勘察与实践[M].北京:中国电力出版社.

肖树芳,杨淑碧,1987.岩体力学[M].北京:地质出版社.

徐承彦,赵不亿,1988.普通地质学[M].北京:地质出版社.

徐卫亚,许兵,张学年,等,1996,长江三峡工程工程地质力学研究[M].北京:中国三峡出版社.

徐志英,2007.岩石力学[M].3版.北京:中国水利水电出版社.

杨邦柱,焦爱萍,2009.水工建筑物[M].2版.北京:中国水利水电出版社.

杨建,彭仕雄,2006.紫坪铺水利枢纽工程重大工程地质问题研究[M].北京:中国水利水电出版社.

杨素春,柳建国,2017.岩土加固与处理工程技术新进展[M].北京:中国建筑工业出版社.

杨威,原先凡,2017.论施工地质工作在技施阶段工作的重要性[J].四川水力发电(7):48-51.

袁聚云，徐超，赵春风，等，2004. 土工试验与原位测试[M]. 上海：同济大学出版社.

曾国熙，卢肇钧，蒋国澄，等，1988. 地基处理手册[M]. 北京：中国建筑工业出版社.

张成良，刘磊，王国华，等，2013. 隧道现场超前地质预报及工程应用[M]. 北京：冶金工业出版社.

张景秀，2002. 坝基防渗与灌浆技术[M]. 2 版. 北京：中国水利水电出版社.

张启岳，1999. 土石坝加固技术[M]. 北京：中国水利水电出版社.

张勤，陈志坚，张发明，等，2001. 国际合同条件下水利工程施工地质工作方法探讨[J]. 水利水电技术(7)：18-20.

张先锋，等，2013. 隧道超前地质预报技术指南[M]. 北京：人民交通出版社.

张咸恭，1988. 专门工程地质学[M]. 北京：地质出版社.

张咸恭，王思敬，张卓元，等，2000. 中国工程地质学[M]. 北京：科学出版社.

张新平，2017. 中国农业走出去知识手册[M]. 北京：中国农业科学技术出版社.

张忠亭，景锋，杨和礼，2009. 工程实用岩石力学[M]. 北京：中国水利水电出版社.

张卓元，王仕天，王兰生，1994. 工程地质分析原理[M]. 北京：地质出版社.

中国水利水电勘察设计协会，全国勘察设计注册工程师水利水电工程专业委员会，2009. 水利水电工程专业案例.（工程地质与水工篇）[M]. 郑州：黄河水利出版社.

国家、行业标准

长江水利委员会长江勘测规划设计研究院，2004. 水利水电工程施工地质勘察规程：SL 313—2004[S]. 北京：中国水利水电出版社.

长江水利委员会长江科学院，2012. 水工建筑物岩石基础开挖工程施工技术规范：DL/T 5389—2007[S]. 北京：中国水利水电出版社.

国家能源局，2010. 水工混凝土耐久性技术规范：DL/T 5241—2010[S]. 北京：中国水利水电出版社.

国家能源局，2012. 水工建筑物水泥灌浆施工技术规范：DL/T 5148—2012[S]. 北京：中国水利水电出版社.

国家能源局，2013. 碾压式土石坝施工规范：DL/T 5129—2013[S]. 北京：中国水利水电出版社.

国家能源局，2013. 土石筑坝材料碾压试验规程：NB/T 35016—2013[S]. 北京：中国水利水电出版社.

国家能源局，2018. 水电水利工程锚喷支护技术施工规范：DL/T 5181—2017[S]. 北京：中国电力出版社.

国家能源局，2018. 水工建筑物地下工程开挖施工技术规范：DL/T 5099—2011[S]. 北京：中国水利水电出版社.

水利部淮河水利委员会规划设计研究院，2008. 水利水电建设工程验收规程：SL 223—2008[S]. 北京：中国水利水电出版社.

水利部水利水电规划设计总院，2015. 水利水电工程天然建筑材料勘察规程：SL 251—2015[S]. 北京：中国水利水电出版社.

中华人民共和国交通运输部，2011. 公路工程地质勘察规范：JTG C20—2011[S]. 北京：人民交通出版社.

中华人民共和国水利部，2004. 水利水电工程地质测绘规程：SL/T 299—2020[S]. 北京：中国水利水电出版社.

中华人民共和国水利部，2005. 堤防工程地质勘察规程：SL 188—2005[S]. 北京：中国水利水电出版社.

中华人民共和国水利部，2007. 水利水电工程边坡设计规范：SL 386—2007[S]. 北京：中国水利水电出版社.

中华人民共和国水利部，2007. 水利水电工程施工通用安全技术规程：SL 398—2007[S]. 北京：中国水利水电出版社.

中华人民共和国水利部，2007. 水利水电工程水文地质勘察规范：SL 373—2007[S]. 北京：中国水利水电出版社.

中华人民共和国水利部，2008. 调水工程设计导则：SL 430—2008[S]. 北京：中国水利水电出版社.

中华人民共和国水利部，2009. 水利水电工程地质勘察规范：GB 50487—2008[S]. 北京：中国计划出版社.

中华人民共和国水利部，2012. 水利水电工程地质勘察整理整编规程：SL 567—2012[S]. 北京：中国水利水电出版社.

中华人民共和国水利部，2012. 小型水电站建设工程验收规程：SL 168—2012[S]. 北京：中国水利水电出版社.

中华人民共和国水利部，2013. 混凝土面板堆石坝设计规范：SL 228—2013[S]. 北京：中国水利水电出版社.

中华人民共和国水利部，2013. 水利水电地下工程施工组织设计规范：SL 642—2013[S]. 北京：中国水利水电出版社.

中华人民共和国水利部，2013. 水利水电工程施工导流设计规范：SL 623—2013[S]. 北京：中国水利水电出版社.

中华人民共和国水利部，2013. 水利水电工程围堰设计规范：SL 645—2013[S]. 北京：中国水利水电出版社.

中华人民共和国水利部，2013. 水利水电工程制图标准勘测图：SL 73.3—2013[S]. 北京：中国水利水电出版社.

中华人民共和国水利部，2013. 土石坝施工组织设计规范：SL 648—2013[S]. 北京：中国水利水电出版社.

中华人民共和国水利部，2013. 小型水利水电工程碾压式土石坝设计规范：SL 189—2013[S]. 北京：中国水利水电出版社.

中华人民共和国水利部，2014. 水利水电工程合理使用年限及耐久性设计规范：SL 654—2014[S]. 北京：中国水利水电出版社.

中华人民共和国水利部，2015. 混凝土面板堆石坝施工规范：SL 49—2015[S]. 北京：中国水利水电出版社.

中华人民共和国水利部，2018. 水工建筑物地下开挖工程施工规范：SL 378—2007[S]. 北京:中国水利水电出版社.

中华人民共和国水利部,2020.水工建筑物地基处理设计规范:SL/T 792—2020[S].北京:中国水利水电出版社.

中华人民共和国水利部,2020.水工预应力锚固技术规范:SL 212—2020[S].北京:中国水利水电出版社.

中华人民共和国住房和城乡建设部,2009.岩土工程勘察安全标准:GB/T 50585—2019[S].北京:中国计划出版社.

中华人民共和国住房和城乡建设部,2016.水力发电工程地质勘察规范:GB 50287—2016[S].北京:中国计划出版社.

中华人民共和国住房和城乡建设部,2019.混凝土结构耐久性设计标准:GB/T 50476—2019[S].北京:中国建筑工业出版社.

后 记

——编者后思考

兵团勘测设计院(集团)有限责任公司工程勘察院是国内最早一批综合类勘察甲级单位。自20世纪90年代至今,承担国家、自治区和兵团大中小型水利水电工程勘察设计项目数百项,近30多年来又相继承担西南地区云南、四川、贵州、重庆以及山西、陕西、宁夏等省(直辖市/自治区)大量中小型水利水电工程勘察设计工作。其中已建和在建中的项目数十项,这些项目绝大部分属山区水库,地质条件复杂,施工建设过程中经常遇到各类涉及地质条件引发的工程问题,处理此类问题对施工地质工作者提出了较高的要求,需要对相关行业知识、规范、法规以及工作基本流程有更深刻的理解,但限于人力资源方面以及工程经验方面不足等现实,现场工作人员对问题处理存在很多欠缺甚至无从下手,近10年来在兵团设计院领导支持下,不断总结和提炼一些工程经验。虽然无法面面俱到,但也算抛砖引玉。期望在今后手册完善过程中,注意以下问题:

(1)面对大量中小型水利水电工程,不能有常驻设代,如何系统全面记录施工过程所揭露的真实地质环境,一旦工程运行发现问题,留存的施工地质资料是否满足可追溯性的要求。

(2)手册实用性还存在一定不足,与现代信息技术应用结合尚有待进一步加强。

(3)积累的工程经验尚显不足,对具体问题解决的实用案例分析不足(且主要限于土石坝),指导性欠缺。

(4)对于地质条件复杂项目,现场人员应善于总结经验教训,如疆内外部分极具特点难点的中型水库项目,对处理过的问题没有进行很好的总结,由此留下遗憾。

(5)期待更多的业内同行专家参与,提出合理可行的意见和建议,尽快完成完善、修编工作。

本书编纂之际,正值兵团设计院成立70周年,谨以此书向兵团设计院建院70年献礼!

新疆兵团勘测设计院(集团)有限责任公司简介

新疆兵团勘测设计院(集团)有限责任公司(简称兵团设计院)同时拥有工程勘察综合类、农业、林业、建筑、公路、工程咨询综合、测绘、工程造价咨询等23个行业、专业甲级资质,电力、市政、环境工程、风景园林工程设计、城乡规划编制等14个行业、专业乙级资质,是目前国内设计资质涵盖面最广的设计单位之一。1999年取得ISO 9001(1994版)国际质量管理体系认证证书,2011年通过ISO 14001环境管理体系、ISO 18000职业健康安全管理体系认证,2019年被评为"国家级高新技术企业",并入选全国214家"优秀勘察设计企业"。

工程勘察院简介

工程勘察院是新疆兵团勘测设计院(集团)有限责任公司下设的生产单位。办公地点分别位于乌鲁木齐市、石河子市。现有员工130余人,各类国家级执业注册人员30名,教授级高级工程师6名、高级工程师35名,工程师37名,助理工程师17名。现拥有工程勘察综合类甲级资质及水文、水资源调查评价,凿井施工,工程咨询(农业、水文地质、市政、生态环境工程),地质灾害防治(勘查、设计、施工、危险性评估),水利水电建设工程蓄水安全鉴定,建设项目水资源论证,试验检验检测,水利工程施工,地基基础工程专业承包,水利水电工程施工总承包等资质和资信。依托现有资质、资信形成水文地质、工程地质、环境地质、岩土工程设计与施工、试验检测与监测、地质信息化技术六大专业板块。专家团队包含中国勘察设计协会评审专家、水利部水旱灾害防御技术支撑专家、水利部水资源论证评审专家、自然资源部地质灾害防治应急专家、中国地质调查局西安地质调查中心特聘专家、新疆维吾尔自治区水利厅及发改委工程项目评审专家、兵团水利局及建设局工程项目评审专家等。

×××水利枢纽工程
泄洪兼导流洞0+×××~0+×××展示图

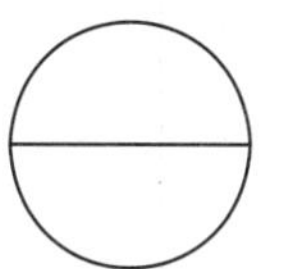

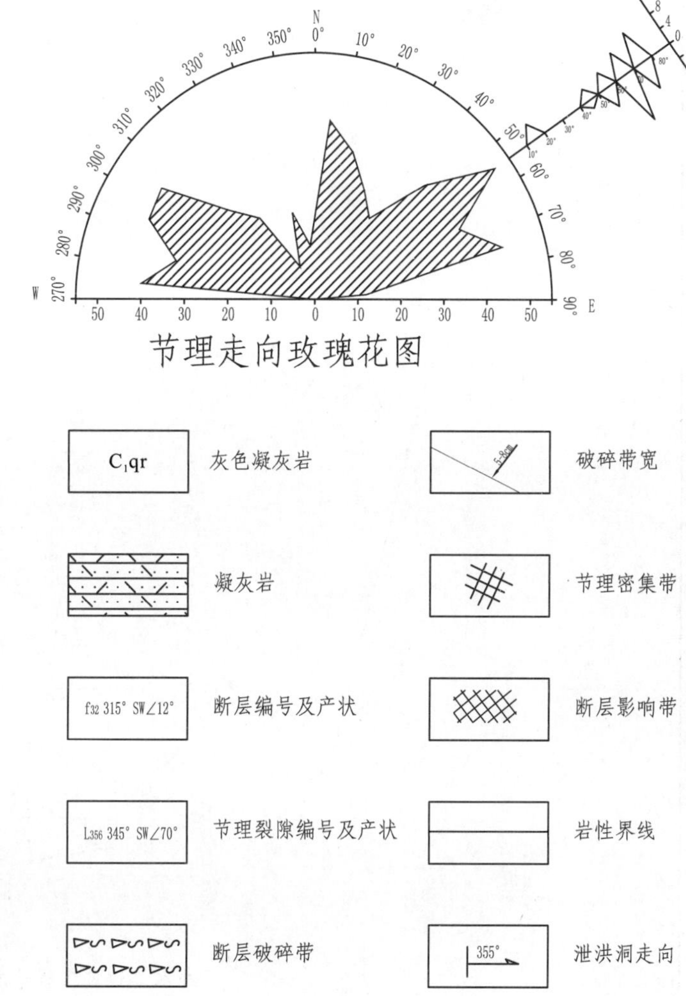

比例尺 1:200

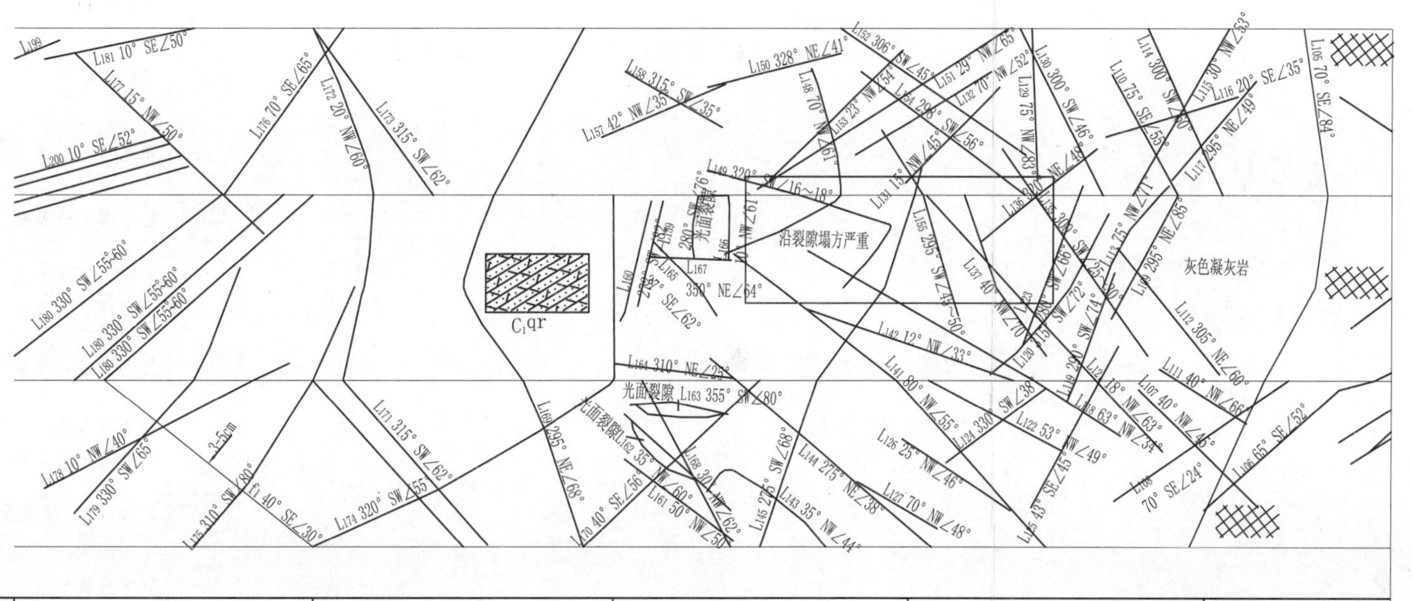

桩号(m)	0+350	0+360	0+370	0+380	0+390
围岩类别	III	IV			
分段工程地质说明					

新疆兵团勘测设计院（集团）有限责任公司					
批准		××水利枢纽工程		技施	阶段
审定				地质	部分
审核		泄洪兼导流洞 施工地质编录展示图			
校核					
制图					
勘测证书等级	工程勘察综合类甲级 B165000186	比例	1:500	日期	
		图号		工号	

×××水利枢纽工程进水口边坡施工地质编录展示图

比例尺 1:500 0 10 20 30m

图 例

- K_1h 下白垩统呼图壁组
- 泥质粉砂岩
- 断层破碎带
- Ⅱ 弱风化带
- Ⓐ 块状结构
- Ⓑ 次块状结构
- Ⓒ 镶嵌碎裂或薄层状结构
- ⒸⒷ 岩体结构分界线
- ⑥ 不利块体或潜在不稳定区及编号
- ① 已失稳岩体及编号
- 块体及潜在不稳定区边界线
- L/M 裂面(L)、结构面(M)及产状
- 裂隙密集带
- L1: 300SW35 结构面编号与产状分指走向、倾向和倾角

进水口边坡工程地质分段评价一览表

工程地质分段说明	右侧边坡	进水塔右侧段边坡	
		进水口圆弧段边坡	
		上游引渠边坡	
	进水塔北侧（下游侧）边坡		
	发电洞左侧（西侧）边坡		

控制点坐标及高程

点号	坐标 X	坐标 Y	高程(m)
1			
2			
3			
⋮			
14			
15			
16			

新疆兵团勘测设计院（集团）有限责任公司			
批 准		技 施 阶段	
审 定		工程地质部分	
审 核		××进水口边坡施工地质编录展示图	
校 核			
制 图			
勘测证书等级	工程勘察综合类甲级 B165000186	比例 1:500	日期
		图号	工号

×××水利枢纽工程

放水洞竖井展示图

比例尺 1:200

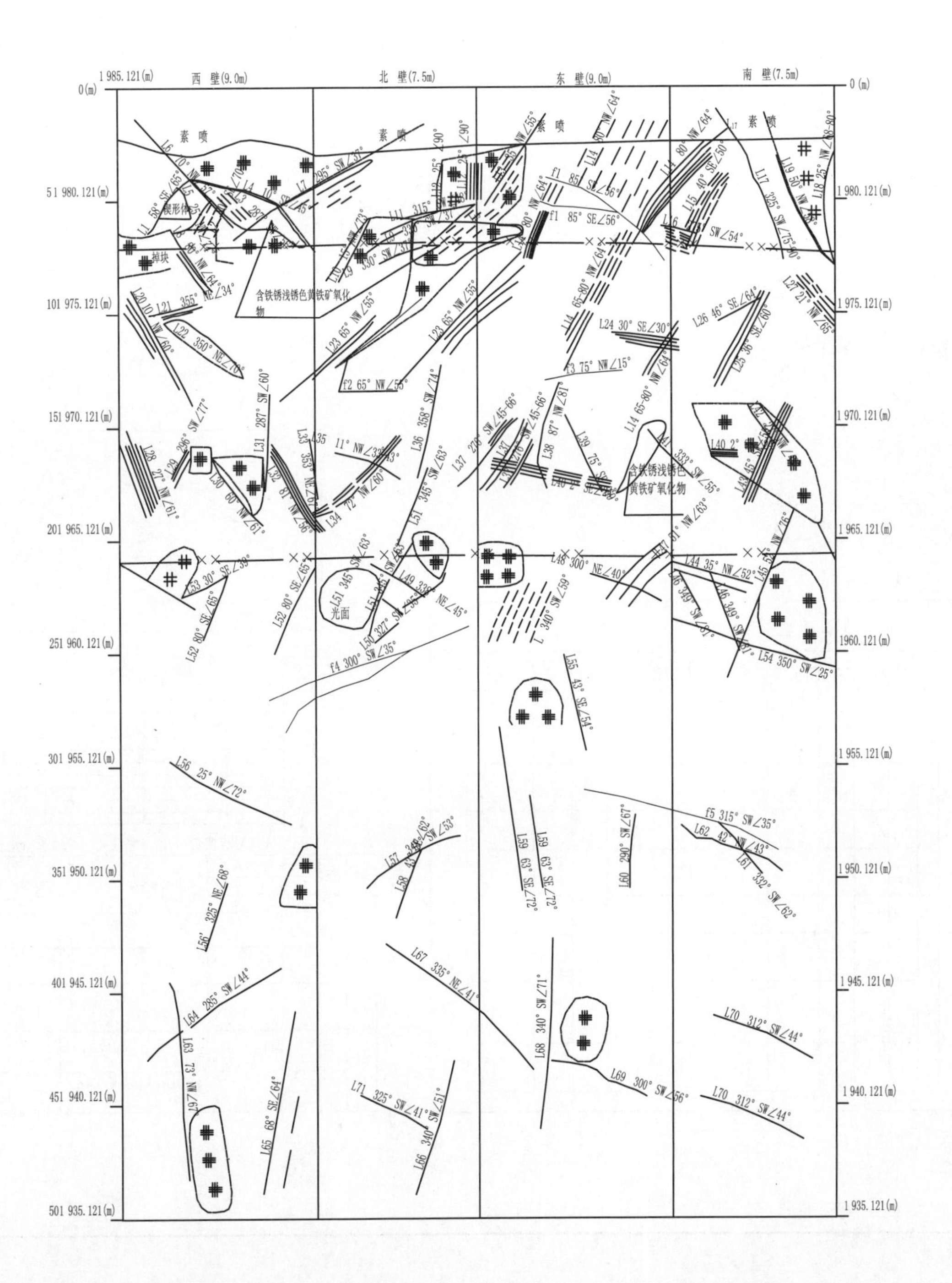

图 例

C_1qr	灰色凝灰岩		破碎带宽
	凝灰岩		节理密集带
f32 315° SW∠12°	断层编号及产状		断层影响带
L356 345° SW∠70°	节理裂隙编号及产状		岩性界线
	断层破碎带	355°	泄洪洞走向

新疆兵团勘测设计院（集团）有限责任公司			
批 准		××水利枢纽工程	技 施 阶段
审 定			地 质 部分
审 核		放 水 洞 竖 井 施 工 地 质 编 录 展 示 图	
校 核			
制 图			
勘测证书等级	工程勘察综合类甲级 B165000186	比例 1:500	日期
		图号	工号

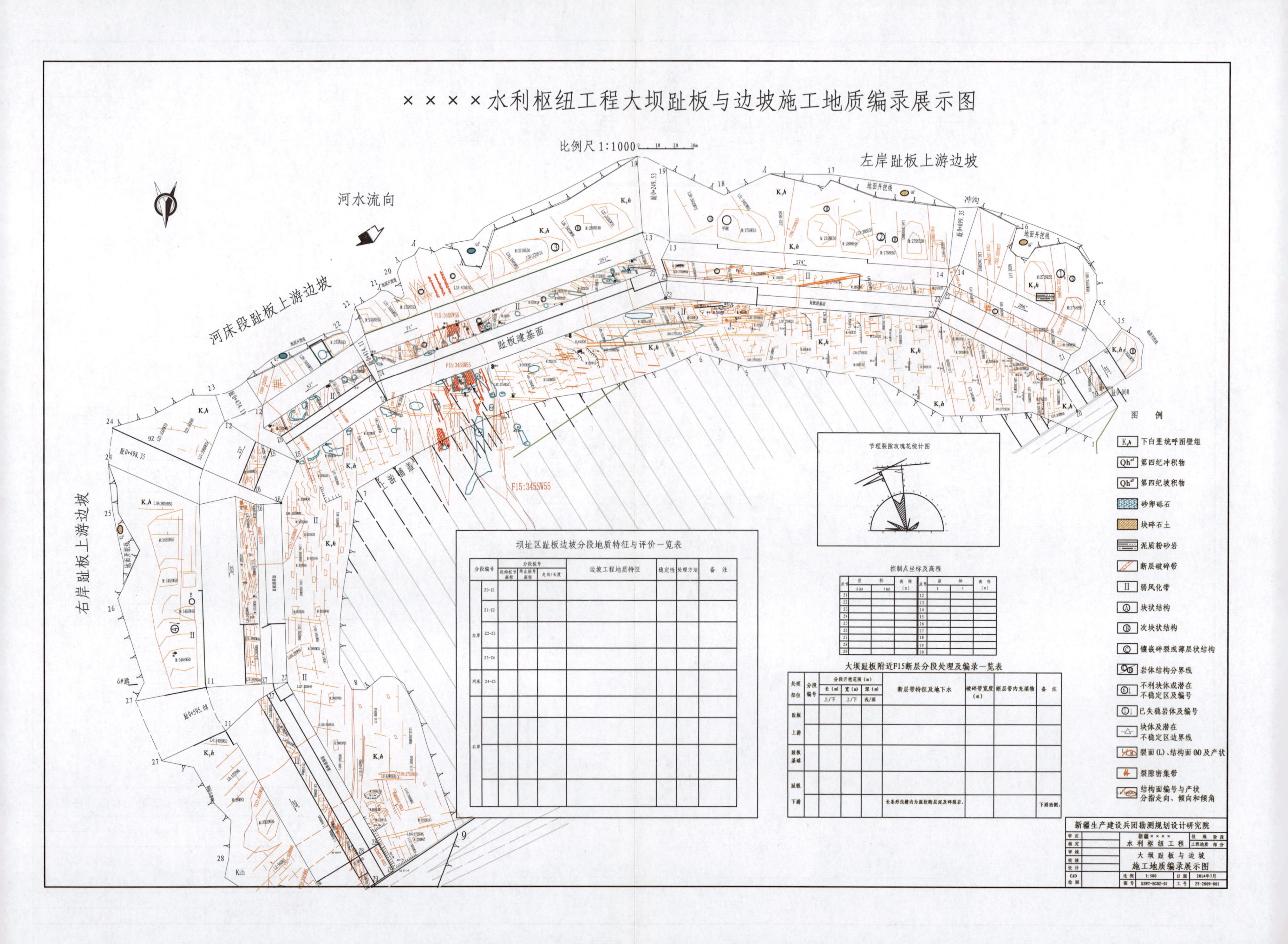
××××水利枢纽工程大坝趾板与边坡施工地质编录展示图
比例尺 1:1000
河水流向
左岸趾板上游边坡
河床段趾板上游边坡
右岸趾板上游边坡
趾板建基面
上游铺盖
冲沟
地面开挖线
F15:345SW55
节理裂隙玫瑰花统计图
坝址区趾板边坡分段地质特征与评价一览表
分段编号
分段桩号
边坡工程地质特征
稳定性
处理方法
备注
左岸
河床
右岸
控制点坐标及高程
大坝趾板附近F15断层分段处理及编录一览表
断层带特征及地下水
破碎带宽度(m)
断层带内充填物
图例
下白垩统呼图壁组
第四纪冲积物
第四纪坡积物
砂卵砾石
块碎石土
泥质粉砂岩
断层破碎带
弱风化带
块状结构
次块状结构
镶嵌碎裂或薄层状结构
岩体结构分界线
不利块体或潜在不稳定区及编号
已失稳岩体及编号
块体及潜在不稳定区边界线
裂面(L)、结构面(M)及产状
裂隙密集带
结构面编号与产状分指走向、倾向和倾角
新疆生产建设兵团勘测规划设计研究院
新疆××××水利枢纽工程
大坝趾板与边坡施工地质编录展示图
比例 1:500
日期 2014年7月